国学经典文库

图文珍藏版

居家生活宝典　健康生活指南

家庭生活百科

闫松◎主编

线装书局

图书在版编目（CIP）数据

家庭生活百科：全 4 册／闫松主编 .－－ 北京：线装书局，2013.1
ISBN 978-7-5120-0788-8

I . ①家… Ⅱ . ①闫… Ⅲ . ①家庭生活－普及读物
IV . ① TS976.3-49

中国版本图书馆 CIP 数据核字（2012）第 279911 号

家庭生活百科

主　　编：闫　松
责任编辑：高晓彬
封面设计：博雅圣轩藏书馆
　　　　　Boyashengxuan Cangshuguan
出版发行：线装书局
地　　址：北京市西城区鼓楼西大街 41 号（100009）
　　　　　电话：010-64045283
　　　　　网址：www.xzhbc.com
印　　刷：北京彩虹伟业印刷有限公司
字　　数：1360 千字
开　　本：710×1040 毫米　1/16
印　　张：112
彩　　插：8
版　　次：2013 年 1 月第 1 版第 1 次印刷
印　　数：1-3000 套
书　　号：ISBN 978-7-5120-0788-8

ISBN 978-7-5120-0788-8

定　　价：598.00 元（全四册）

家庭装修

　　家庭装修是一个费时费力的事情，特别对于每天有忙碌工作的人们来说，更是没太多时间顾及，但是装修显然是一件大事，所以也不能掉以轻心，家庭装修注意事项中除了整体设计与施工外，还有就是装修细节问题，细节才能真正体现一个家庭装修的成功。

理财常识

　　在自给自足的农耕时代要会种田纺线，在大规模生产的工业时代要会一门手艺，在点石成金的大金融时代则要会投资理财。理财是理一生的财，理财是现金流量管理，同时也涵盖了风险管理，与时俱进的现代人已将投资理财视为必须掌握的基本生存技能。

垂钓大观

　　钓鱼是深受广大群众喜欢的休闲娱乐活动之一，节假日邀上几位好友去钓鱼，不仅陶冶情操，增进友谊，还可饱餐鲜鱼的美味。但许多人苦于钓技平平，"垂钓大观"将把垂钓技巧、钓具的组合、钓鱼的安全知识进行了深入透彻地剖析。

日常保健

　　人人都希望健康长寿。但要达到健康长寿，就必须懂得科学养生；如今，随着我国人民的精神、物质生活水平的迅速提高，就为人们追求健康长寿创造了条件。因此，"未病先防"、"家庭日常保健"便成了许多人的口头禅，可见，这一新的健康理念早已深入人心。

轻松排毒

　　毒素是一种可以干预正常生理活动并破坏机体功能的物质。我们身体中到底含有多少毒素呢？皱纹越来越多、小腹越来越突出，以及消化道疾病、抵抗力下降、容易发胖、便秘等问题是不是在你的身体里日益突现呢？如果存在这些问题，那就是身体在提示你，该排毒啦！

科学饮食

　　"科学饮食"用循循善诱的苦口良言，帮助您改变不合理的饮食卫生习惯；用当代科学的饮食养生新理念，为您传授合理营养的基本原则；以实用、"实惠"的饮食保健新知识，教您如何吃得科学；以古今中外的食疗、食养新方法，指导您巧用寻常食物吃去疾病、吃出健康。

化妆技法

　　化妆是一种历史悠久的美容技术，化妆又仿佛是一根魔棒。无论是舞台、影视形象还是现实生活中的你，和谐、恰当的化妆虽然不一定确保你成功，但是，不和谐、不恰当的化妆总是会带来失败。美好的化妆形象有助于你事业的发展，并且使你更充分地享受生活。

瘦身美体

　　爱美是每个人的天性，拥有健康的体魄也是每个人的追求。你羡慕别人纤细有型的魔鬼腰身吗？你饿得剩下半条命却总是瘦不下来吗？你每天努力运动流了满身汗，体重还是降不下来吗？你试过很多瘦身方法都没有效果吗？如何拥有苗条健美的身材，是当下人们追求的新目标、新时尚。

治病妙招

　　生病是不可避免的事情，但是生病不一定非要找医生，很多小病痛我们自己就能解决了。腹泻的时候，食用几块煮熟的苹果就可以缓解症状；冷水加按摩还可以治鼻炎；睡前用半脸盆热水，加一两醋双脚浸泡20分钟，并生吃葱白1—2根，可以治失眠多梦……

家庭用药

　　吃药会遇到各种情况，比如忘了服药，可以事后补上吗？如果总不见好，可以加大药量吗？规定饭前服用的药物，饭后服用还有效吗？服药时可以用果汁或牛奶送服吗？……本部分则详细为您解答用药中的各种问题，是家庭必备的用药指南。

创伤急救

　　创伤为机械因素加于人体所造成的组织或器官的破坏；急救最大的目的，在于维持生命，所以身处事发现场的人，需要急救的常识。请问，你会哪些急救措施？如果对此一无所知，就要想一想，一旦发生意外，如何才能有效地进行急救？

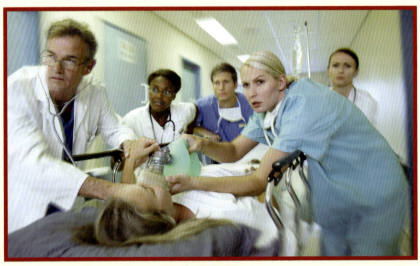

中毒急救

　　在急性中毒抢救中，有特效解毒剂的中毒是有限的，大多数中毒是没有特效解毒剂的。如果遇到无特效解毒剂的情况，则应保护重要脏器，给予常规和综合治疗。在中毒抢救中，不仅限于中毒的急救，还不能忘记治疗基础疾病，要重视中毒引起基础疾病加重以及并发症的治疗。

前　言

只有懂得生活,我们才能懂得人生;

只有懂得生活,我们才能学会感悟;

只有懂得生活,我们才能懂得艺术;

懂得如何享受生活,创造美好生活,是一门深奥的学问。

随着物质文化生活水平的不断提高,人们越来越重视生活质量,追求有品位、有格调、有营养的时尚生活方式,以期在温馨舒适的家庭环境中,充分享受家庭生活的无穷乐趣。

为此,我们精心编辑了这套对现代家居生活具有指导意义的实用性百科全书——《家庭生活百科》,希望能给广大读者的生活增添新的生活元素,有新的帮助。比如,居家生活中,人们随时都可能遇到小"难题":为什么不能用冷水煮饭?怎样饮水才合理?有汗的衣服为什么不能用热水浸泡?等等。这些看似简单因而易被人们忽略,但又时时困扰人们生活的常识常给我们带来困难和不便。

除此之外,还包括理财、书法、绘画、钓鱼、弈棋等几种最为常见的休闲生活方式的介绍。

还有,花容月貌更须锦衣相伴,家庭成员的服饰和仪容同等重要,每当走出家门,映入别人眼中的首先是衣着和容颜。如何才能用小技巧使穿着和容貌锦上添花呢?如何才能在忙碌的生活中半功倍地对待服饰和美容呢?本书用化妆师的经验给你充分的指导。

如何在日常生活中维护身体健康,如何在日常生活举手投足间强身健体呢?本书就有一部分内容专门介绍了保健养生的技巧以及把饮食、运动、中医等结合起来的保健养生之道。

……

不用费尽心思去打造温馨的家庭生活,便能拥有居室的布局雅致、井然有序。

不必绞尽脑汁去追求卫生的清洁环境,便能拥有居家的卫生清洁、环保舒适。

不用精挑细选去追求穿衣的时尚靓丽,便能拥有着装的卓尔不群、高雅非凡。

不须千方百计去追寻事业的丰厚回报,便能拥有财富的自然积累、快速增长。

……

总之,本套丛书共分四大部分,即家居休闲、养生保健、美容美体和健康医疗,门类齐全,条理清晰,便于理解,科学实用,举凡日常保健、厨房技艺、衣饰着装、家庭装修、法律常识等,洋洋大观,无一不备。全书内容源于生活,贴近生活,为你提供轻松时尚的生活方案。

家庭生活百科

家居休闲

线装书局

卷首语

　　家是什么？家里有亲人，或夫妻关系，或血缘关系；我们与亲人共同生活在一个屋檐下。于是，就有了家。家是什么？著名学者周国平曾在他的散文《家》中这样写到："如果把人生譬作一种漂流——它确实是的，对于有些人来说是漂过许多地方，对于所有人来说是漂过岁月之河——那么，家是什么呢？"随后，他做出了解答。家是一只船，载着我们穿过漫长的岁月，尽管前方是未知的水域，但有船、有家，我们不怕；家是温暖的港湾，人生就是一次航行，在航行中，我们需要冒险，也需要休息，家就是那个港湾，温暖、温馨；家是永远的彼岸，倦鸟归巢，落叶归根，无论我们航行多远，心里永远有着一个归宿，那就是温暖的家。

　　随着人民生活水平的提高，空闲时间越来越多，休闲娱乐成了新的时尚。去哪儿旅游？花鸟鱼虫该怎样侍弄？虽是乐从休闲起，但玩也有玩的学问，只有丰富的知识，才能使家庭休闲高雅而妙趣横生，又能在经济投入上事半功倍。本卷由休闲生活杂志的多名专家执笔，文字准确清楚，简便易行，是各具家庭休闲娱乐的好帮手。

目　录

第一章　家庭装修

第一节　材料选购

一、大理石的选择

在选择大理石装饰材料时,除应充分考虑装修的整体效果外,还应就大理石的表面是否平整,棱角有无缺陷,有无裂纹、划痕,有无砂眼,色调是否纯正等方面进行筛选。

总之,大理石的质量要求光洁度高,石质细密,色泽美观,棱角整齐,表面不得有隐伤、风化、腐蚀等缺陷。

二、橱柜面板的选择

市场上目前常见的橱柜面板有烤漆板、镜面树脂板、吸塑板、防火板和三塑氢氨板几种。我们可以通过以下三种测试方法来进行选购。

测试一:耐磨性能

测试方法:用钢丝球在这五种面板上用相同力度进行划擦,测试它们的磨损程度。

测试结论:在耐磨性方面,镜面树脂板和烤漆板的耐磨性能欠佳,这是由于它们表面光滑,使用中的划擦会在面板上留下痕迹。三聚氢氨板、吸塑板和防火板都有不错的耐磨性能。

测试二:防水性能

测试方法:把这五种面板浸入水里24小时,看它们的变形程度。

测试结论:在防水性能方面,防火板的防水性能最差,浸水后变形严重,这是因为防火板是热压成型的。三聚氢氨板的防水性能一般,浸水后有轻度膨胀现象。烤漆板、镜面树脂板和三聚氢氨板都有很好的耐水防潮性能。

测试三:耐高温性能

测试方法:我们用加热到100℃的电熨斗来模拟厨房里的高温操作,看看对橱柜会造成什么样的影响。

测试结论:在耐高温性能方面,吸塑板表面的耐高温性能最差,由于它的表面是一层PVC膜,所以遇到高温会留下印痕。烤漆板和镜面树脂板的耐高温性能一般,这是因为它们受热后会产生变色现象,但几分钟后变色情况有很大改善,基本恢复到原来的状态。三聚氰胺板和防火板的耐高温性能最佳。

此外,对色彩要求高、追求时尚的消费者可以选择烤漆板或镜面树脂板的橱柜,不过由于它不耐划刮,所以需要注意保养和维护。如果您对橱柜面板的造型有较高要求,那就可以选择吸塑板,因为它的立体造型非常丰富。追求简约、强调物美价廉的消费者可以选择三聚氰胺板来制作您家的橱柜。要是您家的厨房使用率比较高,特别重视经久耐用性,同时愿意牺牲一些橱柜的美观性,那么您可以选择防火板。

三、如何挑选吊顶材料

龙骨是装修吊顶中不可缺少的部分,其中包括木龙骨和轻钢龙骨。使用木龙骨要注意木材一定要干燥。现在家庭装修大部分选用不易变形、具有防火性能的轻钢龙骨,挑选时要注意龙骨的厚度,最好不低于0.6毫米。装修最好选用不易生锈的原板镀锌龙骨,避免使用后镀锌龙骨。区别两者要注意原板镀锌龙骨俗称"雪花板",上面有雪花状的花纹,强度也高于后镀锌龙骨。

另一种是石膏板,在选择吊顶纸面石膏板时,要注意纸面与石膏不要脱离,贴接度要好。最好试试石膏强度,可用指甲掐一下石膏是否坚硬,如果手感松软,为不合格产品。用手掰试石膏板角,易断、较脆均为不合格产品。

一般家庭装修还喜欢用天花板,如何挑选PVC板和金属天花板?

现在家庭装修浴室、厨房多用PVC板、金属天花板吊顶。在选择PVC板时,除注意外表美观、平整外,最好闻一闻板材,带有强烈刺激性气味的板材对身体有害,应选择无味安全的产品吊顶。选择金属天花板时要注意其厚度不宜低于0.6毫米,否则容易造成塌腰现象。

四、如何选购水泥砂浆

在家庭装修中,地砖、墙砖粘贴以及砌筑等都要用到水泥砂浆,它不仅可以增强面材与基层之间的吸附能力,而且还能保护内部结构,同时可以作为建筑毛面的找平层,所以在装修工程中,水泥砂浆是必不可少的材料。

许多人认为,水泥占整个砂浆的比例越大,其粘接性就越强,因此往往在水泥使用的多少上与装修公司产生分歧。其实不然,以粘贴瓷砖为例,如果水泥标号过大,当水泥砂浆凝结时,水泥大量吸收水分,这时面层的瓷砖水分被过分吸收就容易拉裂,缩短使用寿命。水泥与砂浆的比例应按1:2(体积比)的比例来搅拌。

目前市场上水泥的品种很多,有硅酸盐水泥、普通硅酸盐水泥、矿渣硅酸盐水泥等等,家庭装修常用的是硅酸盐水泥。

水泥与砂的选购原则

1.为了保证水泥砂浆的质量,水泥在选购时一定要注意是否是大厂生产的425#硅酸盐水泥。

2.砂应选中砂,中砂的颗粒粗细程度十分适于用在水泥砂浆中。许多人以为砂越细砂浆越好,其实不是这样的。太细的砂吸附能力不强,不能产生较大摩擦而粘牢瓷砖。

五、多彩涂料优劣的鉴别

辨别多彩涂料的优劣主要有"四看":

一看水溶液:多彩涂料在经过一段时间的储存后,其中的花纹粒子会下沉,上面会有一层保护胶水溶液。一般约占多彩涂料总量的 1/4 左右,凡质量好的多彩涂料,保护胶水溶液呈现无色或微黄色,且较清晰。

二看漂浮物:凡质量好的多彩涂料,在保护胶水溶液的表面,通常是没有漂浮物的,有极少量的彩粒漂浮物,尚属正常。

三看粒子度:取一透明的玻璃杯,盛入半杯清水,然后,取少许多彩涂料,放入玻璃杯的水中搅动。凡质量好的多彩涂料,杯中的水仍清晰见底,粒子在清水中相对独立,粒子的大小很均匀。

四看销售价:质量好的多彩涂料,均由正规生产厂家按配方生产,价格适中;而质量差的多彩涂料生产中偷工减料,成本低,销售价格比质量好的多彩涂料便宜些。

六、内墙涂料质量鉴别

1.看日期:一般水性内墙涂料的有效贮存期为 3 个月。超过贮存日期和无厂名、无生产日期的产品均不能使用。

2.看外观:是否有发霉、变黑的现象,是否有恶臭味。如有发霉、变黑和恶臭现象,说明涂料已腐败变质,绝对不能使用。有的涂料有较重的异味和强烈的刺激性气味,很有可能存在有害化学成分,对人体健康有严重危害,因此要特别警惕。此外,有结块、沉淀、气泡的涂料不可使用。

3.看黏稠度:好的涂料用搅棒搅动应感觉有一定的黏稠感,且很容易搅匀。不合格的涂料太薄、黏度太低,涂刷时就容易流挂。如棒上沾着的涂料呈透明或半透明状,说明涂料的质量不太好。

4.看质地:较高级的装潢涂料,如水性的"贵殊漆"及"乳胶漆",无论在色泽、质感上均较优良,颜色也持久不褪,并能防霉、抗碱性,在较潮湿的环境中,可减少墙面因发霉或吐碱所引起的漆面剥落的情形发生。

七、家具油漆的选用

1.聚氨酯清漆:附着力强,耐摩擦、耐湿热、防霉菌,是高级装饰用漆,可用于壁橱等。

2.丙烯酸木器漆:漆膜丰满、光亮、坚硬、耐击,且耐酸、碱、醇等化学物的侵蚀,装饰性强,多用于乐器外壳和高级家具。

3.酚醛清漆:漆膜坚硬,耐磨抗潮,耐化学腐蚀,干燥快,适用于柜橱等家具涂用。

4.硝基木器清漆:漆膜坚硬,光泽度好,耐久性强,适用于光度要求高的高级木制家具。

5.醋胶清漆(也叫耐火漆):漆膜光亮,能受阳光、高温、风吹、雨淋及温度变化的侵蚀,可用来刷木桶、盆、方凳等。

6.醇酸清漆:漆膜光亮,附着力强,干燥性好,不受气候变化的影响,是较受欢迎的一种透明清漆。

八、乳胶漆质量鉴别

乳胶漆分为内、外墙两种,居室装修一般选用内墙乳胶漆。好的内墙乳胶漆有如下特点:

1.具有色泽持久、涂膜坚固、遮盖力强、防霉变、耐洗刷、易施工等优点。

2.涂刷后表面光洁,无杂质和粒子悬浮、无刷痕、流平度良好,涂刷后的墙面有明显的张力特征。

3.每千克的涂刷面积应不少于 6 平方米。

4.对人体无任何危害,具有无毒无味,不含铅、汞等有毒添加剂。如不具备以上特征,就不能称为乳胶漆。如墙面遇潮易起皮,涂层面看上去无张力、有粉层感,摸墙面手会沾粉等,这类只能称为普通涂料。

九、石膏浮雕的选购

1.看光洁度:好的石膏浮雕装饰品表面细腻,手感光滑。而质量低劣的石膏浮雕装饰品表面粗糙,摸上去毛毛糙糙,这类产品大多是低劣的石膏粉制作的,绝对不能贪图便宜去购买它。

2.看图案花纹深浅:好的石膏浮雕饰品,图案花纹的凹凸应在 1 厘米以上,且制作较为精细,而采用盗版模具生产的石膏浮雕饰品,图案花纹较浅,一般只有0.5~0.8 厘米左右。

3.看产品厚薄:好的石膏浮雕装饰品摸上去都很厚实,而不合格的石膏浮雕装饰品摸上去都很单薄,不仅使用寿命短,严重的甚至会影响居住人的安全。

十、墙纸选购法

首先要选择墙纸的底色,然后再选择花样图案。如传统的中式客厅,图案宜选择浅棕底、深棕花,或者银灰底、淡墨花。花样以松、竹、梅等中国花卉图案为宜。

如果是现代会客厅,墙布宜用浅底色,花样图案应清新活泼。又如新房的花样宜选用红梅、孔雀等花样,以表现出欢快、喜庆的气氛。老年人卧室要求朴实、庄重,花样以淡墨松、竹等画为宜。儿童房应表现出欢乐活泼的气氛,显得富有朝气。花样可选童画型、积木型或丛花型。

此外,还要根据各人经济情况和墙纸的特点进行选择。一般而言,胶面纸底的墙纸,可以用清水或肥皂清洗,较为耐用持久,适合家庭使用。而纸底纸面的墙纸,则是最经济的选择,不过图案有限,贴后很容易剥落。双层墙纸,是用多层纸作为衬底,表面可印出纹理悦目的浮雕图案。木屑墙纸,是在双层墙纸中加上细木屑制成的,可产生一种粗粒状效果,也可以贴到墙上后再油漆,纹理与颜色能随个人喜好而变化,但价格较贵。

十一、壁纸墙布胶粘剂的选购

壁纸、墙布的胶粘剂选用是否得当,直接影响到新居墙面装饰的质量。理想的胶粘剂应按壁纸和墙布的品种选配,并应具有防霉、耐久等性能。如墙面装饰有防火要求,则胶粘剂还应具有耐高温、不起层等性能。

十二、瓷砖的选购

1.看色差:同一种品牌、型号、规格的瓷砖放在一起应颜色一致,无色差。

2.看外形:整块瓷砖的正面及边缘是否镀满釉层,瓷砖表面有无裂缝、斑点、疵点。

3.检查平整度:将瓷砖面向玻璃,轻压四个角,检查瓷砖是否平整。瓷砖越平整质量就越好。平整度不好的瓷砖不宜用其贴灶台面。

十三、室内地砖选购法

室内地砖有釉面砖、同质砖和大理石等。选择地砖可从功能和色彩两方面考虑。

1.功能

釉面砖俗称瓷片,表面光滑、美观,色彩图案丰富,便于营造各种氛围,其表面的耐腐蚀性能较好,按国家标准可分为五级,表面耐磨性则分为四级,用户可视不同的需求选购。

同质砖的耐腐蚀性、耐磨性均优于釉面砖,其他如抗弯曲强度、耐急冷急热等性能也优于釉面砖。但相对而言,色彩较为单调。

天然大理石砖具有天然的色彩和图案,气质稳重、华贵,但它的耐磨性和耐腐蚀性均不及上述两种,而且价格较贵,适合于较高档的室内装饰。

人造大理石具有天然大理石的特性,虽色彩、图案不及天然大理石,但仍能显示出稳重典雅的气质,且价格较为便宜。

2.色彩

地砖色彩应同墙面色调相一致,同时比墙面明度低暗,使房间产生上轻下重的稳定感,也易保持地面清洁。地砖色彩切忌过于花哨,如用彩色地砖拼大图案或用强烈对比的地砖拼网格图形都会使人在视觉上产生混乱感觉。总之,可依据居室的不同功能和个人的审美情趣及经济角度进行遴选,创造出一个温馨舒适的环境。

十四、如何选购地热地板

由于地热采暖的特殊性,对地板的要求非常严格,因此,地热地板在满足常规质量指标的同时,还要满足以下四大要求:

1.导热散热性要好——宜薄不宜厚。木材和竹材都是很好的天然材料,地面热量通过地板传递到表面,必然会有热能损失,理想的地板能把损失降到最低。所以为了减少热能的损失及降低供暖运行维护开支,地面采暖地板必然"选薄不选厚"。可选择多层实木、竹地板和强化木地板,板厚不超过8毫米,最多不能超过10毫米。

2.尺寸稳定性要好——宜小不宜大。地热地板的使用环境相当复杂,尤其是在北方地区,非采暖季地面要承受各种潮气,而供暖时地面温度又要骤然升温,木地板必然承受"温度""湿度"的双重变化。所以地热地板必须要选购稳定性好的,如强化地板、多层实木地板、竹木地板这些集成复合型地板。

3.防潮耐热性要好——宜于环保胶。集成复合型地板要用黏合剂,黏合剂需符合环保、胶合强度、耐高温高湿老化这三大指标。尤其是对于地热地板来讲,要经过耐高湿、耐低温等实验,如果采用普通的黏合剂,环保指标、耐潮性、耐老化性、膨胀率等均不能达标。因此消费者在选购时,查看商家的产品报告、检验报告是非常必要的。

4.耐磨性要持久。由于地热地板宜薄不宜厚,所以复合表面层一般以0.3~0.6毫米为多。主要表层的油漆耐磨耗值要比传统指标高。

十五、如何挑选软木地板

1.先看地板砂光表面是不是很光滑,有没有凸出的颗粒,软木的颗粒是否纯净。这是挑选软木地板的第一步,也是非常关键的一步。

2.看软木地板的边长是否直。其方法是:取4块相同地板,铺在玻璃上或较平整的地面上,拼装起来后看其是否合缝。

3.检验板面的弯曲强度。其方法是将地板两对角线合拢,看其弯曲表面是否出现裂痕,没有裂痕则为优质品。

4.对胶合强度的检验。方法是将小块样品放入开水中浸泡,如果其砂光表面变得凹凸不平,则表明此产品为不合格品;若表面无明显变化,则为优质产品。

十六、如何选择复合木地板

目前,复合木地板(强化木地板)是最常采用的家庭地面装饰材料之一。但由于市场上有很多品牌和型号,而其性能、价格等因素也相差很大,消费者在选择复合木地板时往往会感到无所适从。选购时要特别注意的几个方面:

1.看耐磨值:耐磨值是用转数表示的,转数越大、耐磨程度越高,价位也就越高。作为居家环境,耐磨值在7 000转左右就够了。如果选择过高的耐磨值,有时会造成不必要的浪费。

2.看企口是否平直:企口的完整程度直接关系到木地板的使用寿命。

3.看颜色和木纹:挑选颜色、木纹时,一定要考虑房间的大小、家具的颜色与风格以及个人的爱好。一般来说,房间大可选择颜色深一点、木纹复杂点的地板;房间小选择颜色浅、木纹素雅点的更好。

4.挑板面光洁度:复合木地板从板面光洁度大致分为沟槽型、麻面型、光滑型等。这些品种无所谓哪一种好,完全取决于消费者的个人爱好。

另外,还要注意,由于地板在铺装过程中会有少许损耗,购买时一定要多买几块才能保证正常的铺设数量。还有在搬运过程中一定要保护好边角。

十七、防噪材料的选择

1.软木地板:关爱楼下邻居

目前软木地板主要有三种。

纯软木地板:安装方式为粘贴式,施工工艺比较复杂,对地面要求也较高。市场价在每平方米100元左右。

"三明治"软木地板:表层与底层均为软木,中间层为中密度板。安装简单,对地面要求不高。市场价300多元每平方米。

软木静音地板:是软木与复合地板的结合体。这种地板的安装方式与复合地板一样,可以采用锁扣的方式。它的市场价在110~180元每平方米之间。

2.静音门:把吵闹锁在门外

"桥洞力学板"是德国制造的一种全新的高科技门芯板。其独特的管状结构,能有效地隔音:管状结构中存留的空气,类似保温瓶与隔音玻璃的原理,可达到相当于30~44分贝的隔音效果。

3.中空玻璃窗:双层静音

安装双层玻璃窗,可以将外来噪音降低一半,这对于临街的居室来说是很有必要的。但要警惕不要将没经过处理的双层玻璃误当成是中空玻璃。

十八、灯饰的选择

面对各式各样、五颜六色的灯具,每个人有各自的品位、追求,选择取向也不同。但万变不离其宗,您在设计家居照明时,可以依照空间的不同来选配灯具。

首先,房间的高度对灯具的选择有很大影响。如果您的房间只有 2.5 米高,一般情况下,屋顶灯本身的高度应该在 20 厘米左右。因为光源距地面 2.3 米左右时,照明效果是最好的。如果您的房间高度在 2.7 米左右,选择的余地就很大了。您可以选择一般的吸顶灯,也可选择高度为 40～50 厘米的吊灯,来营造更好的居室灯光效果。

另外,您在注意房间层高的同时.还要注意房间的面积。例如客厅的层高是 2.5 米、面积是 15 平方米的话,灯具的直径最好在 60 厘米左右。如果房间的面积较大,灯具的高度可以略低。

我们的生活空间一般都是由门厅、客厅、卧室、餐厅和卫生间等组成。您在挑选灯具时,最好选一下客厅主灯的款式和格调,再依此类推。这样做能使灯具的选择变得简单得多。因为目前我们家居生活的主要空间,还主要是在客厅里,因此,客厅的主灯是整套居室的焦点。如果您客厅的天花板较高,预留的灯位下面有茶几等家具,那么您最好选择吊灯或半吸顶式的灯具;如果房间较低则最好选择半吸顶式的灯具。

十九、浴缸的选择

当你选择浴缸的时候,你要考虑的是尺寸、形状、款式、舒适度、龙头孔的位置及款式,还有材料。你应该很清楚知道需要多大的浴缸,尺码相同的浴缸,深度、阔度、长度和轮廓也并不一样,如果你喜欢浸在深水之中,要检查废物出口的高度。边位较低的浴缸是为年长者及伤残人士设计的。

款式上,独立有脚或是嵌在地上的浴缸,无论你选择哪种,在付钱之前,都要仔细地检查浴缸内外有没有划痕、缺口和裂痕,修补细缝或表面涂装的工作比较简单,但是严重的瑕疵、裂痕则无法弥补。

若想在浴缸之上加设花洒,供站着淋浴的位置要平整及稍呈正方形,这样淋浴会较方便及安全,也可以选择表面经防滑处理的款式。

如果预算宽松,你不妨考虑按摩浴缸。按摩浴缸能够按摩肌肉、舒缓疼痛及活络关节。按摩浴缸有三种:漩涡式,令浸浴的水转动;气泡式,把空气泵入水中;结合式,结合以上两种特色。但要注意选择符合安全标准的型号,还要请专业人士代为安装。

二十、电器开关的选购

合格的电器开关有如下特征:

1.表面光洁,品牌标志明显,字迹清楚,有防伪标志和中国电工安全认证的长城标志。

2.开启开关时手感灵活,底座稳固。

3.电器开关的面板材料外形美观、坚固、耐用,结构严谨,并具有防撞性和阻燃性。

4.可搭配性的电工开关其功能件与面板必须装卸容易。

二十一、防盗铁门选购法

1.看材质:合格的防盗铁门一定是用厚铁皮管做的,劣质防盗门用的都是薄铁皮管。凡用硬物敲击发出叮叮脆声的是厚铁皮管,凡发出铿铿闷声的是薄铁皮管。另外,合格的防盗门在底层涂着防锈漆,而劣质防盗门只在表面刷上一层油漆。检验时只要在防盗门的底端用硬物划一下,即可看出内部是否有红色防锈漆。

2.看安装:合格的防盗铁门在安装时门框及铁门的四角都呈45度拼角,这样会增加铁门的牢固度。劣质防盗铁门加工简单,门框及铁门的接口都是垂直角。

3.看门锁:如果铁板尺寸足够大,并封到门边,看不见锁舌,门外无法撬动,则表明门锁安全;反之,则说明门锁装得不合格。

4.看电焊:电焊应严密可靠,尤其要看固定门框及门铰链的螺帽,是否加封电焊,凡加封电焊的比较坚牢。

5.看铁管间距:铁管间距应在 10 厘米以内,如铁管间距过大,就起不到防盗作用。

二十二、塑钢门窗选购法

1.型材:优质塑钢门窗型材表面光洁,腔体结构合理。型材壁厚、型材配方符合国家建材部门的标准。

2.五金配件:优质塑钢门窗五金配件的灵活性、密闭性、耐磨性和耐腐蚀性都符合设计要求。主要检查置放在型材腔体里的衬钢,好的衬钢应是镀锌 A3 号钢,壁厚至少 1.2 毫米。

3.加工工艺:优质塑钢门窗加工尺寸准确,焊接强度高,五金配件的配套合理,整个门窗加工工艺精良。

二十三、百叶窗帘的选购

1.铝合金百叶窗帘抗锈蚀,耐高温,不变形,手感轻,色彩艳丽,经久耐用,但价格较贵;塑料百叶窗帘价格适中,色彩丰富,使用方便,但容易老化和褪色。可根据家庭经济情况选用。

2.活动百叶窗帘的叶片应上下升降活络,或左右翻转灵活,角度翻转均匀,能准确地停在任何一个位置和角度上。

3.应根据环境选用色彩适当的百叶窗帘,使之美观和谐。

第二节　科学家装

一、装修成本应该如何控制

1.把投资的总数额事先定好，并计划可增数额的限制数，然后在设计时，将施工中的项目内容清单逐一列出，如超出指标则压缩材料单价，改选品种或减少施工内容，等以后资金宽裕了再补做。这种计划方法适用于资金比较紧张的居民。资金比较宽裕的居民，则可采用第二种方法，即先根据自己的要求做出设计方案，然后按自己的爱好选择主材，把自己的居室按理想要求定出标准，请装饰装修公司逐一报价，最终得出准确的投资数目。

2.人们常说，装饰装修很难控制投资费用。装饰装修公司往往是钓鱼上钩，以低价让你开工，让你骑虎难下，最终却以高价与你结算，可谓"宰"你没商量，矛盾纠纷由此而起。因此，市民要到材料市场去调查一下，这样可以较准确地算出费用，有一点你必须清楚：没有一家装饰装修企业会赔钱帮你装饰装修，送你的物品其实就是你自己的钱。

当你制订装修计划时，一定要实事求是地把自己的需求告诉装饰装修公司，让装饰装修公司根据设计方案计算出准确的含有全部内容的报价清单，不能漏项，如漏项一多，你的计划就会被打乱。对这份报价清单你必须仔细认真地审核调整，以确定基本的投资计划数。在施工过程中尽量不要随便改变主意，因为一有改变就意味着花销会大大增加。

二、家庭装修 8 项注意

1.不得在混凝土圆孔板上凿洞、打眼、吊挂顶棚及艺术照明灯具。

2.在隔断墙上粘贴瓷砖，应该用建筑胶作为胶结材料，用水泥砂浆粘贴时，必须将原抹灰铲除。

3.在粘贴厨房、卫生间地面装饰材料前，必须对基层做防水处理，并按规定办理蓄水 24 小时检验合格的签认手续。

4.阳台因承重小，不得粘贴除塑料地板砖、硬木地板以外的装饰材料。

5.未经房屋原设计单位认可同意，其承重墙、共用部分隔断墙、外用护墙、抗震墙等墙体上不得随意掏挖、打洞、剔槽，不得擅自拆改。

6.未经房屋安全鉴定站鉴定的房屋装饰，其棱（地）面装饰材料的重量不得超过每平方米 400 牛顿。

7.卫生间的蹲坑改坐便器时，不得随意变动下水道排水口位置。

8.室内装饰要保证煤气管道和设备的安全要求，电气管线及设备与煤气管水平的净距离不得小于 10 厘米,电线与煤气管交叉净距不少于 3 厘米。

三、安全家装"六不准"

生活中,很多初次装修的业主对于房屋的结构并不十分清楚,哪些墙面可以改造,哪些材料不可以大量运用,都是装修中需要注意的问题,这些都关系到房屋结构的安全性。

1.不随意改造结构

原则上应尽可能避免对原有居室结构进行改造。如必须改造,应在专业人员的指导下,通过浇注混凝土过梁或架设钢梁等方法进行加固,以确保安全。

2.不使用超重材料

在家庭装修中应尽可能选择轻质材料。抬高地坪时,可选用较轻的珍珠块材;铺设花岗岩和大理石时,应尽可能控制铺设面积;分隔房间的墙体最好采用轻钢龙骨或内填隔音隔热材料的木结构;做吊顶时,应简化结构,选用轻质材料。

3.不擅自改变房屋用途

将厨房改成卧室,这种做法极其危险,因为一旦煤气泄漏,后果不堪设想。将外阳台改成厨房或卧室,此举同样不可取,因为外阳台楼板的承重力一般不大,而外阳台改成厨房或卧室后会使阳台楼板受力增大,很可能会导致楼板断裂脱落。

4.不因排放管线而凿墙切断钢筋

5.不自行移接煤气管道和煤气表

煤气管道不能埋入墙内,移接煤气表必须由专业人员操作。自行移接煤气管道和煤气表,容易引发煤气泄漏事故。

6.不误选误用装潢材料

有的装潢者大量使用易燃性材料,又不采取防火措施,这样就给住宅种下了祸根。目前,一些木结构和木饰面的装潢材料被大量采用,在使用这些材料时最好能涂饰防火涂料。其次,要提高警惕,防止使用假冒伪劣的涂料和墙纸,以避免有毒有害的涂料和墙纸带来危害。此外,有些花岗岩和大理石具有放射性,因而最好选用已经有关部门鉴定合格的产品。另外,应该注意,劣质水管会影响水质,劣质电线会引发事故。

四、卧室装潢省钱法

1.卧室装修如不做吊顶,可省去一笔为数不少的材料、人工费。不做吊顶,可考虑在顶部墙角粘贴石膏的系列装饰线条,既省钱且又有效果,避免视觉上的压抑感。装饰线条立体感强,不占用空间,而且价格低,品种丰富,大有选择余地。

2.墙面装饰可采用国产乳胶漆分别涂刷四壁、两板,价格与普通墙纸相当,但耐用性与效果都比墙纸略胜一筹。

3.对房门的装饰,最实惠的就是在原来的房门基础上拼镶木线条,只需花上一二百元即可达到立体效果,这样又可省去购买新房门的一大笔钱。

五、厨房装修16条原则

1.厨房的设计应从减轻操作者的劳动强度,方便使用等来考虑。

2.厨房燃气灶台的高度,以距地面70厘米左右为宜。

3.厨房设计应合理布置灶具、抽油烟机、热水器等设备,必须充分考虑这些设备的安装、维修及使用安全。

4.厨房的顶面、墙面宜选用防火、抗热、易于清洗的材料,如釉面瓷砖墙面、铝板吊顶等。

5.厨房的装饰设计不应影响厨房的采光、通风、照明等效果。

6.严禁移动煤气表,煤气管道不得做暗管,同时应考虑抄表方便。

7.厨房是烹饪的场所,劳作辛苦。为减轻劳动强度,需要运用人体工学原理合理布局。

8.厨房灯光需分成两个层次:一个是对整个厨房的照明,一个是对洗涤、准备、操作的照明。

9.因个人需要不同,可把冰箱、烤箱、微波炉、洗碗机等布置在橱柜中的适当位置,方便开启、使用。

10.厨房里的矮柜最好做成推拉式抽屉的,方便取放,视觉效果也较好。而吊柜一般做成30~40厘米宽的多层格子。

11.吊柜与操作平台之间的间隙一般可以利用起来,放取一些烹饪时所需的用具。

12.厨房里许多地方要考虑到防止孩子发生危险。

13.为自己设置一个可以坐着干活的附加平台。

14.厨房里垃圾量较大,气味也大,垃圾桶应放在方便倾倒又隐蔽的地方。

15.厨房的装饰用料必须易于清理,最好选用不易污染,容易清洗、防湿、防热而又耐用的材料,瓷砖和塑料地板都符合这些要求。

16.厨房若面积够大,可放置小型餐桌,这样就能兼做饭厅使用,无须另觅空间作为饭厅。

六、卫生间应如何装潢

1.卫生间湿度大,一定要选用防湿性能强的材料。如地面宜用地砖、花岗岩,墙饰材料宜用瓷砖、大理石,顶棚宜用塑料板材、玻璃、半透明板材等防水防污的材料。

2.卫生间墙壁材料、卫生洁具的颜色一般多采用冷色调,例如,墙上用白色、浅白色的瓷砖,浴缸是淡绿或蓝色的,具有清洁感。卫生间墙壁、卫生洁具也可选择华丽的色彩,使其有一种高贵的感觉。但要注意相互协调,总体风格上要保持一致。

3.为避免室内水汽凝结,保持空气畅通,卫生间应尽可能装排风扇或其他交换空气的设备,这样有利于人体的健康和墙面的保养。

4.卫生间的地坪应略有斜势,尽量向排水口倾斜,这样有利于室内排水。

七、在浴室装修过程中如何防潮

浴室装修时,墙地砖铺设、吊顶处理、管道安装及设备的选择等都应考虑防水防潮的需求,并做周密安排。

1.墙地砖、石材铺设时应在面层下做防水层,选用水泥砂浆将地面找平,涂防水涂料,之后再铺一层1:2的水泥砂浆作为结合层,将地砖等饰材铺贴上去,浇水后用木板拍实,使其平整牢固、接缝严密。石材铺贴前要做背涂处理。减少"水渍"现象发生。防水层四周与墙接触处,应向上翻起,高出地面约25~30厘米以上。做涂料装饰时应先刷防水腻子并选用防水涂料。处理地面面层时要使流水倾向地漏,不倒水、不积水,经24小时蓄水试验无渗漏。

2.吊顶建议用有微孔的铝扣板,以加强通风和预防遇冷凝水。若做石膏板吊顶,应先刷防水腻子,再刷防水涂料;PVC吊顶易产生冷凝水,并下滴,要慎用。

3.管道安装尽量避免改动原来的上下明管,必须装修时应做到横平竖直、铺设牢固,坡度符合要求。阀门、龙头安装平正,使用灵活方便,明管刷防锈涂料,暗管刷防腐漆。给水管道与附件、器具连接严密,经通水试验无渗漏。地漏设计仍要以上下水管路为基础,表面应略低于地面。

4.卫生器具安装位置要正确,器具上沿要与水平方向一致。浴室电器应选择防水性能较好的品牌产品,如长期在潮湿的环境下使用的沐浴暖灯,外壳应由不锈钢制成,防腐性能要好,而且带防水电源开关、电缆及插头,通电使用或断电时不怕水淋、水溅,不会造成漏电或损坏。还需配备防水灯罩、防水插座等。

5.在浴室应避免使用木质材料,必须使用时,应选用防火板或做全混油装饰,均可防水。在做吊顶或其他包裹装修时,暗藏的木龙骨均需刷防水涂料或防腐剂。

6.浴室保持良好的通风环境是非常重要的。选用质量较好的通风设备有助于水分、蒸汽迅速挥发,保持室内清新洁净。

做好以上几个方面的工作,你一定能体会到在完全放松的状态下,人与自然和谐统一的沐浴感受。

八、小户型装修必备宝典

1.色彩的选择

结合自己爱好的同时,色彩设计一般可选择冷色调。冷色调有扩散性和后退性,使居室能给人以清新开朗、明亮宽敞的感受。最好能以柔和亮丽的色彩为主调,避免同一空间内过多采用不同的材质及色彩,以免造成视觉上的压迫感。

2.家具的布置

要选择那些造型简单、质感轻、小巧的家具,尤其是那些可随意组合、拆装、收纳的家具。这样既可以容纳大量物品,又不浪费空间,使得居室内各功能既有分隔又有内在联系,不产生拥挤感。

3.避免空间划分

小户型房子在装修时,应合理地布置人行路线和一些大型家具,在不影响使用功能的基础上,利用相互渗透的空间增加室内的层次感和装饰效果。

4.合理布置家居

在布置家居时要充分利用空间的死角,例如摆放小型家具。

在墙面上相间地涂上两种浅暖色的线条,线条与平面平行,横线条由下部往上逐渐变窄,这样就给人一种宽大明快、放大延伸的感觉。

可在入门对面的墙壁上挂上一面大镜子,这样可以映射出全屋的景象,似乎使客厅增大了一倍,或在狭长的房间两侧装上玻璃,也可达到类似的效果。

九、小居室的3种阳台改造方式

想要让小空间既有的室内面积变大,进行"阳台改造"工程,是创造空间最主要,也最可行的手段之一。

1.阳台外推增加室内空间

将阳台完全外推,再利用外推出去的空间放床,原来放床的空间就让给了客厅,在床边再加个层板,层板上方可坐人,下方空间还可收纳书籍。

2.将阳台纳为室内使用

将阳台改为室内空间,并加大窗户,即成为采光极佳的休憩区。此外,由于阳台位于楼梯间,也使得整体空间更有层次感。

3.露台架设采光罩,增加使用面积

在露台上架设斜边的采光罩,即可将厨房移出去,再做上一张便餐台,晚上吃饭便有星星陪伴。如此,既增加使用面积,又维持空间的完整性。

十、阴雨天装修应注意的问题

1.购买材料:阴雨天空气湿度大,一些易吸收水分的材料,如木材、石膏板,在运送或存放的过程中处理不当,极易受潮,受潮后的板材会生霉点。并且在由板材做成木龙骨、木制品后,随着空气逐渐干燥,材料中的水分挥发后,极易开裂变形,还会影响其他材料。例如用板材做龙骨的石膏吊顶,因为板材的收缩系数比石膏大,木龙骨变形会直接导致石膏吊顶开裂,影响装修质量。所以购买材料时一定要注意材料是否干燥,还要尽量避免在阴雨天购买。

2.刷漆:对于木制品,无论是刷清漆或做混油刷硝基漆时,都尽量不要安排在下雨天时刷。因为木制品表面在雨天时会凝聚一层水汽。如果这时刷漆,水汽便会包裹在漆膜里,使木制品表面浑浊不清。比如雨天刷硝基漆,会导致色泽不均匀;而刷油漆,则会出现返白的现象。另外,虽然阴雨天对墙面刷乳胶漆的影响不太大,但也要注意适当延长第一遍刷完后墙体干燥的时间。一般来讲,正常间隔为2小时左右,雨天可根据天气状况再延长。据行家介绍,装修中许多工艺步骤都有一个"技术间歇时间",如水泥需要24小时的凝固期,刮腻子每一遍要经过一段干燥期,每遍干透才能再刮一遍;油漆也需要每一遍干透后再刷上第二遍、第三遍。所以在阴雨天,这种技术间歇时间一般都要延长,必须耐心等待。

3.铺木地板:无论是铺设实木地板还是复合地板,都尽量不要在下雨天进行铺装。因为阴雨天空气湿润,地面受潮,水分蒸发得慢,胶干得也慢,在这种情况下铺装木地板,将来很容易出现变形或空鼓现象,特别是一楼,还会出现返潮现象。在空气湿度不是很大的阴天里,是可以铺木地板的,但检查地板含水率非常重要,一般强化木地板、实木复合地板均能达到要求,而实木、竹地板务必检查,否则到冬季,室内干燥又有暖气,地板会出现缝隙过大的现象。检查合格后,务必把地板装入原包装,并用塑料布包好,否则地板会吸收室内空气中的湿度而变形。在阴天铺装木地板,业主应注意提醒装修人员要铺装得紧凑些,否则天一晴,水分被蒸发后,会导致木地板收缩,地板间缝隙增大。

4.电路改造:阴雨天装修时,电路布置时特别要注意,更应注意对电路改造的规范化操作。不能将裸线直接埋在墙壁或是地板里,应加有保护的绝缘线管。特别是在阳台等容易被雨淋湿的地方,一定要将埋线时露在电线外面的铜制线头包好,以防止电线受潮后短路。尤其对于环绕在受潮的木龙骨、大芯板等木制品周围的电线,更应注意到这一点。否则一旦不慎,很有可能引发火灾。

十一、装修后何时搬入新居最适宜

家庭装修在施工时,要使用大量的装饰材料,其中绝大部分是化学合成材料,存在着易挥发的成分,因此装修后的房间会有一定的化学气味,刚一完工就入住,对人的身体没有好处,应该晾置一段时间,待气味基本消除后再入住为好。

一般最少应晾置三日,在晾置期间,应保证空气的流通,避免雨淋及暴晒。如果室内使用酚醛油漆涂刷,晾置时间应适当延长。墙壁使用多彩喷涂等含有苯、酚等物质的涂料,晾置时间应在一个月以上才能入住。在涂刷乳胶漆的房间,由于没有气味,完工后待面层干透即可入住。另外,房屋也不宜过久晾置,否则,会由于气候的变化,导致装饰面的变化,而造成不必要的损失。

十二、怎样让卧室空间变大

想让你的房间看起来更宽敞,不妨试着做些改变:

1.善用床底下空间

利用一些床底储物盒或其他收纳盒,把比较不常用的物品或换季衣物收藏在这里。

2.衣柜的选择

购买组合式衣柜,它的多种内部配件,如网篮、抽屉或是吊衣杆等,都增加了收藏的多变性,可以依个人需求来组合内柜。

3.衣柜内侧

橱柜内侧左右柜面,可以加上挂钩或铁丝等,来挂些重量轻的物品,如领带、围巾、丝巾等,既不占空间也可以保持领带、丝巾等的线条。

4.多利用挂钩

利用S型挂钩、挂衣架或折叠式挂钩,可以节省很多空间。

5.层板使空间更立体

不妨加装一些层板,不但增加摆放位置,也营造出空间感。

十三、客厅设计布置法

1.客厅饰面材料的选择应以典雅大方、宽敞舒适、明快和谐为原则;色彩要尽量和谐统一,不能过分强调对比;饰面材料要尽量采用耐磨耐用的材料。地面可用地砖、薄板石材、复合地板、硬木地板等。墙面可用涂料、壁纸、装饰面板、木夹板等。吊顶的处理则应尽量简洁、明快,不要过于繁杂、琐碎,以免造成居室空间的压抑感。

2.客厅是人们活动的最主要场所,因此必须留有足够的空间,尤其是充足的走道。就餐厅和会客厅要做到有机分开,中间可放置吧台、柜,不要摆得太满,要给人以隔而不断的感觉。

3.客厅里家具布置要得当,不宜摆放过多,体积也不宜过大。确定家具的摆放位置前,首先要为厅区定出一个焦点,这个焦点可以是一套音响组合、茶几、几棵集聚放置的植物等,家具则围绕焦点而摆放,务求为这个厅区焦点营造一股凝聚力。

4.客厅墙壁装饰必不可少。根据室内环境条件选择一些符合主人身份的壁挂、壁饰、壁画来美化客厅。客厅要有良好的照明和光感。顶上要有一个或几个吊灯(大客厅),沙发旁要设有一个地灯,展示架里的灯光要能直接照到装饰物(如古玩、陶瓷制品)上,给人一种艺术的美感。

十四、居室氛围选择法

居室利用不同的色彩和布置,可营造出不同的氛围:

1.海洋景:蓝色墙壁辅以蓝色灯具、浅色家具,构成海洋景色调,可使人心胸开阔。一年四季都适用。

2.大地景:将灯具、灯光设计成富有大地感的土黄色,配上土黄色或褐色家具,使人有广阔感,适用于春秋季。

3.森林景:绿色灯具、灯光、墙面,配上栗色或橄榄色家具,使人有凉爽舒适感,适用于夏季。

4.阳光景:将灯具、灯光配成橙色,辅以淡黄色墙壁、浅色家具,有温暖感觉,适用于冬季。

十五、家具摆放的5点禁忌

禁忌一:强烈的阳光会使沙发表面褪色,直接影响沙发的耐用性,所以无论沙发采用哪种质料制造,都不能长期摆放在窗户旁边,尤其房间朝向西面的,就更要避免。

禁忌二:摆放影音器材的位置也要远离窗户,因为电视机的荧光屏被光线照射时,会产生反光的效果,让人在欣赏电视节目时眼睛不舒服。另外靠近窗户易沾染尘埃,下雨时,雨水更可能溅到器材,影响其功能,甚至发生漏电的现象。

禁忌三:市场上的灯饰大多以吊灯为主,使用必须得当,如房子太低,就要留意吊灯的高度,太低会妨碍走动。吊灯安装在中间位置,光线会更平均。

禁忌四:写字桌的桌面应低于肘部以方便活动。吊柜顶部与地面的距离最好不要超过2米,艺术柜有两层的话,第一层最好以平视能看到里面放置的物件为理想高度,第二层则以手举高即可拿取到东西为佳。

禁忌五:床不宜对着镜子,因为镜子会反射其他事物,当人在模糊的状态下,可能会因而受惊。床也不宜位于梁下,因为躺在梁下,潜意识会感到受压迫。

十六、室内绿化法

室内绿化装饰的原则是柔和、舒适、宁静。一般以观叶植物为主,并随季更换。矮橱低柜上可放小型观叶植物;高橱上可放常春藤;在茶几、条案上可放抽叶藤;阳光充足的窗边可放四季秋海棠。室内插花以淡色为佳,花香不宜太浓。

十七、家庭盆景设置

1.设置盆景,要因地制宜。宽敞的客厅、门厅、门口宜陈设大型树桩或水石盆景;一般居室宜放中小型盆景;栏杆、高台应置曲干或悬崖式盆景;书桌、书架可装饰微型盆景。

2.盆景摆设位置要考虑其种类和造型。山青水碧的山石盆景,适宜摆放在与视线相平或略低的位置上,以突出山峰之峻峭;而姿态别致的树桩盆景,若放在比水平视线略高的地方,则会更显古树之苍劲。

3.盆景背衬处不要挂放画幅、窗帘、彩色壁纸等物件,以免视觉互扰,影响观赏效果。

十八、如何美化暖气

1.展示柜与暖气罩合二为一

·家居休闲·

图文珍藏版

一般的暖气罩均是按照暖气本身的高度与长度确定形状、大小，这样虽然经济实用，但也难免千篇一律。不妨在暖气的位置打造一个简单实用的小型展示柜，将暖气包进展示柜下方，前方留检修活门，而展示柜上方则用玻璃与板材制造。这样一来，既美化了暖气罩，又充分利用了空间，一举两得。

2.半遮半掩的暖气片

在有心的设计师眼里，普通的暖气片也并非一无可取，它本身的金属质感和粗犷的线条，如果加以利用，也可以成为美化居室的有益因素。只用几块竖板，给暖气加一个装饰性的外框，再涂上彩色的油漆，这样用木材粗线条的勾勒，既弥补了暖气片的整体外观不足，又在半遮半掩中丰富了空间的层次。

3.用冲孔铁板做暖气百叶

以往多用木材做暖气百叶，虽然美观，但影响了暖气散热，许多设计师都为此苦恼。而用冲孔铁板做成的暖气罩则充分利用了金属导热性良好的特性，可使装饰取暖两不误。

十九、灯具与家具色彩协调法

灯具和家具的色调应力求和谐，给人以舒适感。大红、大紫灯具配深色家具有华丽之感；米黄、淡黄灯具配深色家具显得典雅大方；果绿、浅蓝灯具配浅色家具给人以幽雅文静的美感。

二十、怎样让居室常住常新

只要你动动脑筋，改变身边布局的一小部分，整个房间的格局就会产生很大的变化。

家具是家庭布置中的一个重要的组成部分。有时候，把一件大型的家具换一换位置，或干脆改变所有家具的位置，就会给人耳目一新的感觉。比如说把沙发、电视柜的位置换一下，就会让每一个进门的人感觉到室内的变化。当然，变化家具的位置要从进出和取物方便、布局合理等几方面考虑，不然，就会弄巧成拙。

经常变换床单、窗帘、沙发套的颜色及造型，可以改变居室的色彩。颜色的变换可以按照当时的心情以及季节的变化来考虑。不管你如何变换色彩都要注意色调的一致，在气候炎热的夏季，冷色调能为你驱除不少的暑气，寒冷的冬季暖色调又会带给你许多温暖。

经常地更换装饰品。装饰品在家庭装潢中起着画龙点睛的作用，它的面积虽小，可作用却不容小觑。对于这种摆设你完全不必每次都去购买新的，而是可以自己动手制作，利用一些废弃的用品如旧的挂历、碎的布头来动手进行拼接也能达到良好的效果，而且保证不会有雷同的情况发生。

最后，还要注意居室的清洁，既然要让居室常住常新，那么就要时刻保持居室的整洁，在窗明几净的环境中心情自然会变好，觉得居室敞亮了许多。

二十一、书画陈列法

陈列中国书画要注意如下几方面。

1.将书画作品适当装裱,或配上红木镜框,会显得古朴清雅。

2.书画作品平正地悬挂在大片的墙壁上,最好是迎门的墙上,不宜挂在角落或大件家具的阴影里,不要上下交错,更不要斜挂。

3.书画作品不宜同时陈列过多,随季节更换,可产生新鲜感。

陈列西洋油画要注意如下几方面。

1.风格统一:要同房间的装饰风格相一致,古典风格的、写实的油画适合于色调凝重、装潢华贵的房间;现代派、抽象派的油画则宜挂在墙面明亮、家具简洁的房间。

2.色彩协调:油画与房间的色彩一般以对比色为好,能起到画龙点睛的作用,但必须协调。温馨淡雅的房间宜选色彩柔和的油画;色彩明艳的房间则宜用对比强烈的油画。

3.品味适宜:油画作者的艺术品位要同房间主人相适宜,作品要有较强的观赏性,耐人回味。

4.投资增值:如能选择作者有知名度,市场行情有潜力的油画,即可获保值、增值的利益。

第二章　日用百物

第一节　选购常识

一、轻薄型笔记本电脑选购 6 条经验

1.运行速度要快

衡量一部超薄笔记本电脑优劣的一个很直观的标准就是它的运行速度。现代人都喜欢快节奏的生活，都希望自己使用的产品能满足现代人快节奏的需求，没有谁会愿意买一台速度慢的电脑。

2.品牌服务要好

对不太熟悉电脑操作的消费者来说，为了确保良好的售后服务和技术支持，最好应该去选购具有良好品牌服务的超薄笔记本电脑。

3.电池容量要大

由于超薄笔记本电脑对耗电量相当敏感，电池容量及使用寿命也是衡量笔记本电脑好坏的重要指标之一。通常超薄笔记本电脑采用锂电池、镍氢电池或碱性电池作为主电池。

4.存储器容量要大

在信息量呈爆炸式增长的今天，容量小的存储器已经没有生存的空间了。有的厂商往往通过广告夸大其产品的配置。所以，在选购超薄笔记本电脑之前，最好先了解一下有关超薄笔记本电脑存储器的知识。

5.功能预留空间要"宽裕"

功能的预留空间直接决定着产品的服务寿命。无法升级产品功能的超薄笔记本电脑在某一时段内可能功能够用，但随着技术的更新，这种无法升级的产品也就成了永远的"落伍者"。

6.支持上网的功能要较强

在如今因特网迅速发展的时代，衡量电脑优劣的另一个重要指标就是对上网功能的支持程度，如果不具备基本的上网功能，那就谈不上是一款合格的移动办公系统。超薄笔记本电脑最好能内置 Modem，这将大大突出超薄笔记本电脑的便携

性。因为平常在外,若想上网浏览资料,收发 E-mail 等,总不可能还要揣个"猫"吧。因此,我们在选购超薄笔记本电脑时,一定要看看超薄笔记本电脑是否自身带有上网的网络设备,而且网络设备的性能是否完好等。

二、大屏幕彩电选购法

1.按居室面积大小进行选购:一般来讲,电视的最佳收看距离为电视屏幕对角线长度的 4~5 倍,例如 29 英寸(74 厘米)彩电的收视距离应为 3~3.7 米,34 英寸(86 厘米)彩电的收视距离应 3.4~4.3 米。

2.检查色彩是否鲜艳纯正:如观看画面中人物的肤色,其越接近人的自然肤色,则说明该彩电的色彩越纯正。另外,画面中的汉字,尤其是白色的字,其边缘如无彩色"镶边"现象,则说明机器色彩质量很好。

3.观察噪音程度:在选择大屏幕彩电时,不妨音量开得大些,此时噪音越小说明机器的声音质量越好。

三、电冰箱选购法

1.外观检查:外表应美观大方,色彩均匀一致,无损伤现象。另外还要注意箱门开关是否灵活,门封是否严密,箱门开启力应不小于 1.5 千克的拉力。

2.选择型式:电冰箱有多种型式,一般家用电冰箱选择电机压缩式为宜。因它具有效率高、寿命长、噪音小等优点。可根据经济情况选择单门有霜式或双门无霜式。

3.确定容量:根据家里人口数量而定,三口之家选购 150 升左右的容积为宜,人口较多的选择 180 升左右为宜。

4.通电检查:将温控器拧到关(OFF)状态,接通电源,照明灯应亮,关门灯熄。用电笔检查机壳应不带电。压缩机应工作,断电后也应立即停止。如果你对此还有担忧的话,可过 4~5 分钟再通电后看其是否能立即启动。另外压缩机在运行时,1 米以外不应听到明显的噪声和振动声。

四、空调质量鉴别法

挑选空调,可通过看、听、摸等办法初步检查其质量。一般来说,按照下列方法行事即可选中令您满意的空调。

1.外观检查

目测空调器各部件,应加工精细,塑料件表面平整光滑、色泽均匀。电镀件表面应光滑,不得有露底、划伤等缺陷。喷涂件表面不应有气泡、漏涂。底漆层不应有外露、凹凸不平等。各部件的安装应牢固可靠,管路与部件之间不能互相摩擦、碰撞。

2.垂直、水平导风板检查

手动的垂直、水平导风板应能上下或左右拨动,不能太紧,更不能太松,应拨在任何位置都能定位,不应自动移位。

3.过滤网检查

过滤网是经常拆装的零部件,应检查拆装是否方便,是否破损等。

4.各功能键、旋钮的检查

空调器面板上的旋钮应转动灵活、不松脱、不滑动。电脑控制的空调器、遥控器、线控器上的各功能选择按钮应转动灵活,绝不能有卡键等现象。

5.通电检查

对整体式空调器,可通电检查下列各项。

制冷:夏季购买空调器可试制冷功能,调低温度控制值,通电数分钟,应有冷风吹出。

制热:冬季或气温较低时购买空调器,可试制热风功能。

风速:调节风速选择钮,应有不同的风量吹出。

6.噪声和振动检查

空调器在制冷运动时,不能有异常的撞击声等噪声,振动也不能过大。

7.电气性能检查

检查电源线。电源插头是否符合规范,用力拉电源线不应松动或拉出。有条件的话,可测量空调器的冷态绝缘电阻。

8.附件、技术文件检查

应检查说明书、合格证、保修卡、装箱单等技术文件是否齐全,按装箱单检查附件是否齐全。

五、变频空调的选购、安装及使用

由于变频空调器是采用由电脑控制的变频器与变频压缩机组成的高技术产品,用户在选购、安装和使用时应注意以下几点:

1.在选购时,根据房间面积来确定所选变频空调器匹数的大小(一般一匹变频空调器可用于 14 平方米左右的房间),尽量避免在超面积情况下使用。

2.在安装、维修过程中,当需添加制冷剂时,应先将空调器设定在试行方式下运行或通过调节设定温度的方式使变频压缩机工作于 50 赫兹状态下,然后按量加入制冷剂。

3.变频空调的室外机有微电脑控制的变频器,其电路板在高温及潮湿的环境中较易损坏,因此其室外机应安装在干燥通风处,避免日光暴晒和雨淋。如发生开机后室外机自动停机现象,应立即停机进行修理以免故障扩大。

4.在日常使用中不要将温度设置得过低,以避免空调器长期处于高速运行状态。最好设置在自动运行方式,这样既能快速制冷又能节电。

六、二手空调选购法

1.检查外观是否完好整齐。要查看机壳是否破裂、变形,冷凝器肋片是否排列整齐,间隙是否均匀。间隙过大会影响制冷量,而过小易积灰尘。还要看肋片是否紧接在铜管上,否则一松动,就会影响换热效率、降低使用效果。

2.窗机、柜机、分体机都应是成套机组,室内室外机甚至连接铜管也应是原配的。一般来说原配件焊点光滑、均匀。

3.听室内机声音是否轻稳、均匀,若有杂音,说明室内风机平衡有问题,这时手摸机壳会有抖动感觉。

4.看实际制冷效果。制冷运转 10 分钟,用温度计放在出风口测试,温度一般在 18℃～20℃,温度越低制冷效果越好。有些商场销售二手空调是买卖双方先谈好价格,运抵用户家,安装、试机,用户觉得满意了再付钱。这种方法不妨一试。

七、普通洗衣机的选用

1.选择洗衣桶的材料:

搪瓷钢板洗衣桶耐酸、耐磨,抗冲击性能差,易脱瓷开裂而生锈。

铝合金板洗衣桶光洁美观,抗冲击性能好,但耐酸性差。

不锈钢板洗衣桶耐腐蚀,耐热性、抗冲击性好。

塑料洗衣桶尺寸精密度高,光洁度好,不耐热,容易老化。

2.表面漆膜光滑、平整,没有明显的裂痕、划伤和漆膜脱落现象。

3.定时器应能运转自如,操作灵活,走动均匀有力。

4.通电运转时,震动小,噪音低,各机件的螺丝不松动,功能正常。

八、全自动洗衣机质量鉴定法

1.电源接上时,把程控器顺时针拨到洗涤或漂洗程序上,接通电源开关,应能听到进水电磁阀工作发出轻微的"嗡嗡"声。用手摸进水口接头,有震动的感觉。

2.若无以上感觉,则把程控器关闭,顺时针转到排水程序上,然后启动程控器,如听到排水电磁阀发出大的"嘭嘭"声,说明洗衣机电源输入通路及电磁阀完好。

3.接上水、电源,把程控器指针拨到洗涤或漂洗程序上,水位选择器放在低水位档,启动程控器,自来水应流进桶内,在水位升到 20 厘米左右时,波轮应转动,可关闭进水阀断水。

4.如以上程序正常,程控器自控运行到排水程序时,波轮会停止转动,开启排水电磁阀排水。

5.当程控器运行到漂洗程序时,应关闭排水阀,当听到较大的"嘭嘭"声,此时进水电磁阀开始进水,如上程序重复一次。

九、电风扇选购法

电风扇主要有 3 种类型:台扇、落地扇和吊扇。家中的台扇、落地扇一般可选择 12 英寸(指扇叶的直径尺寸)、14 英寸、16 英寸 3 种。家用吊扇视居住条件而定,15 平方米以下的居室,可选 36 英寸的吊扇;15~20 平方米选 42~48 英寸的为宜;20 平方米以上的房间,则应选择 56 英寸的吊扇。

十、吸尘器的选购

选用吸尘器要根据居住面积确定功率,一般家庭以 500~700 瓦为宜,容量有 2~3 升即可。有自动收卷电源线装置的吸尘器使用完毕后,及时收好电线很是方便。通电后,吸尘器不应有明显的震动和噪音。用手挡住进风口,应感觉到较大吸力,能轻松地从地面吸起纸屑和硬币。各密封部位不应有漏气现象。最后检查各附件是否齐全,重心低的较稳重,下部有活络脚轮的更好。

十一、日光灯管标记识别

在日光灯管上的标记中,拼音字母代表色光的颜色,RG 为日光色,LB 为冷白色,NB 为暖白色;数字代表灯管的功率,单位为瓦(W)。

日光灯管质量鉴定法:

1.灯管两端,不可有黄圈、黄块、黄眉毛和黑圈、黑块、黑斑现象。

2.灯头、灯脚不可松动,4 只灯脚应平行对称。

3.通电测试。把电压调至 180 伏左右,灯管应能很快点亮,再调至 250 伏左右,灯管应能一直亮着。且灯管两端应无上述"三黄三黑"现象。

十二、家用摄像机选购法

1.看外观:外壳平滑光亮,无划伤,无毛刺;商标及各种功能标志应清晰、牢固。

2.查结构:镜头盖拆装方便;各按键、旋钮安装牢固,操作灵活;所有接插件插接时应牢固,接触良好,插座、插头不能有晃动。

3.查内在质量:打开开关后,图像应稳定、清晰,各种功能应能清晰显示,如日期、时间、摄录速度、快门速度、照明方式、电池电量等。装带、出带要顺利,不应有受阻现象。各种摄录功能反应应灵敏。所录图像色彩鲜艳,画面稳定,伴音良好,无失真现象或杂音。

十三、如何选购 MP3 随身听

想要选购一台 MP3 随身听,你需要注意几个要点:

1.内建内存:有无内建内存、内存大小都会影响价格。

2.扩充内存:能否扩充内存、扩充极限多大也需考虑。

3.支持播放的数字音乐格式:有的机种只支持 MP3 格式,有的可以支持多种格式,也有的可以通过升级来支持新格式。

十四、如何选购 MP4

MP4 最基本的要求就是能够直接兼容市场上流行的多种主流媒体格式,如 MP3、WMV 等。无须文件格式转换即可播放这些格式。因此,只能播放一种特定格式的 MP4 就是假的。假 MP4 往往做工粗糙,屏幕小于 2 英寸,容量很小,且画面质量极差,眼睛看一会儿就会感到不适。

另一个评判标准就是高清。按照国际通行指标来看,MP4 的播放效果就应该达到高清,如果无法实现高清,就可归为假 MP4。

选购 MP4 的关键,要看自己需要的容量以及支持格式,支持格式多的 MP4,将在使用上省去不少麻烦。屏幕大小也是一个主要因素。另外,其他一些功能的选择要看具体情况而定,如有的 MP4 能够支持视频录制,有的还能帮助学英文。

十五、游戏机选购

1.认定品牌。不要贪图便宜去购买那些无商标、无生产厂家、无地址的三无游戏机,因这些产品大都是用劣质元件组装而成的。

2.看图像,听声音。电视图像要清晰,无重叠,声音开大后不失真,清楚洪亮。

3.买遥控游戏机,应选择具有远红外遥控手柄的品种。选购连枪卡的套机时,特别要注意枪的质量,以及枪卡的节目内容是否重复。

十六、手机电池板真假鉴别法

假冒手机电池板对手机损害很大。那么如何才能鉴别出手机电池板的真假呢? 方法是:

1.看标志:真电池板上的标志印刷非常清晰,而假冒产品系翻拍制版印刷,字迹模糊不清。

2.看工艺:真的电池板采用超声波熔焊,前后盖不可分离,无明显的裂痕。而假冒的电池板多为手工制作,用胶水黏合,稍用力就会掰成两半。

3.看安全性能:正规的手机电池板为了保护电芯和手机,均装有温控开关,若充电时间过长、电压过高、温度急剧上升、电池板发烫时会及时切断电源,以防止电池漏液或爆炸。而伪劣电池板均无此装置,只是用电烙铁焊接,甚至将不可充电的相机专用小电池串联起来,仿冒锂电池,如强行充电,可能会引起爆炸。

十七、电饭锅质量鉴定法

1.内外锅间隙应均匀,内锅底部光滑,无外伤,配件齐全,外壳光洁。

2.接通电源后,外壳不应带电,手指碰触无发麻感。按下煮饭开关 5 分钟后,内煲底部温度约为 103℃,此时,限温器触点应自动断开,煮饭开关弹起,转入 60℃ 保温状态。

十八、如何选购电烤箱

选购电烤箱时主要应注意以下几点。

1.升温要快:最好选购 850 瓦以上的产品,因为功率大,热损失小,升温快,省电。

2.功能齐全:如带有自动调温装置,自动定时装置,以及有两组发热装置的电烤箱。

3.安全卫生:要选择有安全接地保护装置的电烤箱。因电烤箱是易受污染的炊具,内腔应平滑光亮,最好能灵活拆卸,以便清洁。

十九、煤气灶具选购法

1.应结合厨房整体设计及使用要求来选择不同形式的煤气灶具,如台式、嵌入式、超薄型及带有烤箱或消毒型的煤气灶具。

2.注意所选购的商品是否具有准销证标签。没有此标签的灶具,买回后使用时容易造成危险。

3.尽可能选择带有安全保护装置的煤气灶具,它会在煤气火焰意外熄灭时,自动切断燃气的通路,从而起到防止煤气外泄的作用。

二十、菜刀的选购

家用菜刀一般可选购夹钢菜刀,切菜、切肉比较适用。那么如何选一把好刀呢?

选刀时,应看刀的刃口是否平直,刃口平直的,磨、切都方便。未开刃的菜刀可用锉锉刃口,如感觉发滑,证明菜刀有钢,也有硬度。也可用刃口削铁来试硬度,如果把铁削出硬伤,说明有钢也有硬度。注意,不可用两把菜刀刃对刃碰撞来试硬度。

二十一、选购洗碗机小知识

要选购一台物美价廉、经济实惠的洗碗机,应从以下四个方面着手。

1.要选择一种较好的类型:洗碗机的种类比较多,按其开门装置区分,可分为前开式和顶开式两种。前开式的门打开后,可以像书桌一样拉出每个格架,放取餐具非常方便,且由于其顶部不开,还给用户提供更多的使用空间。顶开式与之相比,则放取餐具不太方便,顶部也无法充分利用。按洗涤方式分,洗碗机又可分为叶轮式、喷射式、淋洗式和超声波式等 4 种。目前较为常用的为叶轮式和喷射式,这两种洗涤方式的洗碗机具有结构简单、效果较好、售价低和维修容易等优点。消费者可根据家庭情况和个人爱好选择。

2.要挑选合适的规格:洗碗机的规格通常以其耗电功率的大小来表示,也有以机内存放碗碟的有效容积来表示。没有设干燥装置的洗碗机,其耗电功率只不过几十瓦;而带干燥功能的洗碗机,其功率有 600～1 200 瓦不等。至于选择多大规格的洗碗机,一般来讲,三四口之家,可选购 700～900 瓦的洗碗机。

3.要选择实用的功能:目前的洗碗机发展日新月异,一些高新技术得到了大量应用,如微电脑控制、气泡脉动水流、双旋转喷臂、传感器检测等,令人在选购时眼花缭乱。其实,普通家庭在功能的选择上,只要具备洗、涮、干燥 3 种功能及自动程序控制就可以了。在一些新功能中,快速洗涤、冲刷、旋转喷刷等也是较实用的。

4.要选择良好的外观:洗碗机外壳的烤漆应该均匀、光亮、平滑,四周及把手无锋边利角。碗格架拉出要方便、灵活,无卡滞现象。各功能键、按钮要开关灵活,通断良好。通电后,洗碗机的水泵和电动机要运转自如,且振动要小,噪音要低。操作完毕后,洗碗机应能自动切断电源。

二十二、碗碟质量鉴别法

1.看:就是先看碗碟口彩绘的边线粗细是否整齐,图案是否清晰,内外壁有无釉泡、黑斑、裂纹。

2.敲:用小木棒轻轻敲击碗边、碟壁,声音清脆响亮的为上品,声音浑浊的次之,声音沙哑、有颤丝音的是有裂痕或砂眼的。

3.扣:将盘碗扣在玻璃台上,或是两只碗碟对扣,其边缘没有空隙,说明是均圆的,否则是偏的或是扭边的。

二十三、排油烟机的选购

1.看外观:造型美观、经济实用的机器可作为工薪阶层的首选对象。

2.听噪声:无论什么牌子的机器,噪声一定要小。

3.试风量:因风量大小直接影响使用效果,一定要仔细测试。

另外,双眼型的机器还要试一下倒灌风。方法是:关上一个风机,用手试一试,已经关上的这个眼里倒灌风较大,说明机器质量有问题。

二十四、砧板的选购

砧板多为原木横截而成,常见的有松木、楠木、桦木、檀木、枫木、榕树等,以枫木和榕树为佳,因其木质坚硬,且有股特殊气味。挑选时应注意:

1.看整个砧板是否厚薄一致,有没有开裂。

2.看年轮。一般是以年轮圆正,纹路清晰而细密的为好。

3.如果有木节,则要看木节是否与木质紧密相连。如果木节与木质有明显接痕或裂缝(俗称死节),则不宜选购,因这种死节容易脱落而使砧板留下一个坑。

塑料砧板是近几年出现的新产品,它是用无毒塑料制成的,除不怕水外,还有耐磨、耐用的特点,使用方便。

二十五、怎样识别不粘锅

消费者在购买不粘锅产品时,应从以下方面检查:

1.应当检查涂层的表面质量,涂层表面应当颜色均匀一致,有光泽,没有裸露的基体。

2.要看看涂层是不是连续的,即有没有泥状裂纹存在。

3.用指甲轻轻剥离锅的边缘涂层,如果没有块状涂层脱落,则说明涂层与基体结合力好。

4.用指甲轻轻刻画涂层表面,涂层表面如果没有留下深的沟痕,则说明涂层表面硬度较好。

5.用几滴水倒在不粘锅内,如果水滴能像在荷叶上一样呈珠状流动,并且水滴流过之后不留水迹,则说明是真正的不粘锅,否则就是用其他材料制作的假不粘锅。

二十六、正确选用电热淋浴器

一看有无漏电保护器和安全压力网。一旦发生微量漏电或温控失灵等情况,这两种装置会自动启动,保障用户安全。

二看有无合格证、保修卡和品牌标志,以了解产品型号、功率、电压、防水等级等等。为防止私自拆卸机器,不少产品在机器连接部位都装有封条,您在选购时应检查这些关键部位的封条是否破损。

三看外观质量,合格的产品应无划伤、凹凸不平和锈斑。电热淋浴器的安装万万不能马虎,因此,安装前必须详细阅读使用说明书和安装图,尤其对有警告标志的关键部位,必须严格按说明书要求去做.绝不能凭一知半解,想当然地去安装。

二十七、电热水瓶选用法

1.看性能:注满水后,烧沸一瓶水应在 18～25 分钟之间,然后自动进入保温状态。

2.看外型:重心低,底座稳,表面光洁,美观大方。

3.看标记:水位指示线或瓶口内壁满水标记清晰易辨;加热指示灯、保温指示灯自动及时转换,无闪烁现象。

4.听噪音:出水流畅,噪音要小。如果噪音大,出水细小或断断续续,则说明装置有缺陷。

二十八、饮水机选购法

1.饮水机的喷塑件、塑料件表面应光滑平整、色泽均匀、涂层牢固,不应有裂痕、划伤、起泡、漏喷、变形等缺陷,各接缝处连接应匀称,铭牌应牢固、无翘曲,标志应清晰、内容完整。

2.饮水机放上满桶水,能承受冲击力和压力而不变形。龙头不打开,水桶水位不应下降,龙头不滴水。

3.打开龙头后,应出水流畅,桶内应有气泡上升。水斗应拆卸方便。

4.各开关控制按钮应按动灵敏,正确可靠。接通电源后,各指示器应正常显示,在制冷、加热显示器分别熄灭后,放出的冷水温度应为 5℃～10℃,热水应为85℃以上,放出的水量越多,证明其性能越佳。

5.是否具备和配备了防二次污染的技术和措施,好的品牌饮水机都有防二次污染的装置。

二十九、巧选凉席

凉席分为马兰草席、竹席、咸草席、蒲草席、普通草席等几种。马兰草席和咸草席柔韧性较好,适合软床铺用,其他几种席均有不能折叠的弱点,最好铺用在硬板床上。

选购竹席要看:席面是否光滑;色泽是否一致;有无红黑篾;编织是否紧密(可以把席打开,对着光线看,以不透光的为好);宽窄是否一致;边沿是否整齐;席面是否有接头露头。

质量好的草席,色泽均匀一致,无断草和穿错草,不透光,宽窄一致,边沿整齐无松边。

三十、如何挑选牙膏

1.看:膏体比较细腻光滑的,通常是用高档硅作磨擦剂,可以放心使用。

2.尝:刷牙时若感觉膏体粗糙,有像沙子一样的颗粒滞留在嘴里,需要漱口多次的,大多是含粗糙磨擦剂的牙膏,建议立即停用。

此外,应该根据防蛀功效来选择牙膏。也就是说要选择含氟牙膏。建议广大消费者应该特别注意选择含氟防蛀又确保不磨损牙齿的优质牙膏。

三十一、如何选购太阳眼镜

一副好的太阳眼镜不仅能保护眼睛,更能增添其魅力。劣质的太阳眼镜不仅不能阻挡紫外线,更会让眼睛受到伤害。想要保护好你的眼睛,就要选对真正能保护眼睛的眼镜。

选购太阳眼镜必须要考虑几点:

1.可以真正滤除紫外线,还是只是徒有其表。

2.玻璃镜片较重但不易磨损;树脂胶片较轻但易磨损;压克力片质量最劣应避免使用。

3.在色彩上,以灰色最佳。

三十二、手表选购秘诀

想要选一只适合自己的手表,你可以从下面几点考虑:

1.防水:一般来说50M的防水程度即可。

2.防震:是否有防震耐压的功能,也需要考虑。

3.外型、材质:外型是否符合自己的喜好,材质是否容易变质、褪色等。

4.冷光:在黑暗中冷光可以让你看清楚时间,并检查冷光时间是否够久,以免来不及看清楚,冷光就消失了。

5.售后服务:选择有良好售后服务的商店购买,一般会有一年的保修期。

三十三、挑选雨伞妙法

选购雨伞时应检查:

1.开启是否灵活,能否一开到顶而不受阻、不下落。

2.缩折伞的伞杆、套管应伸缩活络;自开伞不按键钮不得自开。

3.关伞时要轻便,收落时轻巧自如,拉力不应过大。

4.伞架光滑无锈,伞柄坚韧牢固,不宜左右晃动太甚。伞型应饱满,不能呈深碗状。伞面布应是专用纬布,尼龙面应是涂层尼龙布,不漏水,无跳纱。

三十四、装饰字画的选购

1.选购装饰字画要考虑室内光线。一般地说,居室阳光比较充足,若又是有一定高度和面积的房间,适宜选购冷色调的装饰画,如绿、青白、淡蓝、淡紫等色调;而当房间光照稍差时,则宜选购暖色调的,如米黄、粉红、牙黄、橘红、浅棕色等。

2.装饰字画的风格需与居室内的家具风格相吻合,如居室内的家具是传统式的,就不宜选购图案抽象,色彩太"艳丽"的现代装饰画,应多采用中国传统的国画、书法、对联等进行装饰。若是西方传统式装修,应多选用油画、版画、雕塑等进行装饰。若是现代风格的装修.则应选用比较抽象的或装饰风格较强的装饰画、壁挂等进行装饰。

3.不同的空间应选择不同的字画。

如卧室、休息处,选择的挂画色彩宜淡雅,内容平和、恬静,画幅不宜太大。如色彩热烈,画面内容激昂振奋,或字迹犹如龙腾虎跃,如狂草书法,则会强烈刺激人的大脑皮层,引起兴奋,不利于休息。

在餐桌上方,可挂一幅五彩缤纷、硕果累累的写生画,有助于增加食欲。

客厅里应以花鸟山水画为主,这样会使环境显得更为开朗清新。

书房中挂些书法作品能显出文雅之气。

儿童房间里最好挂上卡通画或孩子自己作的画,以激发孩子的自信心和成才欲。

三十五、玩具安全鉴定法

给孩子购买的玩具,安全与否是所有家长最关心的问题,下面介绍几种玩具的安全鉴定法:

1.钢木玩具:表面是否粗糙,边缘是否锐利,孔缝会否夹手指。

2.电动玩具:严格检查开关系统是否绝缘安全。

3.戏水玩具:严格检查接缝是否紧密,采用的塑胶原料厚度是否合适。

4.弹射玩具:着重检查弓、箭或枪等抛射性物体是否附有保护性销子。

5.音乐玩具:检查其音响是否音阶准确,悦耳动听,尖锐刺耳的声音会损害儿童的听力。

三十六、选购家具10要素

1.家具式样是越"摩登"越容易过时,相反,传统家具所隐含的文化感染力经久不衰,且具有保值性。

2.淡颜色的家具适用于小房间或者采光条件较差的朝北房间等,照明较好的房间可选择深颜色的家具,可显出古朴、典雅的气氛。

3.年老者不要赶"时髦"购买高大的组合柜,虽然高柜节约了空间,但爬高取物颇不方便。

4.新婚青年购买家具不但要式样新颖,还要考虑到将来小宝宝出世后的生活。比如,装在矮柜上的玻璃门很可能成为小孩的攻击目标,因此最好选择木门。

5.要注意环境特点,如果附近有工厂烟囱,灰尘较多,家具式样要选择简洁明快的,否则清洁工作会花费你大量宝贵的时间。又如,在较潮湿的房间里不宜用包角家具。

6.要留有余地。家具在室内的占地面积以45%为宜,还要留一部分地方放置家用电器及衣帽架等生活用具。

7.家具的平、立面尺度要和房间面积、高度相吻合,以免所购家具放不进去,或破坏已构思好的平面布局。

8.除了衣柜、书柜外,还要配置餐桌、餐椅、沙发、茶几等家具。所以,事先要考虑好配置单件家具的颜色、式样和规格,免得日后难以配套。

9.买好的家具能否顺利地搬进房门,关键是家具的最长空间对角线不能大于通道或楼梯转角处的最大对角线。当然,设计家具时一般已参考建房的建筑尺寸。但是一些老式房子的住户应考虑到此因素。

10.要注重家具的实用性,切不可华而不实,只重样式,不看使用效果。购进家具时要充分考虑自己的实际生活需要。

三十七、如何选择好床垫

睡眠质量的优劣足以影响你一天的表现及心情。因此选择床垫时要考虑到以下几点：

1.透气、防霉度

材质以天然成分加上化学物质制造的为佳，透气的材质不会造成潮湿、发霉。另外抗菌的功能也很重要，因其可防止病菌衍生。

2.支撑力是否平均

弹簧分布均匀与否是造成支撑力是否平均的原因，支撑力不均让脊椎容易凹陷其中，造成严重的伤害。

3.床面张力

床面张力紧绷，让身体肌肉重量平均分摊，自然舒服得多。

三十八、如何选择普通窗帘

窗帘在室内装修中，起着保护隐私、利用光线、装饰墙面、吸音隔噪的作用。依据其作用，窗帘的选择又有很多不同的组合方案。总之，窗帘的选择是相当关键的。无论是业主，还是室内设计师，都应予以高度重视。

1.根据要求选购窗帘

设计风格：我们知道窗帘有很多种款式，而这些款式又与室内设计风格有着密切的关系。所以，在窗帘的选择方面，设计风格是第一要求。也就是说，窗帘的一切因素，首先要与室内的风格相配套。在这一点上，您需要更多地咨询您的室内设计师，以免出现不协调的现象。

功能需要：根据不同的功能要求，在设计风格一致的基础上，需要对窗帘的厚薄做出选择。一般来说，对于卧室有两种方法：采用一种较厚的布料；或者用一种较薄的布料，同时里面再做一层薄纱帘。

选择布料：窗帘的布料有很多种选择，下面简单介绍一下有关布料。

轻、薄透明或半透明的布料，如棉、聚酯棉混纺布、玻璃纱、精细网织品、蕾丝和巴里纱等。

中等厚度的不透光布料，如花式组织棉布、尼龙及其混纺布、稀松网眼布；滑面布料，如擦光印花棉布、磨光棉布、仿古缎子、真丝和波纹绸等。

2.根据设计风格选择花色

即使同一种布料，花色也五花八门。不同花色的选择，对于设计的风格有着很大的影响。

窗帘的主色调应与室内主色调相适应。补色或者近色都是允许的，但是极端的冷暖对比却是一个大忌。

现代设计风格，可选择素色窗帘；优雅的设计风格，可选择浅纹的窗帘；田园设计风格,可选择小纹的窗帘;而豪华的设计风格,则可以选用素色或者大花的窗帘。

选择条纹的窗帘,其走向应与室内风格的走向相配合。

三十九、选沙发的 5 个方法

1.看舒适性:忙碌了一天,回到家里就要享受一下,沙发的座位应以舒适为主,其坐面与靠背均应以适合人体生理结构的曲面为好。如果居室面积较小,兼备坐、卧功能的沙发床是一个不错的选择。

2.因人而异:对老年人来说,沙发坐面的高度要适中,若太低了,坐下、起来都不方便;对新婚夫妇来说,买沙发时还要考虑到将来孩子出生后的安全性与耐用性,沙发不宜有尖硬的棱角,其颜色也应鲜亮活泼一些。

3.按房间大小、结构选购:小房间宜用体积较小的实木沙发,或小巧的布艺沙发,使房间剩余空间更大;大客厅放较大沙发并配备茶几,才更方便舒适;房间小可选择沙发坐板下面有储物空间的.取放物品方便,一物多用。

4.按房间的结构考虑沙发的可变性:由 5~7 个单独的沙发组合成的"拐角沙发"具有可移动、变更性,可根据需要变换其布局,给人新鲜感。若购买布艺沙发,可多做一件沙发套,在不同季节变换使用。

5.与客厅的装饰风格及其他家具相协调:沙发的面料、图案、颜色往往对居室风格起主宰作用,所以先选购沙发,再购买其他客厅家具不失为一个明智之举。

四十、地毯选购法

1.根据居室朝向选择地毯:向东南或朝南的住房,最好选用冷色调;向西北或朝北的住房,则应选用暖色调。

2.根据房间的特点选择地毯:卧室内宜选花型小、色泽较明亮的地毯,给人以舒适感;会客室宜选择色彩较暗、花纹图案较大的地毯,给人以大方庄重感。

3.根据居室环境和经济状况选择地毯:羊毛地毯色泽光亮,柔软耐磨,弹性好,但价格较贵。丝织地毯色泽鲜艳,富丽典雅,但不耐磨。麻织地毯耐磨,使用寿命长,但质地较硬。棉织地毯价格低廉,但缺乏弹性。化纤地毯色彩多样,坚牢耐磨,不霉不蛀,但弹性较差。

4.根据房间的功能和色彩基调选择地毯:卧室宜选用驼色、米色或蓝色、绿色等中、冷色调,以营造幽静淡雅的氛围;客厅选用紫红或金黄色,会显得华丽而充满活力。

5.根据室内空间构图选择地毯:面积较小的厅室可以满地铺,以保持地面平整,又使整间居室色彩统一;而宽大的厅室里选用方、圆或椭圆形的地毯局部铺,则可更好地衬托室内陈设的重点,给人以协调、和谐的美感。

四十一、家居护理蜡选购要诀

房间大了,家具多了,家务事也更加烦琐了。家居护理蜡进入生活以后,为家

·家居休闲·

图文珍藏版

具的清洁护理带来了很大的方便,购买时要注意选择有特色的产品。

1.选择蜡质细腻柔滑的产品:家居护理蜡在生产过程中要经过乳化工艺,使之"水乳交融"。有一种简单的办法可以检测乳化的程度:将家具护理蜡喷在玻璃或冰箱等平滑的表面,若有水状溶剂滴落或喷蜡黏稠呈粒团状。则说明乳化不是很好;若成规则的雾团状,擦拭时像护肤品一样,细腻润滑,则乳化较理想。长期使用这样的产品能使家具表面致密光滑,深入滋养,充分发挥清洁护理的功能。

2.选择有抗菌功能的产品:沙发坐垫、冰箱拉手、房门推手等处是人们接触最多的地方,也是容易传播疾病的地方,选择有抗菌功能的产品能够杀灭和抑制有害细菌,全面保护家人身体健康。

第二节　百物巧用

一、家用电脑节电4法

对多数家用电脑来说,包括主机、彩色显示器在内,最大功率一般在150瓦左右,要想节电,可从以下几个方面入手:

1.根据具体工作情况调整运行速度。比较新型的电脑都具有绿色节电功能,你可以在CMOS中设置休眠等待时间(一般设在15~30分钟之间),这样,当电脑在等待时间内没有接到键盘或鼠标的输入信号时,就会进入"休眠"状态,自动降低机器的运行速度(CPU降低运行的钟频率,能耗到30%,硬盘停转),直到被外来信号"唤醒"(播放VCD时,节能设置仍有可能生效,影响播放速度)。

2.短时间使用电脑或者只用其听音乐时,可以将显示器亮度调到最暗或干脆关闭。打印机在使用时再打开,用完及时关闭。

3.尽量使用硬盘。一方面硬盘速度快,不易磨损,另一方面开机后硬盘就保持高速旋转,不用也一样耗能。另外,3寸软驱比5寸软驱省电且可靠。

4.对机器经常保养,注意防潮、防尘。机器积尘过多,将影响散热,显示器屏幕积尘会影响亮度。保持环境清洁,定期清除机内灰尘,擦拭屏幕,既可节电又能延长电脑的使用寿命。

二、电视机节电法

1.控制亮度:一般彩色电视机最亮与最暗时的功耗能相差30~50瓦,室内开一盏低瓦数的日光灯,把电视亮度调小一点儿,收看效果好且不易使眼疲劳。

2.控制音量:音量大,功耗高。每增加1瓦的音频功率要增加3~4瓦的功耗。

3.加防尘罩:加防尘罩可防止电视机吸进灰尘,灰尘多了就可能漏电,增加电耗,还会影响图像和伴音质量。

4.看完电视后应及时关机或拔下电源插头,因为有些电视机在关闭后,显像管仍有灯丝预热,遥控电视机关机后仍处在整机待用状态,还在用电。

三、电冰箱节电法

1.有的电冰箱冷冻室前上方有一根铝嵌条,可用此嵌条压装一块无毒塑料薄膜,宽度和长度分别比冷冻室门多出 15 厘米,以后只要掀开塑料薄膜的一角,便可取放食物,能使电冰箱内保持低温。

2.在冷藏室的每层网格前装夹一层比该格稍大的无毒透明塑料薄膜,可减少冷气损失。

3.当电冰箱内所放物品不多时,在 1~2 格冷藏室内填满泡沫塑料块,它几乎不吸收冷气。这样,冰箱原来的体积相对"缩小",可使制冷机工作时间缩短,达到节电的目的。

4.夏季一般应将温控器调到 4 或最高处,以免冰箱频繁启动,增加耗电。

5.严禁将热食品放入冰箱内,以免降低冰箱内温度,增加耗电量。

6.蔬菜、水果等水分较多的食物应洗净沥干后再放入冰箱,以减少水分蒸发而加厚霜层,影响冷藏效果。

四、吸尘器节电法

1.使用吸尘器应及时清除过滤袋上的灰尘。

2.必须定期给吸尘器转轴添加机油,并更换与原来牌号相同的电刷。

3.应经常检查吸尘器风道、吸嘴、软管及进风口有无异物堵塞。根据不同的需要选择吸嘴,可提高吸尘效果,又可省电。

4.家用吸尘器不能在潮湿的地方使用。

五、电风扇节电法

1.电风扇启动时所需电流比正常运转时大 4~8 倍,所以应用最快档启动既省电,又保护电机。

2.电风扇的耗电量与扇叶转速成正比,如 400 毫米电扇用快档耗电量为 60 瓦,用慢档只有 40 瓦。因此,在满足使用要求的情况下,应尽可能用电扇的中、慢档。

六、空调节电法

空调省电主要取决于"开几率",即启动时最耗电。

首先,要依据住房面积确定选购的型号。住房一般按每平方米 200 千卡/时计算,制冷量大了造成浪费,小了又达不到使用效果。

其次,房间应具有最基本的隔热性能。墙面应进行涂刷装饰,以增强灰质墙的隔热性,即可省电。

再次,空调安装位置宜高不宜低。有些家庭把空调安在窗台上,这不利于降低开几率。由于"冷气往下,热气往上"的原理,室内下层空气是冷热混合型空气,室内的上层是温度较高的空气,若把空调装在窗台上,抽出的空气温度低,相对来说空调在做无功损耗,上层的热气并没得到有效制冷。最后,空调温度不宜定位太低。一般控制在24℃~28℃或再高一点,只要人不感到热就行了。另外,空调千万别加装稳压器,因为后者是日夜接通线路的,空调不用时也相当耗电。

七、洗衣机节电法

1.先用清水浸泡衣物20分钟,把脏的衣领、袖口打上肥皂用手搓洗干净。洗涤用水温度控制在40℃左右,选用高效低泡洗衣粉,洗衣粉的重量取水的2‰。

2.洗涤合成纤维和毛丝品,2~4分钟;洗涤棉麻织物,6~8分钟;洗涤极脏的衣物,10~12分钟。

3.丝绸、柔姿纱、毛料等较高档的衣物,选择弱洗;棉布、化纤、混纺、涤纶等衣料,选择中洗;厚绒毯、沙发布和帆布等用强洗。

4.洗衣时,采用集中洗涤法,一桶洗涤剂可连续洗几批衣物,洗涤剂可经常添加,全部洗完后再逐一漂洗。

5.用洗衣机清洗,应将衣服捞出脱水后,再放入换好水的洗衣桶里,漂洗2~3次即可。

6.洗衣机皮带打滑、松动,电流并不减少,而洗衣效果会降低,因此经常调紧洗衣机皮带,使其恢复原来的效率,既省电,又能延长洗衣机的工作寿命。

八、电饭锅节电法

1.将淘好的米先放在水中浸泡一段时间,然后再通电煮饭,这样做出的饭不仅好吃还可节约用电。

2.在电饭锅通电后用毛巾或特制的棉布套盖住锅盖,不让其热量散发掉,在米饭开锅将要溢出时关闭。大约过5~10分钟后再接通电源,直到自动关闭。然后继续让饭在锅内焖10分钟左右再揭盖。这样做不仅省电,还可以避免米汤溢出,弄脏锅体。

3.用热水做饭比用冷水做饭经济。

4.电热盘表面与锅底如有污渍,应擦拭干净或用细砂纸轻轻打磨干净,以免影响传感效率,浪费电能。

5.要充分利用电饭锅的余热,如用电饭锅煮饭时,可在沸腾后断电7~8分钟。再重新通电。一般情况下,开始吃饭就可以拔下电源插头,靠饭锅的保温性能完全能保持就餐时的温度需要。

九、电熨斗节电法

一次熨烫几种不同织物应先熨需要较低温度的,然后再熨需较高温度的。断电后,再利用余热烫一部分只需低温的衣物,这样操作省时也省电。

十、煤气灶节能法

1.煤气温度最高的是中间一层。把炊具跟火苗的中层接触,才是最佳高度。

2.炒菜、蒸馒头用大火;熬汤、烙饼用文火。煮食物时,食物沸腾之后,可把火关小,保持微沸即可,因为火再大,锅内的水温也不会再升高。

3.蒸煮时,一般以蒸煮后留下半碗水的用量为宜,否则烧开水的时间要拉长,浪费煤气。

4.选用高压锅烧煮食物,省气省时保营养。锅底直径越大,火焰传导给锅底的热量越多,散失则越少,所以应选择直径较大的炊具。铝锅做炊具,会比铁锅缩短烹饪时间,减少耗气量。

5.用一个3~5厘米高的金属圈,罩在气灶上方,金属圈的外围要与炊具保持1厘米的距离,以使热量回旋于炊具的四周,提高热量的利用率。

6.水升温较慢,要先用小火,等水温升高后,再开大火烧。

十一、巧用微波炉

1.微波炉再生硅胶

硅胶是一种很好的干燥剂,但用久吸潮过多后会失效。可将硅胶放入微波炉内2~4分钟,如果是变色型硅胶,就会由粉红变成蓝色;如果是非变色型硅胶,会变得比较透明。

2.微波炉助黏合

黏合非金属物体时,可用绳缚紧或用重物(但不宜用金属物质)压紧,放进微波炉内作短时间处理,既省时又牢固。

3.微波炉防书刊霉蛀

将书刊放在微波炉内烘烤至温热,取出待其自然冷却后再收藏可防止书刊霉蛀。注意烘烤时间不能太长,以免烧焦。

十二、巧用冰箱

1.种子放在冰箱中可延长保存期,调整开花时间。方法是把花子儿、植物的球根或扦插用的枝条装入塑料袋,再放入冰箱冷藏室里,适当的时候拿出来种植。

2.生姜放入冰箱冷冻后姜味更好。

3.真丝衣服一般难以烫平,若把衣服喷水后装进尼龙袋内放入冰箱,几分钟后取出熨烫,很易烫平。衣服上若沾着糖类物质,也可放入冰箱,糖遇冷变脆,即可刮掉。

4.香烟、新茶放入冰箱可长期不变味。

5.鞋油放入冰箱内可防止变干变硬;肥皂受潮而软化,放入冰箱内可恢复坚硬;新买来的蜡烛,放入冰箱24小时后,点燃时不会滴蜡烛油。

6.胶卷放入冰箱可用期会超过原定的失效期。

7.染发品在高温时会失去部分效能或改变色泽,如放入冰箱内可长期保持原有效能,不致变质。

8.干电池不用时放入冰箱可延长使用寿命。

9.啤酒、红酒和白兰地,倒在制冰盒中可成一块块固体冰酒块,吃起来别有一番风味。

10.绿豆、黄豆、赤豆等豆类一般不易煮烂,但只要先煮一下,待冷却后放入冰箱冷藏室,半天后取出,即可煮烂。

11.栗子煮熟后不易剥壳,只要冷却后在冰箱内冻2小时,就可使壳肉分离,剥起来既快,栗子肉又完整。

十三、冰箱巧冻食品4法

1.利用制冰盘存汤料

事先做好各种汤、汁、卤等使之冻结,随吃随取十分方便。

2.巧切肉片

鲜肉质地柔软,要切成一块块外观整齐的肉片很不容易。为此不妨先将鲜肉放入冰箱冷冻成硬块后再取出,待肉块表面稍溶化便可随意切成薄片。

3.冷冻肉片不宜叠放

新鲜的肉片冷冻时要在金属盆或铝质盆里,垫上纸片,而且要放一层垫一张。到使用时就容易分开了。

4.鲜鱼冷冻法

冷冻鲜鱼,应先去掉鱼鳞、内脏,经水洗后,用抹布擦净鱼腹中水渍,然后隔层垫纸,逐条放入金属盆内进行冷冻。

十四、巧用电饭锅

1.烤热食物:先在锅内略抹一些熟油,猪油、植物油均可,将要烤热的熟食摆放在内锅里,然后盖上锅盖,按下煮饭开关,大约5分钟左右,锅温可升到103℃±2℃,煮饭开关自动跳起。利用余热将食物继续烤一段时间,再开盖取食。这样烤热的食物香脆可口,特别省时省力省心,适合加热早餐。

2.烤鸡蛋糕:取2个鸡蛋打入碗内,放入适量白糖,用筷子搅拌起泡。再加入适量的食用油,搅拌均匀,然后再加150克面粉,适量凉水,充分搅拌。再加适量苏打粉,拌匀。电饭煲内锅底抹些食油,将上述原料倒入,盖上锅盖,按下煮饭开关。待开关自动跳起数分钟后即成。此法制作的蛋糕松软可口。

十五、剪刀恢复锋利法

很多人认为剪刀用钝了用磨刀石来磨,其实还有比这更方便的办法,那就是利用锡箔纸。锡箔纸不一定用新的,旧的也可以。方法是把锡箔纸折成 2~3 层,然后拿剪刀剪锡箔纸,剪刀就可以迅速恢复锋利。

十六、玻璃杯重叠难抽的处理法

在内杯中加冷水,外侧的杯子浸在温水中。使二者产生温差,就可顺利抽出。也可在重叠处倒些洗洁精或肥皂润滑,以方便取出。

十七、电蚊香重复使用法

在已用过的电热蚊香片上洒数滴风油精,半小时后再将洒上风油精的蚊香片放到电热器上使用,即可达到驱蚊灭蚊的效果。下次同样处理又可使用,一枚蚊香片可多次反复使用,效果很好。因为风油精中含有薄荷脑、樟脑、桉叶油、丁香酚等成分,它不仅对蚊虫叮咬有特效,而且避暑避邪、提神醒脑,加热后屋内充满清凉芬芳的气味,蚊子也不再咬人了。

十八、断钥匙取出法

扭断在锁孔里的钥匙,可取一根大号钢针,将针尖稍加弯曲,插入锁孔,慢慢深入钥匙与锁孔之间的缝隙内,使针尖的毛刺对着断钥匙,向外侧稍稍用劲,使针尖毛刺钩住断钥匙,再轻轻向锁孔外一拉,断钥匙就被带出。

十九、鸡蛋壳的妙用

1.治妇女头晕:蛋壳用文火炒黄后碾成粉末,与甘草粉混合均匀,取 5 克以适量的黄酒冲服,每天 2 次。

2.治腹泻:用鸡蛋壳 30 克,陈皮、鸡内金各 9 克,放锅中炒黄后碾成粉末,每次取 6 克用温开水送服,每天 3 次,连服 2 天。

3.生火炉:将蛋壳捣碎,用纸包好,生炉子可用它来引火,效果甚好。

4.灭蚂蚁:把蛋壳用火煨成微焦以后碾成粉,撒墙角处,可以杀死蚂蚁。

5.驱鼻涕虫:将蛋壳晾干碾碎,撒在厨房墙根四周及下水道周围,可驱走鼻涕虫。

6.养花卉:将清洗蛋壳的水浇入花盆中,有助于花木的生长。将蛋壳碾碎后放在花盆里,既能保养水分,又能为花卉提供养分。

7.使鸡多生蛋:将蛋壳捣碎成末喂鸡,可增加母鸡的产蛋能力,而且不会下软壳蛋。

8.防家禽、家畜缺钙症:蛋壳焙干碾成末,掺在饲料里,可防治家禽、家畜的缺钙症。

二十、电吹风巧妙使用法

1.电冰箱化霜需要较长时间,如直接用电吹风向电冰箱冷冻室里吹热风,则可大大缩短化霜时间。

2.家中的电视机、收录机、磁带、唱片或电子元件受潮后用电吹风吹上几分钟,不要靠得太近,不要用大功率猛吹,可驱潮防霉,防止蚀蛀,延长使用寿命。

3.衣服沾上污迹使用去污剂洗净以后,用电吹风热风档吹一阵,衣服便干净了。

4.贵重书籍、邮票、火花等纸制收藏品,如能定期用电吹风稍微吹一吹,可驱潮防霉,防止纸张发黄。

5.饼干、糕点受潮后变软,用电吹风热风档吹一会儿,待冷却后,即可恢复原味,松脆如新。

6.冬春季鞋内易潮湿,但又难以干燥,可用电吹风吹上5分钟,鞋内潮湿即可烘干,穿着起来温暖舒适。

7.配置眼镜架不合适,可用电吹风的热风吹上半分钟后,用手轻轻进行整形。

二十一、口香糖清理印章法

嚼过的口香糖,把它平整地压贴在章面上,软胶能伸缩自如,彻底粘起脏污,使图章表面清洁,盖起来会更加清晰鲜明。

二十二、磨刀的诀窍

1.刀用钝了,可先放在盐水中泡一会儿,然后再磨。在磨刀时,边磨边浇盐水,磨不到几下,刀就会变得非常锋利了。

2.用蚊香灰来磨钝刀,既光洁平滑,又不会留下划痕。

二十三、巧开瓶盖

1.瓶盖因生锈或因旋得太紧而难于打开时,只要把瓶口在热水中浸烫片刻,使瓶盖膨胀,就可轻易地拧开。

2.可将瓶盖放在火上烘烤片刻,然后用布包紧瓶盖,用力旋开。

二十四、巧除粘在头发上的口香糖

1.用冰块直接敷在粘了口香糖的头发上,静置一会儿后可以让口香糖的黏度有所降低,有助于剥落。

2.将润丝乳抹在口香糖及头发上,用干布或纸巾包住,就可以轻松地将口香糖从头发上擦掉了。

3.用化妆棉蘸婴儿油搓揉,便可轻易去除。

二十五、巧除竹筷标签

新买的竹筷,上面的标签很难撕下,用手抠又会抠弄得很脏,可以先把它放在冰箱的冷冻库内,冰几分钟后再撕,就会很轻松地撕下来。

二十六、巧开锈锁法

在锁孔内放适量铅笔末,再用钥匙在锁孔内来回抽插,然后轻轻旋转几下,即能开动。

二十七、巧磨电动剃须刀

用过一段时间的电动剃须刀如果不那么快了,可找一个锯蜂王浆瓶子的小砂轮,在电剃须刀网罩的内面(与刀片的接触面),顺着电机的旋转方向磨上几分钟,然后在网罩上薄薄地抹上一层润滑油,装好后剃须会快得多。

二十八、巧使地垫不打滑

在地垫下放一块与其大小相等的保鲜膜,可以增加地垫和地板之间的摩擦力,自然也就不会打滑了。

二十九、巧用废瓶盖

1.洁墙壁:将几只小瓶盖钉在小木板上,即成一只小刷,用它可刮去贴在墙壁上的纸张和粘在鞋底上的泥土等,用途很广。

2.垫肥皂盒:将瓶盖垫在肥皂盒中,可使肥皂不与盒底的水接触,这样还能节省肥皂。

3.制洗衣板:将一些废药瓶上的盖子(如青霉素瓶上的橡皮盖子等)搜集起来,然后按纵横交错位置,一排排钉在一块长方形的木板上(钉子必须钉在盖子的凹陷处),就成为一块很实用的搓衣板。因橡皮盖子有弹性,洗衣时衣服的磨损程度也比较轻。

4.护椅子的腿:在地板上搬动椅子时常会发出令人刺耳的响声。为避免这一点,可在椅子的腿上安上一个瓶盖(如青霉素瓶上的橡胶盖)作为缓冲物,这样既不会发出刺耳的声音,又可以保护椅子的腿。

5.护房门面:将废弃无用的橡皮盖子用胶水固定在房门的后面,可防止门在开关时的碰撞,起到保护房门面的作用。

6.修通下水道的撅子:通下水道的撅子经过长时间使用后,木把就与橡胶碗脱离了。遇此,可找一个酒瓶铁盖,用螺钉将瓶盖固定在木把端部,然后再套上橡胶碗就可以免除掉把的现象。

7.止痒:夏天被蚊虫叮咬奇痒难忍,可将热水瓶盖子放在蚊子叮咬处摩擦2~3秒钟,然后拿掉,连续2~3次,剧烈的瘙痒会立即消失,局部也不会出现红斑。瓶盖最好是取自水温90℃左右的热水瓶。

8.养花卉:取一只瓶盖放在花盆的出水孔处,既能使水流通,又能防止泥土流失。

9.削姜皮:姜的形状弯曲不平,体积又小,欲削除姜皮十分麻烦,可用汽水瓶或酒瓶盖周围的齿来削姜皮,既快又方便。

10.刮鱼鳞:取长约15厘米的小圆棒,在其一端钉上2~4个酒瓶盖,利用瓶盖端面的齿来刮鱼鳞,这是一种很好的刮鱼鳞工具。

11.用废瓶盖作装饰品:将酒瓶上的盖子收集在大玻璃瓶内,放在饭厅或客厅内,是非常别致的装饰品。

12.制钻头:如要在软质木材或灰墙面上钻一个直径为2厘米左右的孔,可用一螺栓把一只酒瓶盖固定住,然后把该螺栓卡在钻机头上,瓶盖即可在此"显身手",起钻头的作用。

13.制拉手:有的瓶盖很美观,可用它做抽屉的拉手。先用钢锯在瓶颈处刻一道环线,用一根浸满酒精的棉线在刻痕处拴住瓶子,点燃棉线,在火焰将要灭时,把瓶子浸入冷水中,瓶口即可被割下来。利用适当的螺栓和羊眼圈可以将瓶口固定在抽屉上,再将瓶盖旋在瓶口上即可。

14.使家具滑动好移:在家具的每条腿的下面放一个罐头瓶盖,就可以滑动家具了。

三十、巧用废瓶子

1.制小喷壶:有些饮料瓶的色彩鲜美,丢弃可惜,可用来做一个很实用的小喷壶。用废瓶子做小喷壶时,只要在瓶子的底部锥些小孔即可。

2.制量杯:有的瓶子(如废弃不用的奶瓶等)上有刻度,只要稍加工,就可利用它来做量杯用。

3.使衣物香气袭人:用空的香水瓶、化妆水瓶等不要立即扔掉,把它们的盖打开,放在衣箱或衣柜里,会使衣物变得香气袭人。

4.擀面条:擀面条时,如果一时找不到擀面杖,可用空玻璃瓶代替。用灌有热水的瓶子擀面条,还可以使硬面变软。

5.除领带上的皱纹:打皱了的领带,可以不必用熨斗烫,也能变得既平整又漂亮,只要把领带卷在圆筒状的啤酒瓶上,待第二天早上用时,原来的皱纹就消除了。

6.护手表:将小塑料药瓶剪开,手表放在上面,用圆珠笔画下手表的形状后依样剪下,两边剪出穿表带的长形口子,将表带从口子中穿出,再从表的两端栓柱内通过,戴在手上,既平整、防汗,又不易脱落。

7.制漏斗:用剪刀从可乐空瓶的中部剪断,上部即是一只很实用的漏斗,下部则可用作水杯。

8.制筷筒:将玻璃瓶从瓶颈处裹上一圈用酒精或煤油浸过的棉纱,点燃待火将灭时,把瓶子放在冷水中,这样就会整整齐齐地将玻璃瓶切开了。用下半部做筷筒很实用。

三十一、巧治鞋垫后窜

1.有时走路鞋垫会从脚跟窜出来,既不舒服又不雅观。只要在鞋垫的当中加缝一块3.3厘米见方的硬布,就可防止鞋垫后窜。

2.冬季的鞋厚,则可找一条如麻布、防水布之类的布条,剪成一边直、另一边曲的半月形,将曲线的一边缝在鞋垫前端,使鞋垫像个拖鞋。鞋垫被脚趾顶住,就不会后窜了。布条裁的大小以穿时舒适为宜。

三十二、新鞋不磨脚的处理方法

新鞋容易磨脚后跟,这主要是因为制鞋工艺的最后一道工序一般需要将后脚跟夹起,使后跟形状呈尖角形。大部分皮鞋的前后都放了定型化学片,皮鞋经高温定型后,化学片成型变硬而磨脚。加之鞋的后脚跟部通常是两块皮子的缝合处,使后部不圆滑,脚和鞋稍有空隙就极易将脚跟磨破。

因此,感觉可能磨脚的新鞋,不妨在穿用前先将鞋后跟部揉揉;其次,用小锉磨磨缝接处的皮子;然后,用锤子砸砸使鞋后部更服帖,这样再穿新鞋时您就可以免受皮肉之苦了。

现在市场上还有一种用牛皮和海绵加工成的后跟帖,贴在皮鞋的后支口上也可以防止皮鞋磨脚。

三十三、如何改善抽油烟机的使用效果

抽油烟机排油烟效果好坏,关键在于安装位置:

1.一般规定是不碰头、不烘烤,安装高度可尽量降低,只有这样才可使油烟源趋近有效空间。

2.应尽量在两面靠墙的位置安装,并封住与墙的间隙,用软布塞住或糊上均可。

3.在无墙面加30厘米左右的延长挡板(以易拆装的折、挂形式为好),这种挡板最好采用透光材料。

第三节　保养维修

一、电脑的保养

1.室温:宜在15℃~35℃之间,要避免阳光直射或其他热源,连续工作4小时后最好关机休息,让机器散热。

2.湿度:宜在40%~70%,湿度过大,电脑元件接触性能会变差或被锈蚀,易产

生硬件故障,所以在阴雨天,要经常开开机。湿度过低,不利于机器内部随机动态存储器关机后存储电量的积放,也容易产生静电。

3.免震:电脑内部的部件多为接插件或机械结构,在震动下容易松动,所以一定要在平稳的环境下工作。

4.通风:应保持空气畅通,这样有利于机器的散热。窗户应设纱窗,既能通风又能阻挡室外尘埃的侵入。

5.电压:一般宜在220伏电压条件下工作,电压过高或过低都会使电脑过载或失控。切忌使用稳压器来稳定电压,因为稳压器内的继电器随着供电电网的电压波动的频频跳动,会对电脑内的操作程序有很大干扰,导致电脑出现错误信号,甚至损坏硬盘或使软盘驱动器卡死。

6.病毒:电脑病毒会使文件变差变乱,使电脑"死机",编程失效。所以拷盘或下载文件时要小心。

7.清洁:平时要保持机器、光盘、软盘和电脑周围环境的清洁。可定期用小功率吸尘器清除灰尘,用酒精清洗机壳和键盘,用无静电抹布擦显示器。

二、显示器保养秘诀

秘诀一:调整好显示器的亮度

荧光屏越亮,图像颜色越鲜艳,电子枪和荧光粉老化得也越快。因此,合理调整显示器的亮度和系统中的显示属性,会延长显示器寿命。另外,电脑桌面应尽量不要使用艳丽的图片。

秘诀二:避免阳光照射

将计算机安置在阳光不能直射的地方,要挡好窗帘或纱窗,将阳光对显示器的照射降到最低限度。如果计算机不用,要加盖能防止紫外线照射的罩布。

秘诀三:远离强磁场

显像管中的荫罩板极容易被磁化,如果受到强磁场干扰,将会导致显示器的色彩紊乱。要注意显示器与其他电器之间不要靠得太近,保持一定距离。

秘诀四:正确使用屏幕保护

选择系统自带的以黑屏为主的"三维文字"等屏保设置,还可在"控制面板"的"显示器设置"中启动系统的"自动关闭显示器电源"功能,或者在不用的时候及时关闭显示器,以减少空载运行的损耗。

秘诀五:减少灰尘

显示器在工作期间会产生很强的静电,对灰尘有较强的吸附能力,影响电路或元器件的性能,甚至造成短路等损坏性故障。

要定时为显示器除尘;打开显示器的后盖用毛刷将灰尘轻轻清扫干净。为了防止灰尘进入,可给显示器配备一个防尘罩布,每次关机后及时罩好。

三、光盘的保养

1.尽量保持光盘清洁,不要接触光盘的正面(即不带标签的一面)。

2.切勿跌落、划伤或弯曲光盘。

3.不要用任何书写工具在光盘的标识面上做记号,也不要在上面贴纸或其他附着物。

4.取放光盘时要小心轻放。

5.不用时,应将光盘存放在光盘盒内。光盘切勿放在阳光直射处、潮湿多尘处或高温处。

6.如光盘表面较脏,用洁净的软布按径向自中心向边缘擦拭。

7.如果以上方法仍不见效,可用软布蘸少许水轻轻擦拭。

8.请勿使用挥发性汽油、稀释剂、市售的清洁液或塑胶碟片用防静电喷雾剂等溶剂。

四、如何保养电冰箱

首先,必须定期清扫压缩机和冷凝器。压缩机和冷凝器是冰箱的重要制冷部件,如果沾上灰尘会影响散热,导致零件使用寿命缩短、冰箱制冷效果减弱。当然,使用完全平背设计的冰箱不需考虑这个问题。因为挂背式冰箱的冷凝器、压缩机都裸露在外面,极易沾上灰尘、蜘蛛网等。而平背式冰箱的冷凝器、压缩机都是内藏的,就不会出现以上情况。

其次,必须定期清洁冰箱内部。冰箱使用时间长了,冰箱内的气味会很难闻,甚至会滋生细菌,影响食品原味,所以,冰箱使用一段时间后,要把冰箱内的食物拿出来,给冰箱大搞一次卫生。当然,具备除霉除臭和杀菌功能的冰箱,冰箱内的空气会清新干净。

保养冰箱时还应注意:

1.每年至少对冰箱清洁2次。清洁冰箱时先切断电源,用软布蘸上清水或食具洗洁精,轻轻擦洗,然后蘸清水将洗洁精拭去。

2.为防止损害箱外涂复层和箱内塑料零件,请勿用洗衣粉、去污粉、滑石粉、碱性洗涤剂、开水、油类、刷子等清洗冰箱。

3.箱内附件肮脏积垢时,应拆下用清水或洗洁精清洗。电气零件表面应用干布擦拭。

4.清洁完毕,将电源插头牢牢插好,检查温度控制器是否设定在正确位置。

5.冰箱长时间不使用时,应拔下电源插头,将箱内擦拭干净,待箱内充分干燥后,将箱门关好。

五、电视机保养法

1.电视机要放在干燥、洁净、通风的地方,长久搁置不用或在梅雨季节最好每

·家居休闲·

图文珍藏版

周打开1~2次。

2.彩色电视机最好使用稳压器,以免电源电压变动过大而损坏显像管。

3.不要用插拔电源插头的方法开关电视机。

4.荧光屏要避免阳光直射,不用时可用较厚的深色布罩起来。

5.电视机使用时,不要开得太亮,遇到荧光屏上只有一条亮线或一个亮点时,应马上关机修理。

6.电视收看结束,关闭遥控器电源开关后,还应按下电视机面板上的电源开关,彻底切断电源,最好再拔下电源插头。

7.擦拭屏幕应用干布,收看时或收看刚结束时,忌用冷的、潮的硬布擦屏幕,以防止骤冷引起显像管爆裂。

8.夏季高温使用时,应将布罩取掉,以便通风散热。

六、保养电风扇

1.要经常用软布轻轻擦掉表面的灰尘及油污,如有条件,可给金属风叶上蜡打光。切忌用汽油、苯或酒精等擦拭,以免损伤油漆或塑料件表面,使之失去光泽。

2.电风扇应放置在干燥和无杂物的地方,防止灰尘及油污侵入风扇内部。

3.储藏前应做较彻底的清洁工作,并在扇头注油孔内注入适量的轻质润滑油(如缝纫机油),放入包装箱内,并置于干燥通风、无腐蚀气体之处。切勿叠压和碰撞,以防损伤电源线和电气器件。

4.下一年使用电风扇前,再做一次清洁、加油等工作,并检查电源线及电气器件是否完好无损。

5.使用时,先启动快速档,转速正常后再改用所需要的档次,这样可以保护电扇,也能省电。

七、光驱的保养

注意光驱的保养,可延长光驱的使用寿命,避免激光头的老化。在光驱的使用上应注意:

1.光盘使用完后应立即退出,以免再次启动机器时,光驱检测光盘,增加激光头的损耗。

2.不要使用盗版光盘,因为盗版光盘厚薄不匀,读片时增加激光头的聚焦、寻道次数,加速激光头老化。

3.禁止使用清洗盘,清洗盘上的毛刷在光盘高速旋转时会碰偏光头。

4.定期清洁光驱、激光管表面和聚焦透镜。

5.光盘放入光驱前应擦拭干净,以免灰尘带进光驱后玷污光头。

6.注意保存好光盘,不要划伤和沾上手污。磨花和沾上手污的光盘会增加光驱的读取时间。

7.避免长时间使用光驱,因为光驱密封很严不利散热。

八、洗衣机的保养

1.洗衣机最好放置在通风、远离热源、没有阳光直射的地方,应避免放在空气不流通、湿度大的卫生间;洗衣机应安放在有独立水龙头、电源插头及排水渠道的固定位置,并应将其四脚调至绝对平衡,以免工作时发出强烈噪音及磨损转轴。

2.洗衣加水要适当,忌用热水;切勿让洗衣机负荷过重,每次洗衣应尽量减少洗衣数。一般洗衣机每次可洗 4.5~5 千克衣物,若将太多的衣物放入机内不仅会降低洗涤力,还会加快机器磨损,洗衣机的寿命将会减少。

3.在洗涤前,应将衣物进行一次分类和检查,取出衣袋内的物件,将衣带及围裙带打上活结,拉上衣裤的拉链,缝补破裂的地方,部分沾染很多污渍的衣物在放入洗衣机之前最好先做特别处理,再放入洗衣机清洗。

4.操作各种开关按钮时,用力不可过猛。

5.洗衣机的外壳、控制板、过滤器及排水孔都应定期清洁。外壳及控制板可用海绵或湿布擦洗,但切忌使用化学物品清洗,否则外壳及控制板可能受损。清洗过滤器及排水孔时,应检查孔和孔通道是否被废物阻塞,应清除,有可能堵塞管道的污物,才可确保洗衣机不致失灵。定时器开关不要反转,不要使定时器被水淋。

6.不要空转,不要长时间连续使用。

7.鞋子、有沙子的衣服和沾上汽油的衣服不能放在洗衣机内清洗,也不能放在甩干机内脱水,以免洗衣机被划伤,或因摩擦起火,造成事故。

九、空调器保养法

使用空调器,平时要经常清洗保养:

1.过滤网应每隔 2~3 周清洗一次。拆下过滤网,拍打或用清水洗刷,甩干后再装入面板。

2.机壳及面板上的尘垢,可用干软毛巾或湿布擦拭,切忌使用机油、香蕉水等。

3.清洗内机,应先切断电源,用湿软布或毛刷清洗,冷凝器和蒸发器也可用吸尘器除尘。

4.室外机冷凝器表面积尘可冲洗干净。

5.因季节转换停止使用时,应选晴朗干燥的中午,将空调器置于 FAN(送风)状态中运转 3 小时,使机内干透,然后关闭机器,拔下电源插头;将遥控器中的电池取出,放在干燥处。

6.如果空调使用年头过长,在停机后首次开机如有下水道一样的潮腥气味,就必须开盖进行清洗消毒处理。

7.室外机上切勿放置重物,并且四周应无遮挡物。

8.重新开机前,应仔细查看室内机的排水管有无杂物堵塞,防止出现积水倒灌现象。

十、电话机保养法

1.取出旧电池和装入新电池前要先关闭电源开关。充电电池反复充电使用一段时间后也要进行更换。

2.不要使用质量差的电池,以免引起电池漏液而腐蚀机器内部元器件。

3.不要将电话机交给不懂操作的人使用,更不要交给小孩玩弄。

4.要放在安全干燥的地方,避免同硬物碰撞,不要让电话机受潮、受热。

5.长期不用要取出电池,并将其放在密封的塑料袋中,最好再放置一些干燥剂。

十一、吸尘器保养法

1.吸入的灰尘垃圾要及时清倒,使用一段时间后还要更换吸尘袋,以防止灰尘进入电机损坏吸尘器。

2.软管不要频繁地折来折去,不要过度拉伸和弯曲。

3.不要吸汽油、香蕉水、带火的烟头及碎玻璃、针、钉之类的东西,不要吸潮湿物体、液体、黏性物体和含金属粉末的尘土,以免损坏吸尘器和发生事故。

4.若长时间使用,每隔半小时要停顿1次。一般连续工作不宜超过2小时。

5.若主机发热,发出焦味,或有异常振动和响声,应及时送修,不要勉强使用。

6.电机轴承应每年更换1次润滑油。电刷因容易磨损,经常使用的每隔1年应作1次更换。

7.使用后应摇动箱体,把积聚在过滤袋上的尘土震落在箱体底部并经常清除,以免影响吸尘效果及散热。

8.忌用湿布擦开关,以避免漏电或短路;发现异样声音或尘土吸不干净时,要及时检查和修理。

十二、电吹风保养法

1.平时应经常清除粘在电吹风上的灰尘,防止堵塞风道、损坏元器件。除尘时,必须先拔掉电源插头,然后用湿布擦拭外壳,切忌用汽油等有机溶剂。擦拭后必须放在阴凉处晾干才能使用。

2.电吹风存放时必须注意防潮、防重压、防碰撞、防尘。长期不用时,应每月通电1~2次,每次5分钟,利用其自身发热来驱潮,使电机不致损坏。

十三、电饭锅保养法

1.不要煮含酸、碱的食物。

2.蒸煮食品应先放入食品和水,再接通电源,切忌倒过来做。

3.若按键开关提前跳起,此时食物虽未熟,也不要强行按下,否则会烧坏电器。应断电,检查故障原因,进行修复。

4.内锅清洗后,要用布擦干后再放入壳内,以免内锅生锈或漏电。

5.用电饭锅煮粥、做汤应有人在旁看守,以防食物煮开后水外溢,损坏电器。

6.电饭锅使用前,应检查电热盘内有无饭粒或其他异物,并及时清除以防接触不良。

7.不要碰撞以及随便拆装电饭锅。

8.内锅变形要更换,忌用普通铝锅代替。

9.不要放在潮湿的地方。

10.电饭锅只有在煮饭时才会自动跳闸,如果炖煮其他食物,要煮到水干时才会跳闸。所以应掌握火候,适时拔掉电源插头。

11.把内胆放入外壳后要左右转动几次,使内胆与电热板紧密接触,以防烧毁电热板和控温器。

十四、电烤箱保养法

1.烘烤的食品、食油、调料不要落到热元件上。

2.不能让水流入箱体内,不能把玻璃容器放在箱内烘烤。

3.电烤箱要放在干燥地方。

4.插头、插座及电器元件弄湿后要及时用干布擦干,以免生锈。

5.从电烤箱取出食品后,电烤箱门仍应开一会儿,让热气排尽,避免在箱内壁凝成水渍,锈蚀箱体和元件。

十五、砂锅的保养

1.新砂锅使用前,最好用淘米水煮一下,这样可以堵塞住砂锅细微的孔眼,防止渗水,延长使用寿命。

2.砂锅不宜炒菜和熬制黏稠的食物。

3.每次使用以前,需先揩干砂锅外面的水。煮的时候如果发现水少了,应及时加点温水。锅内的汤汁千万不要溢出或者烧干。

4.如果砂锅放在燃煤的炉子上,要注意不能使煤顶住沙锅底。

5.新买的砂锅可以盛满食醋后放在火上烧,让醋慢慢渗入到锅体内。这样即可防止砂锅日后开裂。

6.砂锅上炉时,不可一下子就用大火,火要逐步加大,这样可防止爆裂。

此外,使用砂锅的火候与使用其他类型锅的火候不一样。一般用铁锅烧菜的火候是武火——文火——武火,而砂锅烧菜则是先用文火,再用旺火,待汤烧开后,最后用文火烧熟。烧好的菜肴也不必盛出来,可连锅带菜放在瓷盘上直接上桌,或者放在干燥的木板或草垫上,千万不要放在瓷砖或水泥地上,否则砂锅骤然受冷会破裂。

十六、如何保养电炒锅

1.电源插销是一种精密的装置,装拆时要格外小心轻放,使用完毕把调温旋钮转至停止位置,待冷却后,方可取下放在干燥地方保存。

2.有的电炒锅内锅表面涂有含氟树脂,切不可用金属制造的刮勺或锐利的刀尖刮擦其表面,以防损坏。去除内锅表面的污垢可以用塑料或木质的刮勺去铲刮,但用力要适度。最后每次使用完后,趁表面还有微热时用干布抹去残渣。

十七、洗碗机的保养

1.使用洗碗机时,必须接上地线,以确保安全。洗碗机并非完全代替人工劳动,因此洗涤的餐具中切不可夹带其他杂物,如鱼骨、剩菜、米饭等,不然的话,容易堵塞过滤网或妨碍喷嘴旋转,影响洗涤效果。

2.往机内放餐具时,餐具不应露出金属篮外。比较小的杯子、勺等器具要避免掉落和防止碰撞,以免破碎。必要时可使用更加细密的小篮子盛装这些小器具,这样会更安全些。

3.要经常保持洗碗机内外的清洁卫生,使用完毕后,最好用刷子刷去过滤器上的污垢和积物,以防堵塞;洗涤槽内每月应用除臭剂清除臭气 1~2 次。

4.为了更好地洗净餐具、消除水斑,应采用专用的洗碗机洗涤剂来清洗餐具,而不可用肥皂水或洗衣粉来代替。

十八、燃气热水器保养法

1.要经常检查供气管道各处接口是否泄漏,橡胶软管是否完好,有无老化、出现裂纹的现象,一旦发现应及时处理及更换。

2.按照产品的使用说明,定期更换电池,一般 4 个月后需更换一次。

3.定期清洁进水过滤网,如出现热水器出水量少、打不着火等现象,则可能有污物堵塞滤网,可拆开冷水进口接驳处取出滤网清理。

4.热水器使用一段时间后,可打开热水器面壳,用干布擦拭干净点火针及火焰感应针,注意擦拭力度不宜过大,否则会移动点火针或感应针位置,而影响热水器的使用。

5.每半年应检查及清洁一次热水器的热交换器(即水箱)的灰尘。若热水器长期停用,请务必关掉气源,取出电池,并打开防冻装置(说明书有指示该装置的位置),放掉其中存水。

6.不要将水的温度加热得过高。使用后先关闭燃气开关,让冷水继续流 1~2 分钟,以带走管内余热,可减少水垢沉积,避免管道堵塞,延长热水器的使用寿命。

十九、如何保养不锈钢器皿

1.使用不锈钢炒锅时,火力不宜过大,应尽量使其底部受热均匀,否则易将食品局部烧糊。锅底如已粘结烧糊,可用水泡半小时待软后再用竹片轻轻刮掉,切不可用锐器铲刮,以免损坏其外表的光洁度。使用几个月后,若表面起一层细小的雾状物,可用软布蘸上中性去污粉轻擦,随即用水洗净,用布揩干,涂上一层植物油膜,并在小火上烧烤干。

2.经验表明,用不锈钢器皿最好配用电炉,因煤气、液化气和煤球炉等燃气中含有硫,燃烧后产生二氧化硫和高温水蒸气,两者作用于钢材上易生锈。

3.洗涤时切忌用强碱性和强氧化性的化学药剂,如碱水、苏打和漂白粉等,因这些强电解质同样会与餐具中的某些成分起化学反应。

4.提倡不锈钢餐具与其他餐具定期交换使用,如与铁锅、搪瓷锅等每3个月轮换使用,切忌长年累月使用不锈钢餐具。不用时将不锈钢炊具涂上油膜,烘干后置凉爽通风处。

二十、菜刀保养3忌

一忌切剁硬物:刀对硬物的抵抗力差,不宜用菜刀剁大骨头。

二忌接近高温:菜刀不宜放在锅盖、锅台、炉台等高温地方,应放在通风干燥处。

三忌刀面生锈:切过青菜等有汁液的食物后,应立即擦干刀口,保持干燥、清洁。也可在刀面上擦些生油或用姜片揩擦,以防生锈。

二十一、瓷碗变结实法

新买回来的瓷碗,在使用前先放在盐开水里煮10~20分钟,以后再使用时就会变得结实,不易破碎。

二十二、真皮沙发保养法

1.污垢:先用软布擦净表面,涂少许凡士林,浸润片刻,用布擦拭,切忌用水洗或用汽油擦。

2.油腻:可用布蘸中性洗涤剂清除,避免接触酸碱液体。

3.裂痕:皮革表面的小裂痕、磨花,可用鸡蛋清磨墨汁(彩皮可用相应的水彩颜料),反复涂抹,待干透后再擦上皮衣上光剂或凡士林。

4.破口:用百得胶等优质黏合剂均匀地涂在划破口子的两边,待8~10分钟后,拉紧破口,对齐黏合,最后用橡皮擦去残留在破口处的胶迹。

5.潮湿:只能放在阴凉干燥处自然晾干,忌曝晒、火烤。

二十三、床垫的保养

1.定期翻转。新床垫在购买使用的第一年,每2~3个月正反、左右或头脚翻转一次,使床垫的弹簧受力均匀,之后约每半年翻转一次即可。

2.使用品质较佳的床单,不只吸汗,还能保持床垫布面干净。

3.保持清洁。定期用吸尘器清理床垫,但不可用水或清洁剂直接洗涤。同时避免洗完澡后或流汗时立即躺卧其上,更不要在床上使用电器或吸烟。

4.不要经常坐在床的边缘,因为床垫的4个角最为脆弱,长期在床的边缘坐卧,易使护边弹簧损坏。

5.不要在床上跳跃,以免单点受力过大使弹簧受损。

6.使用时去掉塑料包装袋,以保持环境通风干爽,避免床垫受潮。切勿让床垫曝晒过久,使面料褪色。

二十四、如何保养地毯

1.日常使用刷吸法

滚动的刷子不但能梳理地毯,而且还能刷起浮尘和黏附性的尘垢。所以清洁效果比单纯吸尘要好。

2.及时去除污渍

新的污渍最易去除,也必须及时清除。若待污渍干燥或渗入地毯深部,对地毯会产生长期的损害。

3.定期进行中期清洁

行人频繁的地毯,需要配备打泡机,用干泡清洗法定期进行中期清洗,以去除黏性的尘垢。

4.深层清洗

灰尘一旦在地毯纤维深处沉积,需及时送清洗店进行清洗。

二十五、凉席的保养

因夏季炎热多汗,草凉席易被汗液浸湿发黏。许多人为除去席上的汗污,将凉席浸在水中刷洗,这是不正确的做法。因为草凉席是以席草作纬,以黄麻、棉纱为经编织而成的,如果放在水中浸泡刷洗,则容易造成霉变损坏。因此,草凉席忌用水洗,应以干净的毛巾蘸温水,拧干后,顺着凉席的纬的方向轻轻擦拭,直至水清为止。另外擦干后,不要在烈日下曝晒,否则会发脆,应放在背阴通风处晾干。

二十六、木制家具如何养护

1.不要在大衣柜等家具顶部放置重物,以免柜门凸出,衣物不要堆放过多,超过柜门会使其变形。过重物品不宜放在桌面或桌缘,以免造成木桌重心不稳。

2.装放物品前应先把柜体放平,使其四脚平稳着地。倘若家具处于摇晃不稳的状态,日久会使紧固部位开胶,粘结部分开裂,影响使用寿命。

3.搬动家具时,应把东西全部取出来后再移动。要轻抬轻放,以免家具松动或损坏。搬运后应放平稳,若地面不平,需垫平。在木质餐桌上摆放热东西时一定要使用隔热垫,否则桌子上会留下白色烫痕。

4.木制家具要放在阴凉、干净、通风、温度和光照适中的地方,不宜放在阳光能直射到的地方。若需放置于近窗的位置,要注意根据光照情况随时调节窗帘,遮住直射的阳光,以免漆膜褪色和木料过早老化、变形。

二十七、合成革面家具保养法

1.合成革家具不宜让太阳光直射,不宜放置在火炉和暖气旁。

2.放置这类家具的房间温度不宜过低,以免合成革受冻产生龟裂。

3.不宜放在卫生间、厨房等湿度过大处,以免破坏表面皮膜,缩短使用寿命。

4.擦拭合成革面家具时,宜用干布,尽量不要用湿毛巾、湿布擦拭。

5.合成革面被污染后,可以先用干布擦拭,再用轻质汽油、酒精或中性洗涤剂喷湿毛巾,轻轻擦拭,即可去污。

二十八、镜子的保养

1.镜子上沾有油污,可用茶叶水清洗,但不要让茶叶水渗到镜子边缘或背面,以免损伤镜子背面的镀层。

2.镜子脏了,可用布蘸纯酒精或兑水的白醋擦拭,也可用白萝卜切片擦洗,然后用干布揩干,效果很好。

3.镜子应放在干燥处,防止潮气侵入。

4.镜面、镜架要用细软棉布或棉花、精纺回丝揩拭,以防镜架生锈。

5.不能接触盐、油脂和酸性物质,以防腐蚀镜面。

二十九、雨伞怎样保养

1.雨伞淋湿了要及时晾干,没有条件晾干时,应将雨伞柄朝下,让水往下淌,放在通风处,让其慢慢晾干。

2.雨布经染黑后含有酸性,切勿挂在含有碱性的石灰墙上,以防止起化学反应,从而使伞面发脆。

3.新买来的雨伞,千万不能长期放置,必须经雨淋洗去酸性后才能放置。

4.伞柄大多是塑料制的,不宜接触高温。

5.雨伞在打开之前,要将伞骨抖松,特别是折叠伞,以免容易折断伞骨,扯破伞面。

三十、钢琴如何保养

1.尽量不要直接放置在地板上,这样容易因吸收地气而受潮,最好能架在一个台阶上。

2.擦拭时切勿用湿布擦拭,一定要用干布。

3.定期使用钢琴专用清洁剂擦拭。

4.键盘上的手纹及污点,可以用酒精清除。

5.避免坐在钢琴上,或在其上堆置过重的物品。

6.定期调音的准度。

三十一、照相机的保养

1.风天摄影后应随即把镜头关合,以防灰尘进入快门和镜头筒内,造成机件失灵。雨天摄影需用雨伞遮住相机,或在镜头上加防雨罩,以防相机被雨水淋湿,若淋湿应及时揩干。

2.装有测光系统和电子系统的相机,在工厂区要尽量避开强磁场和强电场区,以防机件失灵。

3.要防止有害气体侵蚀,尤其需避开强酸或强碱气体。如无法避开,拍摄完毕,需迅速离开。

4.装有外加电池的相机,长期不用时需将电池取出,以防电池漏液,腐蚀相机。

5.机身如有灰尘,要及时清理。

6.不要任意拆卸各种机件。

三十二、彩色电视机防磁法

1.不要将彩电放在铁架上,以免时间久了铁架子被地磁磁化,从而使彩电显像管被磁化。

2.彩电不该使用以双向可控硅做调压元件的各种调压器、稳压器,以免磁化彩电显像管。其他使用稳压器的家用电器要远离彩电。

3.彩电要同各种电动机和电子仪器仪表保持一段距离。落地大音箱需距离彩电1.5米以上,书架式小音箱可适当近些。如居室的面积不允许,那么只能采用价格昂贵的内磁喇叭音箱了,以保证彩电色彩的正常。

4.电冰箱、空调、鱼缸充气泵等家用电器在工作时,都会产生电磁场,会引起彩电显像管磁化,所以都必须注意与彩电保持一定的距离。

5.孩子玩的"磁性玩具",也不能离彩电荧屏太近,否则也会出现"彩电空频道,荧屏也彩色"的磁化现象。

三十三、彩色电视机消磁法

彩电磁化是用户使用不当所致。现在的彩电内部都有消磁电路,轻微"磁化"

可以通过机内消磁电路,除去显像管阴罩上的磁性。消磁的方法是:用主电源开关(不是遥控器)开机,开机瞬时,消磁线圈会对显像管消磁1次。若消磁不彻底,可进行2次、3次。每次关机后,必须间隔20分钟再开机。如果3次机内消磁仍不能除去显像管"磁化"现象,只能请家电专业维修人员采用专用工具进行机外消磁了。

三十四、如何保养遥控器

1.不要在潮湿、高温的环境下使用或放置家电遥控器,因为那样很容易使家电遥控器内部元件损坏,或加速家电遥控器内部元件的老化,也会造成外壳变形。

2.家电遥控器外壳(外表)脏污时,请不要用天那水、汽油等有机清洁剂去清洗,因为这些清洁剂都对家电遥控器的外壳有腐蚀性。

3.家电遥控器出现故障,请不要自己随便打开修理,建议将家电遥控器送到家电维修部让专业修理人员检测修理。

4.避免让家电遥控器受到强烈的震动或从高处跌落,家电遥控器长时间不使用时请将电池取出。

三十五、手机保养小常识

1.取出SIM卡前应先关闭电源。

2.避免将手机放在潮湿、高温、低温的环境中。若手机真的受潮,应马上关机,并擦拭干,再用吹风机烘干。吹风时注意不可靠太近,以免手机外壳受损。

3.进出冷气房,因为温差大,注意手机屏幕是否产生水汽,若有则表示已经受潮,应尽快处理。

4.尽量使用原厂配件。

5.第一次使用的锂电池要充电满6小时,镍氢电池要14小时。首次使用前.的充电时间,说明书通常会有说明,一定要遵照说明。

6.平时使用镍氢电池充电时,不可超过24小时,以免损害电池寿命。

7.不可在开机状态下取出电池,以免以后出现不正常关机的现象。

三十六、冰箱封条的修理

一般冰箱使用2年以上,箱门上的磁性密封条与箱体之间会出现缝隙,致使冷气外漏,降低制冷效果,增加耗电量。出现这种现象,可采用棉花填充法解决:

首先,把一只开着的手电筒放入冰箱,关上箱门仔细观察箱门四周的密封圈有没有漏光处。如果有,可用洗衣粉水把磁性密封圈擦洗干净,把漏光处的磁性密封圈扒开,取一些干净棉花填入密封圈的漏光部位。棉花数量视漏光情况而定,以关严为宜。

然后,再用手电筒检验一遍,若还有漏光处,可反复"对症下药",直到不再漏光为止。

三十七、电冰箱门缝修复法

电冰箱的门出现缝隙时,可切断电源,打开电冰箱门,用电吹风向出现缝隙处的橡胶封条均匀加热,同时用手整复至原样,冷却定型后即可正常使用。

三十八、电冰箱噪声消除法

临睡前30分钟打开箱门将温度控制器旋钮转到接近强冷点的附近位置,如2℃左右,然后关好冰箱门。入睡前,再将电冰箱门打开,将温度控制器旋钮由原来的强冷点重新转到弱冷点的位置,如8℃左右,然后关好箱门。经过两次的温度高速转变,电冰箱内温度的控制器由温度较低(冷藏部位2℃左右)状态,提高到温度较高(冷藏部位8℃左右)状态,这时制冷压缩机应停止运转。间隔1小时左右后,又由停止运转状态重新开动为运转状态。在这样长时间的安静环境下,一般人便可以进入熟睡状态,即使制冷压缩机再启动,其影响也相对减少了。

三十九、洗衣机的常见故障修理

1.电机不转

可从电源查起,依次检查插头、保险丝、连接线等部位,采取插好插头,接好保险丝,连接断的连接线等办法排除故障。

2.电机空转或嗡嗡叫波轮不转

可能是三角带脱落或断裂,波轮被异物卡住。应关掉电源,挂好或更换三角带,取出异物。

3.沿波轮轴漏水

是因油封嘴带进了纸屑、沙子、发卡、纽扣等杂物破坏了油封性能所致。应卸下波轮,取出异物,再仔细装上。

4.排水缓慢

是由于排水管或排水阀有异物堵塞,取出异物故障即除。

5.噪音过大

洗衣时,机身发出"砰砰"响声。该故障多是洗衣桶与外壳之间产生碰撞或者是洗衣机放置的地面不平整或四只底脚未与地面保持良好的接触。这时需将洗衣机重心调整,放置平稳,或在四个底脚垫上适当垫板。

洗衣时,波轮转动发出"咯咯"摩擦声。检修时,可放入水,不放衣物进行检查。此时若在波轮转动时仍有"咯咯"的摩擦声,说明是由于波轮旋转时与洗衣桶的底部有摩擦引起的,如再放入衣物,响声会更大。故障原因可能是波轮螺钉松动,可先拆卸出波轮,再在轴底端加垫适当厚度的垫圈,以增加波轮与桶底的间隙。消除两者的碰撞或摩擦。若是波轮外圈碰擦洗衣桶,则应卸下波轮,重新修整后再装上。

电动机转动时,转动皮带发出"噼啪"声。该故障是由于传动皮带松弛而引起的。检修时,可将电动机机座的紧固螺钉拧松,将电动机向远离波轮轴方向转动,使传动皮带绷紧,再将机座的紧固螺钉拧紧。

四十、空调器故障检查法

1.压缩机刚启动就停止工作,可能是电压过低或开关、引线、温度自控器有毛病。

2.空调器漏水,是由于安装不合理造成了排水管阻塞。

3.噪音和振动,是由于异物进入多叶片风扇的转动部分,或导管和悬挂弹簧损坏,也有可能是部件松动或安装不当。

四十一、空调器漏氟检查法

1.耳听:压缩机长时间工作而不停歇,自振的声音增大,可能是漏氟引起声音异常。

2.手摸:如果空调器上的冷凝百叶窗手感温度不高或没有热度,但压缩机仍在工作,则漏氟可能性很大。

3.温测:将温度表靠近冷风出口,温度显示应比当时常温低6℃~8℃,如果不足5℃,而压缩机仍在工作,这也说明空调器漏氟了。

四十二、巧接电吹风电热丝法

电吹风的电热丝断了,可先找出断头处,用小刀刮除断头两端的氧化物,然后把两端牢固地搭接在一起,放在干燥的云母片上;再取细玻璃屑均匀地包裹在搭接处,通电后玻璃屑会自行熔化并包住接头,电吹风又能重新使用,操作时必须注意安全。

四十三、电饭锅的常见故障修理

1.电饭锅达不到沸点:原因是限温器的两触点接触不良或根本没有接触,仅恒温器在起作用,锅内的温度只能升到并维持在60℃~70℃。限温器触头之所以不能闭合,往往是因为触头已生成一层绝缘的氧化层,或由于弹性磁钢片变形或磁性减弱。若有氧化层,可用砂纸轻轻擦掉;若是变形,要加以整形;若是磁性减弱,最好是换磁钢。

2.电饭锅煮饭半生半熟:主要原因是锅底受热不均匀。首先要清除内锅底部的饭粒、沙子等杂物,防止内锅底部与电热板吻合不良。其次可把电热板卸下来,将内锅倒置放在木板上,在木板上铺一块2~5毫米的胶皮避免损坏锅口,然后把电热板扣在锅底部左右旋转观察是否有吻合不良之处。如果发现疑点,可用木锤在电热板上垫木块轻轻敲打,边敲打边左右旋转电热板,直到锅底与电热板吻合为止。装配好后可再试验一次,如果仍旧没有消除故障,应送到维修部门更换内胆。

3.电饭锅不能自动断电:可切断电源,拆下通断开关,检查开关弹簧片和触点。如弹簧片断裂,应更换同规格的新开关;如触点熔粘或有毛刺、麻点,则可用薄铁片或螺丝刀插入拨开后,用零号砂布磨平;如开关无毛病,可检查恒温调节器的触点是否有上述毛病,如有,用同样方法修理。

四十四、白矾清洗新铁锅法

新铁锅有铁锈,可在锅内倒满水,放100克白矾,煮沸,一小时后倒掉水,趁热涂上食油,立即可用。

四十五、淘米水防止炊具生锈法

1.刀、锅铲、铁勺等铁制炊具,在使用过后,浸入比较浓的淘米水中,可以防止生锈。

2.已生了锈的炊具,放入淘米水中,泡3~5小时,取出擦干,就能将上面的锈迹除去。

四十六、如何消除盘子的裂痕

可以把盘子放进锅里并倒入牛奶,加热4~5分钟。等牛奶沸腾后就可熄火取出盘子,这时裂痕就会几乎消失不见了。

四十七、砧板防裂小技巧

厨房中的砧板很容易开裂。要想防止砧板开裂,在买回新砧板后,应立即涂上油。

做法是在砧板上下两面及周边涂上油,待油吸干后再涂,涂三四遍即可。砧板周边易开裂,可反复多涂几遍,油干后即可使用。经过这样处理,砧板就不易出现裂痕。因为油的渗透力强,又不易挥发,可以长期润泽木质,能防止砧板爆裂。涂油还有防腐功能,砧板也因此经久耐用。

四十八、使用新铁锅的常识

1.在新买的生铁炒菜锅内放几匙盐,在火上把盐炒黄,再用它擦锅,擦后得用干净的纸或布把锅擦干净。然后在锅内放些水和一匙油,水煮开后把油均匀地涂在锅面上,锅就好用了。

2.新铁锅第一次煮东西,为了避免把食物染成黑色,可利用豆腐渣在锅中擦几遍,就会生效。

3.把新铁锅烧热,放进250克食醋,待发出吱吱声响后,用锅刷蘸醋刷拭,然后把醋倒掉,用清水洗净,用来烧菜就没有黑色了。

四十九、火锅防锈法

每次用完火锅,可用苏打或去污粉擦抹干净,可防止生锈;长期不用,内外擦抹苏打或去污粉,晾干后再用纸包好,放干燥处即可防锈。

国学经典文库

家庭生活百科

·家居休闲·

图文珍藏版

五十、水龙头漏水修理法

1.水龙头漏水:先关闭总阀门,再旋开龙头把下的六角螺母,如里面的橡皮垫已坏,换上新的即成。

2.接头处漏水:松开水龙头,在衔接处的螺丝部分绕些线,再涂上油漆或涂料,然后旋紧水龙头。

3.水龙头冒水:如少量冒水,可把龙头把下的六角螺母旋紧;如冒水较多,应取下六角螺母,再把轴上缠些线,然后旋紧即可。

五十一、水龙头振喘消除法

自来水管道内部的水在一定压力下高速流动,在水嘴内部使开关压垫上下颤喘,压垫便与旋杆碰撞,发出振喘声响。此时,可拧下水龙头的上半部,取出旋塞压板,将橡胶垫取下,用自行车内胎按压板直径剪一个稍大于 1.5 毫米的阻振片,再将其装在压板与橡胶垫之间,照旧装好即可。

五十二、花露水恢复家具光泽法

家具使用时间长了,表面的光泽会日渐减退,若经常用蘸有花露水的纱布轻轻擦拭,光泽暗淡的家具就会焕然一新。

五十三、家具烫痕去除法

装有热水、热汤的器皿直接放在家具漆面上,会出现一圈白色烫痕,可用下面的方法去除:

1.轻度的烫痕用煤油、酒精、花露水或浓茶水蘸湿的抹布擦拭,即可消除。

2.在烫痕上轻轻擦抹一点碘酒或一层凡士林油,两天后再用布擦拭,烫痕即可消除。

3.烫痕过深的,可将毛巾浸入温水后拧干,滴少许氨水,再用毛巾轻轻而迅速地擦拭烫痕,最后应再涂一层蜡。

五十四、家具贴面脱胶整修法

家具贴面脱胶膨起时,可用锋利的刀片在脱胶的贴面中间顺木纹方向割一刀,再将里面刮净,随后把胶水涂在脱层内部两面,也可用注射器注入,并用手指轻压脱层部位,用湿布把溢出的胶水擦去,再压上底面平整的重物,8 小时后胶水干透,即可取下重物,刮去胶底。

五十五、瘪铝水壶巧复原

将瘪铝水壶灌满水放入冰箱(或冬天放在室外),水结冰时体积膨胀,就会把磕瘪处顶起来,使之复原。

薄铁皮容器如果瘪了,也可用此法复原。

五十六、巧修衣服拉链

衣服拉链总是不好拉,这个时候不妨试试用铅笔在拉链上来回摩擦,这是因为铅笔芯可以在拉链咬合的地方产生润滑的功效。如果衣服是白色或浅色的话,可以用蜡烛来代替铅笔,也会有很不错的效果。

五十七、手表受磁处理法

手表一旦受磁,会影响走时准确。消除方法很简单,只要找一个未受磁的铁环,将表放在环中,慢慢穿来穿去,几分钟后,手表就会退磁复原。

五十八、手电筒故障排除法

1.不亮

旋开底盖,如见底盖的弹簧或三脚架锈蚀,可用砂皮或小刀除去。

拆下开关,如是弹簧失去弹性,可弯曲弹簧使之恢复弹性,或更换新弹簧。

旋下灯盘,如发现导电片与内灯盘接触不好,可向内拨弯导电片。

2.长亮

旋开头盖与灯盘,拨动传动片,使之与铆钉分离。

旋动头颈,校正部位,使回光罩与电珠套管脱离接触。

3.不能聚光或光线太散

可旋开头盖,放正回光罩的位置,然后旋上头盖,即可使光线聚集。

五十九、遥控器失灵的处理办法

1.检查家电遥控器与被遥控家电的红外线接收窗之间有没有障碍物阻挡。

2.检查家电遥控器有无安装电池和电池安装的极性是否正确,电池的电压是否足够。最好更换全新的电池再检查遥控器是否恢复正常工作。

3.如果是万能遥控器,有可能原因是丢失了代码,请重新设置一次代码。

如果你已按上述方法检查,而家电遥控器还是不能遥控你的家电,有可能是因为你使用不当或其他原因造成家电遥控器内部元件损坏。因此建议你将家电遥控器送到家电维修部让专业修理人员检测修理。

六十、玻璃拉手脱落整修法

玻璃拉手脱落后,可将活动玻璃要粘拉手处和玻璃拉手一起用食醋洗净、晾干。然后将鸡蛋清分别涂在玻璃和拉手上,压紧晾干后,活动玻璃和玻璃拉手就坚固地粘接在一起了。

六十一、氨水治热水袋粘结法

热水袋两面内壁粘结,可用加有氨水的热水浸泡其中,一天后将水倒出,粘结就会松开。

六十二、白矾粘接瓷器法

将 1 小匙白矾和 1 大匙清水一起加热,直到呈透明状为止。用热水将瓷器洗净、擦干,趁白矾黏液尚热时,涂在断裂处,它们就很快黏合在一起了。

第四节　使用安全

一、如何安全使用电视机

1.当机内出现异常声音或气味时,请立即关闭电源并拔掉插头,经确认为异常时,不要继续使用,应请专业人员检修。

2.如外出时间较长或长时间不看电视,一定要把电视机关闭,拔掉电源插头,雷雨季节时还应断开机器与天线的连接。

3.雷雨时不能收看电视。在雷雨未到之前就要拔掉电源插头和天线,以防雷击。按国家"三包"规定,雷击属非免费保修范围。

4.不要在电视机罩上放置易燃易炸物。电视机外壳为可燃塑料,蜡烛、电炉、灯泡等均不能放在机器上和靠近机器的地方,避免机器出现意外。

5.小心液体、金属进入电视机体内。如有液体、金属掉入机内,一定不能再开机使用,应尽快请专业人员处理。

6.不能用化学试剂擦拭机器。溶剂可能会使机壳变质,并损坏其涂漆面。如有灰尘污垢,应在关掉电视机 10 分钟后用湿布拧干后擦拭,荧光屏可用干净软布擦拭。

7.防尘的荧光屏千万不能擦拭。防尘的荧光屏会自动防止灰尘沾染,若略有灰尘、污垢,可用软丝绸轻轻地掸几下,千万不能擦拭。

8.电视机与磁性不相容。磁性会干扰电视机色彩,有磁性的玩具、电钟、扬声器、音箱等不能太靠近电视机,否则电视机会出现色斑。

9.遥控器最好不要"裸体"使用。手上的汗珠、油腻以及水汽、脏物很容易从遥控器按键渗入印制板内,造成短路或按键接触不良,因此应装上一个塑料袋加以保护。遥控器电池应定期检查和更换,以防止电池漏液腐蚀印制板。

二、如何安全使用洗衣机

1.洗衣机应使用三孔插座,接地线绝不能安装在煤气管道上。

2.使用时,不要让幼儿接近。

3.不要把洗衣机放在卫生间,以防生锈、腐蚀、损伤绝缘部分,而导致漏电、触电。

·家居休闲·

图文珍藏版

4.高速旋转时,严禁用手接触波轮,以防发生意外事故。

5.用汽油洗擦衣物上的油脂性污垢后,不能放入脱水机里脱水,以免引起爆炸。

三、如何安全使用空调

随着人民生活水平的提高,空调越来越多地进入了寻常百姓家。家庭安装空调要注意防火问题:

1.安装空调前要检查入户电源线及电表,以防过载。一般家用空调的耗电功率为1~3千瓦,其电源线路的安装和连接必须符合额定电流不低于5~15安的要求,并设置单独的过载保护装置。

2.正确使用家用空调器。不要短时间内连续切断或接通空调器电源。当停电或拔掉电源插头后,一定要记住将选择开关置于"停"的位置,使用时再接通电源,重新按启动步骤操作。

3.空调器必须采取接地或接零保护,热态绝缘电阻不低于2欧姆才能使用,全封闭压缩机的密封接线座应经过耐压和绝缘试验,防止其导致外溢的冷冻油起火。

4.空调器周围不得堆放可燃物品,窗帘不能搭在窗式空调器上。

5.不得为增加其使用功能而改装空调器。

四、如何安全使用电风扇

1.使用前先晾晒一下风扇,驱散其内部的湿气,避免漏电触电。

2.检查扇叶和网罩安装牢固与否,插头有否损伤。

3.拆开轴承及扇后的齿箱验看,应清除干燥变质的润滑油脂,换上清洁的优质润滑油脂。在油孔和其他转动部件接口处也适当加入几滴润滑油。

4.先行试转2~3小时,如有烧焦气味或异常声音,应立即停止使用,进行检修,以免发生意外。

五、怎样安全使用电吹风

1.使用电吹风前必须读懂使用说明书,弄清楚铭牌上规定的电源电压。

2.电吹风不要在浴室、盥洗间、厨房等潮湿的地方使用,洗头后一定要用干毛巾把双手擦干后才可插接电源插头和握持电吹风手柄,以确保安全。

3.使用电吹风时,不要把进风口全部封闭,否则,会造成电动机和发热元件损坏。电源线不要靠近热源表面。

4.电吹风不宜一次连续使用过久,最好间断使用,以免发热元件和电动机过热而烧坏。

开动电吹风后,切勿把它放在棉被、窗帘或纸张等易燃物体上,以免造成火灾。

电吹风使用结束前,应先将电吹风开关从热档转换到冷档,先切断电热元件电源,停止发热,再让冷风吹走余热,使电吹风内部温度降低,然后才全部切断电源,拔下电源插头。

5.电动机的转轴与轴承间应经常保持清洁和润滑。每一季度添加轻质润滑油一次,每次2~3滴即可。加油时,串激式电动机应注意避免把油沾到换向器和炭刷上,以免使电动机工作不良和损坏。

6.对于使用炭刷结构的电吹风,要定期检查炭刷的磨损程度,必须使换向器保持清洁,可用酒精清洗换向器,以防止磨损的炭粉造成短路现象。

六、怎样安全使用电热毯

电热毯不安全的因素主要有两种:一种是因使用不当导致电热毯过热而引起打火花或拉弧等烧毁事故;一种是由于电热毯的绝缘不好或绝缘损坏而引起的触电事故。为保证家庭使用电热毯的安全和延长电热毯的使用寿命,防止和避免使用电热毯过程中发生事故,请注意以下问题:

1.使用电热毯之前,应详细阅读使用说明书,严格按照说明书操作。

2.使用的电源电压和频率要与电热毯上标定的额定电压和频率一致。

3.电热毯应严格禁止折叠使用。在使用电热毯的过程中,应经常检查电热毯是否有集堆、打褶现象,如有,应将皱褶摊平后再使用。

4.电热毯不要与其他热源共同使用。

5.如使用预热型电热毯,应绝对禁止整夜通电使用,当使用者上床前,应关闭电源。

6.生活不能自理者不要单独使用电热毯,应有人陪伴方可使用。

7.不要在电热毯上放置尖硬物,更不要将电热毯放在突出金属物上使用。

七、如何安全使用电饭锅

1.要先放内胆,再插电源插头。取内胆时也应先将电源插头拔掉,以免触电。

2.电饭锅的内胆可以用水刷洗,但是它的外壳、电热板和开关等都不能湿洗,以免漏电伤人。刷洗后,必须用干布将内胆擦净。

3.不要将电饭锅的电源插头插接在台灯的插座上,台灯的插座电线较细、载流量小,而电饭锅的用电功率大,电流通过量也较大,会使灯线发热,造成触电、起火等事故。电饭锅应有单独的插头。

4.不宜与其他家用电器放在一起使用。因为电饭锅加热后,喷出的水蒸气会使电视机、录音机等机内电子元件的绝缘性下降,使电风扇网罩等金属部件的电镀层生锈,严重的还会造成电器短路,引发火灾。

八、如何安全使用电炒锅

1.电炒锅通电后,根据需要由低温调至所需的温度,视火候再作适当调节,调到满意的温度。

2.使用中不要用湿手拿着全金属锅铲炒菜,更不要一只手拿着全金属锅铲炒菜,另一只手去开启水龙头,这样一旦电炒锅漏电,可能造成触电伤亡事故。也不要用手触摸内锅,以防高温烫伤。

3.电炒锅和电源插销需保持清洁,每次使用完后,应切断电源,待冷却后用干布或拧干水的湿布擦拭干净,切勿用水冲洗或将其浸入水中,以免造成漏电。

九、安全使用微波炉

使用微波炉时要严格按照有关规定操作,尽量减少在炉周围的时间,操作时至少应离炉子一臂之远;脸和眼睛应远离接上电源的炉子;严禁把任何物体从炉门封垫穿过并插入炉中,以防微波辐射大量外逸;不要弄坏炉门与电制的安全连锁装置;清洁炉子宜用水或中性的清洁剂,切不可用钢毛刷或普通的去污粉擦拭;要定期测量漏出的微波辐射是否过量。

十、电烤箱安全使用法

1.电烤箱应放在远离煤气罐和易燃物品的地方,外壳要做好接地,并要放平放稳。

2.烘烤结束,方可将旋钮复位,拔下电源插头,取出食品。

3.平时清洁电烤箱,只能用干布擦拭,不要用湿布揩洗,以免加热元件等受潮造成漏电事故发生。

4.电烤箱用完后要马上关闭电源,待冷却后再用软布擦拭,以免触电。

十一、如何安全使用不锈钢餐具

1.不锈钢餐具不可烹饪或储存酸性或碱性食物。因这些食物中的电解质能与餐具中的金属元素起复杂的电化学反应,使微量元素过量溶解析出,其中包括少数对人体有害的重金属元素。这些元素进入人体后,蓄积起来。久而久之达到一定浓度后,会造成中毒。

2.切忌用来煮煎中草药,因中草药成分复杂,大都含有多种生物碱、有机酸成分。尤其在加热时,很易与不锈钢中某些成分起化学反应,不但使药效下降,甚至可能生成某些毒性更大的络合物,使不锈钢餐具受损。所以煎中草药还是用惰性的陶瓷锅为好。

十二、如何安全使用电水壶

1.在注水时,千万不可超过其规定的水位标志。

2.在插上插头接通电源之前,务必关闭水壶开关。

3.电水壶在烧水过程必须要有人看管,并放置在小孩触及不到的地方。

4.当电水壶正在烧水时,不可揭开壶盖,以免烫伤。

5.把电水壶从其加热插座移开之前,要确保电源是断开的。

6.在电水壶使用过程中,其壶身变热是一种正常现象,倒水时只能拿起凉手柄来提壶。

7.电水壶只能用来烧水,不得在壶内烧煮其他物品,如壶中没有水,千万不要干烧。

十三、电热杯安全使用法

1.使用前先检查杯体和插头、接线柱,确定无漏电现象后再放水,水应高于杯内发热体 3 厘米以上。

2.插头应先插入杯体,然后再插入插座。

3.用毕用凉水洗净晾干,注意防潮。

十四、气压保温瓶的使用

要知道,开水在倒入保温瓶后,沉淀物会积在瓶底,用手按压取水时,气压瓶底部的吸管首先把沉淀物吸出,长期饮用有沉淀物的水,对身体健康是十分有害的。如果是一般的保温瓶,倒水时要从上而下,瓶底沉淀物如果多了不用就是了,从而减少了饮用含有沉淀物水的机会。因此,气压保温瓶在使用时应将压出的水,静置片刻,使其沉淀,并去掉沉淀部分再饮用。

十五、燃气热水器安全使用法

1.使用前,先检查有无漏气、漏水现象。如发现不正常现象应立即关闭燃气总阀门,通知煤气公司或专业人员进行修理,切莫勉强使用。

2.使用时,不要关闭全部室内窗户,热水器应与洗澡间隔开,不要堵死墙上的外孔,保持窗户与墙上外孔空气对流。

3.为了安全使用燃气热水器,不要私自拆卸热水器,较长时间不用燃气热水器时,请关闭燃气阀门。

十六、如何安全使用瓶装液化石油气

在瓶装液化石油气的使用上,居民必须遵守10项规定:

1.不要使用不合格钢瓶。

2.不要购买没有充装单位名称、图形标志和没有钢瓶编号的瓶装气,拒绝购买和使用"黑气"。

3.不要在家中长期闲置、超量储存钢瓶。

4.不要用火、热水等加热钢瓶。

5.不要将钢瓶置于阳光下长时间曝晒。

6.不要倒灌、倒残液。

7.不要自行拆卸钢瓶角阀(直阀)。

8.不要摔打碰撞钢瓶。

9.不要将钢瓶横放或倒置。

10.不要在卧室、地下室存放钢瓶。

十七、如何安全使用天然气炉灶

1.管道最好采用架空敷设或在地面上敷设。管道的专用针型阀门必须完整良好,各部位不得泄露。

2.用耐油、耐压的夹线胶管与管道相连接时,接口处必须牢固紧密。

3.应设置相应的油水分离器,并定期排放被分离出来的轻质油和水。

4.要经常检查管道,发现漏气时,严禁动用明火或开、关电气开关,要打开门窗通风,另外还应立即通知供气部门。

5.使用时突然熄灭,应关闭阀门,稍等片刻再重新按要求点火。金属烟筒口距可燃物构件应不小于1米,并应装拐脖,防止倒风吹熄炉火。

6.供气管道需进行维修时,必须先全面停气。停气、送气时应事先通告用户。新安装的管道应经试压、试漏检验合格后,方可投入使用。

十八、插座安全使用法

1.高档用电器不要与普通用电器混用一个插座。

2.不可长时间使插座处于潮湿环境中。

3.不要经常把插头拔出插进,尽量使用开关。

4.使用电器时最好先插入插头,然后再打开电源开关,用完后先关掉电源再拔下插头。

十九、如何安全使用洗涤剂

1.注意保护皮肤:洗涤剂既具有较强的脱污力,又具有一定的碱性,对皮肤有脱脂刺激作用。使用洗涤剂后,应将手冲洗干净,即刻涂上护肤霜,及时弥补皮肤表面油脂的损耗,以防皮肤脱皮起皱过早老化,当皮肤表面有破损时,不宜使用洗涤剂。

2.注意冲洗：用洗涤剂洗刷饮具、碗筷等，必须冲洗干净，多在水里漂洗一阵，尽量避免残留的洗涤剂影响健康。故平时不十分油腻的饮具，不必天天使用洗涤剂，可用传统的"米泔水"洗涤，既安全又经济，效果也不差。

3.注意洗涤剂质量：购买洗涤剂时要注意有无商标、有无厂名或有没有刺激性气味，特别是不要轻易使用颜色特别深的洗涤剂。这种洗涤剂的原料往往不符合食用级规格，有损人体健康。

第三章　居家卫生

第一节　室内环境

一、如何防止室内环境污染

首先是不使用或尽量少使用有污染的装潢材料。装潢好的新房子要经常打开门窗透气，一年内非到迫不得已，不要关窗使用空调器。有条件的可以安装活性碳空气净化设备。

家中的厨房和卫生间要有良好的通风系统，抽油烟机要有足够的排风量，并且要安装合理，不能有抽风死角。在家里尽量少做油炸食品，炒菜时的油温不宜过高。

最好不要在居室内养鸟，否则鸟的羽毛、粪便等会污染室内空气。再者，鸟在笼中喜欢飞来飞去，会加速致敏源和细菌在室内的传播。

此外，家中要注意保持清洁卫生，每天要开窗透气；尽量不要用地毯，以利于打扫卫生；没有用的物品，摆在家里既占地方，又污染环境，要狠下心来处理掉；生活垃圾要分类包装，及时处理。

二、居室飘香5法

1.在灯泡上滴几滴香水或花露水，开灯后便会逐渐散发香味。

2.把一汤匙松节油缓缓倒入开水中搅拌，室内就会充满松树的清香。

3.在热水中放入一根肉桂棒、一把丁香，可使香气沁人心脾。

4.用微火烘烤少许橘皮，房内会有一股橘香。

5.把餐巾纸剪成小张，浸入香水中，晾干后，放在抽屉或柜子内，香味可保持较长时间。

三、卫生"死角"要怎样清洁

1.玻璃清洁法

家中凹凸不平的玻璃，如果没有好方法，清洁起来非常麻烦。现在教你一招，方便好用。你可以用牙刷把玻璃凹处及窗沿的污垢清除掉,并用海绵或抹布将污垢除去,再蘸上清洁剂拭净,当抹布与玻璃之间发出清脆的响声时,就表示玻璃擦干净了。

2.地毯干洗法

有一种环保干洗法,把苏打粉均匀地洒在地毯上,约15分钟后,使用吸尘器清理即可,效果不错。羊毛地毯或化纤长毛毯,由于放置家具的时间过长,会受压留下些痕迹,用热水浸湿毛巾拧干后压在印痕处,5~10分钟后用梳子和吹风机梳理吹干,即可恢复原状。

3.开关插座、灯罩清洁法

电灯开关上留下手印痕迹,用橡皮一擦,即可干净如新。插座上如果沾染了污垢,可先拔下电源,然后用软布蘸少许去污粉擦拭。清洁带有皱纹的布制灯罩时,选用毛头较软的牙刷做工具,不易损伤灯罩。清洁用丙烯制的灯罩,可抹上洗涤剂,再用水洗去洗涤剂,然后擦干。普通灯泡用盐水擦拭即可。

四、如何除去室内异味

1.室内的烟味

可在室内不同的位置放几条湿毛巾,然后点燃几只蜡烛,烟雾和烟味即可很快消失。

还可用毛巾蘸上稀释的醋,在室内挥舞数下,即刻生效。若用喷雾器喷洒稀释的醋,则效果更佳。

2.室内的霉味

抽屉、柜橱、衣箱等若很久不开,会产生一股霉味。若在里面放一块香皂,霉味很快会消失。

3.室内的臭味

室内若通风透光条件不好,会产生一种类似碳酸氢铵的臭味。可在灯泡上滴些香水,灯泡发热后,香水味就能慢慢散发,室内的臭味即可消除。

4.室内的花肥臭味

养在室内的花卉盆景,需用发酵的液肥,但时间长了臭味难闻。可将鲜橘皮切碎掺入液肥中浇灌,臭味即可减轻或消除。

5.洗澡间的异味

只要在洗澡间内划燃一根火柴,即可除去那种令人讨厌的临时性异味。

6.厕所里的臭味

先用水冲净,再把一盒清凉油去盖放在厕所里,使清凉油味溢出,臭味便可消除。

或在厕所里点蚊香,1周2次即可。

在入睡之前,往尿具中丢两张燃烧的废纸,氨臭味便会消失。

五、快速去除樟脑味法

樟脑丸虽是收藏衣服时不可缺少的,但其独特的气味总令人不快。虽然可将衣服放在阴凉通风的地方除味,但必须花上一天的时间。如急用衣服时,可将衣服放入塑料袋内,再将袋内放入冰箱用的脱臭剂,密封起来,只要1~3小时即可完全除去异味。也可用吹风机或电风扇将异味除去。

六、室内消毒有窍门

1.室内空气消毒

可采用最简便易行的开窗通风换气方法,每次开窗10~30分钟,使空气流通,使病菌排出室外。

可采取紫外线照射进行消毒。病原微生物在阳光的直接照射下,大部分会自然死亡。

使用化学消毒剂,通过喷雾或气体熏蒸方法进行室内空气消毒。家庭消毒,基于方便、实用的原则,可购买过氧乙酸自行配制溶液,亦可购买过氧化氢等制成的空气清新消毒喷雾剂,如威理氧化型消毒剂等,进行室内喷雾消毒。传统的含氯消毒剂也行,但最好短期使用,因其有一定毒性及副作用,对人体容易造成二次污染。

2.餐具消毒

可连同剩余食物一起煮沸10~20分钟或可用500毫克/升的有效氯,或用浓度为0.5%的过氧乙酸浸泡消毒0.5~1小时。餐具消毒时要全部浸入水中,消毒时间从煮沸时算起。

3.手消毒

要经常用流动水和肥皂洗手,在饭前、便后、接触污染物品后最好用含250~1 000毫克/升的1210消毒剂或250~1 000毫克/升有效碘的碘伏或用经批准的市售手消毒剂消毒。

4.衣被、毛巾等消毒

宜将棉布类煮沸消毒10~20分钟,或用浓度为0.5%的过氧乙酸浸泡消毒0.5~1小时,对于一些化纤织物、绸缎等只能采用化学浸泡消毒方法。

另外,消毒药物配制时,如果家中没有量器也可采用估计方法。可以这样估计:1杯水约250毫升,1盆水约5 000毫升,1桶水约10 000毫升,1痰盂水约2 000到3 000毫升,1调羹消毒剂约相当于10克固体粉末或10毫升液体,如需配制10 000毫升浓度为0.5%的过氧乙酸,即可在1桶水中加入5调羹过氧乙酸原液而成。

七、室内霉菌的清除方法

梅雨季节,就连一些密不通风或新落成的房子,也很容易受潮长霉。尤其是鞋柜或长年铺放地毯的地方,最容易滋生霉菌。由于地毯会和皮肤直接接触,对有小孩的家庭而言是一大威胁,同时也是过敏源之一。一旦发现家中有霉菌的话,可以用5倍的水加酒精稀释后以拧干的抹布擦拭去除。此外,不光是长霉菌的地方,就连四周也要一并擦拭。酒精不仅可以去除霉菌,还有杀菌的功能。平常最好每星期用酒精擦拭一次,以杜绝病菌滋生。

八、冬季室内湿度如何保持

湿度,是指空气中的含水量而言。冬天,室内生着火炉或开着暖气,时间长了,会使人鼻子、嗓子干得难受,毛细血管破裂出血,有时还会诱发上呼吸道感染及头痛等病症,这就是室内湿度太低的缘故。因为,冬季气候干燥,空气里的水分本来已经很少,加上室内取暖,空气就更干燥了。当空气湿度低于40%时,鼻部和肺部呼吸道黏膜脱水,弹性降低,灰尘、细菌等容易附着在黏膜上,刺激喉部引发咳嗽。另外,由于流感病毒是附着在浮尘上存活的,因此干燥的空气会加速流感的传播。所以,在保持室内温度时一定不要忘记调节室内的湿度。如果没有湿度计的话,不要紧,用下面的方法就可以了。

在用火炉取暖的室内,可在炉上烧上一壶水,把壶盖打开,保持沸腾,以水蒸气增加室内的湿度。如果用暖气取暖,则可以在暖气片上放一个水槽。此外,在室内摆几盆花,晾几块湿毛巾或向地面上洒点水,也是增加室内空气湿度的好办法。

九、冬季室内消毒法

冬季,居室门窗经常关闭,室内空气因不能充分与室外新鲜空气交换而较污浊,含各种微生物较多,此外还可增加室内烟气、二氧化碳、一氧化碳、氡气、臭氧等的含量,会不同程度地危害人体健康,因此要经常加强消毒,具体室内消毒方法有:

1.居室每天开窗通风。如晨起后,晚睡前,打开门窗通风半小时,可使室内空气净化。调查表明,每换气1次,可除去空气中原有微生物60%。

2.室内安装紫外线灯。如每10~15平方米面积安装1只30瓦低臭氧紫外线灯,照射1小时以上,可杀灭室内空气中微生物90%左右。

3.室内用化学熏蒸法消毒。可用过氧乙酸、食醋熏蒸。消毒时,将药液按需注入耐热耐腐蚀容器中,放在电炉、煤炉或酒精炉上加热,使之汽化,液体蒸发完,计算消毒时间。在温度15℃以上,相对湿度在60%以上时,每立方米用药液1克,熏蒸1小时可使空气达到消毒。消毒后通风半小时。

4.室内点燃消毒卫生香。这类消毒香主要成分为除虫菊、苍术、艾叶等中草药。使用时,在1间屋室内点香1盘。由于中草药消毒香无毒、无刺激,消毒时人可留在室内。

十、减少室内电磁辐射污染4要诀

1.注意室内办公和家用电器的设置,不要把家用电器摆放得过于集中,以免使

·家居休闲·

图文珍藏版

自己暴露在超剂量辐射的危险之中。特别是一些易产生电磁波的家用电器,如微波炉、收音机、电视机、电脑、冰箱等电器,更不宜集中摆放在卧室里。

2.尽量缩短办公和家用电器的使用时间,各种家用电器、办公设备、移动电话等都应尽量避免长时间操作,同时尽量避免多种办公和家用电器同时启用。手机接通瞬间释放的电磁辐射最大,在使用时应尽量使头部与手机天线的距离远一些,最好使用分离耳机和话筒接听电话。

3.注意人体与办公和家用电器间的距离,使用者应与使用的各种电器保持一定的安全距离。人与电器越远,受电磁波侵害越小。

4.注意电磁辐射污染的环境指数,生活和工作在高压线、变电站、电台、电视台、雷达站、电磁波发射塔附近的人员,经常使用电子仪器、医疗设备、办公自动化设备的人员,生活在现代电气自动化环境中的工作人员,佩戴心脏起搏器的患者,孕妇,儿童,老人等7种人是电磁辐射的敏感人群。如果他们生活的环境中电磁辐射污染比较高,就必须采取相应的措施。

十一、房屋污迹粉刷法

1.按每平方米污迹需1千克的比例准备青灰,放在盆中用清水浸泡,搅成粥状。然后滤去粗渣,再用刷子在污迹上涂刷一遍。待干后,用细砂纸稍加打磨,接着用大白浆粉刷整个房间,最后再粉刷已涂过青灰浆的地方,大白浆刷两遍即可。

2.按2:1的比例将乳白调和漆、醇酸稀料调匀,在污迹处刷一遍,干后再刷一遍,然后用细砂纸打磨,最后刷两遍大白浆即成。

十二、驱蚊小窍门

1.在房间里放上几盒开盖的风油精、清凉油,或在墙上涂点薄荷。蚊子会闻而生畏,不敢前来"侵扰"。

2.在身上或枕头上洒些香水,或在睡前在床边点几滴绿油精效果也不错。

3.将樟脑丸磨碎,撒在屋内墙角。

4.夏天在室内放几个大蒜头,也可驱赶蚊虫。

5.取广口瓶数只,内装少许浓度较高的糖汁或啤酒,轻轻摇晃,使瓶内壁上沾上糖汁或酒液,放在室内蚊子较多的地方,蚊子闻到糖味,就会往瓶内飞钻,而被粘住或淹死。

6.在室内的花盆里栽一两株西红柿,西红柿枝叶发出的气味会把蚊子赶走。

7.在灯下挂一棵葱,或用纱袋装几根葱段,各种小虫都不会飞来。

8.用橘红色玻璃纸或绸布套在灯上,灯泡最好是60瓦左右。蚊子最怕橘红色光,这样蚊子就不会靠近了。

9.每天服用维生素 B_1 两片,可预防蚊虫叮咬,因维生素 B_1 代谢后随人尿或汗中排泄出一种特殊的能驱蚊的气味。

十三、驱除蚂蚁妙法

1.烟丝驱除蚂蚁法

将烟丝在水中泡2~3天,取其汁洒在蚂蚁出没处,蚂蚁闻到烟味即会躲避,连洒几天,蚂蚁就不见了。

2.橡皮条驱除蚂蚁法

用报废的自行车内胎或橡胶手套,剪成约1厘米宽的长橡皮条,将表面烤焦,然后固定在食品柜脚上,也可钉在门框、窗框上,能有效地驱除蚂蚁。

3.花椒防蚁法

在厨房柜子的各个角落放上数十粒花椒粒,防蚁颇有效果。

4.蛋壳灭蚁法

将若干个鸡蛋壳放在炉子上烤黄,注意不能烤焦,然后研成粉末,撒在蚂蚁经常出入处,蚂蚁吃后即被撑死。

十四、除蟑螂妙法

将加水稀释的洗衣粉,擦拭于易滋生蟑螂处,或直接喷洒在蟑螂身上,对身体无害又可以除掉蟑螂。但最重要的还是平时要保持环境的整洁,才不会惹来讨厌的蟑螂。

十五、辣椒防蛀虫

将红辣椒晒干后磨成粉末装在小布袋里,代替樟脑放在箱柜中,可以起到防虫蛀的作用。

十六、百叶窗清洗法

1.先戴上橡皮手套,外面再戴军用手套,接着将手浸入家庭用清洁剂的稀释溶液中,再把双手手套拧干。

2.将手指插入全开的百叶窗叶片中,夹紧手指用力滑动,这样一来,便能轻易清除叶片上的污垢了。

3.若是军用手套擦脏了,可以像洗手般地将双手放进清洁液中用力揉搓,就能把手套洗干净了。

4.百叶窗擦干净之后,调整叶片的那条绳子,也可采取相同的方法擦拭。类似百叶窗的窗户或窗帘,都可利用这个方法来打扫。

十七、地板洁净亮泽法

1.将等量的漂白粉和松节油混合兑成溶液,用它来擦地板,能使地板更加洁净、亮泽。

2.用酸败的牛奶擦地板,不但可以去掉地板上的污迹,还能使地板更加亮丽。

十八、如何清洁地板

地板每天都应该拖一次。你要先用扫帚将地板打扫一次,保证地板干净没有灰尘。然后用加入清洁剂的温水拖抹。注意拖布不宜浸得太湿,拖后用清水再清洗一遍。然后用光亮剂擦拭,但不要用得过量,因为如果光亮剂太厚,地板会变得很滑而容易发生危险。一般说来,地板一个月擦一次光亮剂就足够了。

十九、草木灰去除水泥地油污法

用糊状草木灰均匀地铺在水泥地上,10小时以后将它清除掉,然后再用清水冲洗几次,水泥地上的油污就会除净。

二十、香醋除厕臭法

住宅楼的室内厕所,即使冲洗得再干净,也常会留下一股臭味。只要在厕所内放置一小杯香醋,臭味便会消失。因为臭气是由大小便中的氨气所致,放一杯醋后,醋酸分子与氨分子发生化学反应,生成了无臭的物质,臭味便不存在了。其有效期为六七天,可每周换一次。

第二节　生活用品

一、巧除电脑污垢法

电脑的显示器、键盘和主机及其他器具使用时间长了,其表面沉积的灰尘污垢,用普通的肥皂水和洗涤剂都难以清除干净。如将牙膏挤在抹布上,用其擦拭灰垢,效果非常好。

二、电视机除尘诀窍

拔下电源插头,把电视机搬到室外,小心拆下后盖板,利用打气筒(拔下金属出气嘴)一边打气,一边向机内有灰尘的部位吹去,直到吹净为止。在操作时应特别注意,不可让胶管碰坏电器元件及机内连线。

三、电冰箱如何快速除霜

首先断开电冰箱电源,把箱内食品取出。然后根据冷冻室大小,将一个或两个铝制饭盒装上开水放入冷冻室内。数分钟后,冷冻室壁上的霜块开始整块脱落(尚未脱落的,可用手轻扳)。

如果冷冻室顶部没有金属蒸发板,盛开水的饭盒应盖上,以免低温下的塑料内壁因骤然升温而变形。采用这种方法比停电自行升温化霜省时得多。

四、怎样防止电冰箱内出现异味

1.要从食物本身入手

生鱼、虾、禽、畜类腥味较重的食物,最好取出内脏并去掉腐烂部分后洗净,撒上一点细盐,用无毒塑料袋包好,放入冷冻室内速冻,单独存储,不要与冷藏室内其他食物混放。瓜果、蔬菜等要洗掉泥污,择去腐烂部分,控干水滴,装入食品袋内存放,可避免把腐败变质部分以及细菌、泥污等带入冰箱内,而且当个别袋内的果菜腐烂霉变时,臭味大部分都能被封闭在袋内,对其他食品影响不大。吃剩的饭菜要用容器装好,盖上盖子,并尽可能与生食物分开,防止交叉污染,吃时加热处理,不仅杀菌,还可去除异味。

2.使用一段时间后应进行"扫除"

用软布蘸适量的洗洁精和除臭剂把冰箱内壁、隔架、箱门存放格、果菜盒等处的污渍擦掉,再用干布擦抹干净,打开箱门,在阴凉透风处散味除臭。还可以用容器装一点药用炭片或炭粉,放在冷藏室支架上层,借助活性炭吸附冰箱中的不良气味,对减少冰箱中的"臭气"有显著效果,炭片使用一个月左右应拿到阳光下曝晒几小时后再用。把新鲜柑橘皮用纱布包裹好,分几处散放在箱内,对消除箱内异味,也有一定效果。

五、打气筒清除电冰箱积垢法

电冰箱冷藏室排水孔堵塞,可卸下电冰箱后面连接排水孔的塑料胶管,把打气筒气嘴对准电冰箱连接排水孔处,往里打气,落在里面的食品碎屑即会被吹出,堵塞即被排除。

六、电熨斗锈垢去除法

电熨斗加热后,在底部涂上少许白醋,然后用较粗的布在上面擦拭,污垢就能除去。

七、灯具清洗法

灯具一般都挂在高处,而且灯罩灯泡又易破碎,所以不便清洁。此时可用旧棉袜进行擦拭,首先关掉电源,然后把棉袜套在手上,轻轻地擦拭灯罩和灯泡。如果灯泡很脏,可以在棉袜上倒一点儿洗涤精轻轻擦拭,即可擦干净。

八、地砖污迹去除法

1.用布蘸一点亚麻籽油,可擦去地砖上的泥水。

2.用湿布蘸石粉,可除去地砖上的褐色污迹。

3.取等量的亚麻籽油、松节油,调匀后擦拭地砖上的污迹,既可防止地砖破裂,又能使地砖保持良好的光洁度。

九、桐木衣橱去污法

桐木衣橱有了污垢,可用40号以上的细砂纸沿着木纹擦拭,然后将砥石粉末蘸水涂上,干后用于布擦亮即可。

十、金漆家具去污法

金漆家具漆面有了油污,可用软绒布蘸汽油擦拭,千万不能用其他液体去擦,以防腐蚀家具漆面。

十一、如何清洁皮制沙发

皮制沙发清洁时要加倍小心,因它很容易被划破和弄脏。平时你只需要用湿布抹去表面上的尘埃,当沙发表面有顽固的污渍时,就应该用一种特殊的沙发喷雾剂,用的时候只需在距离污渍大约10厘米的位置喷一下,然后用湿布轻轻擦拭一下即可,这样会令您的沙发光亮如新,而这种保洁方式每月只需一次即可。为了使沙发更加光亮,同时也可以用光亮剂,用法如同清洁沙发一样简单。

十二、抽油烟机巧清洗

1.可用加热的洗涤剂溶液清洗抽油烟机。

2.如果抽油烟机非常脏,污垢过厚,可用液体玻璃窗清洗剂清洗。

3.滤油网可用洗碗机清洗。

4.当滤油网上积油过多时,不宜与瓷器一起洗涤。

5.如果用手洗滤油网,最好先把滤油网放在洗涤液中浸泡数小时。

6.将用剩的小肥皂块泡成糊状,在抽油烟机外壳上薄薄涂上一层,待干后就成了一层自然保护层。经过一段时间的使用后,粘在抽油烟机表面的油污只要用湿布一擦即可除掉。

7.抽油烟机扇叶空隙小,手伸不进去,油烟污染后清洗很不方便,还往往在清洗时,把扇叶碰变形,造成重心不平衡。可将刷洗好的扇叶(新的效果更好)晾干后,涂上一层办公用胶水,使用数月后将风扇叶油污成片取下来,既方便又干净,若再涂上一层胶水又可以用数月。

8.抽油烟机集油盒收集的污油,向外倒时很不顺利。为解决倒油难的问题,可在已装好的油盒或新油盒内装衬一层塑料薄膜,当油满时将塑料薄膜一起拔出,再换一层新薄膜即可,既方便又卫生。

十三、微波炉顽垢清除法

微波炉用后最好的办法是随即擦拭干净。如不及时清洗,很容易在内部结成油垢。如有油垢,可将一个装有热水的容器,放入微波炉内加热两三分钟,让微波炉内充满蒸汽,这样可使顽垢因饱含水分而变得松软,容易去垢。清洁时,用中性清洁剂的稀释水先擦一遍,再分别用湿抹布和干抹布擦干。如仍不能将顽垢除掉,可用塑胶卡片之类刮除,千万不能用金属片刮,以免伤及内部。再将微波炉门敞开,让内部彻底风干。

十四、微波炉异味去除法

1.将柠檬皮及汁投入半杯水中,放进微波炉掀盖烘烤 5 分钟,再用清洁湿布揩拭炉内,即可去除异味。

2.将半杯醋掺进半杯水中烧开,等温度降到 45℃ 左右,再用湿布蘸着擦拭微波炉内部,便可去除烹烧鱼肉时产生的强烈气味。

十五、除壶内水垢窍门

1.鸡蛋除水垢

烧开水的壶用久了,积垢坚硬难除,可用它煮上两次鸡蛋,会收到理想的效果。

2.热胀冷缩法除水垢

将空水壶放炉上烧干水垢中的水分,看到壶底有裂纹或烧至壶底有"嘭"的响声时,将壶取下迅速放在冷水中(不要将冷水注入壶中),可除去水垢。

3.马铃薯皮除水垢

将马铃薯皮放在壶里面,加适量的水烧沸,煮 10 分钟左右,可除去水垢。

十六、灶面不沾油法

厨房里的锅灶上方,虽然装有抽油烟机、排风扇等设备,但由于经常烧炒,还是会有油气分子飞溅在周围的瓷砖、墙面上,日积月累形成油垢,擦起来很费劲。只需将保鲜纸轻轻一抹,即平整光洁的牢牢附着于瓷砖、墙面上,待油垢较重时,只需轻轻揭下扔进垃圾桶,另铺新纸即可,省却了擦拭之劳。

十七、米汤去除灶具污迹法

煤气、液化气灶具沾上油污,可在灶具上涂一层黏稠的米汤,待米汤干燥结痂后,会把油污粘在一起。清除米汤结痂时,油污也附带被除掉。

十八、如何清理瓦斯炉

沾满油污的瓦斯炉很难清理,你可以这样做:

1.锅架、盛盘:放进煮沸的滚水中,煮 10 ~ 20 分钟,待油污浮起后再用锅刷刷洗。

2.开关:用洗洁剂刷洗即可。

3.导火器:先用钢刷刷掉油污,再用竹签清除孔内污垢。

4.橡皮管:将清洁剂直接涂抹在管子上,等油污溶解后,用百洁布或不要的牙刷刷洗,再用清水冲洗即可。

市面上有贩卖一些厨房专用的清洁剂,可以让你事半功倍。

十九、巧洗油腻碗筷

碗筷上的油腻太大时,很难洗干净,这时可用淘米水洗碗。在淘米水中加上 1 勺醋,即可洗去碗筷上的油腻。

二十、巧除砧板异味法

砧板用久了,会产生一股腥臭味。可将砧板放入淘米水中浸泡一段时间,再用点盐来洗擦,然后用热水冲净,砧板上的腥臭味就可以消除了。

二十一、煤气灶污迹清除法

煤气灶趁热用干布擦拭效果最好,能使不锈钢发出光泽。也可用萝卜横断面蘸清洁剂反复擦拭,再用干布擦。

二十二、热水瓶除垢法

1.将白醋加热,倒入热水瓶内盖上盖子,再用力摇动或清洗(要小心),很容易就能清除水垢。

2.把蛋壳打碎,加上一匙食盐和少许清水,倒入瓶内用力摇动,很快就能清洁干净。

3.热水瓶内积了水垢,可放入 2 个卫生纸团成的小圆球,然后注入热水,盖好木塞,横过来边转动边左右摇晃,几分钟后,就可去除胆内的水垢。

二十三、如何科学使用杀虫剂

1.居室内不能使用敌敌畏、滴滴涕等药物来杀虫灭害,否则会引起人体中毒。

2.使用气雾剂前,要事先关好门窗,然后喷洒,喷洒完后人应立即离开房间,密闭半个小时至一个小时,击倒蚊蝇后再回家打开玻璃窗、关上纱窗,让室内空气流通,药物自然散发,以减少对人体的危害。

3.喷雾剂不宜过量、经常使用,用过一次后应隔一周左右再喷。居住环境较差,蚊蝇较多的居室,建议使用蚊帐等,杀虫剂不能每天大量使用。

4.不要混合使用多种喷雾杀虫剂,以免毒物增多,毒物相互作用后使毒性增强。

5.居家应保持清洁卫生,不给苍蝇、蚊子等害虫生存的环境,装好纱门、纱窗,堵住源头,尽量少用或不用杀虫剂。

6.杀虫气雾剂等不能直接对着人体、食物喷射,避免吸入喷雾剂或接触皮肤、眼睛,不要让儿童触及,不要与食物等混放。气雾剂不能接触火源,还要避免高温,以防爆炸伤人。

7.不要购买低价的劣质杀虫剂,也不要用空罐到市场上去灌装散卖的杀虫气雾剂,因为这种劣质杀虫剂多半是在落后的条件下制成的,而且化学配方也不适当,有的还含有对人体危害极大的违禁药品(如敌敌畏等)。这种杀虫剂不仅损害身体健康,而且还污染生活环境。

8.装有空调的房间由于房间密闭、空气不能循环和对流,不要使用杀虫气雾剂。

9.居家要注意蚊蝇滋生地的消毒与杀灭,如厨房、厕所的上下水道口、阳台上的花盆等,要定期对这些滋生地进行喷药,以减少蚊蝇的来源。

二十四、如何清洁厨房下水管

由于厨房排水管的阻塞物以油渍和饭菜残渣为主,因此,必须使用颗粒状的水管疏通剂,利用其中的苛性钠成分发生反应时产生的高温,将凝结的油渍变为液体状,并借由片状铝片的上下旋转运动,将菜渣打散。

软质塑胶管或橡皮软管、铝管不能使用颗粒状的水管疏通剂,只能使用液体快速通乐,以免因温度过高而导致软管扭曲变形。

正确清洁方式是先清除积水;开启疏通剂瓶盖后,将 1/10~1/5 的量慢慢倒入水槽或地板排水口内;然后再加入 250 毫升的冷水(地板排水口需倒入 750 毫升冷水),静待 30 分钟后,大量冲入冷水即可。未使用完的厨房通乐,记得瓶盖要盖紧,以免因接触到水气而使其产生作用。

二十五、淘米水去除漆味法

新买来的漆器用具有一股漆味。如用淘米水再加少许食醋,用干燥柔软的布蘸混合液来擦抹漆器用具,上面的漆味就可除去。

二十六、乌贼骨粉去除铝制品油污法

铝制品表面蒙上油污后,可用湿布蘸乌贼骨研成的细末进行擦拭,铝制品便可立即光亮如初。

二十七、浴室用品清洁法

1.洗手台:撒些苏打粉或食盐,或者也可以直接将清洁剂涂在污垢处,过一会儿,待污垢溶解后,用百洁布及清水刷洗就可以消除污垢了。

2.水龙头:以柠檬汁刷洗水龙头,再用水冲洗,擦干即可。变黑的地方可以用牙膏、牙粉来擦拭,一定会有让你满意的效果出现。

3.镜子:抹布蘸清洁剂擦拭镜面,再用清水冲洗,最后擦干即可。严重的污垢可以使用酒精来清除。

4.浴缸:涂上浴室专用清洁剂,稍待片刻,等污垢溶解、脱落之后刷除,最后再用水冲净。浴室墙壁和天花板上的霉垢,通常使用百洁布即可刷掉,若不行,你可以使用酒精或漂白水,也会有不错的效果。

5.瓷砖缝:你可以使用具有漂白作用的去污剂,涂在发霉的地方,约等 30 分钟后,再用刷子或牙刷刷洗干净。

6.排水口:先浇淋热水,再涂上稀释过的漂白粉热水,待污垢脱落后,再以清水冲洗即可。

二十八、浴缸清洁法

1.先用醋擦洗一遍,再用碳酸氢钠抹一次,最后用清水冲洗,即可将浴缸上的积垢、污痕清除干净。

2.浴盆池壁上的黄色污垢,可以用漂白粉加水按 1∶9 的比例配成溶液,再用布蘸着擦拭,污垢极易消除。

3.将柠檬切片,盖住浴缸里的黄迹,可使黄迹逐渐消失。

二十九、如何清洁马桶

清洗马桶的正确步骤是应先把坐垫掀起,并以洁厕剂喷淋内部,数分钟后,再用厕所刷彻底刷洗一遍,再刷洗马桶座和其他缝隙。由于马桶内缘出水口处是较易藏污纳垢的地方,一般喷枪式的马桶洁厕剂,无法顺利将清洁剂喷淋在该处,因此,最好使用有独特鸭嘴头设计的洁厕剂,才可深入马桶内缘,清除顽垢。

至于一般人较易忽略的马桶外侧底座,也应用清洁剂喷淋刷洗一遍,并用水洗干净,最后,用干净的布将其整个擦干,就可以亮白如新了。提醒大家,切勿将不同成分的酸性、中性或碱性清洁剂混合使用,以免因化学变化而发生危险。

三十、巧除水龙头黑垢

自来水龙头用久了便会变成黑色,可用一块干布蘸面粉擦拭,然后再用干布擦拭,这样,既不损伤水龙头金属表面,又能把水龙头擦得光亮如新。

三十一、盐醋去除瓷制器具锈迹法

瓷制脸盆、浴缸等的水龙头附近会出现铁锈斑迹,可取等量的盐、醋,加温搅拌,然后用布吸满盖在锈斑上,30 分钟后再用粗布蘸盐、醋溶液用力擦拭,就能去除。

三十二、羽绒被洗涤法

用清水浸透羽绒被后拧干,然后浸入 50℃左右的肥皂水中 10 分钟,取出放在板上拍平,再用刷子刷洗。如沾上了油垢,可洒上一点石碱,刷子刷过后,清水冲净晾干。拍打平整即可,注意切忌搓洗。

三十三、巧洗蚊帐

用数片生姜沏一盆水,把脏蚊帐放进盆里泡 3 个小时,然后轻搓慢揉,蚊帐上的黑黄污渍就会很容易被去掉。再用清水加些洗衣粉洗就干净了。

三十四、怎样消除玻璃鱼缸上的水迹

养鱼爱好者在清洗鱼缸时,对清除缸内水面留在玻璃上的水迹(一道白线)很发愁,用清洗剂担心会使鱼得病或死亡。其实只要用一个 1 角钱硬币蘸点水在水迹处摩擦两下就会清除掉这道水迹。

三十五、白兰地清除镜片油污法

眼镜片蒙上了污垢油迹,可用细布蘸些白兰地酒或煤油来擦拭,既简便又清洁。

三十六、图书油迹去除法

1.图书上沾上了食油、煤油、机油等油迹,可先将宣纸、棉纸、皱纸等吸水纸盖在油迹上,用熨斗轻轻熨烫,或用盐水瓶装满沸水在上面滚动,油迹多时可以换张吸水纸,直至把油吸尽。

2.可用几滴汽油加入氧化镁擦拭,效果也很明显。

第四章　金融理财

第一节　理财常识

一、理财首先应算好家庭储备金

如今,越来越多的人走进理财行列,越来越多的理财产品受到关注,一个古老而又崭新的话题被理财专家们提起:在忙于理财之前,你是否盘算好了自己的家庭储备金呢?

1.储备金并非越多越好

日常开销的吃穿用行,每月上交的房贷、车贷,还有不得不预留的孩子教育费、老人医疗费等。一个小家庭,每月的现金支出项目早已超出了简单的加减运算。每一个有存钱、投资计划的家庭,首先应该想到的是预留储备金额度的问题。

理财专家指出,为孩子支付教育费,为老人预留医疗费,以及为了应对节假日、商场大减价带来的家庭大采购等不可预知的较大款项支出,一些家庭习惯留足储备金,以备不时之需。但是家庭储备金并非越多越好,过多的现金不仅影响家庭投资,也容易加大日常支出。所以,如果每个月将家庭收入分成5份,储备金只占其一就可以了。

2.储备金应该留多少

我国的许多家庭,目前尚属保守型家庭,每月固定收入、固定存款所占比例较大。一种早已流行的"信封体系"理财法,应该很适合这些家庭理财的要求:每月把家中的钱放入一个个信封,分别用于买食物、衣服、书籍,付房租等。这是个省钱良方,也可以将家庭每月的现金支出分析得一清二楚,帮助你留出适量的现金。

理财专家分析,收入不同的家庭,对家庭储备金有着不同的"心理底线",从几百元到上万元均有可能。从实际情况来看,一个家庭一般预留3~6个月的固定支出,最多不超过12个月,就足以应付家庭的各种支出了。

3.储备金不一定都是现金

无论是多存,还是少放,在家里留现金总是件不那么让人放心的事情,也被许多新人类称作"土法"。其实,只要注意储备金的流动性,还有许多好的储存方法。

所以理财专家建议,一些具有安全性、可变现性的理财渠道,不仅可以让你的储备金随时"听从调遣",还可以在"闲时"生钱。如活期存款、"定活两便"储蓄,以及货币市场的现金增值基金等,不仅可以当天变现,而且风险较小,让你小有收益。

二、家庭预算制作法

1.每月做一次家庭预算,一般可放在发工资那天。

2.把账目本分成12栏,每月占一栏,全年的预算就一目了然。

3.家庭支出可分为三部分:基本支出、短期支出、临时支出。

基本支出是不能省的,如房租、按揭贷款、煤电水费、买米买菜钱、孩子学费、保险费等。

短期支出主要是用来改善生活的,如添置家具、衣服、旅游等,这些钱的支出要量力而行,不要超支。

临时支出主要是用来公关和应付亲朋好友的来往、邀请。除了推卸不掉的,一般的礼仪应酬可尽量减少来往次数。如将每年国庆节、劳动节、元旦、春节亲朋好友相聚,改在春节一次碰面,而平时大家逢节日就互相电话问候。临时支出一定要有个消费额度限制,这方面稍不留神就会使家庭预算超支。

三、人生各阶段理财法

1.探索期(15~24岁):通常这个时候重心放在学业上,事业才开始起步不久,所赚的钱不多,此时可规划买个10年期定期保单,受益人为父母,以报父母养育之恩。

2.建立期(25~34岁):此时最好多取得有益于谋生的各种证书、执照,以及工作的经验,在理财方面可考虑定额储蓄、小额信托方式买共同基金,以及买个60岁满期的定期寿险,受益人为配偶或子女。

3.稳定期(35~44岁):想创业者,此时是发展的好时机。不想创业,继续当上班族者,应加强初中级管理方面的知识,以备升为主管之需。此时最大的负担是房屋贷款,理财宜稳健,可规划增加共同基金的投资,同时强迫自己多储蓄。

4.维持期(45~54岁):此时不仅本身收入增多,家中小孩也开始会赚钱,家庭负担减轻,投资不妨朝多元化去规划,如可考虑换屋,买第二栋房屋出租,买股票、基金、债券,买个10~20年期的储蓄险等。

5.高原期(55岁以上):此时可开始规划休闲、旅游等较轻松的生活,手头宽裕者,可考虑投资股票、房地产等多元化的理财规划,以及买份退休年金保险,以防有自己晚年钱不够用的困扰。

四、家庭累积期如何理财

1.家庭处于家庭财产积累期,个人资产余额尚不多,所以整体上应当执行较为

·家居休闲·

图文珍藏版

稳健的理财方式,没有别的增值手段,所以在没有好的投资方向时(收益率低于贷款利率),可以选择提前部分或全部偿还住房贷款,并把存款转为收益较高的凭证式国债或价格较低的后端收费基金。还可以选择一些回报较好的企业债券,这种债券虽然收益需较长时间,但是风险较小,申请上市交易后,流动性也较强,收益高于同期储蓄、国债的收益率。

外汇存款时建议到银行办理外汇买卖,虽然外汇买卖有一定的风险,但如果比较小心谨慎地操作的话,通常可以获得5%左右的年收益率,不做交易时,还可享受一定的利息收益。

2.可以用孩子的压岁钱等资金在每月的固定时间,买入固定金额的基金或股票。但要注意使用在价格高时少买一些,价格低时多买一些的简单方法,以便能更有效地降低买证券的风险,获得较稳定的收益。由于此方法投资时间较长,其实质意义在于可为孩子的长期教育投入做必要的资金准备。另外,当孩子上小学四年级以后,可以把零存整取改为教育储蓄,好处在于可以享受同档次定期的利率,并且免税。

五、购物省钱有妙招

1.商场推出的特价购物时段,打折销售某些商品,非常划算。注意超市和报刊的有关广告。

2.按你想做的菜谱写下购物项目,可帮助你无一遗漏地购买实际需要的烹饪原料,避免因盲目购买而带来的浪费。

3.关注一下超市入口,商家喜欢把便宜货摆在那里。

4.随身带个计算器,将购物筐内的物品一一累计。随着钱数的上升,也许可以促使你剔除那些并不急需或可买可不买的东西。

5.购买日用品和食品时,千万不要被那些花花绿绿的包装迷惑。因为精装比简装的东西要贵许多。

6.购物时,注意力应放在你想购买的东西而不是和它捆绑销售或附赠的什么物品上。

7.食品方面,方便的半成品,如已洗干净、切好的鱼、肉、排骨和蔬菜,甚至是已加拌调料的肉丝、肉片等反而节约开销。

8.经常把眼光投向超市货架的底层部分。比较贵的商品,商家喜欢摆放在与人们眼睛平行的位置。

9.购买便宜货时,首先要考虑自己的需要,虽便宜但并不需要的东西买后积压在家,最不划算。

10.别在饥肠辘辘之时进超市购物.那会使你多买17%的东西。

六、正确投资应具备哪些要素

1.以闲余资金投资:如果投资者以家庭生活的必须费用来投资,万一亏蚀,就会直接影响家庭生计的话,在投资市场里失败的机会就会增加。因为用一笔不该用来投资的钱来生财时,心理上已处于下风,因而在决策时很难保持客观、冷静的态度。因此家庭必须用闲余资金投资。

2.量力而行:俗话说,天下没有白吃的午餐,投资者一定要树立高报酬、高风险的投资意识。无论对风险的承受力是高或是低,都应遵守"量力而行"的基本原则,不可超越自己的能力范围。这就要求投资者在决策前,首先考虑自己的投资条件以及承担风险的能力,有多大能力,承担多大风险,千万不要贪大钱而做超出自身条件的冒险。所谓"留得青山在,不怕没柴烧",切勿将仅有的"青山"赔进去,断了起死回生的最后一线生机。

3.个人专长:投资种类众多,有实业投资,有储蓄、股票、债券、基金、保险等金融资产投资,还有房地产、邮票、古玩字画等实物投资。不管选择哪种投资,投资者在决策之前应首先考虑每一种投资方式的特性及风险程度,并依个人爱好或专业选择投资商品标的。投资本身不熟悉的项目,投资前应广泛征询专家意见,三思而后行,切勿冒进。

4.分散风险:家庭在进行投资时,不要将资金全部投入到一个项目上,特别是不要把资金全都押在某个利高但风险较大的项目上,应该做适当的分散投资,以降低风险。一般来说,家庭应该选择适合自己情况的投资组合,这样既可以获得稳定的收益,又能避免风险的集中。

5.当机立断:投资追求的不是不切实际的最高报酬,原可获利的投资往往因为一味追求最高获利而不幸以赔本告终。任何投资皆存在风险,投资者应先设定获利了结与止损点,当损失已达止损点时,应当机立断退出该项投资,以免造成无法承受的亏损。

七、各类投资方式的优劣

1.股票

优点:变现力强,高风险高收益,极富挑战性,是个人综合能力得以锻炼提高的绝好方式。一般而言,具有较强的行业分析、公司基本面分析和技术分析能力的投资者,在这个市场能获得较高的投资收益。

缺点:大起大落,风险大,收益极不稳定。

2.债券

优点:特别是国债、建设公债,风险极小。本金安全,收益稳定,它既能为崇尚安全第一的投资者提供一种优于银行储蓄的投资渠道,又能在股市转入空头市场时作为资金转移的安全避风港,因而受到投资者的追捧。

缺点:收益不高,不可能像股票那样使资金大幅升值。

3.楼市

优点:地段好、品相好的楼市升值潜力大。只要在楼价下跌到底部时买进,若

·家居休闲·

图文珍藏版

干年后,就会有丰厚的投资回报。若自己不用可租与他人,收取稳定租金,一旦楼价上涨,收益随之上升,时机成熟转手卖出,差价利润更会让你的资产翻番。

缺点:变现力、流动性差。如在楼市火爆时高价位买进,或买进品相不好的楼房,风险也很大。

4.邮币卡、艺术品

优点:既有收藏价值,又有投资升值价值。作为收藏品,它能满足收藏爱好者、艺术爱好者的愿望,使收藏者从中学到知识,欣赏了艺术,陶冶了情操,从而获得一笔精神财富;作为投资品,只要选好品种,在低位买进,升值只是早晚的事。有的升幅之大非其他投资所能比,常使人感到吃惊。

缺点:投入成本高,投资期长。在高位买进风险较大。如买进的是伪品,可能竹篮打水一场空。

5.投资基金

优点:证券投资基金由懂行的专家操作,常采用组合投资,风险较小,但收益稳定。它最适合既无时间精力、又无专业炒股知识的广大中小投资者购买。一旦选对了基金,获利还是很大的。

缺点:我国证券投资基金起步晚,究竟哪家基金操作水平高,投资者一时还无从得知,这就增加了选择基金进行投资的难度。如若选错对象,基金操盘人水平较差,到时收益就很难说,风险也是不言而喻的。

八、如何合理安排孩子的消费

在普通家庭消费中,孩子的开销是个大头。如果能合理地安排孩子的消费,就能为家庭节约一笔很大的开支。其方法是:

1.购玩具,该出手时缓出手:孩子的兴趣转移很快,不管哪一种玩具都不能长时间地引起孩子们的注意,常常是玩过一阵就闲置一旁了,这是一种浪费。为了减少浪费,可以在购买玩具上动些脑筋。一是同类玩具不要重复买;二是为孩子买玩具不能由着孩子的性子,应尽量挑些经济实惠的玩具;三是可以与亲朋好友交换闲置的玩具,便于双方家庭都省钱;四是面对可买可不买的玩具,就不要去买。

2.买零食,能不买尽量不买:有的家庭在孩子零食上花了不少冤枉钱,原以为给孩子多买些营养丰富的零食,如饮料和口服液等,会促使孩子更健康地成长。但却适得其反,孩子吃零食过多,不仅影响了孩子吃正餐的食欲,也影响孩子的身体健康。所以,在小孩吵着要买零食时,要正确给予引导,能不买的尽量不买,真正的正餐让孩子吃饱吃好,养成良好的饮食习惯,这样不仅有利于孩子的身心健康,也有利于家庭节支。

3.添衣装,简单舒适好:孩子们正是长身体的时候,生长发育很快,一件衣服穿了不久还是好好的,就无法穿了。因此,在针对孩子们的服装消费方面,要以简单为主,只要孩子穿起来舒适就行。买服装时要就低价而舍高价,不必去买那些太高档的服装,花那个冤枉钱。

4.为教育,切莫盲目花钱:望子成龙是每个家长的希望,很多家长为了让孩子成才,今天让孩子学钢琴,明天让孩子学英语,后天让孩子学书法,钱花了很多,收效却不大。其实,这种填鸭式的拔苗助长的教育方式是违背教育规律的,对孩子健康成长极为不利。无数事实证明,要想让孩子成才,一定要根据孩子的兴趣和爱好,有所选择——少而精才行。这样既可以让孩子学了专长,又不会累坏孩子,同时还能为家庭节省一大笔开支。

九、如何出租房屋

1.房屋出租人必须是房屋所有人。共有房屋的出租,应具有其他共有人同意出租的证明或委托书。代理人代理出租,应具有房屋所有人委托代理出租的证明。出租的房屋需具备如下条件:

已依法取得房屋所有权证和国有土地使用证或房地产权证。

产权清楚,无权属争议。

非违章建筑。

未抵押或已抵押但经抵押人同意。

法律、法规未禁止出租的房屋。

2.出租的对象只能是国内公民、单位,而且只能作居住使用,不得改变使用性质。

3.选定承租人后,即应与其订立书面房屋租赁合同,然后在 15 日内,双方持租赁合同及相关材料到房屋所在地房地产交易中心办理房屋租赁登记手续。

十、选购私家车 4 大注意事项

近年来,家庭购买轿车以每年 9%～10% 的比例迅速增长。据调查数据表明:潜在用户购买经济型家庭轿车的比例占 85.8%。由此可见经济型家庭轿车是私家车的首选,市场上价格在 10 万元以下的车型很多,但在选购时应注意以下问题:

1.注意车辆的类型代号:车辆类型代号是国家有关部门依照国家标准《汽车产品编制型号》GB-9417-88 中规定发给生产企业的产品生产认可。轿车的车辆类型代表为 7,如红旗 CA7180 等。而 6 字头的产品是获得客车生产的认可。

2.选择有完整生产能力的厂家:目前,国内汽车生产厂家很多,除部分国有或合资大型生产企业拥有完善的研制、开发、生产、检验体系外,一般小型企业还是停留在配件外购,拼装生产的基础上,产品质量很难保证。

3.考虑售后服务:售后服务系统的健全与否,直接关系到购车后的权益保障。其中包括:索赔、维护、保养、配件供应,技术支持等一系列内容,而一些拼装车的售后很可能会出现脱节。

4.考虑购车后的费用支出:购车的钱是一次性支出,而购车后的费用则是长期性的。

维修的方便性和燃油的经济性是必须考虑的:一是零配件价格,二是技术难度,三是油耗,四是维修工时费,五是故障率和故障间隔里程。

第二节　储蓄贷款

一、储户存钱需注意什么

1.选择称心如意的银行开户:近几年来,一些非法融资机构以高利息诈骗老百姓钱财的事件时有发生。因此,广大储户千万要提高警惕,存钱一定要到经过人民银行批准的合法金融机构,并选择现代化程度高、经营品种多、服务态度好和信誉高的银行开户。

2.合理搭配组合存储:储户存钱时,应根据家庭的实际情况,结合自身的消费特点,将不同种类的储蓄和不同期限的储蓄进行合理搭配组合存储,做到在存期上有长有短,时间上有先有后,金额上有大有小,以获取利息的最大收益。

3.认真核对存单、存折:储户对银行开出的存单或存折上的各项内容要认真核对一下,看姓名、存期、利率、金额等是否相符,如有不相符之处应立即向银行提出更正,以免支取时出现不必要的麻烦。

二、储蓄生财窍门

目前,储蓄仍然是普通百姓最主要的投资手段。怎样才能通过储蓄最大获利,这其中还真有不少窍门。

1.少存活期

同样存钱,存期越长,利率越高,所得的利息就越多。如果手中活期存款一直较多,不妨采用零存整取的方式,其一年期的年利率大大高于活期利率。

2.到期支取

储蓄条例规定:定期存款提前支取,只按活期利率计息,逾期部分也只按活期计息。有些特殊的储蓄种类(如凭证式国库券),逾期则不计付利息。这就是说,存了定期,期限一到,就要取出或办理转存手续。如果存单即将到期,又马上需要用钱,可以用未到期的定期存单去银行办理抵押贷款,以解燃眉之急。待存单一到期,即可还清贷款。

3.滚动存取

可以将自己的储蓄资金分成12等份,每月都存成一个一年期定期,或者将每月的余钱不管数量多少都存成一年定期。这样一年下来就会形成这样一种情况:每月都有一笔定期存款到期,可供支取使用。如果不需要,又可将本金和当月家中的余款一起再这样存。如此,既可以满足家里开支的需要,又可以享有定期储蓄的高息。

4.细择外币

由于外币的存款利率和该货币本国的利率有一定关系,所以有些时候某些外币的存款利率也会高于人民币。储蓄时应随时关注市场行情,适时购买。

三、家庭储蓄如何增息

1.阶梯存储法:假如你持有 3 万元,可分别用 1 万元开设 1 年、2 年、3 年期的定期储蓄存单各 1 份。1 年后,你可用到期的 1 万元,再开设 1 个 3 年期的存单,以此类推,3 年后你持有的存单则全部为 3 年期的,只是到期的年限不同,依次相差 1 年。这种储蓄方式可使年度储蓄到期额保持等量平衡,既能应对储蓄利率的调整,又可获取 3 年期存款的较高利息。这是一种中长期投资,适宜于工薪家庭为子女积累教育基金与婚嫁资金等。

2.月月存储法:也称 12 张存单法。此法不仅有利于帮助工薪家庭筹集资金,也能最大限度地发挥储蓄的灵活性。一旦急需,可支取到期或近期的存单,减少利息损失。

3.四分存储法:如你持有 1 000 元,可分存成 4 张定期存单,每张存额应注意呈梯形状,以适应急需时不同的数额,即将 10 000 元分别存成 1 000 元、2 000 元、3 000 元、4 000 元这 4 张一年期定期存单。此种存法,可避免需取小数额却不得不动用"大"存单的弊端,减少不必要的利息损失。

4.组合存储法:这是一种存本取息与零存整取相组合的储蓄方法。如你现有50 000 元,可以先存入存本取息储蓄户,在一个月后,取出存本取息储蓄的第一个月利息,再开设一个零存整取储蓄户,然后将每月的利息存入零存整取储蓄。这样,你不仅得到存本取息储蓄利息,而且其利息在存入零存整取储蓄后又获得了利息。

四、巧选活期储蓄

1.若储户手中的余钱只是备作日常生活零用的开支,应选择活期储蓄。其优点是不论金额大小都可随时支取,且存款起点也只需在 1 元以上,灵活方便。

2.若储户手中的余钱在千元以下,应该以定活两便储蓄为宜。因为定活两便储蓄在一年内(包括一年)是按同档次定期储蓄打六折计息的,相对而言,比活期储蓄利息的收益上要多一些。

3.若储户手中的余钱在千元以上,那么个人通知存款最为适宜。因其利率档次多,且可一次存入,分次支取,未支取部分仍按原开户日计息,也可一次全部支取结清。其优点是存期越长,利率越高,就是所谓的"活期之便,定期之利"。

五、什么储蓄种类收益最大

1.如果你有一笔钱,又在某个时期内肯定不用,这时,你首先应选择同期大额可转让定期存单,因为此储种要在同期定期储蓄利率基础上上浮5%。但此储种一般未到期不能提前支取,到期后又不加计利息,流动性较差。

2.选择整存整取定期储蓄,并且期限越长越好,因为期限越长,年利率越高。

3.选择自己想存的年限而定期储蓄上又有的年限直接存入,利息最高。比如,你想存8年,就直接选择存定期储蓄8年期,这样收益最高。

4.如想存的年限,存款年限上没有,就要选择存期差距大的定期储蓄。比如,你想存一个7年期的定期储蓄,选择1个5年期和两个1年期定期,比选择两个3年期和一个1年期定期利息要高。

5.选择"复合存款法",即两种以上储种套存,要比单一存款利息高。比如10 000元存入5年期存本取息储蓄,再将每月利息60元即时转存零存整取储蓄,5年后利息收入是5 011.26元,而5年期同金额整存整取利息是4 500元,前者比后者利息多511.26元。不过,"复合存款法"比较麻烦,每月都要即取即存,不可断月,对于怕麻烦或空闲时间不多的人,最好还是选择定期储蓄。

六、外币存储如何获利

1.存期选择应"短平快":一般不要超过一年,以3~6个月的存期较合适,一旦利率上调,就可以到期转存,续存。

2.存取方式应"追涨杀跌":这是因为在一般情况下,当某外币存款利率上升时,将会有一段相对稳定的时间;而当其震荡下降时,也将会有一段逐级下降的过程。所以,一方面当存入外币不久就遇到利率上升时,应立即办理转存,虽说已存时间利息按活期计算有损失,但以后获得的利息收入可大大高于损失。当已存外币快到期遇利率上升时,这时便可放心地稍等,期满支取后再续存,既拿到原到期利息又赶上高利率起存机会。另一方面,在存期内遇利率下降,并超过了预先设定的心理止损价位,而且其汇率也出现了下跌的走势时,便不能心疼因提前支取所造成的利息损失,而应果断提前支取"杀跌",并将其兑换成其他硬通货存储,以避免造成更大的损失。

3.币种兑换应"少兑少换":一是人民币目前在资本项目下还不能自由兑换,一旦将外币兑换成人民币以后,若再想换回外币是比较困难的,建议还是将有限的外汇存入银行为好。二是银行对外币与本币、外币与外币之间的兑换要收取一定的费用,并且在外币兑人民币时银行是按现钞买入价收进,而不是按外汇卖出价兑换,前价低于后价很多,储户将有一定损失。有时候汇兑的损失甚至会超过利息的差额收入,所以要尽量减少汇兑次数。三是将人民币通过黑市兑换成外币存入银行以保值,实在得不偿失。有些外币根本就没有人民币的利率、汇率坚挺,根本不如存人民币合算,而且黑市上外汇价格不但高,还有很大的假币风险。这种私下交易得不到国家法律的保护。

七、外币存款利息计算

计算利息的基本公式是:活期存款利息=外币本金×活期存款利率÷360×实际天数;定期存款利息=外币本金×定期存款利率÷12×存期月数。个人外币存款按各银行公布的个人外币存款利率分档次利率计付外币利息。活期存款每年12月20日为计算利息日,次日银行自动将利息转入原存款账户。如遇利率调整,按调整日前、后不同利率分段计算利息。定期存款以原存日的利率为计息标准,不论存款期内利率是否变动,均按存入日利率计算利息,如提前支取,按支取日的活期存款利率计算利息,到期续存,按续存日同档次利率计算利息。

八、通过银行汇款可省钱

汇款时,尽量去银行,而不要去邮局。银行汇款收取的费用要比邮局汇款收取的费用少得多。银行汇款5 000元以下收1%的手续费,5 000元以上的无论汇款多少手续费均为50元,而且汇款金额越多越合算。银行汇款和邮政汇款相比,除了节省费用外,还具有如下优点:

1.网点多:目前各地中国银行、建设银行和工商银行等相继开办了私人汇款业务,营业网点众多,营业时间长,随到随办。

2.手续简便:银行汇款只需写明收款人活期存折账号和开户银行名即可。

3.汇款快捷:银行汇款一般3天内到账,实行全国电子联网的银行,24小时内即可到账。

4.领取方便:银行汇款收款人凭通存通兑存折在银行下属各个网点均可领取,且汇款到账之日起即计利息,不会因延迟领取造成利息损失。而邮政汇款需层层签收,带齐证件去指定邮局领取,取款后再存进银行方有利息。

可见,从银行汇款要比从邮局汇款省时、省力、省钱,好处很多。

九、有关银行卡的8项注意

1.领卡时,应当场检查密码信封,如信封被打开过则立即调换。

2.拿到银行卡后马上修改密码,不可用电话号码、生日等易于破译的号码作密码。

3.密码和卡号不要轻易示人,因犯罪分子只要知道密码和卡号,即可利用高科技提走现金。ATM机上的回单也不可随意丢掉,因回单上有卡号信息。

4.身份证与信用卡分开存放,以防同时丢失,因有身份证无密码也可以取款,身份证也不可轻易借人。

5.卡不能与磁性物体放在一起,以防消磁。

6.操作时注意 ATM 机上是否有摄像头等多余"装置","吃卡"及卡丢失后要及时挂失、更改密码。

7.不要轻信"紧急通知"和"公告",以防受骗。

8.在公共场所消费时,要让银行卡在自己的视线范围内,输入密码后观察消费单是否正常打印出来,注意只在一张 POS 单上签字。

十、家庭存单的保管

1.填好存单:在银行存储时要留下真实姓名、地址。在股市交易时也切忌用化名,最好留下密码,以免造成不必要的损失。

2.做好记录:银行存储后要记录户名、存储银行、日期、余额、期限、年利率、到期日、本息、存单号码,如果是有奖储蓄,标明开奖日期。购买国库券、债券,也需记录户名、购买地点、日期、名称、期限、年利率、到期日、本息及存单号码。购买基金及股票,最好记下每一笔交易的情况,做到心中有账。

3.切勿混放:贮藏存单及凭证时,不要与证件,如户口簿、身份证等放在一起。为防止因时间过长而忘记密码,可做好书面记录,但也不能与证件同放。

4.定期检查:存单每隔一段时间要检查一下,有否受潮、霉变、虫蛀、遗忘等情况,如有损坏,及时与银行及证券公司联系。

十一、如何识别假人民币

1.看:一是看水印,10 元以上的人民币可以在水印窗处看到人头像或花卉水印;二是看安全线,第五套人民币 1999 版 50 元、100 元钞票在币面左侧有一条清晰的直线。假币水印一般为浅色油墨印盖在纸币正面或背面,或在夹层中涂上白色糊状物,再在上面压盖水印印模。真币水印生动传神,立体感强,而假币水印缺乏立体感,多为线条组成。

2.摸:由于 5 元以上面额人民币采取凹版印刷,线条形成凸出纸面的油墨道,特别在盲文点、"中国人民银行"字样、第五套人民币人像部位等处有较明显的凹凸感。假币一般使用胶版印刷,平滑、无凹凸手感。

3.听:人民币纸张是特制纸,结实挺括,较新钞票用手指弹动会发出清脆的响声。假币纸张发软、偏薄、声音发闷,经不起揉折。

4.测:用仪器进行荧光检测,人民币纸张未经荧光漂白,在荧光灯下无荧光反应,纸张发暗。假币纸张大多经过漂白,在荧光灯下有明显荧光反应,纸张发白发亮。人民币有一到两处荧光文字,呈淡黄色,假人民币荧光文字光泽色彩不正,呈惨白色。

十二、如何防范外币假钞

1.出境充分利用信用卡等工具,减少不必要的持钞机会。目前中行、建行、工行等银行都已推出了国际信用卡。从币种来说主要有美元卡、港元卡和欧元卡,市民可根据自身需要进行挑选。减少持钞机会,自然也就减少了遭遇假钞的风险。

2.控制外币来源渠道,避免民间非法换汇。目前假美元仿真程度极高,市民很难辨别,黄牛换汇、马路换汇等行为不仅不合法,而且难免受到坑蒙拐骗又得不到法律保护。切勿贪小利进行黑市外汇交易。如确需外汇现钞,可根据规定到银行购买外汇。

3.多用转账,少进行美元现钞"搬家"。将外汇选定一家银行存入后,不要频繁进行现钞搬家。确有需要,尽量用转账方式。目前各大银行外汇理财产品日渐丰富,利用这些理财产品,可使手中的闲置外汇资金保值增值。

4.留心积累外币反假知识。真美元所用纸张为高级乳白色钞票纸,在紫光灯下不泛荧光,坚韧、挺括、耐用,用旧后周边不起毛。而假美元则不具备这些特点。真欧元的防伪特征有固定水印、钞票中间透光可见的一条黑色安全线、全息图案、变色油墨、手摸有凹凸感等。目前市场上欧元假钞主要特征是纸质差,且手摸印迹平滑。

十三、家庭消费如何贷款

1.信用卡透支:如果手头有信用卡就可以向信用卡"借钱"。根据银行有关规定,信用卡持有人在急需时可以透支,一般来说个人普通卡可以透支 1 000 元,单位普通卡可以透支 5 000 元。不过要注意的是,向信用卡"借钱"后一定要准时归还,如逾期不还必定受罚,在这方面银行是不会给你留任何情面的。银行规定,信用卡透支款自当日起 15 天内按国家规定的利率交纳透支利息,超过一个月仍未归还透支贷款的,将受到加倍罚息、取消信用卡使用资格等处罚。

2.存单抵押贷款:存单抵押贷款是指以未到期的定期储蓄存款作抵押,从储蓄机构取得一定金额的贷款,到期归还贷款本息的一种存贷结合业务。我国《储蓄管理条例》规定,凡定期储蓄存单未到期,提前支取时一律按活期利率计付利息。而储户以未到期的储蓄单向储蓄机构申请质押贷款,既解决了家庭急需资金的难题,又不致损失存款利息。因此,用存单抵押贷款是家庭贷款较合适的方式。根据目前银行规定,定期存单小额贷款的起点额度是 1 000 元,最高限额是 100 000 元人民币。存单抵押贷款的利率按银行贷给企业的流动资金同档次贷款利率计算,贷款期限一般不得超过一年。另外作为抵押物的定期储蓄存单仅限于未到期的整存整取、存本取息、大额可转让定期存单(记名)和外币定期储蓄存款存单,除此之外,如活期、零存整取等存单均不能作为质押物。

3.典当贷款:典当物品的范围为金银珠宝、古玩字画、有价证券、汽车等私人财产,典当行对于典当的物品一般是按照该商品的现时零售价的 50%~80% 估价,到期不能赎回的物品可以办理续当手续,否则到期 5 日(各个典当行规定有所不同)后即为死当,典当行有权将物品处理。典当行收费一般每月不超过当金的 5%。

第三节　家庭保险

一、保险计划的制订

1.要全面考虑投保项目，而后综合投保。综合投保最大的好处是可避免各个单独保单之间可能出现的重复，节省保险费。

2.必须坚持保障第一，收益第二的原则。现在许多保险公司都推出了类似零存整取的险种，但购买保险的首要目的毕竟是寻求保障，所以应当在保障周全的前提下，寻求较高的收益率。

3.选择高保额、高免赔的保单。买保险主要是为了在重大的无法承受的损失发生时，生活仍然有保障。因此，在重大情况发生时，可以得到巨额保费的险种应是保险的首选品种。

4.投保时应当考虑均衡收入原则，千万不能因为最近一阵手头宽裕而买了你可能无法长期稳定支付的保单。有的人就因为买的份额较多，以致付了2~3年保费后感到力不从心，想退保又划不来，陷入进退两难之地。

5.投保要把重点放在家长身上。不少家庭为孩子买了许多保险，很多是终身寿险，而家长却不买或少买人寿险，如果家长出现了意外，或家里经济状况发生急剧变化的时候，那么孩子的保费由谁来付呢？孩子有保障吗？正确的方法是：为了孩子的将来，家长应该为自己设计好一个保障的方案，一旦发生意外，孩子就有保障了。

二、如何选择保险公司

投保人在购买保险时，常对保险公司的选择感到束手无策。实际上，保险公司的选择有以下的基本原则。

1.偿付能力

保险公司的偿付能力是指支付保险金的能力，表现为实际资产减去实际负债后的数额。保险公司的偿付能力是影响公司经营的最重要因素。具备足够的偿付能力，保险公司就可以保证在发生保险事故的情况下，有足够的资金向被保险人支付保险金，保证保险公司的正常经营。

影响保险公司偿付能力的因素主要有以下3个：

一是资本金、准备金和公积金。保险公司的资本金、准备金和公积金的数额多少直接体现了保险公司的偿付能力大小。

二是业务规模。险公司的业务规模是指保险公司的业务范围和业务总量。

三是保险费率。保险费率是保险的价格，也是保险公司收取保险费的依据。

以上3个因素是影响保险公司偿付能力的主要因素。除此之外,保险资金的运用、再保险业务等情况也对偿付能力有影响。

2.合同条款

虽然保险合同的基本款项原则上是相同的,但不同的保险公司其合同条款还是有很大差异的。因此,投保人必须非常明确你所购买的保险是否能够满足你的需要。

3.理赔实践

理赔实践是投保人了解保险公司的又一重要方面。在购买保险之前,通常从以下几个渠道获取有关公司理赔实践的信息:

向保险公司的管理部门咨询该公司受消费者投诉的情况。

从相关的报纸杂志上收集各公司有关理赔实践的文章和报道。

从保险代理人和经纪人那里获取保险公司过去的理赔情况。

从朋友那里打听,他们的保险公司是怎样对待他们的。

4.承保能力

虽然在大多数情况下,.只有符合一定条件的投保人才能被保险公司接受为消费者,这个过程就是业务承保的过程。对保险公司来说,面临如下三种抉择:接受投保;拒绝投保;接受投保,但要做出一些变动。所以投保人投保时最好能了解保险公司的承保能力有多大。

5.售后服务

投保人所需要的服务大致有四个方面,即确定保险需求方面的帮助,选择保险项目方面的帮助,预防损失方面的帮助和索赔方面的帮助。选择保险公司时,要从两个方面注意其服务质量和数量:一是从保险公司代理人那里所能获得的服务,一是从保险公司那里所能获得的服务。

三、如何挑选保险代理人

挑选真诚可靠的保险代理人十分重要,可以从三个方面考虑:

1.代理人的专业知识:一个精于保险的人会根据客户的具体情况设计相应的品种,而不只是能做单就行。

2.代理人的人品:保险是一个奉献爱心的行业,但不容否认,由于该行业发展过快,确有一些害群之马混了进去,他们只图赚钱,甚至有可能会用一些根本不存在的条款欺骗客户。一般来说,夸夸其谈或专拣客户喜欢听的话说的保险代理人绝不是理想的对象,反之,则可多考虑。

3.代理人的从业态度:有些人从事保险代理,做完几张单后就离开保险公司,这样你的保单就会成为"孤儿单",虽然各家保险公司对这种保单有具体的管理办法,但终不如在开始就选择一个诚实负责的代理人安全可靠。当然,优秀的保险代理人不是马上就可以找到的,这需要时间和比较。根据以往的经验,挑选优秀的保险代理人可以采取先交朋友后投保的方式进行。例如,可以多接触几个业务员,多与他们做朋友式的交谈,从中找出一个最称心的业务员作为自己的保险代理人。

四、购买保险应走好三步棋

1.确定需求,购买保险无须面面俱到

一般情况下,保险公司会根据六大类需求来设计产品,分别是投资、子女、养老、健康、保障、意外。而购买保险以前一定要首先确定自己或家人将来要面临的医疗费用风险。

每个人面临的医疗费用风险是不一样的,因此所需要的保险保障范围也不同。影响风险的因素有职业、收入、地域、年龄和家庭等。比如享有社会医疗保险的人,在医疗费用支出较大的时候,需要商业保险的保障。而不享受社会医疗保险的人,则需要全面的商业医疗保险。经济条件好的人,在生病时有足够的承受能力。而经济条件一般的人,可能因一场大病陷入贫困。肩负家庭重担的人,在生病期间可能需要额外的津贴。而单身贵族,则很可能不存在这个问题。因此您应该视自己的真正需求有选择地购买保险,而不需要面面俱到。

另外,除了确定自己的保险赔付需求以外,各保险公司的产品在投保条件、保险期限、缴费方式、除外责任和理赔方式等方面各有特色。消费者可选择与自己的收入特点、支付习惯及品牌偏好相适应的保险。未来收入不稳定的人,可选择短期内缴清或有保单贷款功能的保险。希望保险产品能够升级的人,可购买具有可转换功能的产品。

2.确定方案,注重长远保障

业内专家认为,在保险产品的挑选上,保险公司占了很重要的位置。我们平时买东西时,从一开始就会感觉到自己所购买的产品能够带来什么样的回报,厂家服务如何。但与购买商品不同,大家只有等到需要它的时候,才是要跟保险公司打交道的时候。而在购买它的时候以及今后的一段时间内并不能体会到它的好坏,因此在购买以前选好保险公司很重要。真正能维护你的利益的,很大程度就在于这个保险公司的服务。

我们在选择保险产品的时候也并不是"保险保障范围越大越好,功能越多越好"。专家指出,保险的价格和保障范围是成正比的,如果保险保障范围超出需要,则意味着支付了额外的价格。例如,一个教师发生工伤的机会微乎其微。如果其购买的保单范围包括工伤医疗费用,则白花了工伤保险的钱。请记住,我们要购买真正适合自己需要的保险产品。

此外,与其他商品不同,保险商品的价格即保险费率,是精算人员根据保险责任范围科学制定的。这就意味着较便宜的保险产品,其保险责任范围和给付保险金的条件必然受限制。因此,我们在购买保险之前一定要设计好一个能够保障长远利益的保险方案,这样才能得到物有所值的保险产品。

3.学会签单,五步骤保您不受骗

当一切工作准备就绪以后,您还需要做的一份作业就是要真正了解我们填写保单的时候应该注意哪些问题,不要因为自己的一个微小疏忽,最后影响保险产品发挥其本身的作用。

把握好五个关键步骤,就可以顺利地签署保险合同:

首先,当业务员拜访您时,您有权要求业务员出示其所在保险公司的有效工作证件。

其次,您应该要求业务员依据保险条款如实讲解险种的有关内容。当您决定投保时,为确保自身权益,还要再仔细地阅读一遍保险条款。

再次,在填写保单时,您必须如实填写有关内容并亲笔签名,被保险人签名一栏应由被保险人亲笔签署(少儿险除外)。

第四,当您付款时,业务员应当当场开具保险费暂收收据,并在此收据上签署姓名和业务员代码,您也可要求业务员带您到保险公司付款。

最后,投保一个月后,您如果未收到正式保险单,应当向保险公司查询。

五、买保险六要六不要

随着人们保险意识的不断增强,我们身边买保险的人也逐渐多了起来。买保险就是买未来生活的保障,因而要慎重。买保险要坚持六要六不要的准则。

1.要放下成见,不要偏听偏信

保险公司是经营风险的金融企业,《保险法》规定保险公司可以采取股份有限公司和国有独资公司两种形式,除了分立、合并外,都不允许解散,所以,大可放下门第之见,但重点要看公司的条款是否更适合自己,售后服务是否更值得信赖。

2.要比较险种,不要盲目购买

每个人在购买贵重商品时,都会货比三家,买保险也应如此。尽管各家保险公司的条款和费率都是经过中国人民银行批准的,但比较一下却有所不同。如领取生存养老金,有的是月领取,有的是定额领取;同是大病医疗保险,有的是包括10种大病,有的只包括7种。这些一定要搞清楚,弄明白,针对个人情况,自己拿主意。

3.要研究条款,不要光听介绍

保险不是无所不保,对于投保人来说,应该先研究条款中的保险责任和责任免除这两部分,以明确这些保险单能为您提供什么样的保障,再和您的保险需求相对照,要严防个别营销员的误导。没根没据的承诺或解释是没有任何法律效力的。

4.要确定需要,不要心血来潮

首先考虑自己或家庭的需求是什么,比如担心患病时医疗费负担太重而难以承受的人,可以考虑购买医疗保险;为年老退休后生活担忧的人可以选择养老金保险;希望为儿女准备教育金、婚嫁金的父母,可投保少儿保险或教育金保险等。所以,弄清保险需要再去投保是非常重要的。

5.要考虑保障,不要考虑人情

保险是一种特殊商品。一件衣服或一套家具买来了,如不喜欢可以不穿不用,也可以送人,而保险则不能转送。有些人买保险,只因营销员是熟人或亲友,本不想买,但出于情面,还没搞清条款,就硬着头皮买下,以后发现买到的是不完全适合自己需要的保险险种,结果是不退难受,退了经济受损失也难受。

6.要考虑责任,不要只图便宜

俗话说:"一分钱一分货",保险也是如此,不能光看买一份保险花了多少钱,而要搞清楚这一份保险的保险金是多少,保障范围有多大,要全方位地考虑保险责任。

六、人到中年如何投保

眼下,各家保险公司推出的险种少说也有近百种,保险产品琳琅满目,确实使人一时拿不定主意。中年人该如何投保呢?

1.依据自身的收入:建议首选健康类的险种,有病时可以得到保险的补偿,若万一遭遇不幸,受益人也可以得到一笔给付金。与此同时,每年再花些小钱投保一份附加险或买个意外险之类,对增加保险额度就容易得多了。

2.选准投保对象:从经济承受能力考虑,肯定应该先为家庭的"经济支柱"办保险,万一有个三长两短,到时可领取保险金,也算对子女有个"交待"。或者选择"全家福"短期保险,上至父辈、中至夫妇、下至子女一张保单统统包括。一般人们在投保时,往往注重给子女投保,而忽略了大人本身,这是一个误区。

3.弄清交费规则:长期寿险交费方式可以选择趸缴(一次性)、5 年、10 年、15年、20 年等等,从支付角度看,选择越长时间交费负担越轻;从保障角度考虑,选择越长时间交费越好,若中途不幸遭遇大病或遭遇其他符合保单责任的事故需要保险公司给付时,往后的保费就可以豁免不用再交了。而一次性交费的就不能享有这个权益。而现在的积蓄,则不妨放在银行里或做一些投资。当然,一次性缴费就不用担心每年银行户头中的余额够不够应付划缴保费了。

4.验证代理人身份:选择保险代理人(营销员)时必须谨记一点,就是"先查证后选择"。当营销员上门推销时,可要求其提供名片、身份证或保险代理人证件等,循名片提供的公司咨询电话确认该营销员的身份后,再作投保决定。现在各人寿保险公司对营销员管理均有电话代码控制,是真是假一问即知。其次,在选择保险公司时应注重企业的信誉和服务质量。

七、老年人应该买什么保险

目前市场上的老年险,主要分为三类:一类是医疗保险;另一类是意外伤害保险;第三类是寿险。老年人在选择保险产品以前,首先应该确定更侧重于解决哪方面的问题,是意外风险,生病医药费,还是安度晚年的养老费。

1.老年人属于社会的弱势群体,自身患病的可能性比其他群体大。在国家的社会医疗保障体系不够完善的情况下,需要通过商业医疗保险来寻求更全面的健康保障。因此老年人在考虑购买保险时首先需要考虑的应该是医疗保险。

2.此外,老年人群遭受意外伤害的概率要高于其他年龄群体,特别是交通事故、意外跌伤、火灾等事故对老年人的伤害更加严重。因此意外伤害保险应该也作为老年人购买保险的重要选择。

3.寿险其实包括死亡险、生存险和生死合险,不包括健康险。老年人绝大多数已经退休,一般不需要再照顾子女、父母,也不再有房贷等负担,所以也不需要死亡险的保障。至于生存险,应该是年轻时买,老时享用。

八、家庭财产保险险种选择

1.收入少的家庭可选择普通险。普通险的特点是:每年缴,费用少,不退费。

2.收入多的家庭可选择长效还本险,该险种采取保险储金的方式,不论是否赔偿,保费在保险期满后全部返还。虽然一次缴费比较多,但既有储蓄性质又有保险功能,手续又简便,对中上收入的家庭来说比较合适。

九、如何进行家庭财产投保

1.要弄清楚保险对象和保险责任。可保财产包括个人拥有产权的房屋(包括附属设备)、家用电器、家具、服装、生活用品等。但金银制品、古董、邮票、钱币、现金、存折、股票、字画及无法估算价值的其他物品均不在保险范围。另外,电器自身故障或被保险人自身行为所致、虫蛀、霉烂、变质造成的人为财产损失也不属于保险责任范围。

2.要仔细估算自己财产的金额,一定要足额投保。因为保险公司理赔时是在保险金额范围内进行赔偿的。如果不足额投保,一旦发生损失,保险公司对超出所投保额的部分不负赔偿责任。另外,投保人的财产增加后,要及时加保。

3.投保时,投保人应向保险公司如实告知保险财产的存放地点、状况以及被保险人、受益人的有关情况。在保险合同的有效期内,被保险人、受益人名称的改变以及保户搬家所导致的保险财产存放地点、保险财产所有权、占有性质、危险程度的变更等,都要及时通知保险公司,否则发生损失后保险公司将予不理赔。

4.要注意掌握险种的保险期限。普通家庭财产险的保险期限为一年,中途不退保、不退费;长效家庭财产险的保险期限最短5年,只要被保险人不退保,保险单长期有效,并可继承,但需办理批改手续。

5.在保险期内发生了失窃、火灾、爆炸、暴力等保险责任内的灾害或事故,在可能的条件下要履行被保险人义务,尽力施救,减少损失(如果是因自己防范不当而造成的损失,保险公司有权拒赔),然后迅速到投保的财险公司报案,不要超过24

·家居休闲·

图文珍藏版

小时,请保险公司来人查勘。同时,认真清点物品、核算损失。在申请赔偿时,应提供保险单及投保家庭财产险的发票和损失清单,并到公安、本单位、居民委员会等有关部门开具合法证明。这样可以促使赔付工作顺利开展,个人也能尽早得到合理赔付。

十、人寿保险应如何投保

人寿保险是不幸降临之后,对家人的最佳保障。各保险公司的人寿保险品种很多,但可以分成两种基本类型,即定期寿险和终身寿险。定期寿险在有效期过后,就不再提供保障;终身寿险包含两方面的保障:身故时的寿险赔偿和现金价值随时间增长的投资回报。

1.健康时就应该未雨绸缪。越年轻越健康的人投保,保费越低。

2.在填写保单的时候不要隐瞒真相。如果被保险人身故,保险公司通常会调查其背景资料。如果发现虚假的填报资料,可能会导致保单无效。

3.一般来说,吸烟者的保费会相对高一些。

4.投保人应该计算一下,如果自己身故的话,家人需要多少赔偿才能维持正常的生活。这就是应该投保的金额。

5.定期寿险比终身寿险的费用要低得多。

6.终身寿险的不足之处在于:保费的一部分,大概是头一两年的保费,其实是用于支付给保险经纪的佣金。终身寿险的投资回报率通常低于其他投资。

7.比较各险种的价格和保障范围。网上有很多这样的介绍信息。

8.投保的保险公司一定要规模大而且资金雄厚。小心保险经纪的高压策略,他们是要依靠保险佣金赚取收入的。

十一、如何变更保险险种

变更保险险种,只能在同一家保险公司并且在该公司允许更改的保险品种间变更。在确定自己想要投保的保险品种后,保户可以通过代理人,也可直接去保险公司办理变更手续。如变更寿险品种,应亲笔填写"契约内容变更申请",并重新如实填写"健康声明",同时投保人应按保险公司的要求,缴纳险种变更所需的费用,保险公司会按照新险种对承保对象及健康状况的要求重新核保。变更后保险品种的保费将按照新险种的原保单投保时被保人的年龄相对应的费率来计算。保险公司核保后,会决定是否同意变更并通知投保人。

十二、投保失误后应及时退保

投保后,如果发现误解了保单的条文,或者因投保的险种并不适合自己而想退保时,必须马上进行,超过规定期限就不能退保了。根据有关规定,签订订单10天之内,可以退保,保费如数退还。这10天对每一位投保人来说都是相当重要的。

因为这是投保人重新研读保单，避免误解保单内容的一个机会，应该逐字逐句地领会条款，万一有什么疑问可以先行退保，等问题搞清楚后再考虑投保。倘若签完单后糊里糊涂地将之扔在一边不去理会，就白白损失了10天的大好机会，万一再想要退保，就很困难了。

十三、如何避免退保损失

首先，客户在未缴费的两年之内可以随时办理复效手续。客户可以利用两年时间缓解自己的经济压力，此时合同处于中止状态。客户只要在这两年内提出复效，经保险公司审核并缴齐应缴的保险费及其利息后，保险合同即恢复效力，合同继续有效。

其次，许多寿险产品都有减额付清这项权利。所谓减额付清，是指保险公司以宽限期开始前一个月，保险合同所具有的现金价值为一次性支付的全部保险费，相应减少保险合同的基本保险金额。

十四、新手开车应怎样买保险

据业内人士介绍，如果是新手，建议最好把车辆损失险、第三者责任险、车上人员责任险等基本险种保齐。而车辆失窃险，投保人可以根据车辆的档次、日常停车和夜间停车地点决定是否购买。

投保时要注意，不能一味为省钱而不足额投保，也不必多花钱超额投保。由于汽车保险费目前的费率是固定的，因而交费多少取决于汽车自身保险金额的高低。明智的选择是足额投保，就是车辆价值多少就保多少。有人为节省保险费而不足额投保，如20万元的轿车只保10万元，万一发生事故造成车辆损毁，就不能得到足额赔偿。与不足额投保相反，有的人明明手中是一辆旧车，评估价值不过5万元，却偏偏要超额投保，保额18万元，以为自己多花点钱就可以在车辆出事后获得高额赔偿。实际上，保险公司只按汽车出险时的实际损失确定赔偿金额。

如果你已在一家保险公司足额投保，即使你在另一家保险公司再投保，也不可能拿到双份的赔款。因为按照《保险法》第四十条规定：重复保险的保险金额总和超过保险价值的，各保险人的赔偿金额的总和不得超过保险价值。

此外，索赔时也有一些窍门。如果车辆仅仅是一些刮、蹭的小毛病，去修理厂修车也花费不了多少钱，不妨自己花钱修理，因为在保险条款中有规定，一年不出险的车辆在第二年续保时可以获得保险公司10%的投保优惠。因此，如果修理费用不太高，自己修车要比找保险公司更合算。

第五章　外出旅游

第一节　出行须知

一、离家旅游前的准备工作

1.到旅行社办理手续,或自行预订车票(机票、船票)。

2.准备好出门应带的证件。如果出国观光,要提前办好护照、签证、健康证书,还要兑换好外币。此外根据所去国家的法律要求打预防针。

3.愿意的话,可以进行旅行保险。

4.整理好你所需的行李,查看衣服是否干净、是否缺纽扣。最好准备一套适合旅行的服装和旅游鞋,便于轻松上路。不要忘带阳伞、雨鞋。上年纪的人,要带上你的手杖。行李包中,把重的东西放在下面,轻的东西放在上面,易碎的东西放在衣服中。

5.把"药品包"收拾好。要注意带好止痛片、消炎片、防晕药和医治水土不服的药。如果你患有慢性病需要持续用药,请在医生的指导下带好相应的药物。

6.照相设备要准备妥当。

7.检查眼镜是否完好,还要戴上一副备用的。最好准备一副太阳镜。

8.把旅行路线留给你的父母、配偶、孩子或任何希望与你取得联系的人。检查是否带好了与家庭、单位和有关亲朋好友联系用的电话号码。

9.家中若没有留人,通知停止一切对你家的投送(如牛奶、报纸、邮件等);将家中贵重的东西放入保险箱或其他安全的地方;关上自来水龙头、煤气开关,拔下家用电器的电源插头;家中常开着一两盏灯,如果安装黄昏自行点亮的自动灯更好;如有宠物、盆栽花木,托付一个亲近的好友代为照看、浇水;检查所有门窗的锁,拜托可靠的朋友或邻居不定时察看,你自己一定要随身带好钥匙。注意把所采取的措施告诉一位你信得过且遇事有责任感的人。

10.记好车票(机票、船票)上的日期、时间,安排好从家中到车站(机场、码头)的路线和交通工具。

二、乘坐交通工具时的禁带物品

旅行中携带物要少而精,必要的物品要带齐,违禁物品不要带,以免在乘坐交通工具过关卡时遇到麻烦。

1.飞机禁带物品:可燃液体、压缩气体、腐蚀液体、易燃液体和固体、毒品、氧化剂、易聚合物质、磁性物质、放射性物质、有害或有刺激物质以及可能损坏飞机结构或不适宜运输的物品、火器、刀剑和其他类似物品、动物。中华人民共和国运输过程中有关国家法律、政府规章和命令规定禁止出入境或过境的物品。

2.火车、轮船禁带物品:易燃、易爆、有毒、放射性等危险物品和政府限制运输的物品,妨碍公共卫生的物品、动物以及损坏污染车辆的物品。

三、旅行前如何挑选旅行社

1.要了解有关旅游行业的基本法规,具备关于旅行社方面的基本常识。目前,旅行社分为两类:国际旅行社和国内旅行社,前者可经营入境游、出境游、边境游、国内游,代办入、出境手续;而后者只能经营国内游及与国内旅游相关业务。所以外出旅游时,首先要弄清该旅行社的类别,而这一切均可向旅游质监部门咨询。

2.如在某旅行社设的门点(即分销点)买票的话,要确认其是否挂靠在该旅行社,是否有一照两证,即营业执照、经营许可证、质量保证金缴纳证书(一般均为复印件)。质量保证金是表明该旅行社向旅游局交纳了一定的保证金。如果旅行者与其发生争执,而旅行社又不服处理,旅游局可从保证金中强行扣款赔给旅行者。此外,这些门点应贴有投诉电话和咨询电话提示,游客也可通过电话确认。

3.凡正规旅行社均要与游客签订旅游服务合同,合同中涉及了旅行过程中的诸多细节,如日程、交通工具及标准、住宿、用餐等等。双方签字盖章生效后,游客可依此投诉。发给游人团队运行计划表、质量跟踪调查表,如无上述程序,便表明该旅行社经营不规范,质量难以保证。

4.要跳出只求价格低,不顾服务质量低的误区。不能简单地以价格衡量一个旅行社的优劣。一些旅行社报价看似便宜,但低质低价,往往导致埋怨多、投诉多。如果考虑旅游出了问题要用法律手段保护自己,游客便要于出游前在价格的选择上认真掂量,出游后看质量与价格是否相符。

四、找旅馆的学问

当你在一个完全陌生的地方下车并且出站后,最好不要跟那些为旅店拉客的人走,因为十有八九要上当。但是自助旅行者背着沉重的行囊一家一家地去寻找旅馆,也太艰辛、狼狈了些。怎样找旅馆?下面介绍一些经验:

下了车出站后,立即把多余的东西寄存在车站,只随身携带有效证件、相机、胶片、洗漱用品和一身换洗衣服——这点东西绝不沉重,充其量只能装满一个小包。

然后拎着它或步行或乘车去观赏市容,浏览当地的风土人情,途中见到外观合乎自己选择标准的旅馆就进去问问价钱,看看条件,满意了就不妨住下。等洗完澡甚至睡足了觉之后再抽空去车站取自己的东西,这样就从容、舒服多了。

另外,在去一些大型风景区游览时,住在风景区门口往往比住在与景区相邻的城市(或县城)中要好(比如去黄山游玩就应该住在山门内而不应该住在黄山市内)。这样一是便于观景,二是大型风景区门口往往宾馆旅馆云集,会给游人提供特别充足的选择余地。到时你所能做的不是"货比三家"而很可能是"货比数十家",相信总会有一家适合于你。

五、出国旅游如何调整时差

有出国旅游却被时差问题困扰的经历吗?你可以试试以下方法:

1.上机后先将手表上的时间由搭机时间调整为当地时间。

2.利用眼罩遮光,据说可以调整时差。

3.机上即使想睡觉也要忍到晚上才睡。

4.到了夜晚,应消除身体的紧张及疲劳,放比平常更热一点的洗澡水,让身体放松;也可以喝一点酒或牛奶,按当地时间轻松地就寝。

一觉醒来后,时差的问题就不存在了。

六、火车旅游节支法

我国对火车的票价实行递远递减制。路程在 200 千米内不减价;201～500 千米减价 10%;501～2 000 千米比基本票价降低 50%,因此直接买到旅程的最远点站,然后沿途签票游览,这样比较节省开支。但必须注意车票上规定的有效期,事先安排好旅程。

七、露营时如何选择营地

露营时营地的选择很重要,可以注意这几个重点:

1.不要太靠近水,以免河水暴涨,且蚊虫较多,晚上也较冷。

2.最好选在高过水面 5 米以上的地方,空气流通较佳,且可减少雾气。

3.地面斜度也需注意,要能够排除雨水,且土壤要有足够吸水力。不宜选择沙地,以免营帐钉不牢靠。

4.选择地势较高的营地,以免水淹,峡谷内就不宜扎营。

5.营门朝东,可以在早晨迎接太阳。

八、旅游登山时的装备

这里所说的登山,只是指一般的旅游胜地,风景秀丽的名山。虽然山不是很高,但一定不能轻视,要有相应的物质准备哟。

1.登山不宜穿皮鞋、新鞋、高跟鞋和凉鞋，穿着这些鞋不适宜走远路、高低不平的路以及湿滑的路。而且足底易起水泡，脚部皮肤易受伤。真正适宜登山的是较轻便的运动鞋、旅游鞋和胶底布鞋。

2.中老年人登山，要准备一根手杖（不必从家里带去，在山下捡得到），走山路时会有帮助。

3.山上的气温变化大，风也大，因此，上山时应带足衣服，尽管山下是烈日炎炎，也一定要带风衣或薄毛衣。南方的山区时晴时雨，因此雨具也是必不可少的。

4.穿厚袜子，不会磨出水泡。

5.带一些外伤药，如创可贴、紫药水等。蛇出没的季节还要带上蛇药。

九、旅途中的方向辨识方法

1.蚂蚁洞辨别方向法

在旅游中迷失方向，可找蚂蚁洞穴，因为蚂蚁总是把挖出来的土堆在北面，而洞口向南面。

2.岩石辨别方向法

岩石的北面苍苔遍地，南面干燥光秃，迷路者可据此确定方向。

3.星斗辨别方向法

满天星光的夜晚，仰望北斗星，沿着"勺柄"的第六颗或第七颗星的延长线的大约6倍距离处，最明亮的是北极星，可供迷路的人辨别方向。

4.树桩辨别方向法

树桩的年轮，南向宽，北向窄，旅游者可据此辨别方向。

5.树枝辨别方向法

单株树，朝南的枝叶茂盛，北向的枝叶稀疏，旅游者可加以观察以确定方向。

6.手表辨别方向法

把时针对准太阳，不管分针的位置，时针与"12"所形成的锐角的角平分线，就是南方。如早上"6"时对准太阳，那角平分线是"9"，其所指的方向是南方；晚上"6"时，则"3"字所指的方向是南；中午"12"时，太阳的本身就在南方。

7.积雪辨别方向法

积雪可以作为方向的标志，树、山、建筑物上，凡是积雪很难融化的地方，朝向总是北面。

8.房屋辨别方向法

古庙等古建筑，以及自然村落大多是朝南的，旅游时可以用来辨别方向。

十、旅途中如何预测天气

1.远山可见，天晴；近山模糊，有雨。因为空气干燥，天气晴朗，远山才可看清楚。

2.可以很清楚听到列车的声响,会下雨。天气阴沉时,白天与晚上的温差变小,声音容易传远。

3.看到猫洗脸,可能会下雨。猫用前脚洗脸,是因为将下雨时,湿度增高,跳蚤在猫身上活动起来。(注:猫很爱清洁,不下雨也会洗脸。)

4.青蛙鸣叫不停,会下雨。青蛙皮薄,能够感到湿度的变化,因此比平常叫得更激烈,表示湿度大,就会下雨。

5.早晨见蜘蛛网上有水滴,会放晴。天气好的时候,白天与晚上的温差就会变大,遇到冷空气的水蒸气,就变为小水滴。

6.鱼跃出水面,会下雨。远处天气转坏,迅速传到水中,鱼吃惊而跳跃起来。

7.燕子低飞,可能会下雨。天气转坏时,昆虫多近地面飞行,燕子想吃昆虫,所以低飞。(注:燕子低飞及蜻蜓低飞有雨这一说法不一定正确,这一现象只能说明气压低,有时就不会下雨。)

8.冬天雷鸣,会下雨。面临海岸,冬天有雷鸣时,西北季风吹来,会降大雨。

9.蚯蚓钻出地面,会下雨。天气转坏,湿度增加,地面变暖,蚯蚓就会钻出地面来。

10.霜受到朝阳照射,发出灿烂光彩,会天晴。霜的成因是夜晚寒冷,与白天温差大,白天温度高,会天晴。

十一、对付雨天的小常识

将地图放在好拿的地方,如雨衣口袋或背包顶袋,并做好防水处理。若有戴眼镜,请先戴一顶前檐凸出的棒球帽再外罩雨帽,如此可令你视线较佳。遇雨马上穿雨具,勿因雨小而不穿,淋成落汤鸡再穿就来不及了!雨具以两截式雨衣为宜,雨裤用吊带支撑可防止下滑。

雨具永远要放在方便拿取的地方,如背包之侧袋、顶袋或主袋顶部。短绑腿可防止雨水从裤管滑进登山靴内部。雨中做记录是件苦差事,可用封口塑胶袋包装笔记本以防水。

千万记住,湿冷而裸露在外的皮肤远较贴着湿冷棉布的皮肤更为保温。不论背包厂商如何夸耀其防水性,在背包外加罩一个防水罩是必要的。背包内的衣物、睡袋等要用防水袋或塑胶袋包好,硬壳保鲜盒可用来装易碎易潮的食品、药材、底片或火柴等杂物。

十二、森林旅游十大备忘

1.选择有接待能力的森林公园作为主要目的地。

2.精心选择游览路线。

3.弄清最佳旅游季节。

4.最好以家庭为单位或若干人组团前往游览。

5.科学安排游览和住宿时间。

6.做好防止蚊虫叮咬的准备。

7.鞋子要舒适防滑,衣服要贴身,避免树枝扯挂。

8.携带必要的食品、饮料,不要随便采食森林中的植物,以防中毒。

9.携带通信工具或简易报警器材(手电筒、哨子、喇叭等),带上救急药品。一旦迷路,应寻找大路往山下走;如果密林里没有明显的路径,则沿着溪水流下的方向走。

10.遵守森林公园的游览规定,不要随便狩猎、野外用火、采集标本、遗弃垃圾等。

十三、旅途购物学问多

出门在外,买点地方特产和纪念品之类,体验异地消费情趣,是游人的普遍心理。怎样在旅途中购物,也可算是一门学问。

1.以地方特色作取舍

地方特色商品不仅具有纪念意义,而且正宗,有价格优势,值得购买。如杭州的龙井、海南的椰子、云南的民族服饰、西藏的哈达等,购买后留作纪念或送给亲朋好友,都称得上是快事。

2.以小型轻便为首选

有些特色商品体积笨重庞大,随身携带很不方便,不宜购买。人在旅途,游山玩水、乘坐车船并不轻松,行李包越少越好。有些物品还可能易碎,稍不小心中途摔坏,更是花了一笔冤枉钱。

3.切忌贪便宜

在某些风景区,经常可见有兜售假冒伪劣商品的,如珍珠、项链、茶叶之类,游客可要禁得住低廉价格和叫卖的诱惑。有时自以为捡了便宜,回来后经过一番鉴别,大呼上当者也不在少数。再去退货吧,反反复复折腾一番不划算,只有自认倒霉的份了。

4.相信自己的判断

现在的旅游市场经过净化,大部分导游都能遵守职业道德,不会动游客钱袋的脑筋。但是,有少数导游却想尽办法把团队拉到给回扣的商店,任意延长购物时间,乐此不疲地为游客介绍、选购物品,殊不知这一系列的安排是一个大陷阱,游客被温柔地宰了一刀却还被蒙在鼓里。

在异地购物不要盲目相信别人,切忌冲动从众,而要相信自己的判断,管住自己的钱袋,学会自我保护,做个成熟的消费者。

十四、小孩老人出游的注意事项

带小孩外出旅游,让他们在小小年纪就能接触不同文化,既好玩又有教育意义,但在旅游途中有一些注意事项:

1.不要让孩子太操劳,行程要尽量轻松。

·家居休闲·

图文珍藏版

2.随身备外套风衣,以保暖、挡风雨。

3.尽量安排一些有趣的旅游点,让孩子不致觉得沉闷。

4.准备一两件孩子喜欢的玩具。

5.带着应急药物、驱蚊水等。

6.准备一些零食,如饼干、巧克力、饮品等。

7.最好携带用人一起前往。

老年人在体力和身体状况方面不及年轻人,在旅游中应多加注意:

1.根据自己的喜好及条件,选择名胜古迹游或休闲度假游,注意量力而行,不宜过分消耗体力。

2.春夏旅游旺季,气候多变,带足衣服和避雨用具。

3.注意饮食合理和卫生。旅游时体力消耗较大,要带足食品,要选易携带、营养丰富、新鲜卫生的清淡食品,并多吃水果,防止便秘。旅游时免不了在外面用餐,注意不要吃生冷食品和不清洁的食品。

4.避免过度疲劳。老年人长途旅行最好坐卧铺或飞机,也可分段前往,旅行日程安排宜松不宜紧,活动量不宜过大,游览时,步伐宜缓,循序渐进,攀山登高要量力而行。若出现头昏、头痛或心跳异常时,应就地休息或就医。

5.保证住处舒适安静。为保证每天6~8小时睡眠,住宿条件不求豪华,但求舒适安静,选2或3人间。不要图省钱住潮湿、阴暗、拥挤的房间,以免影响睡眠,导致体力不支或诱发疾病。

6.旅游前宜做一次全面体检,体检合格才能出门旅游。有慢性病的老年人出门要备好应急药物,不可中断原有疾病的治疗。

7.在旅游中注意做好脚的保健,如要穿柔软合脚的鞋,每晚睡前用热水泡脚,睡时将小腿和脚稍垫高,以防下肢水肿,并可自我按摩双腿肌肉和脚心,这样能在旅游中无论行走还是爬山都会感到格外轻快。

十五、野外求助方法

当自己和队伍出现需要借助外界的力量救助才能脱险时,应懂得基本的求救、呼救方法。

1.放烟火:燃放烟火是最常见的求救方法。白天用烟,即在燃火上放一些橡胶片、生树叶、苔藓、蕨类植物等,可以生成燃烟,以便通知外界。夜晚用火应在开阔地上,向可能有居民区的方向点三堆明火,用火光传达求救信号。

2.光信号:白天用镜子借助阳光,向可能有居民区的地方或空中的救援飞机反射间断的光信号,光信号可传16公里之远。方法是将一只手指瞄准应传达的地方,另一只手持反光镜调整反射的阳光,并逐渐将反射光射向瞄准的指向即可。夜晚用手电筒,向求救方向不间断的发射求救信号。

国际通用的求救信号是SOS,即三长三短,不断地循环。

3.现代求救方法:随着时代的发展,各种现代求救设备逐渐普及,如信标机、无线电通讯机、卫星电话等设备,如果有条件可以逐步配备这些现代设备。

十六、自驾车旅游装备小贴士

开车旅行的人,携带的行李容量比平常出行多一些,装备包括野炊、露营等所需物品,但一定不能用硬壳的旅行箱来装行李。当然也可以带上 CD、直排轮、无线对讲机等,这些东西能为旅行增添不少乐趣。出发前,千万别忘记带上以下物品:

1.文本:身份证、驾驶证、养路费及购置税/车辆使用税缴费凭证、公路地图、信用卡、保险单、笔记本和笔。

2.日用品:适时衣物、遮阳帽、手套、适宜驾驶的软底鞋、雨具、电筒、睡袋、保温水壶、餐具、照相器材、洗漱用品等。

3.药品:绷带、创可贴、消毒药水、消炎药、晕车药、驱蚊虫药水等。

4.车辆备件:整套随车工具、备用轮胎、火花塞、电线、绝缘胶布、铁丝、牵引绳、备用油桶、水桶、工兵铲等。

5.其他:多功能手表、指南针、移动电话、组合刀具、对讲机。

除此外,还需注意以下三点。

1.出行前需检查车辆:在进行自驾游的时候最好多邀请几辆车,同路而行,彼此有所照应。在出发前必须对车辆进行全面的检查,确保车辆处于最佳状态。每天的行程结束后,也要对车辆进行简单的检查,发现问题要及时处理。车上还应准备好修理汽车的常用工具,做到万无一失。

2.及时了解路况信息:驾车出行前,一定要提前掌握路况信息。如果觉得电视、广播提供的信息还不够及时,可选择电话咨询的方式询问气象台。特别是在起雾的季节,更应提前询问路况,掌握准确情况,避免遇到高速公路封闭、道路行驶困难等情况,给自己增添不必要的麻烦。

3.千万避免疲劳:驾驶在高速公路上,由于封闭的路面容易使车速过快,驾驶者长时间精力高度集中,驾驶姿势固定,操作也比较单调,很容易产生疲劳感。如果遇到天气不好,就更容易发生交通事故。所以,自驾游行程安排不能太紧张,驾驶者一定要得到充分的休息。

第二节　旅游安全

一、出游旅行途中巧藏钱

1.要找准"藏"钱的地点

钱的存放要化整为零,大票面的放在贴身的内衣裤外面的几个口袋里,并至少应分放在两处。元和角票是旅行中最频繁使用的,这笔钱宜分散放在上衣和裤子外面的几个口袋里,每处总数三五元即可。钱包和背包里原则上不应放钱。在公共车辆上,更切忌背在背上,而夹克、西装也应拉上拉锁或扣上扣子。

2.要掌握取钱的技巧

始终保持各种面值钞票的结构平衡。买5角钱的东西,就不要掏5元钱的口袋。掏小钱时不妨动作"毛糙"一点,一把全抓出来,乱七八糟不过三五元,即使小偷在旁,看你没什么"油水"也就不屑动手。在吃饭、购物等要花中等面额钱的时候,付款最好做到该付多少整数,就取几张整钱。零票花掉了,要及时在僻静处取出一张大票面的钱,在下一次消费中换成中小币值的票子,再分放到各个口袋里。

二、旅途中物品丢失后的应急措施

1.身份证丢失:由当地旅行社核实后开具证明,失主持证明到当地公安局报失,经核实后开具身份证明,机场、安检人员才会核准后放行。

2.财物丢失:财物丢失后,要向导游或领队求助,告诉他们丢失物品的形状、特征、价值,回忆丢失物品可能的时间和地点,积极配合导游人员寻找。

三、旅途中遭遇抢劫的应对方法

遇到抢劫时,应大胆、冷静。如果没有办法制服劫匪则应尽量不吃眼前亏,用理智躲避厄运,不要怨天尤人,在危险的情况下最重要的是保存性命。俗话说得好:"留得青山在,不怕没柴烧。"如有可能,应尽量记住歹徒的体貌特征,以便在脱身后立即报警捉拿劫匪。

四、坐火车"防扒"的几个小招数

自己财物小心管:

1.不要将装有钱、证件、手机等贵重物品的衣服挂在衣帽钩上。不要经常清点钱物,以免引起扒手的注意。

2.睡觉时要警醒一些,尤其是在深夜行车时,更要留神小心。

3.不吃陌生人给的食品。

4.不要委托陌生人帮补车票或看管行李。

危险时段需警惕:

1.开车前找座位、中途快到站和终点下车时都是小偷下手的时机,是容易被盗的危险时段。

2.当列车到前方中途站停车时,扒手会假扮旅客混入车厢中,乘机作案。

谨记扒手特征:

1.扒手大多穿得较少,喜欢随身携带书、报纸、杂志和小型手拎包等,用以掩护作案。

2.扒手的眼神与平常旅客不同,他们上车后不找座位,喜欢东张西望,重点是看旅客的行李和钱物。

3.扒手喜欢在车厢内频繁走动,不常坐在固定的座位上。

五、旅游时游泳除危的方法

游泳中常会发生肌肉痉挛,大多为腿部抽筋,这主要是因为未做好入水前准备活动,或受冷水的刺激,或在水中停留时间过长,或过于疲劳等所致。

发生抽筋时若在浅水区可马上站立并用力伸蹬,或用手把足拇指往上掰,并按摩小腿可缓解。如在深水区,可采取仰泳姿势,把抽筋的腿伸直不动,待稍有缓解时,用手和另一条腿游向岸边,再按上述方法处理。

有时因未掌握好游泳的呼吸动作,会发生呛水。呛水时不要慌张,调整好呼吸动作即可防止继续呛水。如发生在深水区又自觉身体十分疲劳不能再游时,也可呼叫旁人帮助上岸休息。

有的人在游泳时发生腹痛现象。一般来说,是因水温较低或腹部受凉所致。作为预防措施,入水前应充分做好准备工作,如用手按摩腹脐部数分钟,用少量水擦胸、腹部及全身,以适应水温,如水中发生腹痛应立即上岸并注意保暖,还可服藿香正气水,一般来说腹痛会渐渐消失。

在水中游的时间过长或恰好腹中空空,上岸时动作过猛,有的人会出现头晕、目眩、恶心等反应,个别人会突然晕倒,一般情况下这是疲劳缺氧所致。针对性措施是注意保暖,按摩肌肉,喝些糖水或吃些水果等,很快就可恢复。

六、在高山旅游景区应如何防雷

在旅游途中如果突遇电闪雷鸣,游客就应中止游览,及时返回住地;不能及时返回的,就应找到安全的地方躲避。但不应在以下地方停留:山顶、山脊、开旷的田野;各种露天停车场、运动场和建筑物顶部;避雷针及其引下线附近;孤立的树下、亭榭内;铁栅栏、架空线附近等等。

同时,在野外遇上雷雨时不宜打伞,绝不可使用有金属尖顶的雨具,此时无金属附着物的雨衣是最好的避雨工具。如果感到头发竖起来时应立即双脚合并、下蹲、向前弯曲、双手抱膝。在室内躲雨时,不应依着建筑物或构筑物的墙壁站立,宜保持一定的距离,雷雨天气上下车时,不宜一脚在地一脚在车,双脚应同时离地或离车。

对不幸遭雷击的游客,应采取及时救护措施。伤员若是停止了呼吸,应及时进行人工呼吸抢救工作,越早越好;伤员若是心脏停止了跳动,则要采用体外心脏按压法。

雷雨天气时,仍在野外的游客应关闭手机、小灵通及其他无线电通信工具,不宜手持固定电话话筒通话。

七、旅游登山时的安全措施

1.要量力而行:其一,不是任何人都可以登山旅游的。如心脏病、高血压、急慢性支气管炎、肺气肿、肾炎、贫血、肺结核、发热、急性感染、结石活动期等病人就不宜登山。其二,要根据个人的体力和身体素质做好判断,不要逞强好胜地一鼓作气爬上去,把自己搞得精疲力竭。

2.防跌伤:名山都有葱郁的林木,空气较湿润,地面多湿滑。因此,上山前一定要穿防滑性能好的鞋,如旅游鞋、运动鞋、深齿橡胶底鞋等。

3.防着凉:山顶雾气弥漫、晴雨无常。在这种气候条件下,登上山顶,如果所带衣物不足,极易受凉感冒,所以应尽量携带稍厚一点的衣物。

4.忌烟酒:登山时心跳加快、血压上升、氧消耗增加,而烟酒入体后更会加速心跳、提高血压,这就大大增加了心脏的负担,降低了心脏的功能,减弱了体力活动的能力,对登山、对身体有极大的害处,所以要忌。

八、旅馆火灾的预防与处理

现在酒店宾馆的消防设施已有很大改进,降低了发生火灾的可能性和发生火灾后的危险性,但事故的发生是人们难以预料的,一旦酒店宾馆发生火灾,旅游者的生命、财产就会遭到严重威胁。

为防止火灾的发生,旅游者应注意以下几点:

1.在客房内吸烟后一定要将烟头熄灭,不要随地乱扔。因为酒店地面多为地毯,很容易燃烧。

2.在客房内使用电器时要科学,不要将电器烧坏以致发生火灾。

3.不要使用自带的功率高的电器,以免超过整个酒店电压负荷而导致火灾。

4.到酒店后应做好一些应付火灾发生的准备,如熟悉楼层的太平门、安全出口和安全楼梯,仔细阅读客房门后的线路图。

当遇到火灾时,要注意以下几点:

1.要镇定,不要胡乱跳楼,当消防员前来援助时,要配合消防员,接受统一指挥。

2.不要走电梯,要走安全楼梯。

3.若被大火和浓烟包围,可用脸贴近墙壁、墙根或用湿毛巾捂住脸顺墙爬出去,或打开未燃烧一方的窗户等。

4.若被大火和浓烟围困,而卫生间还没有被蔓延,可考虑待在卫生间里,用湿毛巾捂住口鼻等待援救。

5.看到救护人员时,要大声叫喊或边喊边摇动色彩鲜艳的衣物,救援人员来后要服从命令听指挥。

九、旅途中地铁遇险如何自救

1.地铁在运行隧道内突发事故,车厢内的乘客应立即按下车厢内壁上的红色报警按钮向司机报警。

2.火灾的烟雾和毒气会令人窒息,因此乘客要用随身携带的口罩、手帕或衣角捂住口鼻。如果烟味太呛,可用矿泉水、饮料等润湿布块。

3.车厢座位下存有灭火器,可随时取出用于灭火。

4.如果车厢内火势过猛或仍有可疑物品,乘客可通过车厢头尾的小门撤离,远离危险。

5.如果出事时列车已到站下人,但此时忽然断电,车站会启用紧急照明灯,同时,蓄能疏散指示标志也会发光。乘客要按照标志指示撤离到站外。

6.大量乘客向外撤离时,老年人、妇女、孩子尽量"溜边",防止摔倒后被踩踏。地铁逃生环境相对狭小,置身于拥挤的场所中,作为弱小的个体要时时保持警惕,个人应听从救援者的安排,遇到突发情况时,在组织者的疏导下有序撤离,做到互相谦让,特别是让老人、妇女、儿童首先撤离到安全的地方。最后,也是最容易被人忽视的一点是,如果出现拥挤踩踏的现象,应及时联系外援,寻求帮助。例如拨打110、120等。

如果在行进中,发现慌乱的人群朝自己的方向拥过来,应快速躲避到一旁,或者蹲在附近的墙角下,等人群过去后,至少要过5分钟再离开。如果身不由己被人群拥着前进,要用一只手紧握另一手腕,双肘撑开,平放于胸前,要微微向前弯腰,形成一定的空间,保证呼吸顺畅,以免拥挤时造成窒息晕倒。同时护好双脚,以免脚趾被踩伤。如果自己被人推倒在地上,这时一定不要惊慌,应设法让身体靠近墙根或其他支撑物,把身子蜷缩成球状,双手紧扣置于颈后,虽然手臂、背部和双腿会受伤,却可保护身体的重要部位和器官。

十、乘船出游遇险怎么自救

在旅游旺季,游船超载常常无法得到有效控制,而船舶超载是发生水上交通安全事故的重要原因之一,另外船体相撞、失火、下沉、遭遇暴风等事故也时有发生。因此,不管水性好坏,出发前最好在行囊中预备一个便携式气枕,或者充气式救生圈,尤其是携带儿童出游,只有有备而来才能心中有数。上船的第一件事就是留意观察救生设备的位置和紧急逃生路径。发现船上出现超载时要保持警惕,尤其是船体剧烈颠簸时,要高度戒备,换上轻装,将重要财物随身携带。

游船下沉逃生步骤:

1.船艇撞到礁石、浮木或其他船只,都可能导致船体洞穿,但是并不一定马上下沉,也许根本不会下沉。应该来得及穿上救生衣,发出求救信号,手机、信号弹和燃烧的衣物都可以发出求救信号。

2.除非是别无他法,否则不要弃船。一旦决定弃船,请在工作人员的指挥下,先让妇女儿童登上救生筏或者穿上救生衣,按顺序离开事故船只。注意穿着救生衣要像系鞋带那样打两个结。

3.如果来不及登上救生筏或者救生筏不够用,不得不跳入水里,就应迎着风向跳,以免下水后遭到漂浮物的撞击。跳时双臂交叠在胸前,压住救生衣。用双手捂住口鼻,以防跳下时进水。眼睛望前方,双腿并拢伸直,脚先下水。不要向下望,否则身体会向前扑摔进水里,容易使人受伤,如果跳的方法正确,并深吸一口气,救生衣会使人在几秒之内浮出水面,如果救生衣上有防溅兜帽,应该解开套在头上。

4.跳水一定要远离船边,跳船的正确位置应该是船尾,并尽可能地跳远,不然船下沉时涡流会把人吸进船底下。

5.跳进水中要保持镇定,既要防止被水上漂浮物撞伤,又不要离出事船只太远。如果事故船在海中遇险,请耐心等待救援,看到救援船只,要挥动手臂示意自己的位置。如果在江河湖泊中遇险,如果能很容易游上岸边,请尝试。如果水速很急,不要直接朝岸边游去,而应该顺着水流游向下游岸边,如果河流弯曲,应游向内弯,那里较浅并且水流速度较慢。请在那里上岸或者等待救援。

船上失火逃生步骤:

1.船上一旦失火,由于空间有限,火势蔓延的速度惊人。如果当时远离陆地,可能难以逃生,因此若是失火,必须当机立断,关闭引擎并大声喊叫"失火了!"

2.若是甲板下失火,船上的人需立即撤到甲板上,关上舱门、舱盖和气窗等所有的空气口,阻止空气进入,然后在甲板上或者其他容易撤退的地方进行扑救,如果无法迅速灭火,应该撤离火场,甚至弃船。

3.一旦发现火势无法控制,抓紧时间寻找救生设备,从船尾跳到水中或者撤到救生筏上,弃船然后尽快远离出事船只。

4.弃船后,有人会因为过度惊惶而丧命,请注意,均匀的深呼吸有助于保持镇静,游泳或者踩水时,动作要均匀舒缓。

专家提醒:

1.危急时刻人能想起的任何一个电话可能都有帮助,不管是110、120、119还是SOS或者家人的电话都可以拨打。打电话时尽量保持冷静,告诉对方自己的位置和出现的险情。

2.一旦出现险情,万不可盲目乱窜,不管情况多么紧急,都要听从指挥,保护船体平衡,如此才能延缓下沉速度,争取更多的救护时间。

3.万一掉进水里或者跳到水里,要屏气并捏着鼻子,避免呛水,因为人一旦呛水将失去方向感并变得更为惊惶疲惫。在放松身体的同时,试一试能否站起来,因为很多河流并不是很深。

4.为了节省体力,一般落入水中要脱掉沉重的鞋子,扔掉口袋里沉重的东西,不要贪恋财物。

5.由于溺水者往往惊惶失措,死命地抓住一切够得着的东西当成救命稻草,因此拯救者在进行救护时一定要注意观察,不要被溺水者抓住,除非万不得已,不要下水进行救护。不得已下水救护时,一般要先在溺水者的后脖颈处用手背砍一下,避免溺水者缠上身来。

十一、乘机出游遇险如何自救

现代客机都比较安全,但由于飞机是在空中高速飞行,一旦出现故障,不能像其他交通工具那样随时可以停下来修理,因而势必要在飞行中采取紧急安全措施。

旅游者万一遇到飞机遇险的情况,千万不能惊慌失措,要信任机上工作人员,服从命令听指挥,并积极配合其进行救护工作。当出现飞机迫降的可能性时,应立即取下身上的锐利物品,穿上所有的衣服,戴上手套和帽子,脱下高跟鞋,将杂物放入座椅后面的口袋里,扶直椅背,收好小桌,系好安全带,用毛毯、枕头垫好腹部,以防冲击时受到身上锐利物品的伤害。

飞机迫降时,一般采用前倾后屈的姿势,即头低下,两腿分开,两手用力抓住双脚。身长者、肥胖者、孕妇或老人,可以挺直上身,两手用力抓住座椅的扶手,或用两手夹住头部。飞机未触地前,不必过分紧张,以免耗费体力。当听到机长发出最后指示时,旅客应按上述动作,做好冲撞的准备。在飞机触地前一瞬间,应全身紧迫用力,憋住气,使全身肌肉处于紧张对抗外力的状态,以防受到猛烈的冲击。

从遇险飞机脱出时,应根据机长指示和周围情况选定紧急出口。陆地迫降,一般在风上侧;水上迫降一般在风下侧。待飞机停稳,即解除安全带,然后在机务人员指挥下,依次从紧急出口处脱出。如果在水面上脱出,应先将救生衣充气,待急救船与机体连接好后再下,防止掉入水中。脱出后,应听从机务人员指挥,在指定地点集合。

十二、随团旅游如何维护合法权益

时下,越来越多的人愿意参加旅行社组织的团队旅游,以省去安排行程、住宿的种种麻烦。但是,你知道在参加团队旅游过程中如何维护自己的合法权益吗?

首先,在出行前,你应该询问旅行社是否已经为你办理了旅游意外保险。因为按国家有关规定,你付给旅行社的费用当中,已经包括此费用。

保险的内容主要有人身安全、疾病治疗支出的医药费,以及你所携带行李物品丢失、损坏、被盗等赔偿费。

其次,在出行前,你还应与旅行社签订合同,明确对方应该向你提供的服务质量标准。如果旅行社故意或过失不履行合同,就应对旅客承担赔偿责任。其中包括旅行社在收取游客的预付款后,不能及时出行;所安排的餐厅食品质价不符;饭店和交通工具低于合同约定的等级。

另外,在旅游过程中,如果导游不按合同规定,擅自改变活动日程,减少或变更参观项目,擅自增加用餐、娱乐、医疗保健项目,增加购物次数,擅自安排你到非旅游部门指定商店中购买了伪劣商品,或者你购买了导游兜售的商品,你都有权要求旅行社按规定给予赔偿。当导游向你索要小费时,你可向旅游质量管理监督机构举报。

十三、旅游保险的基本项目

1.投保:旅客可自行投保平安保险,而旅游业必须投保责任险和履约保险。

2.申请保险金:被保人因旅行中或保险期间发生意外,可在一个月内持相关文件向保险公司申报事故发生经过并要求赔偿。需准备保险单、理赔申请书、意外事故证明文件、受益人印鉴证明、相关单据等。

3.救援服务:寿险公司和国际救援公司合作,提供救援服务,包括免费求助电话、医疗咨询、转送、代垫住院医疗费用,出院返国接送,被保险人在海外需连续住院 14 天以上时,支付家属前往协助的机票。

4.黄皮书:即国际预防接种证明书,视各地流行病的不同,注射入境前疫苗,至于该注射何种疫苗可以询问卫生局或区卫生所。

十四、购买"旅游保险"的三大误区

误区一:单纯依赖旅行社。专家指出,旅行社所买的是国家强制的旅行社责任险,它是指旅行社在从事旅游业务经营活动中,因疏忽或过失,造成其接待的境内外旅游者遭受经济损失而应由旅行社承担的责任,转由保险公司承担赔偿保险金责任的行为。而当意外的发生与旅行社没有关系时,游客就不能得到这种旅行社责任险的任何保障。

误区二:认为一般人身意外险包括所有的意外事故。然而,一般的人身意外险不包括高危险活动。如果要从事蹦极、攀岩、登山、滑雪等高危险活动,那么很有可能在发生意外后得不到赔偿。

误区三:上了普通的车辆险就不用再上其他保险了。一般汽车所上的保险是第三者责任险与车辆损失险,而车上人员的安全这类保险就无法保障,因此,出游前应充分考虑到可能发生的事故,根据需要上一些如投保车上人员险等,以更有效地使司机及同车人员有保险保障。

第三节　旅游保健

一、旅游食品的合理选择

人们在外出旅游之前,一般都会选购一些食品以备途中的不时之需。那么应选购哪些旅游食品比较好？以下几种食品可供参考。

1.新鲜食品：旅游食品一定要选择新鲜的，让人一见便垂涎欲滴。有关专家认为，到绿色地带应选择偏红色的食品；黄土地带应选择偏蓝色的食品；城市灰色地区则应选择褐、绿色食品。如果食品的颜色同所处环境的色调一样，比较影响人的胃口。

2.多汁食品：选择含糖量较低的汽水、富含维生素的饮料以及水果等，既解渴又可以减轻旅途的疲劳。

3.风味食品：携带的旅游食品应具有多种风味，互相搭配，以促进食欲。可选择一些自己喜爱的食品，在饮食不习惯时派上用场。在风景区旅游可以选购当地的传统特色食品，品尝风味小吃，既可一饱口福，又可以得到美的享受。

4.柔软食品：一般在旅游中，人的体力消耗较大，容易口干舌燥，食欲不振。而柔软食品既新鲜，又易于消化。

二、旅游中如何进补

旅行中身体消耗很大，用中医的话来说旅游易"伤津耗气"，身体极需补充气血津液。此外，旅行中生活规律性差，容易造成水土不服。中医认为："血者，神气也"。即精神过用会损伤气血。旅游中出汗增多，而"汗为阴津所化"，汗多即伤人体津液。尤其是许多新婚夫妻把旅游当成必不可少的内容，性生活的增加，中医认为更易伤"精"。

因此，要保证旅游活动的顺利进行，保证身体健康，人们在旅游中应吃点补药。那么应如何进补？

1.要分旅游项目：若旅游活动纯属锻炼身体，身体消耗很大，最好吃点人参或西洋参，因为二者均能补气生津。

2.要分季节：若是寒冷的冬天去旅游，当温补，可选用人参、肉苁蓉等；若是炎热的夏天去旅游，当清补，如西洋参、百合等。

3.要因人而补：老年人，体虚者，宜多补；年轻人，体强者，宜少补或不补，或只需吃得好点。

4.要分清气血阴阳：即气虚者补气；血虚者补血；阳虚者补阳；阴虚者补阴。总之要依症而补，不能盲目乱补。

三、旅游前备药应考虑的几个问题

1.要了解所到地区的卫生条件和特点。例如南方地区蚊蝇较多，易患肠炎、痢疾等传染病；北方山区温度低，气温变化大，易得感冒和呼吸道疾病。

2.要考虑旅游时的季节。夏季旅行时，途中炎热，应准备防暑药；由于夏季易感染肠道传染病，因此需多备一点防治肠炎痢疾的药品。

3.旅游携带药品应少而精，尽量不要携带水剂药品。

4.要考虑旅游时的交通工具和旅行方式,如果需要长时间乘车、飞机和轮船,应备晕车药。

5.还要根据自己以及团体内成员的身体状况和特殊用药来准备药品。冠心病患者,特别是以往有心绞痛发作史者,必须随身携带硝酸甘油片;高血压病人应准备降压药等。

总之,旅行期间医疗条件较差,尤其是去一些偏僻地区,往往会遇到许多不便。为此,出发前应周密考虑和准备,但也不必准备过多的药物,造成浪费。

四、旅游时需常备的药品

可根据不同情况加以选用:

1.抗生素类药物:如头孢氨苄胶囊、麦迪霉素、乙酰螺旋霉素片、复方新诺明等,另备黄连素片,专用于肠道感染。

2.抗病毒药物:如板蓝根、感冒清胶囊及感冒咳嗽药等。

3.解热、镇痛类药物:如阿司匹林、扑热息痛、去痛片等。

4.消化系统常用药:如胃舒平、胃复安、痢特灵、三九胃泰、易蒙停胶囊、开塞露等。

5.呼吸系统常用药:如康泰克、速效伤风胶囊、银翘解毒丸、藿香正气丸、咳必清、复方甘草片、维 C 银翘片、六神丸、牛黄解毒丸、草珊瑚含片、西瓜霜含片等。

6.镇静安眠类药物:如安定等。

7.心脏、血管类药:如硝酸甘油、心痛定等。

8.防晕车船药物:如乘晕宁、晕海宁、安定片等。

9.抗过敏药物:如扑尔敏、赛庚啶、息斯敏等。

10.防暑药:如藿香正气丸、人丹、十滴水、风油精、清凉油等。

11.外伤科药:如创可贴、红花油、云南白药、红药水、紫药水、碘酒、绷带等。

五、旅行时喝水的技巧

专家指出,旅游出行时要避免出现“水中毒”,必须掌握好喝水的技巧。

1.在旅途中要经常喝一些淡盐水,这可以补充人体大量排汗带走的无机盐。最简便的办法是在 500 毫升饮用水里加上 1 克盐,并适时饮用。这样既可补充肌体需要,也可防止电解质紊乱。

2.喝水要次多量少。口渴不能一次猛喝,应分多次喝,且饮用量少,合理的方式是每次喝 100~150 毫升为宜,间隔时间为半个小时。

3.不要贪图一时痛快,暴饮冷饮。旅游出行过程中,人的身体会产生很多的热量,使体内的器官处在比平时热得多的状态之中。此时大量喝冷饮,会使喉咙、食管、胃等器官遇冷而急剧收缩,使人感到不适,俗称“炸肺”。专家建议,旅行者最好不要喝 5℃以下的饮料,喝 10℃左右的淡盐水比较科学。因为,这样既可达到降温解渴的目的,又不伤及肠胃,还能及时补充人体需要的盐分。

六、蒜在旅途中的6种小用途

蒜是我们菜肴中的调味品,它在我们的旅途中也会有不小的作用:

1.出发前,把大蒜切成一小片贴在肚脐上,再用胶布或伤湿止痛膏固定,能使晕船、晕车、晕机现象减轻或消失。

2.旅游途中如果天气炎热,不幸发生中暑,可将大蒜头捣成汁,用冷开水稀释后滴鼻,有醒脑益神之效。

3.因饮食不洁引起腹泻、肠炎、痢疾等疾病时,可取大蒜头一枚捣烂加温开水服用,对大肠杆菌、伤寒杆菌、痢疾杆菌有很强的杀灭或抑制作用,因而疗效显著。

4.旅游中不慎吃了有毒食物时,可内服大蒜3~5瓣,有一定的解毒作用。大蒜捣成泥状,混入蜂蜜,开水送服,对呕吐有良好疗效。

5.旅游途中,不慎被蚊虫、蜈蚣叮咬,一时又找不到解毒药时,可将蒜头咬碎敷患处,有解毒、消肿、止痛的作用。

6.如果旅游途中流鼻血,将大蒜头捣成泥状敷在足心涌泉穴,能够很快止血。此法对于各种原因引起的咯血、呕血也有疗效。当然,如果服大蒜产生难闻气味影响与他人接触时,可口嚼茶叶数片或口含当归、薄荷片一小片,即可解除口臭。

七、旅途食具消毒方法

夏季炎热,旅途中尤其要注意饮食卫生,谨防肠道传染病。这里为你介绍一种简易方法:旅游时随身携带一小瓶棉球,棉球用浓度为75%的酒精浸着,瓶要密闭。当你进食前,从瓶内取出几个棉球,迅速擦拭食具和手,擦毕,趁酒精未干,立即将棉球用火点燃,再对擦拭过的食具进行高温烧灼。

这是因为一切肠道传染病病菌,一旦接触到浓度为75%的酒精,便会遭受"杀身之祸"。这样,一个棉球用2次,就等于对食具进行了双重的消毒杀菌。

八、乘飞机前吃什么好

有的人比较容易晕机,要避免在乘坐飞机时出现不适感,需做到三忌:

1.忌吃得过饱

高空的条件可以使食物在体内产生大量气体。吃得过饱,一方面加重心脏和血液循环的负担,另一方面可引起恶心、呕吐、晕机等"飞行病"。

2.忌食用多纤维和容易产生气体的食物

人体在5 000米高空,体内的气体较地面时增加2倍,如果进食此类食物,飞行时就会加重胸闷腹胀的感觉。

3.忌食用太油腻和含大量动物蛋白质的食物

因为这些食物尽管进食不多,但其在胃内难以排空,飞行在空中,同样会使胃肠膨胀。

　　乘飞机的旅客,由于高度、气温、气压等因素的改变,飞行时人体会消耗较高的热量。所以,饮食中要注意摄取高热量的食品,才能保障健康。一般在上飞机前1~1.5小时,根据自身的具体情况可选食面包、点心、面条、酸牛奶、绿叶蔬菜、蜜饯、水果等。

九、长途旅行需"舒筋活血"

　　专家提醒,长假出游,不论您乘何种交通工具,旅途中别忘"舒筋活血",以免久坐不动带来下肢发麻、僵硬、血流不通畅等症状。特别是中老年人及糖尿病、高血压等心血管疾病患者,一旦血栓随血液循环到心脏,就会有致命危险。

　　医生建议,在长途旅行中最好采取以下预防措施:

　　一是定时起立行走,做做深呼吸与简单的伸展操。这样不仅可以舒缓肌肉痉挛,还可以振作精神。

　　二是踮脚尖。如果无法在过道上行走,就站在座位边,踮起脚尖,抬起后跟,每次动作持续几秒钟,做上10~15次。这样做可迫使腿部肌肉收缩,把血液压向静脉,避免产生血栓。

　　三是多喝水。旅行前和旅途中,要多饮不含酒精的饮料。因为脱水会导致血液变稠,从而容易形成血块。

　　四是有感冒症状的旅客在乘坐飞机时,为避免飞机起降时带来的耳内不舒适而造成中耳炎,登机前不妨使用一些血管收缩剂,再搭配嚼口香糖、吞口水等方式来平衡中耳腔与外界的大气压力。

　　此外,在旅途中如果感到腿部疼痛或肿胀,一定要站起来活动腿脚。

十、长途乘车不宜坐着打瞌睡

　　夏季来临,出外旅游的人逐渐多了起来,但有些人在旅游途中,会出现头痛的毛病。究其原因,竟是乘车时长时间坐着闭目养神所致。为此,专家提醒,当长时间乘坐汽车外出旅行、办事时,不要一直坐在车上闭目养神,因为这种做法对身体健康极为不利,甚至会引发一些疾病。

　　据专家介绍,乘坐汽车时,车身会剧烈地震动,这种震动如果长时间地作用于人体,会使脑部血管强烈地痉挛而收缩,产生头痛、目眩、恶心、耳鸣等症状。而此时人们如果是清醒的,大脑就处于兴奋状态,加上不断地接收窗外景物刺激,血液循环速度就会加快,震动所受到的影响就不会太大,头痛、目眩、恶心、耳鸣等症状产生的可能性就较小。因此,乘车如果想休息的话,最好还是将身体一半仰卧在座位上,或俯在前面座位上小憩片刻,但时间不宜过长,应该控制在20分钟之内。

十一、旅途中出现腿痛怎么办

　　1.尽量创造条件让自己的双腿得到充分休息,避免强烈运动,以免给双腿加重负担。睡觉前一定要用热水泡脚,可减轻疼痛。

2.取双腿抬高姿势,局部可以热敷、按摩或用随身携带的微型按摩器等进行治疗,同时也可服用一些治疗跌打损伤的药物,如沈阳红药2片,每日3次口服,外用好得快喷雾剂、松节油揉擦,以促进局部血液循环,加速废物排泄。

3.食用富含维生素C和维生素B、钙、铁、叶酸等的蔬菜、水果,多饮用白开水,加快代谢物的排泄。

十二、旅途中冻伤急救法

冻伤的原因是因为身体循环系统的末端如手指、脚趾、耳朵、鼻子等,因长时间暴露在冰冷或恶劣的气候环境中,或者接触冰雪,因而产生皮肤或皮下组织冻结伤害。

冻伤的症状有患处刺痛并逐渐发麻,皮肤感觉僵硬,呈现苍白色或有蓝色斑点,患处移动困难或感觉迟钝。初期,是皮肤或深部冻伤,很难分辨出来,其症状相差不大。此外,冻伤可能伴随失温现象,急救时应先处理后者。若只有冻伤现象,应慢慢地温暖患处,以防止深层组织继续遭到破坏。尽快将患者移往温暖的帐篷或屋中,轻轻脱下伤处的衣物及任何束缚物,如戒指、手表等,可用皮肤对皮肤的传热方式温暖患处,或将患处浸入温水中,冻伤的耳鼻或脸,可用温毛巾覆盖,水温以伤者能接受为宜,再慢慢升高。如果在1小时内患处已恢复血色及感觉,即可停止"加温"的急救动作。其次,抬高患处以减轻肿痛。以纱布三角巾或软质衣物包裹或轻盖患部。除非必要,尽可能不要弄破水泡或涂抹药物。尽快送医。尤需注意不可摩擦或按摩患处,亦不可以辐射热使患处温暖。温暖后的患处不宜再暴露于寒冷中,也不要以刚解冻的脚走路。

十三、旅途中如何防暑

高温时节出行必须掌握以下六大原则:

1.尽量穿浅色服装。旅游时应穿白色、浅色或素色衣服,这样可以最大限度地减少热量的吸收。

2.应戴隔热帽,草帽对阳光有折射作用。

3.出发时应提早,中午需休息,尽量避开最热的时间出行,最好在下午三四点钟以后再进行旅游活动。

4.多喝水,特别是盐开水。

5.随身携带防暑药物,如人丹、清凉油、万金油、风油精、十滴水等。

6.一旦发生中暑,应将病人抬到阴凉通风处躺下休息,给病人解开衣扣,用冷毛巾敷在病人的头部和颈部。让病人服些人丹或十滴水。如病人昏倒,可用手指掐压病人的人中穴或用针刺双手十指指尖的十萱穴位,然后送往最近的医院进行治疗。

十四、旅途中如何防治腹泻

1.注意饮食卫生,养成良好的个人卫生习惯。只要在旅途中牢记"防止病从口入"这一警语并严格遵守,一般是不会与腹泻结缘的。

2.适当地服用药物。黄连素片是预防和治疗腹泻的良药,如果在旅途中感到进食后有胃肠不适,或觉得饮食的卫生不尽如人意,或进食的食物不太新鲜,均可立即服用黄连素2~3片,定能起到预防作用。

3.如果不慎染上急性腹泻,就立刻采取治疗措施。急性腹泻治疗不及时,就会转变成慢性肠炎。慢性肠炎可反复发作,很难彻底治愈,虽不致危及生命,但可伴度终生。因此,急性腹泻一定要急治。

治疗方法可参考以下几点:

服黄连素片3片,1日3~4次。

或服痢特灵1~2片,1日3次,注意过量很可能引起胃痛和厌食。

或服易蒙停胶囊,首次2粒,以后每次腹泻后服1粒至治愈为止,但每天不得超过8粒。

如无随身携带的药物,可按摩治疗,效果亦十分理想,方法是让病人俯卧,两肘撑在床上,两掌托腮,用枕头或其他软物(约20厘米厚)垫在膝盖的大腿下使腰部弯曲;施治者用两拇指按在第2腰椎棘突(棘突即脊梁骨上突起的、能用手触到或可看到的隆起骨)的两侧,以强力朝脚方向按压2分钟。如此重复一次即可止泻。

第六章　书法修习

第一节　毛笔书法的结字技法

一直以来书法家对结字方法总结出丰富而宝贵的经验，大量的碑帖也为我们留下了可供借鉴的依据。为便于学书法者研习，笔者根据汉字的字形特点，把结字方法分为长短、大小、疏密、斜正、高低、肥瘦、繁简、方圆、避让、相背、伸缩、虚实、并重、堆积、匀称、相应、穿插、变化等，进行评析介绍。

一、长与短

字体形态有长与短之分。长者如"胄、皇、井、帛"等，短者，如"内、日、匹、心"等。从字形分析，长者要求丰艳清劲，避免过窄；短者，要有劲爽俏丽之态，忌肥。

除字形长短之外，其他形体常常也牵涉到长短的对比的问题，如"州、书、形、长"等。这些形体之点划长短不一，于排叠中要注意点划之间的停匀，力求长短合度，互相衬托(见图1)。

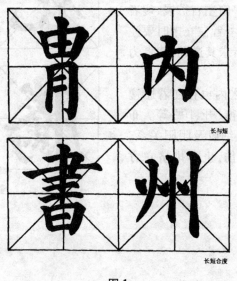

长与短

长短合度

图1

国学经典文库

家庭生活百科

·家居休闲·

图文珍藏版

二、大与小

字体形态有大与小之分。大者如"嶷、杨、辍、桥"等，往往笔画较多，小者如"小、己、勿、工"等，一般笔画较少。书写字形较大的字，应注意点划之间的疏密与长短关系，力求协调一致，避免超形。书写字形较小的字，应尽量舒展点划，力求宽绰丰满。

除此之外，还有的结构是左大右小，右大左小，以致还有上小下大，下小上大，如"和、况、暑、泰"等。这些字形在布局时要注意它们之间的变化，小者应化疏为密，大者应化密为疏，这样才会显得大小适中（见图2）。

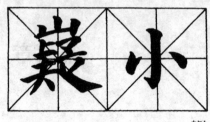

大与小

大小合宜

图2

三、肥与瘦

字体形态也有肥与瘦的区别。肥者求其诸如"花、幽、百、右"等，瘦者诸如"身、肩、舟、有"等。这两种形体的特点可归纳为，肥者笔画多向左右扩展，瘦者笔画多向上下伸延。书者在安排时要注意点划伸缩自然，肥者求其遒劲，瘦者力求清峻。

除此之外，一字之内也存在着肥瘦相间的情况，如"腾、德、开、匡"等。布局时要注意点划的粗细以及阴阳关系，务使相互照应，不挫伤，也不排挤它方（见图3）。

肥与瘦

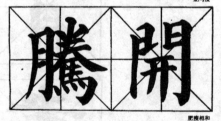

肥瘦相和

图3

四、斜与正

字体形态有斜与正的区别。斜者诸如"多、母、乃、勿"等，正者诸如"並、至、旦、千"等。这两种字形的书写要领，斜者务必平稳，不失重心；正者，要避免四平八稳无变化。

除此之外，还有其他类型，比如"弘、豪、盈、杨"等。其造型原则如前所述，无论偏斜何方，都务必稳住字的重心，力求稳正。而正的部分则要力求变化，以防呆板（见图4）。

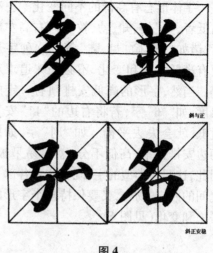

斜与正

斜正安稳

图4

五、五方与圆

字体形态有方圆之分。方者如"关、用、固、国"等，圆者如"乘、华、乐、赤"等。这两种造型，方者上肩要基本保持平衡，下面要齐整，尽量使左右匀称。但是，这种字形之点划无须强求横平竖直，否则会显得呆板拘谨，要直有曲意、平有波感。圆者要力求有浑圆之感，上下左右，四面八方要均匀。为做到这一点，关键在于点划的长短安排要适度（见图5）。

方

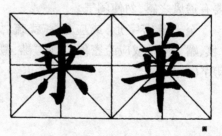

圆

图5

六、高与低

字体形态有高低的不同变化。左高右低者，如"加、知、勃、教"等，右高左低者，诸如"刑、逾、封、陆"等。这种字形要有高低之别和变化，不必一味追求对等。当然，字形的高低安排须有一定的尺度，如"知"字，若将右边的"口"安置过低，就会失去平衡。如"刑"字，如果两边安排齐平，高低不分，就容易呆板。因此，这两种类型的字，既要注意各部分之间的照应、吻合，又要保持整个字形的平稳和变化（见图6）。

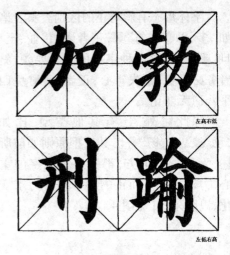

图6

七、疏与密

字体形态有疏密对比的关系。疏者如"八、大、不、方"等，密者如"鑿、靈、鍾、難"等。疏者，要注意分间布白的远

图5 近距离和宽窄宜匀，笔画少者，宜丰不宜瘦。密者由于笔画较多，结字时既要注重点划之间的错落和长短，还要有透风之感，勿使闷气。

至于疏密字形，或应避密就疏，如"壞、媚"等字；或应疏密停匀，如"襟、禮"等字（见图7）。

图7

八、避与让

结字方式,有避和让的调和关系,亦即点划之间彼此照应,进行有机的调和。如"地、德、既、龍"等,左边要避而让于图 7 右;"越、教、歐、散"等,右边要避而让于左:"奏、聖、甚、壘"等,下边要让于上;"要、量、安、暑"等,上边要让于下(见图 8)。

左避让右　　　　　　　　右避让左

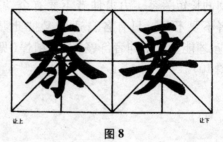

让上　　　　　　　　让下

图 8

九、相与背

相,即相向的字形,如"妙、功、初、劍"等。背,指的是相背的字形,如"北、非、張、服"等。相向结字之法,虽相迎而又不能相互妨碍,要相互回避,互相照应。相背结字之法,首先要注意相背之间的远近距离,既不能松散,又不能过于靠近,要尽可能做到气脉贯通,相互吻合(见图 9)。

相向

相背

图 9

十、伸与缩

字形之美,常常涉及到点划之间的伸缩变化。它的形体有上缩下伸者,如"炎、立、孟、亮"等;左伸右缩者,如"起、在、君、性"等;右伸左缩者,如"威、氣、就、莲"等。关于这些字形的处理,必须掌握上下、左右之间的呼应以及点划之间的长短关系。力求伸者不要有余,缩者不要不足。只有各自适度又彼此照应,才能显示出伸者舒畅,缩者精悍(见图10)。

图 10

十一、繁与简

一般认为繁,即笔画较多的形体,如"颜、冀、醴、骋"等。简,指的是笔画较少的形体,诸如"十、卜、上、千"等。若笔画复杂,安排时就要考虑布白的匀称,力求疏密适度,肥瘦适中。另外还要考虑运笔的轻重以及点划间的粗细配合。如果笔画较少,安排时应先稳正字形,点划要实在,笔画宜肥不宜瘦。对"卜、下、之"等类型的字。"点"应上靠,不可下坠(见图11)。

图 11

十二、并与重

并通常指字形的左右相同，如"林、羽、替、竞"等；重，指字形的上下相同，如"昌、吕、炎、飞"等。这两种字形的安排，关键在于左右或上下不要大小相同，宽窄相同。例如左右并合的字，须左小右大，左短右长；上下重叠的字，须上小下大。彼此有区别和变化，字才会显得活泼（见图12）。

图12

十三、堆与积

堆，要求字形不仅左右并合，并且上面又多一层次，如："品、罍、坴、器"等。积，指字形有较多的层次，如"灵、翼、营、艺"等。这两种字形笔画较多，层次较多，所以，安排时要从多方面去考虑，既要注意它们之间的疏密、肥瘦关系，又要看它们的长短、大小关系。既要力求稳正，又能善于变化（见图13）。

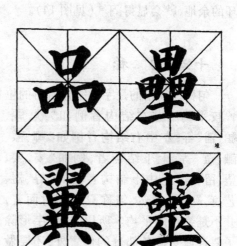

图13

十四、虚与实

点划之间的空白处称为"虚"。而落墨处视为"实"。虚与实在处理方法上类似疏密,但又有所不同。疏与密,指笔画之间的

图13 远近距离;虚与实,指的是形体结构的空白处和落墨处。

当处理虚与实的关系时,应按照不同形体酌情安排。如"周、丹、月、问"之类的形体,就要采用上实下虚的布势,避免下坠,也就是说不要把里面的空白占满,将点划上靠,给下面留有"白"。如"当、衡、尚、马"之类的形体,就要考虑点划的匀称,如占满了整个位置而无回环的余地,就会显得闷气(见图14)。

上实下虚

图14

十五、匀 称

匀称往往指的是字形结构所占的位置较平均。左右结构者例如"顺、顾、频、辅"等;左中右结构者例如"卿、徽、識、辙"等;上下结构者,例如"委、要、望、留"等;上中下结构者比如"寻、器、艺、莫"等。当然,匀称只是相对而言,并不是绝对的平均。所以,这些字形除了要合理安排各部分的位置外,还要做适当的调整,力求于匀称中不失其变化(见图15)。

左右匀称　　　左中右匀称

上下匀称　　　上中下匀称

图15

十六、相　应

通常相应,指笔画之间的相互联络和照应。诸如"次、将、满、深、照"之类的字,在安排"点"时,必须照应整个字形,既不能过于松弛,也不可紧紧靠拢。又如"架、苏、僚、险"之类的字,上下、左右要互相依偎,既要保证形体的平稳,又要不失相互间的气脉,力求筋连骨接。再如"金、命"之类的字,既要左右(撇捺)舒展,又要保持平衡与照应(见图16)。

图 16

十七、穿　插

穿插,是结字的一种方法和手段。据字形分析,凡需穿插者,若运用不得当,就必然损伤整个形体之美感。如"弗、使、随、挺"之类的字,不仅要照应疏密关系,还要处理穿插的位置和角度是否得当,笔画的长短是否合度。如"弗"字的两竖,要左短右长。"吏"字的撇捺宜长不宜短。"随、挺"二字,中间须窄,宜短,左右两边微宽而长(见图17)。

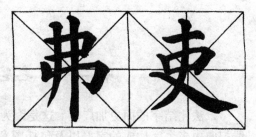

图 17　穿插

十八、变 化

综览汉字,其形体结构,有若干相同的间架、偏旁部首以及重叠的笔画。重横者,如"书、主"等。重竖者,如"亦、弄"等。重撇者,如"后、影"等。连捺者,如"逢、食"等。连钩者,如"崩、感"等。连挑者,如"法、维"等。这些构形在安排时必须采用变化的手法,彼此之间要进行调和与区别。只有在形体中避免雷同,才可能使字形具有活泼生动的氛围(见图18)。

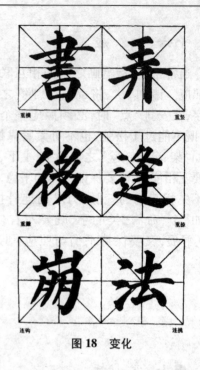

图18 变化

第二节 毛笔书法的章法

章法比结字的面更加广泛。这是因为,它已不满足于对单个字的琢磨,而将视线扫向由多个字构成的字群以及包括图章在内的款题。对于书法学习者来说,应该有一个全局的、整体的观念来认识章法,把整篇看成一个"字",把全部当作一个"体"。若斤斤于某一字或某一字的某一细部,是断然无法掌握其妙理的。为便于分析,我们从格式、正文、款识、印章四个方面来加以分析说明。

一、格式的门类

格式即完整作品的规格、形式,通常有如下几种:

1. 条　幅

　　三尺或四尺宣纸对开,直着书写而成的书法作品称为"条幅",它是我们较为常见的一种格式(见图1)。

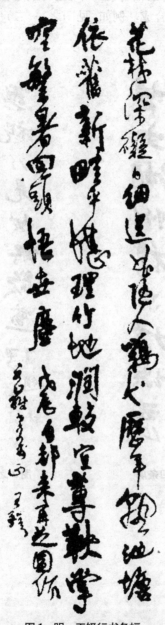

图1　明·王铎行书条幅

2. 屏 条

由多幅条幅构成,它往往并列悬挂,形成条幅集群。大多是 4、6、8 成偶数搭配。屏条的内容可以是所有条幅合写一个,也可以是各条幅分写多个。书体可以是单一一体,也可以是多体合成。例如(见图之一、二)所示的四条屏,即是一个内容,一种书体的作品。

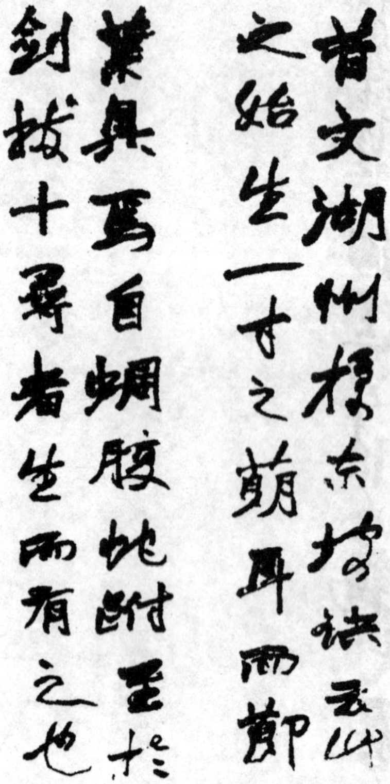

图 2 之一　清·赵之谦行书四条屏 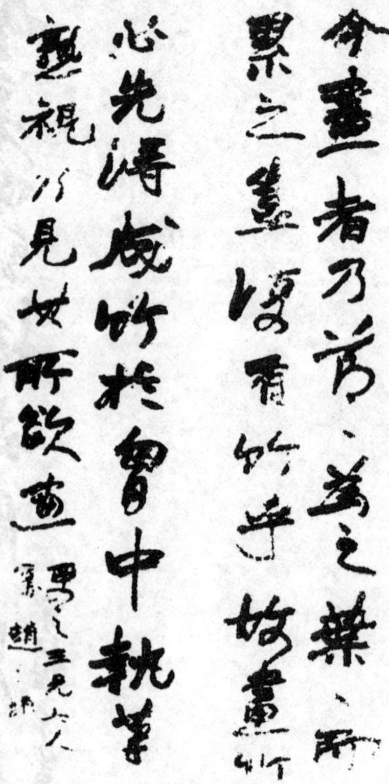　　　　图 2 之二　清·赵之谦行书四条屏

3. 中　堂

　　整张宣纸书写而成的书法作品叫"中堂"，由于悬挂在老式堂屋正中而得名。中堂的字数可多也可少。可以写"寿""龙"等独字作品，也可以写诗、词等多字作品(见图3)。在中堂的两边，通常要配上对联。

图3　清·赵之谦篆书中堂

4. 横 幅

同条幅相对,是将三尺或四尺宣纸对开横着书写而成的书法作品(见图4)。

图4 清·雍正书法斗方

5. 长 卷

即形制扁长、卷着保存的书法作品。它的长度往往不受限制,例如怀素草书《自叙帖》。纵高28.3厘米,宽755厘米,高和宽的比例为1∶27。

6. 匾 额

一种模式的悬挂于建筑物之上,用来说明建筑物性质或名称的书法作品。它通常镌刻在木材或其他材料上(见图5)。

图5 清·裴灿英书法匾额

7. 扇 面

呈圆弧形,分折扇和团扇两种。折扇为半圆弧,团扇为全圆弧。扇面书法作品的一个显著特征便是随形赋字、因"地"制宜。因此,折扇的文字排列呈放射状,上部打开,下部闭合(见图6)。团扇的文字排列中间长、两边短,渐次增减(见图7)。

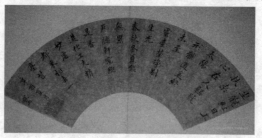

图6 清·竹樵书法扇面

图 7　宋·宋徽宗草书团扇

8. 斗　方

长宽比例大体相仿。由于形制本身在长度和宽度上的类同性,给书法作者在布局时带来了一定的难度。若将文字布满纸面,必然呆板闷塞。因此,书写斗方作品时要大胆留白,以求变化、力达空灵(见图8)。

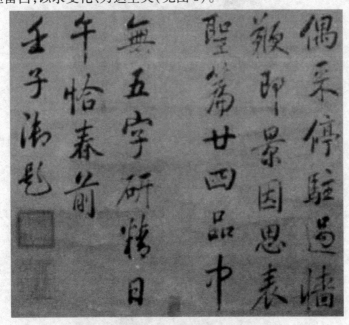

图 8　清·乾隆书法斗方

9. 楹 联

也叫对联,民间大多张贴于门的两侧。楹联由上、下两联构成。两联之间,字数相对,内容也相对。小篆、隶书、楷书对联,在书写时,上下联通常字字对正。但行书、草书对联,只要求上下联的首字和末字对正即可,中间文字可以长短、大小,自由安排,如(图9)所示王铎行草对联即属于这种情况。

楹联的上下两联往往单行书写,但假如遇到字数较多的长联则要多行分排书写。上联从右向左书写,下联从左向右书写。这种写法的对联称作"龙门对"。

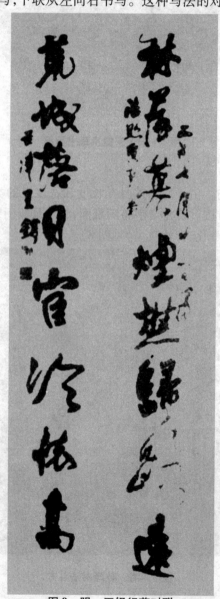

图9 明·王铎行草对联

二、正文的章法安排

一般来说,作为书法作品中的主体部分,正文内容比较广泛,可以是诗,也可以是词;字数可以没有多少,也可以几百言甚至上千言;可以选古代名篇,也可以选现代佳作;可以写他人的,更主张写自撰文词。

就艺术书法上而言,文辞内容仅仅作为载体而存在,体现正文艺术特色的是行列的形式及其布局。

1. 行列布局

"行"指由若干字组成的纵向排列,而由若干字组成的横向排列就叫"列"。综览历代书法作品,正文的行列有三种形式。

其一:有行有列。小篆、楷书、隶书往往采用这种形式,通篇整饬、有序(见图3)。

其二:有行无列。小楷、大篆、行书、草书多为这种形式,这给视觉造成了纵向的刺激(见图1)。

其三:无行无列。作品中的文字在排列上已无明显的纵横向区分。这种布局在狂草作品中表现突出(见图10)。

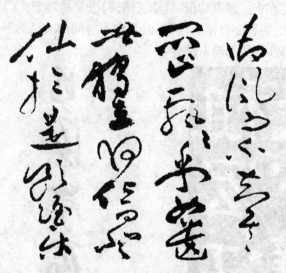

图10 明·祝允明草书

以上是就行列布局总的感觉即有无纵横序列而言的,假如我们将行列布局中的字行距离加以分析,则又可得出下面五种。

字距密,行距疏。这是长方形书体(楷书、篆书、行书、草书)的常用形式,图1的王铎行书条幅就采用这种形式。

字距疏,行距密。这是扁方形书体隶书以及赵之谦行书、陆维钊篆书的行列形式(见图11)。

图11　汉《礼器碑》

　　字距密,行距亦密。颜真卿楷书《李玄靖碑》就是这种形式(见图12)。颜体结字内松外紧,因此,尽管字行距离均密,但其字内空间的疏已弥补了字外空间密所带来的不足,整幅作品仍然疏密结合。

图12　唐·颜真卿《李玄靖碑》

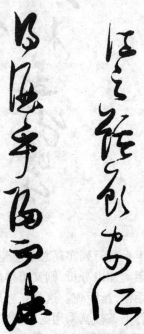

图13　明·张瑞图草书

字距特密,行距特疏。明代书法家黄道周、张瑞图喜用这种形式(见图13)。这种形式注重了行的视觉刺激,增强了作品的节奏感和气势感。

字距特疏,行距亦特疏。杨凝式、董其昌善用此法。这种形式的作品典雅、柔和(见图14)。

图14　五代·杨凝式《韭花帖》

图15

直线形　向左单弧　向右单弧

图16

2. 行的分解剖析

(1)中轴线　连接一行之内每个字的重心线而成的线称为中轴线。通常,中轴线有两种形式,其一是直线形,其二是曲线形。

①直线形　在静态书法中中轴线往往呈直线形,如图15。

②曲线形　在动态书法的中轴线一般呈曲线形。按照行的长度及风格取向的不同,曲线形又包括为单弧形和双弧形两种。在图16中,中轴线是分别向左和向右的单弧形。在图17中,中轴线是"S"形、"反S"形、"3"字形和"反3"字形的四类双弧形。

(2)边廓线　一行中左右两边的外形线叫作"边廓线"。边廓线分三种。第一种是直线形,静态书法中常见,如图18。第二种是曲线形,动态书法均呈曲线形(见图19)。

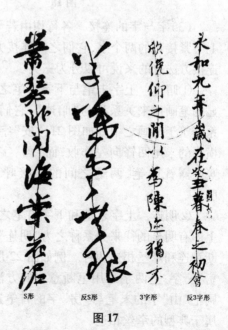

S形　反S形　3字形　反3字形

图17

第三种是直线曲线结合形,黄庭坚草书善用这种形式(见图20)。

直线形　　　　　曲线形　　　　直线曲线结合形

图18　　　　　图19　　　　　图20

(3)字与字的连接　各行均由若干字构成,字与字之间必然发生关系,尤其是上下紧接着的两个字,它们之间连接方法的不同直接影响到行的贯气。字与字的连接方法总的来说可以分为三类。

①暗连　上字末笔与下字首笔之间没有明显的笔画往来关系称为"暗连",它们的连接关系暗筑于笔画之中。如图21,"安"字最后一笔横画的末尾回锋向左作收,而"国"字的第一笔竖画露锋起笔,两笔之间的连接呼应关系不明显。

②明连　上字末笔和下字首笔之间在笔道上即有明显的往来关系称之为"明连"。它有笔断意连和牵丝相连两种。例如图22所示"旧山房"三字,上两字采用笔断意连的方法,下两字则把"山"字的末笔与"房"字的首笔连成一体,属于典型的牵丝相连。

图21　　　　　图22

作明连时要重视所连牵丝方向上的多变性以及笔道的细于主笔。若牵丝的方向雷同会造成作品的单调;如果牵丝的笔道太粗,会造成喧宾夺主的现象。

③体连　暗连和明连的关键是上下字末笔和首笔之间的连接方法,体连即是指利用形体,使上下字相连。如图23"自我来黄州"五字,"自"字倾右,而"我"字写正,并用左边压低,右边写高的办法顶住来自"自"的压力;"来"字重心略往右斜,随之而来的"黄"字将重心倾向左,形成上下字之间的左右摆动;最后一字"州"稳稳地写正,对整行起到了平衡的作用。

3. 列的分解剖析

(1)横轴线　就是将某一列字的重心点连接而成的线。但凡有列的作品,其横轴线只有一种形状,这就是直线形。也就是说一列之中,字与字之间的重心点一定是对正的(见图24)。

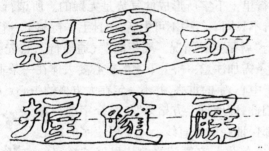

图24

(2)边廓线　通常指把列的上下两边外围点连成的线。小篆的边廓线呈直线形(见图25),而楷书、隶书的边廓线则呈曲线形。

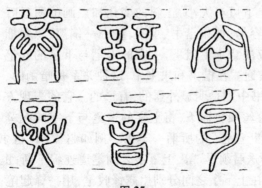

图25

三、通篇格调一致

格调可以解释为风格、情调。同一种书体,书法家如果用不同的结字、用笔、布局以及不同的墨色等来书写,那么写出的字,其体势、情态、韵味等,也不会是一样

图23

的。这种差异,就是我们所说的格调的不同。在不同的作品中,可以(也应该)有这种格调的不同;然而在同一幅作品里,前后却不宜有这种格调上的不同。具体地说,在一幅作品中,各个字都允许有这样那样的变化(结体、用笔、用墨等的变化),不必呆板,毫无生气;不过这种变化一定要遵循一定的规律,具有一定的节奏,始终一贯,一气呵成。孙过庭所谓"一点成一字之规,一字乃通篇之准",即是指下笔第一个字所形成的风格、情趣,应作为全篇的基调,今后以此作准,贯彻到底,不能前肥后瘦、前方后圆、前浓后淡,或前楷后草、前欧后赵,等等,导致格调前后乖戾,首尾不一。

四、行气贯通

行气,具体指些什么,往往很难讲清楚,颇有点"可以意会,难以言传"的味道;但其中最主要的是指一行里上下字所形成的气势是无疑的。所谓行气贯通,关键在于这种气势不可中断:不只同一行中不可中断,而且上一行与下一行也最好不中断。古人讲的"气通隔行"就是这种情况。要想能"气通隔行",首先要能"气通一行"。做到这一点,有两条需加注意:一,上下字的重心要大体在一条垂直线上。初学者须知道,重心不等于中心,字的重心,并不一定在大方格的中心点(即米字格的四条直线的交叉点)。因此,即使打上方格来写,每个字都写在方格之内,重心也不能都保证在一条直线上。要想使字的重心不偏离垂直线,就得"意在笔先",在下笔之前构思好这个字的重心落点(同一个字体势不同,重心的位置也会有所偏移,行草尤应如此)。不可否认,在行、草书中,一两个字偶尔偏离"轨道"也是有的,不过发现之后得立即"纠偏",或用别的办法来补救。由于行、草书上下可有大小,正斜的变化和点画的明显呼应、勾连,补救比较容易;如果楷书、隶书,重心一偏离,想藏拙就难了。二,行笔应注意承上启下,上字的末笔与下字的起笔要呼应顾盼,气韵贯通。在楷书和隶书中,这种关系是暗函的、无形的,而在行、草书中则是明显外露的,有形的。它的表现方法是:在书写时用游丝顺势而下,将上字的末笔与下字的起笔

图26

连接起来,形成"藕断丝连"的所谓一笔书。例如赵孟頫《行书七律一首》(见图26)中的"北风寒""送君须尽"等,上下字之间笔道连绵不断;也可以不用游丝(或使游丝中断开),只在上下字之间分别用露锋收笔,用搭锋起笔,使收、起处的锋芒形成鲜明的呼应关系,这是"暗送秋波",形断意不断,例如"散"与"北""水"与"吴""路"与"难"等就是这样。

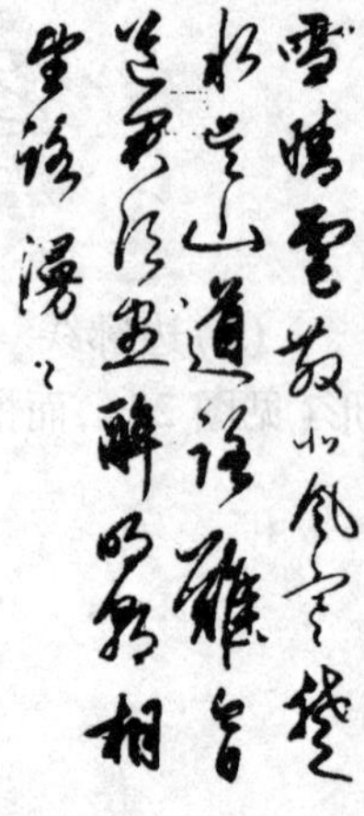

令上下字的点画呼应得当,勾连得当,不仅能使一行字构成有机的整体,而且能使这个有机体的脉络畅通。脉络畅通,其血气也就自然流畅。但是,要达到这样的效果是很不容易的。在一幅字中,字与字之间连与不连应自然形成,应由气势的

变化、版面的平衡以及与相邻左右行的照应关系而定,切忌生拉硬扯,一味强连。在草书尤其是狂草中,为了追求气势通贯、波澜起伏、流转盘旋的艺术效果,上下连笔多,但也不是为连而连。细看古人墨迹,我们常常会发现,有些看来似乎是可以连的笔画而没有连,那是书法家有意把它断开了,有的断在两字之间,有的断在一个字的左右或上下之际,这是为什么?可别小看这一断,其妙处有四:其一是避免一味相连、过分纠缠的俗气;其二是增强行笔旋律的节奏感;其三是激发形断意不断的情趣;其四是以断来反衬连的曲线美。试看怀素《自叙帖》中"人人欲问此中妙,怀素自言初不知"这一片断(见图27),"妙"字的起笔借"中"字的末笔,而它的末笔顺势左行转直下,连作"怀"字竖心旁的一竖。这样"中妙怀"三字上下之连别致而自然,气势一贯。然而"妙"字"女"旁起首两笔以及"怀"字左右两部分,本来也是可以连的,书法家却故意将它们断开了。这一连一断相映成趣。尤其是断开之后,使"中"字的长竖曲线与"妙"字的两个圈眼曲线明显地突出出来了,因而显得那样的明快洒脱。若我们把两处(特别是"妙"字)的断笔勾连起来,势必造成其笔道繁杂而气阻,不仅损坏了"妙"字之妙,整行的血气也会因此迁塞难通,行笔的节奏也自然被取消,这真是"当断不断,反受其乱"了。前人所谓"运实为虚,实处俱灵;以虚为实,断处乃续",大概讲的就是这个道理吧。所以,我们似乎可以这样说:善于虚实、连断,可气通隔行;不善于虚实、连断,则杂乱无章。下笔之际,不可不审慎为之。

图 27

五、力求起伏得当,向背适宜

我们谈章法不仅讲求整齐美,还很讲求错综美。在行、草书中,常常由于结字大小杂出、用笔伸缩轻重相间而形成时起时伏的变化;两行相对应的字之间,又有相背相向、相揖相让的各种不同关系。要处理这些变化和关系是极不容易的。重要的一条,是在写后一行的时候,要常常照应前一行和前几行。就左右相比邻的字而言,前一行字大,后一行就得相对小些;前一行字势放纵,后一行就该相对收敛些;前一行连笔多,后一行就要少连或不连(狂草除外)等等。对两行相应的字的神态也要精心构思,让它们有的相从相随,有的相对相揖,有的相背相倚,不可使之傲然独立,或相抵相犯。只有这样,才能使字群气韵和谐而又自然活泼。这

图 28

里举宋代米芾(米南宫)所写的《尺牍小品》(见图28)为例,试做简要分析。

这幅字貌似平淡，却韵味无穷。幅中字的大小不一，轻重有别，留放有致；行行呼应，字字顾盼；上下字之间虽连笔极少，却气势贯通，血脉流畅而通于隔行。有如山涧溪水，蹦跳流行，浑然天成。细察每一个字（如"送礼""秋风"等），无不正斜各相宜，巧拙皆有神。中间数行的头一个字，例如"好""心""物""欠""神""诸""也"等，无不相迎、相送、相依随。"也"字独占一行，最后一笔采用画兰叶的笔法，取弧形放纵而下之势，右看昂首挺胸，与前行"诸君子"相随，左看又似俯首躬身与"画竹多"相揖。此一字一笔，妙在两行之间布白，虽然"疏可跑马"，但又不至令左右两行分离，真是承上启下、分行布白的绝妙之笔。至于全篇结字之奇、用笔之怪，若联系其告示的内容而细细咀嚼，就更是回味无穷了。由此也可以看出，选择什么样的书体和格调，有时与书写的内容是颇为相关的，这就是所谓内容与形式的统一。假如这则告示运用楷书（或隶书）及其整齐、平稳的格调来写，那意境就相去十万八千里了。

六、简析署款与钤印

1. 概　述

自明、清开始，一件完整的书法作品通常由正文、署款（也称款识）和印章三部分构成。正文是主体，署款、印章对它起着烘托、映衬的作用。就章法的角度而言，三者虽有主从之别，作用与特点也各不相同，但它们是密不可分的有机整体。若对署款和印章处理不当，就会破坏整个幅面的平衡与协调；若处理得当，就不仅能弥补正文布局的某些不足，还能像绿叶之于红花，相映成趣。

款识的内容，包括书法家的姓名别号，书写的时间地点，注明所写内容的出处等，此外，还可以就其所书内容加以议论或说明。若是赠人之作，还要先写上受书人的名号、作者对受书人的称呼以及"教正""雅鉴"一类的谦辞。这是上款。作者的姓氏名号等为下款。上下款俱全者谓之双款，仅有下款者谓之单款。

除此内容之外，款识的位置、字号的大小、字数的多少以及书体的选择等，也马虎不得。幅式不同，款识的位置也有所不同，但往往多跟在正文的后边：可与正文同行，也可以另起行次，不过上下多不与正文等齐。例如条幅，如果正文末行字少，还余有半行左右的空白，款识就可以写在这里，可以写成一行，也可以写成两行，由款识的字多少而定。但款识的上端要与正文拉开一定的距离，下端也不能与正文齐脚。若正文末行已经写满，或只剩下很小的空白，那么款识可另起行，但与正文末行的间隔要稍小于正文的行距。匾额正文是横书，款识却要竖写，位置是在末字的旁边，可以写一行，两行乃至数行，通常也不与正文的字等高。楹联如有双款，上款要写在上联，而且多在右侧的上方（不与正文齐头），下款写在下联左侧中间或中间偏下处（绝不能与正文齐脚）。假如款识文字较长，上下联的两侧都可以写，赵之谦书联（见图29），然而两行款字与正文的距离一定要相等。不管什么幅式的款识，其字号一般都比正文小（个别为了补白也有与正文同大的）。到底小多少，

图 29

却没有一定的比例。款识字体数的多少,通常要以正文所余空白来定。有时空白多,为了能"填满"它,可以把所书内容的出处、书写的时间、书法家的籍贯与姓氏别号、书斋名等都写上。如空白少时,则仅具书法家姓名即可。谈到款识字书体的选择,须依正文的书体而定。例如正文是楷书,款识通常也用楷书,也可以用行书;正文是行、草,款识也用行、草;正文是篆书(包括甲骨文、金文)或隶书,款识字体不宜再与正文相同,当换以楷书或行草。总而言之,款识字体以选取较为活泼的书体为宜。

下面讲钤印的问题。

印章在书法作品中,除了对书法家起凭证作用之外,就艺术的角度而言,它像天平上的砝码,可以调整幅面的轻重;它又像名砚上的"眼",以鲜红的颜色对白纸黑字起点缀作用。书法作品通常使用三种印章,即名号印、起首印(迎头章)和压角印(闲章)。名号印钤在下款的下边或左侧,可以是一方,也可以是两方(印文往往是一阴一阳);起首印钤在右上角正文起首处的旁边,要稍低于正文;压脚印一般钤在右下角较高一点的地方,但与名号印不宜在一条水平线上。压角印用得比较少,通常只用名号印和起首印。使用印章要谨慎,不可随便。首先,印章的大小要与正文和款识字的大小相符,不可将很大的字配以很小的印章,反之亦然;其次,钤印的位置和钤多少方印要看是否真能起到补缺、平衡的作用。有时下款处的印章钤一方已嫌少,而有时钤上三五方也不嫌多。初学时,作品完成之后,最好先挂起来看看,看印章应钤在什么地方,钤几方印才合适,不可马虎行事。此外,印章本身也有它的艺术风格,选择时要注意它与书法作品的书体和风格是否和谐,甚至连印泥的色泽和印痕的轻重也应考虑到。正由于钤印不是一件简单的事,所以初学时,字幅完成之后不要急于钤印,应反复加以端详审视,考虑周全,之后再谨慎钤印。

可见,署款和钤印是书法艺术创作中必不可少的一环,从某种意义上说,它可以决定作品的成败,也是衡量书法家艺术素养的标准之一,要特别重视。

其实,章法的讲究还很多,这里仅论其皮毛。学习书法,一定要认识到章法是构成书法艺术的要素之一,光写好单个的字是远远不够的,必须在写好单个字的基础上善于布局谋篇。在下笔之前,对整个幅面(包括印章)要有个总体构思,做到全局在胸,意在笔先;下笔之后,还须瞻前顾后,随时纠偏,首尾照应,切不可随心所欲,任笔为之。作文,是造句容易,连句成章、成篇难;同样的道理,学书是写好单个字容易,连缀单字成行成幅难。学习章法也要多看,多摹仿名家名作,反复揣摩练习。如要章法得当,非下一番苦功夫才行。

2. 款式图样(见图)

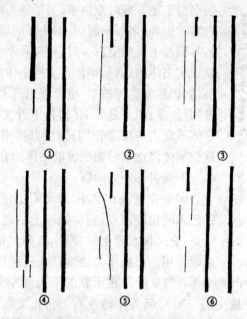

注:图中粗线表示正文,细线表示落款。

3. 列举农历四季、月份的别称

中国书画、篆刻署款,习惯于记年月。农历的时令别称众多,掌握季令和时令的别称,对于从事书画篆刻艺术创作和鉴赏的人来说都是很必要的。下面列举季令和月令的部分别称:

(1)四季的别称:

春季的别称:

青春、青阳、阳春、艳阳、阳节、三春、九春、淑节、韵节、春节、苍灵、发生、天端、阳中、苍天、软节、茅节。

夏季的别称:

炎夏、清夏、炎序、朱律、朱夏、三夏、朱明、长嬴、昊天、九夏、炎节、九暑、太阳、火德。

秋季的别称:

商秋、三秋、高秋、商节、素节、九秋、金天、素商、凄辰、白藏、萧长、九九和、白商、收成、阴中、旻天。

冬季的别称:

元冬、元英、元序、清冬、三冬、玄英、九冬、岁余、安宁、寒辰、严节、上天、玄冬、太阴。

(2)月份的别称:

一月:孟春、首春、上春、初春、春王、孟阳、首阳、元阳、青阳、正阳、寅月、初月、泰月、端月、元月、孟陬、登明、大簇、开岁、开春、发岁、芳岁、华岁、肇岁、献岁；

二月：仲春、酣春、夹钟、大壮、中和、仲阳、阳中、丽月、卯月、令月、花月、杏月、蚕月、从魁、末春、樱笋时、褉月、花见月；

三月：季春、杪春、晓春、三春、辰月、姑洗、喜月、李月、桐月；

四月：孟夏、早夏、初夏、新夏、仲吕、中吕、清和、梅月、槐序、传送、乏月、阴月、鸟待月、槐月；

五月：中夏、仲夏、蒲节、艾节、蕤宾、午月、榆月、榴月、雨月、景风、鹑月、小吉、浴兰月；

六月：季夏、晚夏、三夏、天贶、精阳、林钟、未月、且月、暑月、伏月、荷月、梓月、长夏、胜月、末夏、蝉月、焦月、鸣神月；

七月：孟秋、首秋、棟月、兰秋、肇秋、萧秋、夷则、申月、凉月、相月、否月、巧月、兰月、瓜月、冷月、商月、太乙、开秋、道秋、早秋、白露秋；

八月：正秋、仲秋、中秋、桂秋、仲商、观月、近寒、酉月、壮月、桂月、南莒、拓月、天罡、清秋、竹小麦；

九月：季秋、秀秋、暮秋、秋杪、凉秋、三秋、戌月、玄月、剥月、菊月、菊序、霜序、无射、太冲、长月、末秋、朽月、暮商、杪月、季商、授衣；

十月：开冬、孟冬、初冬、应钟、上冬、小春、阳月、亥月、良月、玄英、坤月、檀月、功曹、方冬、岁阳、阳春、小阳春；

十一月：阳夏、仲冬、霜天、龙潜、霜月、黄钟、葭月、冬月、子月、复月、辜月、鸭月、畅月、大吉、枣月、日冻、风寒、冬子月、盛冬；

十二月：季冬、严冬、末冬、苍冬、三冬、抄冬、冬杪、步抄、暮冬、暮节、暮岁、穷纪、穷年、嘉平、极月、大吕、除月、丑月、冰月、腊月、临月、涂月、余月、神后、冬腊、清祀、严月、亲子、月冬。

第三节　毛笔书法中各种书体练习法

一、楷　书

楷书又叫正书、真书，是由隶书演化形成的、十分端庄工整的一种书体。楷是楷模、法式的意思，通常所指的楷书，就是标准字体。楷书出现于后汉，盛行于魏晋南北朝，一直通行到现在。在长期的发展过程中，经过历代书法家的实践、创造和总结，楷书在结体和用笔方面逐渐形成了自己的特点，学习楷书，宜从把握以下两个方面的特点着手。

1. 简析楷书的结体特征

楷书尽管是从隶书慢慢演化出来的，与隶书有许多相通之处，甚至在它成为一种新的书体之后相当长的时间里,还或多或少地带有隶书的意味,在历史上也曾被人称作"隶书"或"今隶";然而,拿典型的隶书(汉隶)与典型的楷书(唐楷)相对照,楷书在结体上有明显区别于隶书的特征。

第一,因为楷书的基本点画比隶书多而其形态又与隶书异趣,于是造成了多数字在间架体势上的差别。比如隶书以突出横划为主,并且其主要横划与右斜勾同用波磔向右(或右上)方出锋收笔,这就自然形成隶书取横势、多呈扁平之形的间架结构;楷书则因字而异,不一定突出某个方向的笔道,并且横划不管突出与否,结收均顿笔作下垂之势(与隶书波磔呈上扬之势相反),右斜划改用斜勾或捺,从而自然形成楷书取纵势,多呈长方之

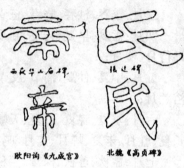

欧阳询《九成宫》　　北魏《高贞碑》

图1

形的间架结构。试看"帝""氏"二字楷书与隶书的结体(见图1),隶书"帝"字,首笔以横代点,第二笔长横用波磔,着意突出横划取横势,因而写成"头重脚轻"之形倒反别致;"氏"字突出斜向波磔且坡度很小,加之隶书中横撇和挑笔每与横划无区别,遂有三横并施,以形成横飞之势方为美。楷书则不然,"帝"字改首笔的横为竖点,并强调下部中间的竖划,还要讲究上下均衡;"氏"字楷书把原来的三横改变成一撇、一横、一挑,用斜勾取代了原来的波磔,且斜勾的坡度加大。如此一来,这两个字的身体自然要"抽条"变高,以取直立纵势为精神。因此楷书的间架,第一考虑的是能不能"立住"的问题。

礼器碑

柳公权《玄秘塔》

图2

第二,楷书间架结构的整体意识比隶书明显而强烈。在对待由两个或两个以上的"文"(独体字)组合成的合体字的结构处理上,楷书与隶书有显著的不同。隶书沿袭古文字(篆书)的习惯,常常不改变组成合体字各"文"的原本形状而直接拼合;楷书则绝不许可这样,它十分强调局部服从整体。所以,要求进入"合体"的各"文",为了使自己的"集体"能团结成一个"人"一样,不单随时准备改变自己的形貌(原来点画的正斜、留放等有改变),并且彼此之间的位置、占地比例以及相互的依赖和点画的呼应等,均受到严格的约束。也可以说,楷书在进行艺术结体时,不再把进入"合体"的各部分视为独立的"文",而只把它们当作已分解开来的具体点画来安排。这样,楷书的合体字便不再是机械的拼合,而是有机的化合了。试举"教"为例(见图2):隶书教字左旁的"孝"与独立的"孝"字无别;楷书"教"字左右二"文"不仅明显改变了原来的形貌,并且互相相向依附,合为一体,上下左右点画之间的迎来送往照应之情也非常外露。整个字所有点画的伸缩聚散、平直斜正都服从于一个整体,均拱奉着一个中心。

总的来说,楷书的间架结构较之隶书法度更为严密,整体性更强。因而进行楷

书结字练习的时候,最宜有个全局的观念,通盘的安排。不论其笔画有多繁杂,从全局需要出发,某一部分或某一点画当伸则令其伸,该屈则使之屈,不可使它们闹独立性,争出风头。点画服从结构,部分服从全局,"四方八面俱拱中心,勾撇点画皆归间架;有相迎相送照应之情,无或反或背乖戾之失",(李淳《大字结构八十四法》)让整个间架结构成为一个有机的整体,这是楷书结体的核心问题。以前《章法》一章所讲的结字方法,则是解决这一核心问题的要点。

2. 楷书的基本点画及写法

楷书的基本点画,包括点、横、竖、折、撇、捺、勾、挑等八种。有人把楷书的基本笔画归纳为二三十种之多,其实那都是这八种基本点画的变体或组合。学习楷书,应首先掌握这八种基本点画的基本写法,进而学会其变通运用。下面分别介绍它们的基本写法。

(1)点 属于起止连续,没有运行距离或运行距离很短的笔画。点的形态有方圆、长短、正斜、藏锋、露锋之分,变化万千。

左侧藏锋圆点。向左上方逆锋下笔,随后向右下方顿笔稍驻提笔。

右侧藏锋圆点。向右上方逆锋下笔,随后向左下方顿笔稍驻提笔。

左侧露锋圆点。开首与左侧藏锋圆点同,顿笔稍驻后在提笔的同时向左略回旋,使笔锋从点的左侧腹部顺势带出。

右侧露锋圆点。开首与右侧藏锋圆点同,顿笔稍驻后在提笔的同时向右上略回旋,让笔锋从点的右侧腹部顺势带出。

左侧方点。向左逆锋下笔,向右横按,随后稍稍提笔折锋向下驻笔,让点的上方成方割形。

右侧方点。开首同左侧方点,但折笔之后向左下方驻笔。

长点。只是圆点的拉长,即下笔之后运行一段距离再驻笔收势。

点的变化极多,在具体结字中宜根据需要灵活运用。古人云:"点如高山坠石。"点(特别是字的顶头上的点)当以倾斜取势,写得险峻有力为宜。

(2)横 作为点的横向延伸。横也有方圆长短之分。

圆笔横画。向左逆锋下笔,在按笔的同时向反时针方向略加回旋,随后轻轻提笔向右运行,结煞时向右下方轻轻顿笔稍驻。

方笔横画。向左逆锋下笔后向右下方按笔,不做回旋,随之稍微提笔折锋顺势右行,结煞时再向右上角略微抬笔,再向右下方径直顿笔稍驻。

作横时,起笔与收笔应略为慢些,中段运行应略为快些,这样写出的笔道才能干净利落而有骨力；中段行笔慢，势必拖泥带水，形如秋蛇。横画有短有长，写长横时，不宜过平，中段宜稍微隆起或凹下；也不应过匀，两端可略粗些，中段略细些，但粗细又不能太过悬殊。

（3）竖　作为点的纵向延伸。竖分为垂露、悬针和象笏三种。悬针。起笔犹作左侧点，后以中锋用笔径直下行，随着笔的提起，顺势露锋而出。形如钢针之悬。

垂露。起止都用作点的方法，中段行笔与悬针同。末端形如露珠之垂，故名。

象笏。起笔与悬针、垂露完全相同，而结煞似悬针而不露锋，似垂露而不驻笔，笔在运行之中戛然而止，提起作收。形同象牙作的笏板，遒劲有力。

竖画也有长短之分，长竖悬针、垂露、象笏均可用，而短竖多用垂露。竖画中段要饱满，尤其是悬针，中段宜略微按笔令其稍粗方显精神。

（4）折　作为横与竖或竖与横的转折过渡。折分为竖折和横折两种。

竖折。包括方圆两种形态。横画右行到拐弯处，稍向右上方提笔，提到略高于横画外侧时向右下方顿笔稍驻；然后微向内侧折笔而下。依此写出来的是方折。若横画行笔到拐弯处，不提笔，不顿挫，顺势圆转而下，即成圆折。

横折。竖画行笔到拐弯处顺势圆转右行即成横折。它通常都用圆笔。

（5）撇　主要包括竖撇和横撇两种。

竖撇。以左侧点起首，随之略微提笔向下向左作弧形运行，收结以露锋撇出。

横撇。与竖撇相同，以左侧点起首，然后略微提笔顺势向左（略偏下方）撇出。

撇画有长有短，本身的弯曲度和倾斜度不尽相同，因字而异。写撇画有三点应需注意：首先，撇画中部要饱满，力量要一直送到末端，不能侧倒笔管用笔尖撩拨的办法来完成；其次，结末行笔出锋要稍快些；最后，竖撇不宜过直，横撇不宜过弯。

（6）捺　分竖捺和横捺两类。

竖捺。先向左下方作右侧点起首，然后提笔折锋作右行之势，而向右下方逐渐按笔微作弧形运行，待到将结煞时，一边提抽一边向右露锋而出。

横捺。除了倾斜角度与竖捺不同处，写法大致与竖捺相同，只是起首作点较重，而且起首之后一般需要向右横行一小段距离才转向右下方运行。笔道的中心线形成"～"形的轨迹,这就是前人所说的"一波三折。"

（7）勾　勾的品式众多,其大类有竖勾、斜勾、横折勾和搭勾。

竖勾依外形可分为三类:

方折勾。竖行笔快到作勾处向左下方折笔,随后在提笔的同时向左或左上方快速趯笔出锋。

圆折勾。竖行笔将到作勾处时即向左圆转顺势趯笔出锋,没有方折勾折挫的动作。

顿折勾。竖行笔到作勾处轻轻顿笔作垂露收笔状,随后趯笔向左上方出锋。

斜勾又可分左斜勾与右斜勾:

左斜勾。也可方可圆,作法基本同于方折勾或圆折勾,只是向下行笔时有一定的弧度。

右斜勾。起首同作捺,随后向外作弧形运笔,到作勾时略微停顿即提笔向上出锋,或者回笔向后稍挫再提笔出锋。

还有横折勾和搭勾:

横折勾。为横折的笔画的末端带勾,其勾作法同于右斜勾。

搭勾。是在竖画下端加一挑笔,也可以作成反方向的顿折勾。

所有勾画,无论什么样的勾,其锋皆不宜过长,但要写得犀利有力。勾锋所向,往往要与其他点画相呼应。

（8）挑　仅有简单的一笔。

挑亦以作点（左斜点、右斜点均可）起首,随后向右上方挑笔出锋。

上面所述为楷书基本点画的基本写法,从叙述的文字看,看似条条框框很多,颇为繁杂,实际上只要我们懂得并学会运用毛笔的性能（即毛笔富于弹性而有锋芒,毛笔能铺开又能收聚的特点）,掌握运笔过程中的提按转折等方法,写出这些点画的基本形态是比较容易的。难的是这些基本点画在具体的使用中,在它们互相搭配、纵横交错地构成许多不同的结构形态（如幺、母、皮等等）的时候,由于书法家用笔风格的不同,它们常常有许多的变化或变态。因而我们不仅要熟悉这几种基本点画的基本写法,还应逐步掌握它们在实际运用中的变化规律,只有这样,才能以简驭繁,运用自如。

3. 永字八法

古人以永字为例创建了"永字八法",它是概括地介绍楷书八种基本点画用笔要点的方法。关于它的来源,历来说法各异,大约是在楷书大兴的隋唐之际,书法家为指导初学者习书,便取被誉为"天下书法第一"的王羲之《兰亭序》的第一个字"永"为例,归纳出一套欲以简驭繁、"以开字中眼目"的教学方法。在永字八法中,点称为侧、横称为勒、竖称为弩、竖勾称为趯、挑称为策、竖撇称为掠、横撇称为啄、捺称为磔(见图3)。点画的命名虽然很奇特,但寻其字义,皆暗含比喻,说明该点画应如何写才能得其骨力、神韵。下面我们顺次加以简要的说明。

(1)侧(点):侧可理解为倾斜不正的意思。点应取倾斜之势,犹如巨石侧立,险劲而雄踞。如果点成平卧或正立,则呆痴失势。至于此永字之点以露锋作收,是为了与下面横画的起笔相策应而气韵一贯。

(2)勒(横):横取上斜之势,犹骑手紧勒马缰,力量内向直贯于弩(竖)。如果卧笔横拖或下斜则疲沓无力。

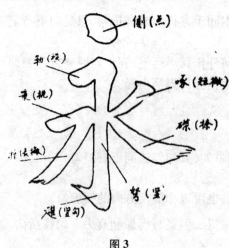

图3

(3)弩(竖):弩即有力(也作努)。竖画取内直外曲之势,似弓弩直立,虽形曲而质含无穷劲力。因此竖画不宜过直,过直则如枯木立地,虽挺直而无气力。

(4)趯(勾):趯同跃,谓作勾之时,先蹲锋蓄势,再快速提笔,顺势出锋。如人要跳跃,需先下蹲蓄力,然后猛然一跃而起。锋不平出,为的是与策(挑)画起笔相照应。

(5)策(挑):策的本义是马鞭,这里引申为策应挑画多用在字的左边,其势向右上斜出,与右边的有关点画相呼应,形成相背拱揖的情趣。永字中的策画略微平出,主要是与右边的啄(横撇)相策应。两个笔道虽错落不相对称,其心气却相通相应。

(6)掠(长撇):掠理解为拂掠。谓写掠画应如以手拂物之表,即便行笔渐渐加速,出锋轻捷(与捺相对而言),取其潇洒利落之姿,可是力量却应送到末端,否则飘荡不稳。

(7)啄(横撇):啄与喝,同谓写横撇应如鸟以喙啄食,行笔快速,笔锋峻利,和长撇有所不同。

(8)磔(捺):这个命名很不好理解,我们认为它包含两层意思。首先,是就磔画在字体结构中的作用而言的。磔的本义是指肢解祭祀用的牺牲,含有解体、张裂的意思。楷书中的捺画是承隶书的波磔来的,而隶书的波磔正是为了解散小篆屈曲裹束的形式(隶书斜出的波磔在小篆中皆弯曲下行),令字的体势向外开张,因此隶书又称为分书。楷书的捺也是起这个作用。楷书中的撇捺,力虽内聚,形却外张,使字的体势舒展、活泼。若把楷书"永"字的这一长捺改作一短侧点,力量依然匀聚,却立即失去飞扬的气势。正因如此,捺画总要写得开张舒展方显得精神。其次,是说这一笔应写得刚劲、利刹、有气势。磔之本义既为肢解牺牲,而肢解牺牲必以刀劈,因此磔(捺)画即取刀劈之势。南方俗称捺画为"刀撇",大概即源于此。

对永字八法的解释很多,然而,或失之过简而意思隐晦,或失之玄虚而昧于实践,而且每有抵牾之处。可取之说也有,但常常支离破碎,不得系统。我们这里用盾名而责实的办法,探寻作者的创意;同时借鉴前人的心得,结合自己的体会,力求把它阐述得圆通而切实,以便古为今用。

由于永字八法仅用一个字就概括了楷书八种基本点画的基本写法(与前文我们所说的八种基本点画不尽相同,八法没有折画),因此历来的人们都认为永字八法是专讲点画用笔的,"永字八法,乃点画尔"。(卢肇语)其实并不尽然。八法中的点画并不是孤立的,它讲的是一个字中的八个具体的点画。我们在探求其每个点画何以要这般安置、如此写法的时候,实际上已涉及字的结体法则。所以,八法作者的意图,是想通过一个字的剖析来说明基本点画的写法及其组合(即零件的制作与安装,零件作成什么样子必须服从安装的需要),令初学者能举一反三,掌握楷书(其实也包括行书)基本点画的用笔和间架结构的一般要求。

因而,永字八法行世之后,受到历代不少书法家的推崇,有的甚至推崇得过了头。例如说王羲之"攻书多载,十五年'偏''攻''永'字,以其备八法之势,可通一切字也"。(《翰林禁经》引李阳冰语)我们现在对永字八法及前人对它的评价都应有批判地吸取,不可迷信盲从。如果真以为永字八法"能通一切字",也用十五年的时间去"偏攻永字",别的字都不写,那结果恐怕是非但当不成"书圣",连"书奴"也是做不成的。总而言之,永字八法可以帮助我们理解楷书的点画用笔与间架结构存在着辩证关系的道理,对练习用笔和结字有一定的指导作用,但是它绝没有包括书法的全部内容和技巧。我们既不可否定它,也不能把它当作学书的"法宝"。

4. 学习楷书答问

(1)习字要从楷书着手的原因是什么

一般认为,习字应从楷书着手,这是由于楷书的笔法丰富,也最为规范。分析书法艺术的演变过程,我们便能发现书法的笔法是不断丰富的,篆书笔法基本为一笔,隶书产生了撇笔和波磔,就形成了三种基本的笔法。至于楷书又增加了钩笔和捺笔等,所谓"永字八法"就是在这种情况下形成的,而事实上笔法变化则还要丰富得多。

楷书的笔法相当丰富,还表现在楷书风格的多样性。北魏时期的楷书,体现了北魏强悍的书风:"其笔气浑厚,意态跳宕;长短大小,各因其体;分行布白,自妙其致;寓变化于整齐之中,藏奇崛于方平之内,皆极精妙。"(《广艺舟双楫》)唐代的楷书更是登峰造极。例如欧体,法度森严,险中求稳;虞体,点画圆润,外柔内刚;褚体,俊逸秀美,体势宽博;薛体,用笔纤瘦,结体疏通。此后的颜体、柳体又开创了新的面目。同时,楷书也是最规范的一种书体。古代政治文化发达,只是印刷技术还没有普及,所以楷书是应用最广的文字形式,大量文件、书籍都是抄写的。这都推进了唐代楷书艺术的发展,因此唐代的楷书,是学习书法技巧的最佳范本。

(2)魏碑是什么?

北魏时期的代表书体首推"魏碑"。

北魏太武帝统一北方,439年后一百多年政治安定,经济、文化得到空前的发展,北魏的书法艺术也就在这样的环境中迅速地成长起来。特别是孝文帝于494年迁都洛阳,推行鲜卑文化汉化的政策,促进了与汉文化的交流。同时,大力推行佛教,使佛教大盛,风靡一时,龙门石窟也于此时开凿。两千余块的造像题记,便是北魏的书法宝库。

魏碑书法具有鲜明的艺术特色。因为造像规模大,题记数量多,工匠们采用直刀切入的方法刻凿文字,所以产生的字形放纵天真,线条方直,起笔收笔都呈三角形,展现出雄强泼辣、豪放拙朴的风貌。

当然魏碑书法也有一个发展的历程。早期的魏碑以方笔、方体为主,后来受到南方书风的影响,字体也趋圆秀。总的来说,魏碑有方、圆、方圆并用三类。方笔有《龙门二十品》等;圆笔如《郑文公碑》等;方圆结合,有《张猛龙碑》等。魏碑至隋代,便演变为楷书。

魏碑书法复兴于清乾隆嘉庆年间,邓石如、赵之谦等一批书法家的魏碑书法,呈现出异彩纷呈景象。

魏碑(局部)

(3)什么是魏碑的"十美十三宗"

在隶楷的演变过程中,魏碑书法不但起到了重大的作用,而且在艺术上有鲜明的特色。清代康有为在他的《广艺舟双楫》中曾将魏碑概括为"十美十三宗",这对我们理解魏碑的艺术性有很大的指导作用。具体内容如下:

十美:

一云魄力雄浑;二云气象浑穆;三云笔法跳越;四云点画峻厚;五云意态奇逸;六云精神飞动;七云兴趣酣足;八云骨法洞达;九云结构天成;十云血肉丰美。

十三宗:

宗上三:《爨龙颜》是雄强茂美之宗,《灵庙碑阴》辅之。《石门铭》是飞动浑穆之宗,《郑文公》《瘗鹤铭》辅之。《吊比干文》是瘦硬峭拔之宗,《隽修罗》《灵塔铭》辅之。宗上四:《张猛龙》是正体变态之宗,《贾思伯》《杨翠》辅之。《始兴王碑》是俊美严整之宗,《李仲璇》辅之。《敬显俊》是静穆茂密之宗，《朱君山》《龙藏寺》辅之。《晖福寺》是丰厚茂密之宗，《穆子容》《梁石阙》《温泉颂》辅之。宗下六：《张玄》是质峻偏宕之宗，《马鸣寺》辅之。《高植》为浑劲质拙之宗，《王偃》《王僧》《臧质》辅之。《李超》是体骨俊美之宗，《解伯达》《皇甫鳞》辅之。《杨大眼》是峻健丰伟之宗，《魏灵藏》《广川王》《曹子健》辅之。《刁遵》是虚和圆静之宗，《高湛》《刘懿》辅之。《吴平忠信神通》是平整坤净之宗，《苏慈》《舍利塔》辅之。

魏碑（局部）

（4）云南"二爨"碑的艺术特点

以前曾有人认为："滇南无汉碑。"答案是否定的，云南不但自汉以来碑刻众多，大小 200 余块，而且还有南北朝的《孟孝琚碑》《二爨》《石城碑》等名碑。

"二爨"，即《爨宝子碑》和《爨龙颜碑》。东汉时立碑风气盛行，曹魏时期曾下令禁碑，至晋代仍禁碑尚帖。在地处边陲的云南碑刻则正处在崛起之时，"二爨"的出现，体现了滇南文化的相对独立性。此外，作为我国书法从隶书过渡到楷书的变革时期的刻石，则在晋碑中难以找到同"二爨"碑具有"冠古今"的荣耀。这也是"二爨"碑（见下图）如此备受书法家推崇的根本原因。

作于公元 405 年的《爨宝子碑》古拙奇俏，"端朴若古佛之容"。楷化的笔法中依然能见到隶笔的飞动。康有为评此云："朴厚古茂，奇姿百出，与魏碑之《灵庙》《鞠彦云》皆在隶楷之间，可以考辨变体源流。"

比较《爨宝子碑》，《爨龙颜碑》则显得更加隽逸，有"浑金璞玉"之称。康有为论到《爨龙颜碑》有云："下画如昆刀刻玉，但见浑美，布势如精工画人，各有意度，当为隶楷极则。"

杨大眼碑

尽管"二爨"碑，立于滇南，却开创了北魏碑刻的先河，笔势气度与北碑息息相通。试与《孙秋生二百人等造像》

孙秋生造像（图见右）等比较，遥遥耸峙，犹如同出一辙。这也说明书法分南北两派的理论,并不是绝对的。研习"二爨",足能管领北魏刻石。

爨宝子碑

爨龙颜碑

(5)如何理解欧阳询楷书的特点

欧阳询(557~641),字信本,因曾为太子率更令,所以又称欧阳率更。欧阳询书法小楷书成绩卓著,被誉为唐人楷法第一。《唐书》说:"询初效王羲之书,后险动过人,因自名其体。尺牍所传人以为法。"《宣和书谱》评曰:"询之正书,为翰墨之冠。"

其楷书代表作有:《化度寺邕禅师舍利塔铭》《九成宫醴泉铭》《虞恭公温彦博碑》《皇甫诞碑》等。

在欧阳询的楷书中影响最大的《九成宫醴泉铭》,是欧氏晚年奉敕之作。此碑笔力苍劲遒丽,腴润有致,高华庄重,法度森严。世人评价其影响不下于王羲之《兰亭序》,被推为唐代楷书之冠。

孙秋生造像

欧阳询楷书的艺术特色,概括起来主要有以下几方面:

首先,笔画方直。例如欧字的"俯""居""重""疾""犹""洞"等字,最强调的是横画与竖画都保持在水平和垂直线上。"疾"字的撇出,表现为竖钩;"犹"字的圆弧钩,也表现为斜弯转为竖钩;"俯"字之长撇,也作竖画的处理。另外"洞"字的左右竖画作相背弧势竖下,左竖笔向右弯,右竖笔向左弯,更体现了欧字的方峻体势。又如"洞"字的"水"部,第一、第二点,作垂势直下点出,第三点也作垂直挑出,三点贯联,处理成一竖笔的空间之中。

其次,取势窄长。欧字的基本体势窄长,例如"赞""阁""舜""葛""膺""黄"等字。"赞"字上部的四横画,短而细,下方"贝"部的最后两笔也以垂势作撇、点;"阁"字的"門"部两竖笔为相背弧势竖下;"舜"字左下"夕"部,点作弯欧阳询《九成宫》之二竖点,顶部的中间一点,也作长竖;"葛"字的上、中、下各部,都紧靠中心轴紧收;"膺"字的左撇,既短又不伸展;"黄"字的上部,两竖偏长,中部和下部也向中间收紧等等,都表现为紧缩左右,开张上下的姿态。

欧阳询《九成宫》之一　　　欧阳询《九成宫》之二

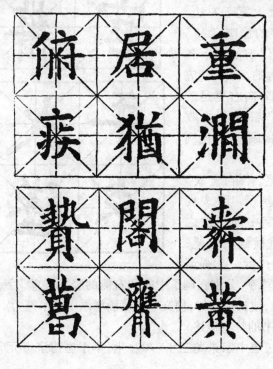

第三，大小参差。将欧楷《九成宫》中最大最小这部分楷书对照，就可一目了然。形体小的如"有""云""生"等，只相当于体形大的"龟（龜）""凿（鑿）""职（職）"等字的几分之一。欧字的大小是随字的笔画多寡而定的，大的一组字有20多笔，小的一组则在5笔到6笔之间。这样处理，就能使笔画多的大字从容不迫，笔画少的小字也没有故意造作的感觉。

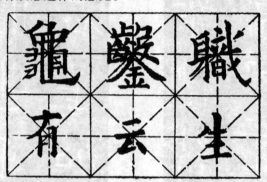

第四，右纵左收。欧字稳静中寓险峻，"右纵左收"即成功的一招。"霞""寔""宫""藉""应（應）"等字的共同特点，都是右边大大宽于左边。例如"霞""寔"字的捺脚，"高""宫"的下部和"藉"字的上下各部都强调了右侧的舒展，"应（應）"字的"心"部，向右更足放纵；"霞"字的"雨"部，右纵左收更为突出，中间的横画，左右比例达1：2。

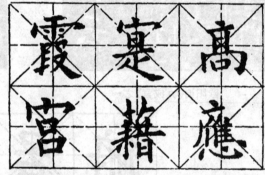

最后注重主笔。"年""武""针""求""坠""差"等字，表现了不同笔画在文字中的主次之分。"年"字，注重横画的末笔；"武"字，注重戈钩；"针"字，强调竖画；"求"字和"坠"字，分别强调了中间和右侧的竖笔；"差"字，则注重撇笔。这些主笔或中流砥柱，或长袖起舞，使文字的笔画增添了艺术魅力。

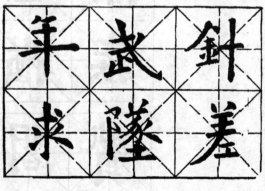

（6）颜真卿楷书的特点概述

颜真卿字清臣，唐中宗景龙三年（709）生，卒于唐德宗贞元元年（785）。自署琅玡郡(今山东东南部)人。唐代宗时被封为鲁郡公,因而世称"颜鲁公"。

華曾三士
同甫千二
沈侍述楚

他的书法早年取法褚遂良,35岁后摹仿张旭,雄秀独出,一变古法,自成一家。他的楷书端庄雄浑,气势开张,丰肥高古。颜真卿书法若与欧阳询比较,即表现在方与圆的区别,"欧以方胜,颜以圆胜",这是历来书法家的一致看法。颜体书法历来被视为学书者之楷模。颜真卿不仅字写得好,而且为人也深受人们的称道,宋欧阳修《六一题跋》有云:"颜公书如忠臣烈士道德君子,其端严尊重,人初见而畏之,然愈久而愈可爱也。""斯人忠义出于天性,故其字画刚劲独立,不袭前人足迹,挺然奇伟,有似其为人。"颜体楷书在用笔和结体方面的艺术特色主要表现在:

其一,起笔和收笔都强调圆转回锋,很少见方笔,例如"士""三"。

其二,强调横画和竖画的粗细变化,表现为竖画粗重而横画细劲,特别是中间的竖画更为粗壮,例如"曾""华"。

其三长的横画多为左低右高,向右上取势,收笔回锋呈点状,以使左右平衡;同时笔画中间略带上拱,例如"二""千"。

其四,长的左右竖画相向取弧势,例如"甫""同"。

其五,捺笔浑重,起笔处圆如"蚕头",捺出时先顿挫然后提锋捺出,形如"燕尾",例如"延""逆"。

其六,钩笔也先驻锋顿挫,然后转换笔锋,最后再作提锋勾出,所以颜体钩笔多呈"鸟嘴状",例如"侍""沈"。

颜真卿书法的结体也不承袭前人,主要表现在体势开张,强调框架宏伟,舒展开阔,形趋方长。初学颜体要抓住其特点,不要片面强调,否则会将粗壮浑厚写成臃肿肥软。

其传世作品较多,著名的有《颜勤礼碑》《颜氏家庙碑》《多宝塔碑》《东方朔画像赞》《麻姑仙坛记》《自书告身》等。

(7)柳公权楷书的特点概述

柳公权字诚悬,生于唐代宗大历十三年(778),卒于懿宗咸通年(865)。陕西他的书法是在承袭欧阳询、颜真卿书法艺术的基础上创建了自己的独特风格，成为唐代的一位楷书大家。他与颜真卿齐名，人称"颜、柳"，并有"颜筋柳骨，古有成说"（宋·周必大《平园集》）。他的书法艺术的基本特点表现为笔法方圆并用，遒媚劲健，瘦不露骨，气象雍容。在他的笔画间可以体会到欧体和颜体的逸韵，如他的横画总是以方笔起收，采取的是欧法；直画的起收则用笔浑圆，主要使用的是颜法。柳公权传世作品众多，楷书的代表作主要有《玄秘塔碑》《神策军碑》等。柳字的楷书用笔和结体特点，主要体现在以下几个方面：

第一，点画采取方圆并用，"宝盖头"的点，以竖点的表现，点下后再作竖下，而后收笔，如"空""室"。

第二，横画表现为长画瘦劲，短横粗壮，如"赤""平"。其中短横总是稍带上仰，以此增加横画的变化。

第三，竖画略粗，也体现了颜字的遗韵，如"土""鱼"。

第四，撇、捺也别具一格，长撇表现为细而短，如"唐""虔"等字的长撇；短撇表现则较为粗重，如"德""相"。捺笔也都粗重，有的还依稀能看到"蚕头燕尾"的形态，如"迷""趣"。

第五，转折采用提笔圆转的方法，这也体现了与颜体运笔的相仿之处，如"固""宫"。

第六，钩笔总先作回锋顿挫，然后再把笔锋提起，沉着痛快地勾出，如"宗""初"。

柳字的特点还体现在结体经营上：

首先"宝盖头"取势开长，作左窄右宽的架势，而将宝盖下部的结构处理得比较紧小，如此一来自上盖下显得十分宽绰，如"家""灵（灵）"。

第二，书写"口"部结构时，根据"口"部结构内有笔画与否而采用不同的处理手法，如没有笔画的"口"部，左竖笔较长，如"欲""器"；假如框中有笔画时，最后的一横画处理成较长，如"凉""恩"。

最后，整个字的结构表现为内紧外松，如"惊（惊）""集"等字。

为了便于初学者把握柳字的特点，书法家郑诵先编了《柳字歌诀》，诀云："中宫收紧，横竖舒长。笔笔顿挫，筋骨开长。撇轻捺重，并重圆方。点圆波短，横弱竖强。短撇粗壮，短横上扬。回锋起踢，挫衄相当。折需提笔，颜柳同行。"这一歌诀将柳字的基本特点都归纳进去了。

（8）赵孟頫楷书的特点

赵孟頫初名孟俯，字子昂，晚年号松雪道人。浙江吴兴（今湖州）人。生于宋理宗宝祐二年（1254），卒于元英宗至治二年（1322）。他是宋朝皇室的后裔，元朝入仕，官至荣禄大夫，翰林学士承旨，时称"赵承旨"，封魏国公，谥文敏。赵孟頫幼时聪颖，读书过目成诵，为文操笔立就。他学识渊博，多才多艺，书法、绘画尤其突出，篆、隶、正、草，无不妙绝古今，山水、人物无不博采精研，他是历史上影响最大的书画家之一。他的行、楷书法称雄一世，"落笔如风雨，一日能书一万字"。他的最大成就之一，就是将楷法易化，使之易学易书，大大提高了楷书的表现力。赵孟頫楷书艺术的特点主要体现在以下几个方面：

第一，简易笔法。赵体楷书用笔纯正，避难从易，逆锋落笔，回锋收笔，意到即行，并没有过多的回旋，这样书写起来就简捷得多了，比如"三""下"。以往的晋唐楷书，都注重起笔和收笔的笔锋转折顿挫，赵孟頫在继承传统的基础上注重应用，省去了锋颖的萦绕盘回而干净利索，削繁就简。

第二，字形方整。赵体字形方整，如"纵（纵）""密"等字，"纵（纵）"字为左中右结构式，这三部分的长短相近，上下整齐，排列都在一个水平线上。"密"字为上中下结构式，上下排列紧密而向左右扩张，使字保持正方。即便有的字字形趋长，如"慧""昆"等，但依然结构方整。

第三，略参行法。赵体楷书由于行笔简捷，因此有些笔画不再是以"标准"的楷书作逐一交代，"等""依""兴（兴）"等字都已明显地展示行书的风采。"等"字的"竹"部六笔已经成为带笔表现；"依"字的"衣"部捺笔已衍化成长点；"兴（兴）"字的"臼"部和"同"部，也都作行书的两竖和两点表现。

最后，线条浑厚。赵体楷书运笔粗重，如"石""武"等字。所有笔画凝重丰厚，不管是横画还是竖画都是一样的粗细，甚至撇画也没有提按。减少提按也是赵体加快书写速度的一个重要原因。

（9）瘦金体的来历及特点

瘦金体，乃宋代宋徽宗赵佶开创的一种楷书书体。

赵佶，生于元丰五年（1082），19岁即位，在位25年。靖康二年被金兵所掳，绍兴五年（1135）病死于五国城。赵佶虽无帝王的才略，然而书画的精妙却是古今首屈一指的。他的书法能自成一派，陶宗仪《书史会要》中谈道："初学薛稷，变其法度，自号瘦金体。"叶昌炽《语石》也谈道："其书出于古铜甬书，而参以褚登善、薛少保,瘦硬通神,有如切玉,世称瘦金书也。"现从实际记载和书体来看,赵佶不仅学褚、薛和早年黄庭坚的书法,而且还更多地从唐代薛曜的《封祀坛》《夏日游石淙诗》《秋日宴石淙序》三碑取法。如将薛曜的书法和赵佶的瘦金体对照一下,就一目了然了。

其书体,笔势劲逸,外拓宽畅,笔迹犀利,如画兰竹,轻落重收,形瘦细而韵腴润。赵佶善作工笔画,他的瘦金体,与工笔画的勾勒相一致,蕴含诗情画意。赵佶瘦金体书迹主要有:《真书千字文卷》《欲借·风霜诗帖》《秾芳依翠萼诗贴》《神霄玉清宫碑》等。

（10）隋唐楷书碑帖举要

智永:《千字文》《龙藏寺碑》《董美人墓志》。

欧阳询:《九成宫醴泉铭》《皇甫君碑》《虞恭公碑》《化度寺碑》。

虞世南:《夫子庙堂碑》。

褚遂良:《孟法师碑》《倪宽赞墨迹》《伊阙佛龛碑》《唐梁公碑》。

薛稷:《信行禅师碑》。

李邕:《岳麓寺碑》。

颜真卿:《多宝塔》《东方朔画赞》《鲜于氏离堆记》《郭家庙碑》《颜勤礼碑》《大字麻姑仙坛记》《颜家庙碑》。

柳公权:《玄秘塔碑》《神策军碑》《蒙诏帖》《金刚经》《送梨帖题跋》。

二、行　书

张怀瓘(唐)在《书断》中曰:"行书者,后汉颖川刘德昇所造也,即正书之小讹(讹或作伪,这里是变化、差异的意思),务从简易,相间流行,故谓之行书。"也有人认为,楷如立、行如趋(快走)、草如走(跑),行书之"行"是行走的意思。无论流行也好,行走也好,以"行"为名总是取其生动活泼之意。行书是介乎楷书与草书之间的一种书体。因而,兼有楷书的点画和草书的使转,是行书的最大特征。行书容易辨识,书写便利而活泼多姿,是实用性和艺术性统一得最完美的一种字体,所以它从汉末产生到现在，上下两千年，一直历行不衰，不仅为一般人喜闻乐见，也为历代书法家们所重视。"书圣"王羲之即以他的行书《兰亭序》名垂古今。

正因为行书介乎楷书和草书之间，有的含楷书成分多些，有的则含草书的成分多些，因而行书又有"行楷""行草"之别。《宣和书谱》说："兼真者谓之真行，兼草者谓之行草。"行楷或行草，既可就个别字而言，也可就整幅字含楷书或草书的多少而言。就整幅字而言，像《怀仁集王羲之书圣教序》那样的便是行楷；像王羲之《丧乱帖》、王献之《十二月帖》那样的便是行草。

1. 行书结体的特点

行书的结体，可以说近于楷书而又不完全受楷书的束缚，近于草书而又没有草书的简省和放纵。它的结体比较自由，具体说来有下列特点：

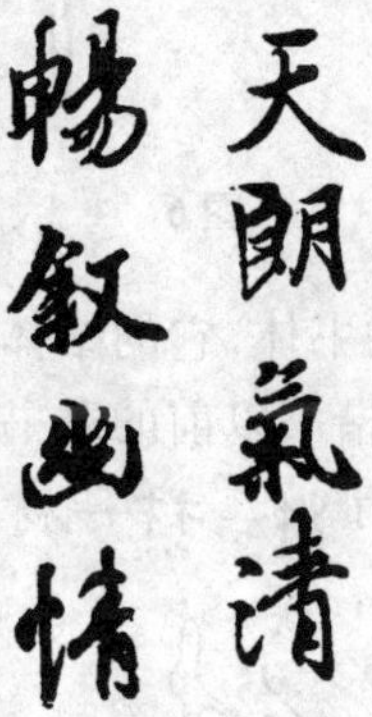

（1）因承袭楷书而略变。这种结体基本不改变楷书点画的方位和字的体势，只是在用笔上多用露锋或以游丝相连，改变了某些点画的情态，并增强了它们之间的勾连照应关系，从而使字的神情变得活泼了。王羲之《兰亭序》中"天朗气清""畅叙幽情"数字就是典型的行楷字（图4）。只要会写楷书，就很容易写好这种行书。

图4

（2）冲破楷书端庄方正的冲破，略事欹斜，自成新的体势。楷书除了极少数以斜取正的字之外，体势都要求端庄方正，横画的斜度也不可过大。行书则可以在一定程度上打破这些戒律。横画更可以大幅度上斜，以抬高右上角而取欹斜、超拔之势；笔道的走向也可以稍稍偏离原来楷书的轨道。这样就在不同程度上改变了楷书的体势，使整幅字中的个体和群体都变得自由活泼，避免了楷书的呆板。行书的这一特点，王羲之的《兰亭序》略见开端（见附录·图版篇第十八幅），李邕《麓山寺碑》《李思训碑》（见附录·图版篇第三十五幅、三十六幅）中呈登峰造极之势。有的书法家不仅如此，有时还故意把某些字写得左歪右斜，使得字与字之间具有相向、相背、相从、相倚的种种情态。典型的例子可见米芾和郑板桥的行书。

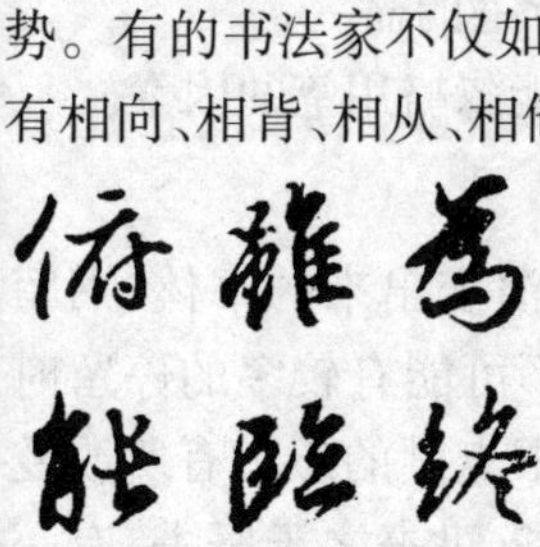

图5

（3）简化及体势多样。楷书中有一些字点画众多，结构复杂，书写起来极不方便。行书遇到这种字往往可以用省略个别点画或改变原楷书某一基本形态（组成一个字的某个部件）的方法，简化其结构，以利书写便捷。比如王羲之《兰亭序》中的几个字（图5）"俯"字右旁的"付"省去了一撇，"虽"字左旁的"虫"省去了一点，"为"字下四点代之以一横，"能"字和"临"字的右旁以及"终"字的左旁，均以笔画简单的基本形态代替了原来笔画多而复杂的基本形态。这样一来，不但减少了笔画，书写便当，而且字的神貌也大为改观。因为行书对楷书的这种"省变"不是一成不变的，行书对某一个楷书字的"省变"可以采取不同的方式，而"省变"的程度也可以不同,于是在行书中,每每一个字会有两种或两种以上的不同写法,形成了行书结构和体势的多样性。

(4)体势放纵。上面谈到的两种结体,虽然在某些方面挣脱了楷书的羁绊,也有不同程度的放纵,但都还不出"格"。这里所讲的放纵,主要是指在一个字中,点画与点画之间,部分与部分之间,在长短、正斜、大小、疏密等方面的对比度,对比楷书则大为悬殊。例如颜真卿《刘中使帖》中"耳"字的末一竖画,竟拉得比楷书长四倍,占据了帖中整整一行的位置;王羲之《澄清堂帖》中的"念"字故意写得疏放松散,在三个部分之间留下很大的空白;怀素《自叙帖》中的"忽"字,有意把下边的"心"字写得如巨浪翻腾,宽广博大,把上面的"勿"写得如痀瘘抱怀,拘谨而小,毫不顾及楷书中该字上下两部分的比例关系(图6)。这类行书结体,其字势奔放豁达,气度非凡,多见于行草字幅中,大都是书法家为增加章法的气势和变化而有意为之的结果。

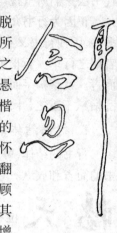

图6

(5)有特殊结体源于隶书、小篆行书是由楷书快写演变形成的书体,它的结体主要源自楷书,不过也有少数行书字的结体来源自楷书,而直接从楷书以前的隶书以至篆书演化过来,模样儿与楷书大不相同。对这种字如果不弄清其"出身",就会觉得它的结体不可理解而错认了它。比如"材"字,行书的写法跟"村"字很相像,而跟它自己的楷体却相去甚远,故常常被一般人误认为"村"。"材"字行书之所以有如此模样儿,是因为它脱化于小篆和隶书(见图7)。另外,"柳"字有一种行书形体也来源于小篆,"桃"的一种行书形体来源于隶书,等等,都属于这一类。

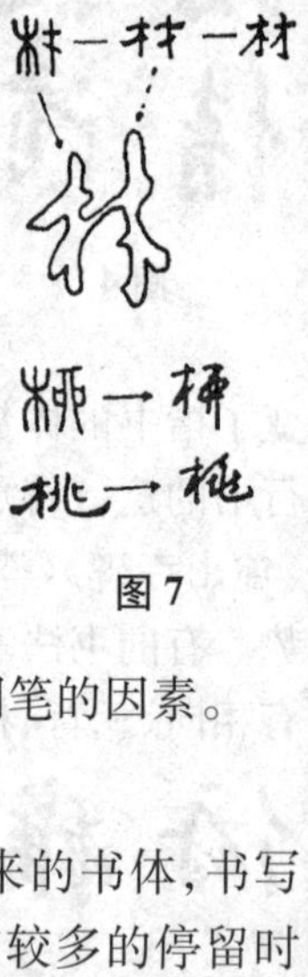

图7

总而言之,行书的结体较之楷书要灵活多变得多,我们这里所说的仅其大概而已。行书结体的灵活多变,与书写时快速行笔的需要和用笔习惯有关,因而我们在讲求行书结体美的时候,不能忽略用笔的因素。

2. 行书的用笔

既然行书是楷书的"小讹",是为了书写便捷而由楷书演变出来的书体,书写的速度与节奏势必比楷书快。由于快,笔锋在点画中间就不可能有较多的停留时间,下笔收笔,起承转合,皆顺势而为,这样就必须使原有楷书点画的形态有所改变而自然形成行书的用笔。行书之于楷书,不像楷书之于隶书、隶书之于篆书,有一套刻意创造而明显区别于前者的点画形态和用笔方法。行书的点画形态和用笔方法基本承袭楷书,只是书写时较楷书"草率"、快捷才产生了自己的特点。这些特点主要有:

(1)多使圆笔少用方笔。行书在横折、竖折、竖勾等"拐弯"的地方多用圆笔少用方笔(如图8)。其原因是方笔需要顿挫,多两个节奏,圆笔则顺势圈转即可,轻快便捷,又能增加柔和圆润的情态。

（2）多使露锋少用藏锋。由于书写的快速,行书点画（特别是点、撇、捺）多顺笔带出锋芒,使点画间的承接照应关系比楷书明显外露,从而显得比楷书活泼流畅。

（3）游丝相连于点画勾。所谓游丝,是指草书中两个笔顺相承接的点画之间互相牵连的轻细线条,即在两个点画过渡时,没有把笔完全提起而由笔的尖锋自然顺势带出来的。游丝既能加强点画间的连带关系,使其脉络畅顺,又能赋予形体萦回流转、婀娜多姿的情态,如王献之《十二月帖》中的"大军"二字。

图 8

（4）改变楷书的点画。为了书写的便捷或追求特有的体势,行书一般用一种点画代替楷书的另一种点画。有两种情况:第一种情况是在不增减笔画数目的情况下,用以点代横、代撇捺,以横代点、代捺等方式,使点画异样;第二种情况是因改变了原来结构的基本形态而使得点画异样。后者对楷书往往有简化作用。比如"东""客"的写法（图9）属于第一种情况,"鹭"的写法属于第二种情况,由于它分别用一横代替了"京"下的"小"和"鸟"下的"灬"两个原来结构的基本形态。

| 王献之 | 米芾 | 王羲之 | | 王献之 | 苏轼 | 米芾 |

图 9　　　　　　　　　　　图 10

（5）部分字改变了原来楷书的笔顺。为了追求点画气势的连贯和特殊的气韵,有些字行书可以不按楷书正常的笔顺去写。如"书""里"和"经"的右半部,为了使这些字除却竖画之外的点画（主要是横画）气势连贯,以便一笔顺势将其写完,应最后再写一竖（见图10）。

3. 习行书须注意的问题

（1）习行书应以楷书为基础,在结体和用笔两个方面练好扎实的基本功。行书的结体尽管变化多,对楷书的"牢笼"有所冲破,而尚未达到草书"解散楷体"的程度,可以说是只出了城而并未出郭,没有超越楷书总的体势。从点画形态上看,似乎行书与楷书有异,但那主要是行笔简而快所产生的效果,基本的用笔方法实无二致。因而,没有楷书的结体和用笔就没有行书的结体和用笔可言。所以,学习行书必须从楷书入门。不是说楷如立、行如趋吗? 立且不稳,快走从何谈起呢! 当然,写好了行书反过来对写楷书也大有帮助,不过那是另外一个问题了。

（2）注重临帖。或许有人会问:行书既然从结体到用笔都承袭楷书,只是"正书之小讹",何以还要专门临习行书碑帖? 行书虽然承袭楷书,但它毕竟已成为一种独立的书体。"小讹"再小,终有差别。差异就有个性,更何况有的地方差别还不小呢。不临帖就不能熟悉行书的特点,有许多问题就无法解决。例如,楷书一个字一般只有一种写法,而行书却通常有两种或两种以上的写法,那些与楷书不同的写法怎么写? 行书时常省变楷的笔画,是怎么省变的,有何规律? 行书的用笔方法虽然与楷书基本相同,但行书也有它独特的用笔技巧,如何了解并掌握这些技巧? 行书比楷书更讲究章法,常用的章法有哪些,怎样把它灵活运用好? ……这许许多多的问题,不去临帖是很难解决的。说行书是楷书的快写,是仅就两者的亲缘关系而言的。任何一种独立的书体,都有它特殊的、相对固定的点画轨道,这轨道就是书法艺术的结体法则。比如一个行书"成"字,从王羲之到米芾,他们的书法风格尽管各异,但行笔的轨道却大致相同(见图11),这绝不是偶然的巧合,而是道本同根,规律所范。我们虽不必拘泥于"无一字无出处",但总应该"翰不虚动,下必有由",遵循其一般的规律吧。只是写得快些谁不会? 但笔能否走在正轨上,写出来的字能否好看,似乎就难说了。这正如走步一样,谁都会走,但叫你去跟海灯法师走一遭那丈把高的梅花桩,恐

图 11

怕是一迈步就会有"好看"的,因为你没有经过严格的训练,脚踩不到点子上。可供初学临摹的行书帖,有王羲之的《兰亭序》《圣教序》(即《怀仁集王书圣教序》)、王珣《伯远帖》(分别见附录·图版篇第十八、十九、二十六幅)等。

(3)避免过分强调和滥用行书的用笔特点。我们前面说过行书用笔有多圆少方、多露锋少藏锋、多有游丝相牵连等特点,并讲到了它们的艺术作用,在书法实践中适当运用这些特点能使作品增色;不过务必用得恰如其分,不可过分强调和一味滥用某一方面的特点,否则即会走向反面。例如:圆笔用得太多,易使字体显得软弱圆滑;露锋过甚,会导致精气外泄而轻浮;笔笔牵连,易造成圈眼密布而形同蛛网。这与妇女的涂脂抹粉相似:化妆时如能根据自己的特点施得恰到好处,便能给人增加美感;若不顾实际,把脂粉一味地涂抹,那结果是可想而知的。

(4)习行书还应首先熟悉偏旁部首的写法。行书在长期的使用过程中,尽管变化很多,还是有它相对稳定、约定俗成的一般写法的。尤其是偏旁部首,除了因袭楷书以外,还有它自己的一套通用"符号"。例如"本",在左边可写作"扌","鸟"在右边、下边可写作"鸟","示""衣"旁在左都可写作"礻"等等。学习行书,熟悉并掌握了偏旁部首的写法,就能了解行书的造型规律,举一反三,也就能真正写得"快"了。

4. 学习行书问答

(1)行书体势是如何体现的

相对楷书而言行书的体势要明显得多。楷书的基本形势是在正方形中体现出来的，但是行书则没有方形"外框"的约束，所以体势就能充分地体现出来。

　　首先行书的体势基于笔势。楷书的笔画之间的联系，表现为一种虚连的笔势，并没有留下实际的笔痕。而行书在笔与笔之间则体现出一种千丝万缕的关系。例如《兰亭序》中的"是""能""流""时"等字，笔与笔之间的笔锋转折、翻腾，都可以从笔锋的丝缕中看得十分清楚，真如"行云流水，秋纤间出。"

　　此外，行书的体势还表现在字与字之间的联系方面。例如《兰亭序》中的"之外"两字，笔势连绵贯一，不但体现了行书"贵其承躞不绝，气候通流"的意境，更重要的还在于形成了一种独具特色的体势变幻。这才是书法的艺术真谛之所在。后汉书法家蔡邕论曰："凡欲结构字体，皆欲象其一物，若鸟之形，若虫食禾，若山若树，纵横有托，运用合度，方可谓书。"正是由于这种婀娜多姿的体势变化，《兰亭序》才更显得耐人寻味。比如：《兰亭序》中的"足以畅叙幽情""带"左右引以为两行文字，我们采用四线框形的方法，就可以了解到每一个文字都不是方正平直，大小一律，而是体现了一种强烈的左倾右斜的体势。其中"带"字上大下小，为倒三角形，极富有动感；"左"字为上小下大，正与"带"字相承接，使奇险蕴于稳定之中；"右"字丰实，居倾右侧，又与"左"迎合；"引"字中虚，又与"右"字之实相映衬……不同的体势展示了一种万千气象。而且，我们还发现，这些多姿多态的文字，却又是被一根无形的线串联了起来，既统一了行气，又避免了杂乱无章的可能性。

　　（2）行书为什么宜书宜认

　　古人云："楷如立，行如走。"这一提法说明了行书的书写要比楷书疾速得多。楷书每一笔都要把起笔、收笔作明确的交代，各种笔画表示完整的规范形态。行书就没有这样严格的要求。"务从简易"，每一笔没有固定的规范形态，也不需完整地交代起笔、收笔过程，因而书写起来极为方便，大大提高了书写的速度。同时，行书又能保持楷书的基本结构，所以识别行书与识别楷书并没有什么差异。我们将《兰亭序》中的"类（类）""怀（怀）""为（为）""清"等字，与楷书《九成宫》相关的字加以比较，就能发现，行书的结体并没有发生变化，既便于认识，又便于书写。

　　针对行书的这一特点，还可以从与草书的比较中加以认识。草书就不那么便于识别，这里刊出的两组书法："观（观）""年""岁（岁）""事"，都是从王羲之的作品中挑选出来的，行书选自《兰亭序》、草书选自《十七帖》。行书这四字的书写方法，基本上与楷书的笔顺、结体是相同的。而草书这四字就"面目全非"了。"观"字，由原来的左右结构变成了上下结构；"年"字，是自上而下地写下来，最后才以竖画将其贯连成字，草字的"年"字，则先撇出后，即竖下再作相连接的三笔横画。不但改变了原来的结构，而且也改变了笔顺。"岁（岁）"字，也都改变了原来的笔顺和结体。"事"便更加简省了。草书的这些变化，更增加了识别它的困难程度，由此也表明了行书便于书写和识别的特点。

（3）《兰亭序》的一字多势是怎么回事？

行书《兰亭序》体现了丰富的体势变化，历来受到人们的喜爱。这种体势变化，表现在相同文字的不同写法方面，其中"之"字就十分典型。《兰亭序》中共有"之"字27个，但没有一个体势是相同的，这充分体现了王羲之的书法技巧。

"之"字变化在《兰亭序》中体现得淋漓尽致，因此历来备受历代书法家的青睐。唐代何延之《兰亭记》中谈道："凡二十八行，三百二十四字，有重者皆构别体，就中'之'字最多，至二十许字，悉无同者。是时殆神助，及醒后，他日更书数十百本，终不及之。"宋代米芾题《兰亭序》诗中有云："廿八行三百字，'之'字最多无一似。"正因为《兰亭序》点画精到，行气逸畅，神韵清秀，所以一直被人视为行书的范本。

（4）如何理解行书中的楷草相间现象

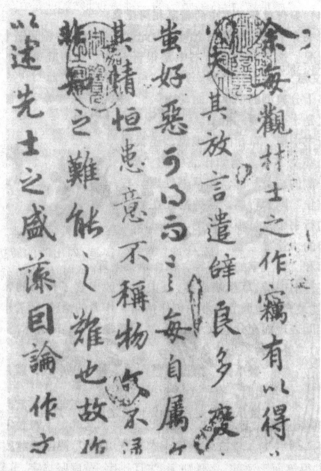

行书介乎楷书与草书之间，由此就产生行书中相间楷书和草书的情况。这在晋唐的行书中是很普遍的。如唐陆柬之的作品《陆机文赋》，就十分典型。其中"可""得""而""言"等字，是十分典型的小草；而"蚩""好""恶"等字，施笔精到，又是十分完美的楷书。

行书中楷、草相间的现象，还表现在某一些文字中。例如作品中的"难"字，左侧的"莫"部，作草书处理，右侧的"隹"则为行书。这种情况在明文微明的行书中也是很明显的。如《滕王阁》中的"耸""腾"等字。"耸"字的上部和"腾"字的右部等，都作草书处理。

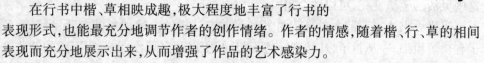

在行书中楷、草相映成趣，极大程度地丰富了行书的表现形式，也能最充分地调节作者的创作情绪。作者的情感，随着楷、行、草的相间表现而充分地展示出来，从而增强了作品的艺术感染力。

（5）"蟹爪钩"是什么

"蟹爪钩"指行书竖钩的一种表现形式,就是在笔锋勾出时,有一个转折的过程。

　　"蟹爪钩"是由晋代王羲之所创,这在《兰亭序》中可以找到见证,例如"殊""不"等便是。

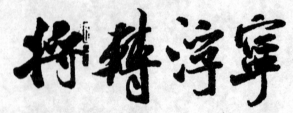

　　事实上"蟹爪钩"的出现,是书法用笔强调"疾""涩"两字的结果。冯武《书法正传》记载了蔡邕的观点:"书有二法,一曰'疾',二曰'涩',得'疾'、'涩'二法,书妙矣。""疾"是指行笔快迅,"涩"是指笔在运行过程中不要在纸上滑过,而要使笔锋在运行时加大与纸的磨擦,以增强线条的力度。

　　"蟹爪钩"的表现形式到了宋代,在米芾的笔下得以发展,传播。如《苕溪诗》中的"将""转""浮""宁""成""赓""度"等字的钩笔,勾出时的转折过程特别明显。由于米芾在书法中"蟹爪钩"应用得非常多,而且典型,影响也就特别的大,因而一般的人们都以为"蟹爪钩"是米芾的"发明"。

　　(6)如何理解米芾的"刷笔"

　　"海岳以书学博士对。上问本朝以书名世者几数人,海岳各以其人对曰:'蔡京不得笔,蔡卞得笔而乏逸韵,蔡襄勒字,沈辽排字,黄庭坚描字,苏轼画字。'上复问曰:'卿书如何?'对曰:'臣书刷字'(《海岳名言》)。"

　　通常所指的排字、描字、画字和刷字,都是书法家各不相同的艺术处理手法和艺术特色。米芾曾这样说过:"善书者只有一笔,我独有四周。"可以理解为运锋的灵活性、多样性,在坚持"中锋用笔"的同时,辅以侧锋,并以四面出锋,这样笔法的变化就丰富得多了。

　　从米芾的行书"宫""襄""为""流""松""我""彼""集"等字,即能看到强烈的顿挫提按所产生的节奏感。同时,以米芾的行书与其他书法家的行书做比较的话,便会发现,他善于将笔毫铺开,以此表现浓重宽厚的"点""横""竖""撇""捺"通过这些灵活的笔法变化,可以体会出"刷字"的滋味。

　　当代大书法家邓散木对米芾的"刷字"曾有这样的论述,"竹叶有背复偏侧,竹子有长短粗细,一丛竹子,从枝到叶绝不相同,所以画家画竹,也运用不同的笔法来画出它的不同姿态。米南宫的字,就跟画家画竹一样,用正锋、侧锋、藏锋、露锋等不同笔法,使整幅字里呈现正背偏侧,长短粗细,姿态万千,各得其宜。这样就形成

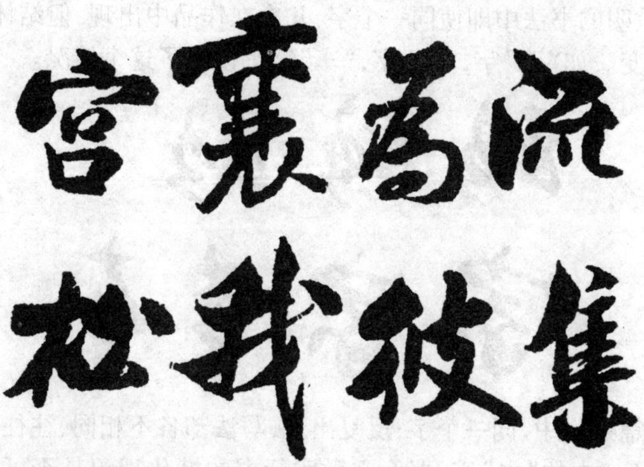

了他的独特风格的'刷字'。"

（7）如何理解文徵明行书的楷化

文徵明数十年如一日，潜心钻研行书的结体美。随之，日趋严谨的行书，即产生了结体的固定化。这种固定化的结体，便是文徵明行书楷化的一种表现。关于这一点，一直为人们所忽视，如今我们只要分析以下这几部分字组，就可以清楚地了解这一点。

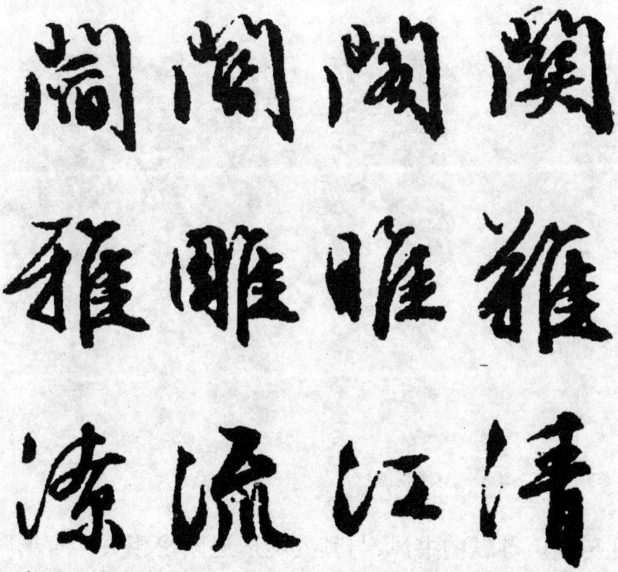

"阎""阎""阁""关（关）"的"门"部，"雅""雕""睢""难（难）"的"隹"部，"潦""流""江""清"的"水"部，结体都是完全相同，而且用笔的轻重、转折、顿挫等情况也没有差别。尤其是这些部首，并没有因结字的另一部的笔画多寡，结构的不同而产生变化。这种固定化的结体方式在历来其他书法家的作品里则是极少见的。

另外,文徵明的书法中即使同一个字,几次在作品中出现,但结体形式,用笔方法也都保持不变。如"路"字,"家"字,"车"字都说明了这个情况。

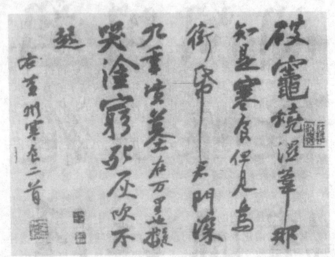

如果在一篇书作中,同一个字,反复出现,写法却各不相同,往往认为是高明的处理,如《兰亭序》中的"之"字,那么文徵明行书的楷化现象是否可取呢?就文徵明行书而言,这种楷化现象有其可取之处。这是由于文徵明的行书,是经过千锤百炼之后逐步形成的,每一部分体现了形式美的佳构,仿佛是良珠,尽管没有过多的外形变化,但其圆润光洁之文质足为世人所珍。

(8)如何理解"天下第三"行书

苏轼传世的书法佳作众多,最具代表性的是《黄州寒食诗帖》,世人称之为"天下第三行书"。

这幅帖贵在传情。苏轼的书风,与其处境遭遇紧密相关。官场顺达时,他的作品也显得典雅稳重;被贬乏时,书风则跌宕多变。《黄州寒食诗帖》,正是他被贬黄州时所作,哀郁之情倾于笔端。欣赏这件作品,使人体会到他的情感搏动。作品节奏缓疾多变,随着情思的起伏抑扬而风波时起。

出于激情而作,因而他的书法技巧随之得到了充分的发挥。文字造型各具体态又气势贯一,落笔、收笔干净利落,毫无拖泥带水之嫌;行气通达而又步步生姿,气象万千。起首一行,步履稳健,气息平和。从第二行开始便笔势放纵,逐步推向高潮。书之第二首诗时,情感倾吐,如飞流直下,淋漓痛快。笔法也流畅圆润,绵里裹铁,稳健的中锋与侧锋相间,天真烂漫,似得神助。这犹如他所主张的:"短长肥瘦各有度,玉环飞燕谁敢憎。"董其昌曾曰:"余生平见东坡先生真迹不下三十余卷,必以此为甲观。"

《黄州寒食诗帖》,是两首五言诗,共17行127字。

(9)魏碑行书是什么

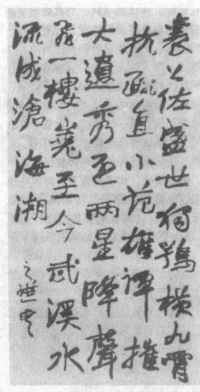

魏碑行书,乃清代著名的金石书画家赵之谦的代表书体。赵之谦不但开创了清代篆刻艺术和国画大写意的新的流派,并且他的书法也独树一帜,其中最有代表性的是他创造了魏碑行书。

赵之谦早年精心研究颜体,30岁以后,把精力转到了魏碑方面。特别对《始平公碑》等,更能得其精髓。"钩捺抵送,万毫齐力"便是他书写魏碑的准则。这不但从他的书法作品中可以看到,并且从他的双刀阳文边款"悲庵为稼孙制"中,也可体会到这一点。同时,他不墨守成规,一改前人行书只取"二王"的老路,大胆革新,开创了以魏碑体势、笔法作行书的途径。横画舒展,转折跌宕,侧锋取势,妩媚多姿,形成了把魏碑和行书熔于一炉的别具一格的行书风貌。刘熙载有论:"观人于书,莫如观其行草。"我们正能从赵之谦的魏碑行书中,体会到他超凡的艺术才华。

（10）"三希堂法帖"是什么

《三希堂法帖》是古代非常著名的大型书法丛帖。

"三希堂"乃清高宗弘历的书斋名。三希堂原名"温室"，是紫禁城宫中皇帝读书、休息的地方。乾隆十一年（1746），弘历得到晋王珣《伯远帖》喜出望外，也移来了宫中原藏的王羲之《快雪时晴帖》、王献之《中秋帖》。自此这三件稀世珍宝一起收藏于温室，弘历赞为"千古墨妙，珠璧相联"，遂易室名为"三希堂"。"二王"真迹，世已无存，《快雪时晴帖》《中秋帖》均为后人摹本；唯王珣的《伯远帖》为真迹，且被认为这是东晋著名书法家流传下来的唯一手迹。次年，弘历又命大学士梁诗正精选魏晋到明末的书法精品340件，镌刻成32册大型丛帖。自此"三希堂"声名远播。

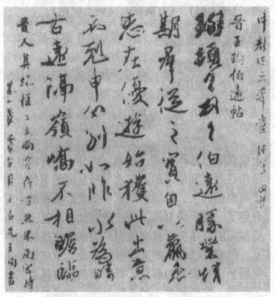

（11）行书碑帖举要

王羲之：《兰亭序》《快雪时晴帖》《圣教序》。

王献之：《中秋帖》。

王　珣：《伯远帖》。

虞世南：《汝南公主墓志》。

陆柬之：《文赋》。

李　邕：《云麾李思训碑》。

颜真卿：《祭侄季明文稿》。

杜　牧：《张好好帖》。

杨凝式：《韭花帖》《卢鸿草堂十志图跋》。

苏　轼：《洞庭春色赋》《中山松醪赋》《黄州寒食帖》。

黄庭坚：《松风阁诗》《寒食诗题跋》。

米　芾:《蜀素帖》《苕溪帖》《研山铭帖》。

蔡　襄:《尺牍》。

赵孟頫:《仇公墓志铭》。

鱼于枢:《苏轼海棠诗》。

文徵明:《滕王阁序》。

三、隶　书

历史上也将隶书称作佐书、史书、八分,是突破篆书曲屈回环的形体结构并改变其笔道形态以求书写便捷的书体。据说秦始皇时代有个叫程邈的人,获罪下狱成了徒隶。他在狱中对小篆进行改革而开创了一种新的书体。秦始皇对此很欣赏,给他免罪升官,并把他拟定的书体交给狱吏使用。因而就把这种书体称作隶书。事实上,据现在已出土的文字资料来看,早在秦始皇推行小篆之前,民间早已有隶书的萌芽,即使程邈真有其人其事,他也不过是作了收集、整理和加工的工作罢了。隶书始用于秦,兴盛于两汉,是两汉官方的正式书体。

伴随着不断的演变与发展,隶书在体势和风格上发生了很大变化。初创阶段,多有篆味,长扁不一,波磔也不明显。后来通过汉代(特别是东汉)人的加工美化,形趋扁齐,结字多变,波磔雄健,成为超拔挺秀的独特书体。后世人们称初创阶段的隶书为古隶(或秦隶),称成熟阶段的隶书为汉隶。汉末,汉隶形体趋于方正,波磔隐蜕变态而发展为楷书。魏晋之后,隶书作为官方正式书体的地位虽然被楷书取代,但由于它在结体、用笔以至章法方面都独具特色,富有特殊的艺术魅力,仍然被人们所喜爱,精于隶书的书法家也历代不绝。只是楷书盛行之后的隶书,总是多少带有楷书的笔意,因为仿古总是不能齐古的。我们这里所说的隶书,主要是以鼎盛时期的汉隶为准。

1. 隶书的结体特点

由于隶书是从篆书演变而来的,而在这一演变过程中,汉字的形体曾经经过一场广泛而深刻的革新,由原来线条形态的表意结构一变而为点画形态的符号结构,整个汉字的构形经过一番很大的调整。有关这方面的情况,我们将在后文的"隶变"一节中详细说明,这里仅就成熟阶段的汉隶,从书法的角度简析它的结体特点:

(1)取势分展开放。为了书写便利,隶书改变了篆书单一的线条用笔;也改变了篆书圆活内聚的结体,使汉字的书写形式面目一新,在书法史上第一次出现了用笔道的分展开放来取势的新书体。请看下列诸字篆隶结体的对照(见图12):凡是篆书中的下垂内抱结构,隶书多变为外拓开放结构,即是"全包围"的字,如"固""国"之类,隶书也要采取单扩一端,独骏一角的手段来打破篆书的圆润均衡。因此,一取内聚均称之严谨,一取外拓参差之放逸,就构成了篆书与隶书追求结构美的根本区别。

(2)独愤一笔。隶书为了冲破篆书严密环抱的束缚,以外拓取势,采取了许多

·家居休闲·

图文珍藏版

图12

具体的办法,若把一些篆书中的竖画变成横画或外张的斜画,把篆书的纵势(长形)变为横势(扁形)等等,但最具有隶书构形特色的,还要数独愤一笔的设置。所谓独愤一笔,是指在一个字中刻意突出某一笔道(其形态主要是波磔和长掠),把它写得格外雄健超拔。例如以下诸字(见图13):这种一字之中独愤一笔的结体,从表面看,好像破坏了整体的均衡,实际上因为其他部分安置得适当,并没有失掉字的重心,反而令点画形成了鲜明的对比,能够取得从不平衡处求平衡,于险绝中见平正的艺术效果,使字的体势变得摇曳多姿。因此独愤一笔是构成隶书独特风格的重要因素。

图13

(3)其形外散,其力内聚。隶书以外拓取势,结字时笔道能向四周伸张,有的独立的点画甚至可以布置在离字的中心很远的地方。若从表面孤立地看,比起小篆紧紧裹束的结构来,显得很是松散;若从字的整体结构仔细观察,我们又会发现,这些点画实际上是形散神不散。点画与点画之间,局部与局部之间,或相向、或相背、或相随、或相互接纳、或相互承受,彼此呼应,互相关联,共同拱奉一个中心,构成一个有机的整体,具备很强的内聚力。试

图14

看《曹全碑》中的几个字(见图14):"水"字竖画两旁的点画呈相背之形,但以竖画中上部为中心,两边却又有辐辏之状;"寅"字"宝盖"的三竖点与下部的两斜点,左右上下彼此照应,共同聚向一个中心;"斯"字"其""斤"相向而神会;"惠"字"叀""心"相承而力合,其间架结构总是外散其形而内聚其力。隶书的这一结构特点,以《曹全碑》为最为明显。楷书结体讲究"四面八方俱拱中心",正是对隶书这一特点的继承和发扬。

(4)少数字的构形多变。汉字经过隶变,每个字本来都有了新的写法,与篆书的面目不一样了;然而在一些隶书法家的笔下,故意让少数字或部分、或整个儿地

保留着篆书的写法。例如"心"字,作为部首在左边,本已写作"忄",有的人却仍然照篆书写作"心";"之"字本已写作"辶",有的人依旧写作"之";"其"字本已写作"其",有的人仍旧写作"其"等。推测这些书法家的用意,也许是想赋予隶书一点古色古香的味道吧。形体不固定的另一种情况是,有些书法家有意减少一些字的点画,例如《张迁碑》将"善"写作"善",将"泽"写作"泽"等。

以上即是隶书艺术结构的总体特征,至于隶书结体的具体特点,可以从与楷书的对比中去把握。比如隶书不突出正中而贯穿上下的竖画(在楷书则必须突出),重心移位,正斜异趣,笔画的向背、留放、抑让的对照,要比楷书鲜明、强烈等等。在学习时只要勤于辨析,掌握隶书的结体规律亦不难。有人说学习楷书要首先学习隶书,其实倒过来,有了楷书的基础再学隶书,处处拿楷书作为"参照物",不一定就没好处。

2. 隶书的用笔

就书体沿革而言,凡是两种相邻的书体,用笔多有相通、相关的地方,总是前者渗透后者而影响深刻,后者继承前者而有所发展。隶书处于篆书和楷书之间,它的基本点画和基本笔法比小篆多而比楷书少。小篆的点画只有一种,那就是等粗细的线条,横、竖、斜、曲都是竖,然后向左(或左下)方作弧形拐弯,结末时笔可稍微上挑,不过通常不出锋,而用回笔藏锋作收。

点在隶书中,最灵活多变,没有固定的形态,或作一短横,或作一短竖,或是两者的结合(作"┐"形),或借波磔的蚕头,或截波磔的燕尾,或斜或正,或伏或仰。多无定则,随字而安。有趣的是,隶书中点的形态如此丰富,却就是没有楷书中的圆点。

现摘录出《张迁碑》中的若干字(见图15),从这些字里可窥见隶书用笔的奥妙。

3. 习隶书应注意的若干问题

首先应以篆通隶,不得以楷律隶。因为隶书的结体和用笔往往与楷书有相近

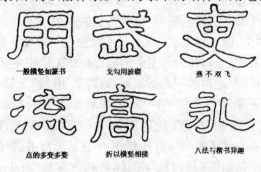

一般横竖如篆书　　戈勾用波磔　　燕不双飞

点的多变多姿　　折以横竖相接　　八法与楷书异趣

图15

的地方,先学楷书后学隶书,很容易用楷书的模式去套隶书:或用楷书的笔法写隶书的结构,或者就楷书的结构用隶书的笔法,或者掺杂两者而并施,弄得不今不古、不楷不隶,十分不协调,这样就破坏了隶书的形质和性情,不成其为隶书了。如"作"字,汉隶通常写作"𰻝",它是承接金文(大篆)"𰻗"、小篆"𱆖"演化而来的。有人把它写为"𰼋",虽然别具一格,可惜已是超出隶书的"格"了。首先,左边的"立人"旁的竖画不能写成左屈的掠笔,因为隶书"立人"旁承篆书"𰀁",右边一竖(人的腿部)从不做屈笔。其次是"作"字右旁"𰀲",也是因袭小篆而小变,如写作"𰁙",则是用隶书的用笔写楷书的结构了。又如隶书中"彳"和"亻"的竖画写法也完全不同,"扌"和"木"的竖勾一笔也截然不同。原因是隶承篆而有别,楷则将其同化而无异。这种现象十分多,如果按楷书把它们等同起来就错了。要解决这个问题,宜做两件事:第一是临帖,通过临习古帖去熟悉和掌握隶书结体、用笔的特殊规律。现在易购买的比较好的隶书碑帖有:结体严谨、秀逸多姿的《曹全碑》《张景碑》《史晨碑》(见图版十三);方整厚重、沉着雄浑的《张迁碑》(见图版十一)、《乙瑛碑》;瘦劲挺拔、凝练典雅的《礼器碑》;豁达大度、奇趣逸宕的《石门颂》(见图版十)等。其次是熟悉小篆的构形(即所谓篆法)。隶出于篆,结体、用笔以至章法常取篆意。"不究于篆,何由得隶"? 只有了解篆法,才能加深对隶书的理解。临帖只能解决某字"怎么写"的问题,了解篆法才能解决"为什么要这样写"的问题。既知其然又知其所以然,下笔之际才不会生吞活剥而流于浅薄俗气,做到结字、用笔合辙有度。隶书的点画增加了点、掠(撇)、波磔(捺),却没有楷书中明显的挑、折、勾(挑用斜横代替,折是横与竖的自然结合,左勾用掠,右勾为波磔)。

隶书常见的横画和竖画,几乎完全继承了小篆等粗线条的笔法。写时逆锋下笔,中锋行笔,藏锋收笔。笔道以藏头护尾、沉着刚劲尤佳。横画可平作,也可向上或向下作轻度弧形;竖画可以垂直,也可向左或向右作轻度弧形。

隶书最具特色的用笔是它的波磔和掠画。波磔用于突出的横画、捺和右斜勾。具体做法是:空中取势向左下方俯冲作点,然后回笔向右(或右下)方运行,待右行至将收笔处再向右下角按笔,稍驻后向右(或偏上)撩笔出锋,力量要一直送到锋芒之末端,与写楷书的捺类似(见图16)。波磔左端形如蚕头,右端像是一半燕尾,有时中段稍细。这是隶书中最显精神、独具特色的一笔。但在一个字里,波磔只允许有一个,不能有两个,前人称之为"燕不双飞",这是写隶书一条十分重要的原则。

掠笔多用于长撇,左竖勾和一些左旁的竖画(如"门"字左竖),它的长短、伸缩以及斜度虽因字而异,不过写法却大抵相同,写时先用逆锋下笔时,今不同弊。

(2)其次,尽量避免结体和用笔的生硬、呆板。隶书的基本点画虽然很少,但实际运用却变化无穷。从古人留下的碑刻来看,一家有一家的气象,一碑有一碑的风格。其结体与用笔的灵活多变可胜于楷书而不亚于行书,即便是同一碑字的神貌也往往各有特色。例如《张迁碑》,字的体势有方有扁、有小有大、有正有斜、有疏有密;其用笔有刚有柔、有粗有细、有方有圆、有巧有拙;同是一波一点,也随字变态,力避雷同,而所有的变化又都浑然一体,相映成趣,真可谓"同自然之妙有,非力运之难成"。隶书的艺术价值尽显于此。人们常常忽视了这一点,百字一体,千画同态,形同模铸一般。这样的隶书,如果制成铅字印作报刊的标题还算醒目;如果当作书法作品来供人欣赏,那就令人嚼蜡了。因此,学习隶书,学会它的基本写法并不难,难是难在通变上。初学临帖即宜注意这一点。图16

图 16

第三,不应将残泐的痕迹也当作古人的用笔来临摹。汉碑年代久远,由于风化,字的点画往往残泐失真,即使是较早的拓本,也难免有脱剥的现象。人们往往把碑帖中那种锯齿状的点画误认为是古人的笔法,在临帖时拿笔极力去摹仿。结果运笔哆哆嗦嗦,写出的笔道麻麻坑坑,满纸锯齿。甚至有人发表文章,教人写隶书横画时,要"随提随按,逐步顿挫,一逆一顺",假若真的照此办理,恐怕就不是在写字,而是有意与笔头过不去了。这样制作出来的"作品",制造者认为得道,欣赏者以为古朴,实际上都被大自然的风雨愚弄了。古人作隶哪有此等笔法?近年来出土的汉人墨迹颇多(过去也有),点画无不干净利落,一挥而就,笔道两侧绝不故作锯齿之形。明白了这个道理,再临帖时就宜先审视清楚,哪些是原来的笔道,哪些是后有的泐痕,切不可上当受骗,让古人在九泉之下耻笑咱们。

4. 学习隶书习问答

(1)怎样经营隶书的章法

隶书的基本结构为横向取势,尤其是波磔笔更是左右开张。基于这一特点,隶书作品在章法经营时,就要考虑到保持行气贯连的同时,如何使左右字行文字的气势连接。也可以说,隶书的句读虽然是垂直的,但字与字的形迹则是平行串联的。汉代著名的《史晨》《礼器》《曹全》《乙瑛》等碑都反映了这一特点。如果波磔明显强烈的隶书,不注意左右横势的贯一,那么整件作品就会显得凌乱不堪。

诚然,并不是所有的隶书都一定要坚持横向贯势的。因为早期的隶书,如秦隶及西汉隶书,波磔还未出现,或尚未充分展现的情况下,只要坚持纵向的行气就可以了。例如秦汉隶书碑中的《景君铭》,此碑建于公元143年,保留篆书笔意。康有为评说此碑"古气磅礴,曳脚多用籀笔"。

怎样使隶书保持纵、横气势的贯连呢?我们可以用折纸或者画线的方式形成格子,格子最好取长方形。碑刻以格定位,正是从隶书开始的,例如《鲜于璜碑》(见下图)。

(2)练写隶书有窍门吗?

书写隶书,当然也有规律可循,书法家曾把如何写好隶书的基本要点编成口诀,这样就便于人们掌握。其中现代书法家任政依据自己书写隶书的体会编成口

诀,传授初学者,收到了普遍良好的反应。现摘录如下:

蚕头燕尾(隶书波画特点)。

藏锋逆人(隶书每一起笔都要如此)。

波磔分明(捺脚轻重起落,应交代清楚,不可含糊)。

横平竖直(横画要如水之平,直画要如绳之直,又要有起伏动宕,向背仰复,避免僵硬)。

中锋浑厚(这是隶书用笔的基本原则。笔锋沿笔画中线运行,有提有按,一往一复,自然雄浑)。

淹留郫截(运笔顿挫,留得住,拓得开,涩而不滑,往而能收,沉着痛快,斩钉截铁)。

绵里藏针(筋骨健,血肉厚,既柔和,又刚劲)。

漏痕坼壁(行笔圆融,起止自然,犹屋漏痕,似坼壁缝)。

燕不双飞(捺脚不可重复)。

蚕无二头(横画并列时,不可有两个以上的◆头出现)。

左右分驰(笔势向左右发展,是隶书的特点)。

上下紧密(笔画多的字要写得紧密,以防松散)。

落点星垂(每做一点如高空陨石,落笔轻,人纸重,取势远,收锋急,圆满精到,浑厚有力)。

横波三折(写一捺时,开头要束得紧,颈部要提得起,捺处要铺得满,波尾要拓得开;一笔之中要有三个以上的起落转折)。

气淳质朴(气味要清雅,风神要飘洒,筋骨要坚实)。

遒丽雄逸(劲健、秀丽、雄强、超逸,各极其致)。

(3)东汉隶书碑帖举要。

众所周知任何事物都有一个发生、发展、全盛、衰落的过程。隶书也是这样。秦隶比较方直,尚没有波磔,西汉时,日趋成熟,波捺已经明显,至东汉时期,隶书才脱尽篆意,波磔优美生动。东汉桓帝、灵帝时期(147~189)是隶书的全盛时期。有

关这一点,可从所存著名碑帖中得到证明。例如

《石门颂》东汉建和二年(148)

《乙瑛碑》东汉永兴元年(153)

《礼器碑》东汉永寿二年(156)

《孔宙碑》东汉延熹七年(164)

《华山碑》东汉延熹八年(165)

《衡方碑》东汉建宁元年(168)

《史晨碑》东汉建宁二年(169)

礼器碑　　　　史晨碑　　　　张迁碑

石门颂　　　　乙瑛碑　　　　曹全碑

《西狭颂》东汉建宁四年(171)

《孔彪碑》东汉建宁四年(171)

《郙阁碑》东汉建宁五年(172)

《尹宙碑》东汉熹平六年(177)

《曹全碑》东汉中平二年(185)

《张迁碑》东汉中平三年(186)

(4)如何选择隶书碑帖

初学书时必须要选取东汉时期的上乘碑帖。由于汉隶碑帖众多,因此,选择碑帖,一是要选择确当的艺术基调,二是要结合实际恰当地安排好临帖的顺序。由于汉代书书的风格多样,主要的碑帖大致分为以下几类:

第一类法度严谨,遒丽精密一路的主要有:《乙瑛碑》《史晨碑》《礼器碑》;

第二类秀逸规整、圆静多姿一路的主要有:《曹全碑》《孔宙碑》《孔彪碑》;

第三类方整宽厚、峻宕雄浑一路的主要有:《张迁碑》《西狭颂》《衡方碑》《华山

·家居休闲·

图文珍藏版

庙碑》；

第四类神采纵逸、恣肆奔放一路的主要有：《石门颂》《郙阁颂》。

选择碑帖可根据自己的实际水平，如初学入门，宜选择法度严谨，工整精密的一路。有了基础发展开去也就容易了，或选择方笔，如《张迁》《西狭颂》；或选择恣肆，如《石门颂》等，书写起来就不会感到困难了。

四、草　书

1. 简析草书及其艺术价值

草书的草，取草率、草创、草稿的意思。所谓草书，即是字的潦草书写形式。广义地说，不论什么时代，凡是写得潦草的字都可以称为草书；狭义地说，草书则是指汉隶和楷书的草写体。我们这里说的是狭义的草书。狭义的草书，以时代和体势的不同，又有章草、今草和狂草之分。

汉代时，产生了章草，而通行的是隶书。隶书尽管比篆书简便，但还是不容易写得快，当时的人为了赴急趋速，只得把隶书写得很草率。写字草率若没有一个共同的约定俗成的法则，写字的人得以随心所欲地潦草开去，那么所写的字就会互不相识，失却文字作为语言记录符号的意义了。因此有人就加以整理，在基本保持隶书体势和同笔的同时，有规律地省简一些笔画，或把部分点画用游丝连缀起来。这样把草法规范化以后，不但书写省时省力，并且彼此也都好认识。这种草书的出现比楷书微早，后人称之为章草。许慎在他的《说文解字·叙》中说的"汉兴有草书"，指的就是章草。至于为什么叫章草，自来说法颇多，莫衷一是。若弄清这个问题，首先要明白"章"字的含义。从训诂上说，章的本义是乐章，引申则有条理、法则、明显等意思。所谓章草，就是对隶书有条理、有法则的潦草写法（详见启功《古代字体论稿》）。章草不仅基本保持着隶书的体势和用笔（特别是波磔一笔），并且字的大小均匀，字字独立，上下字绝不相牵连，十分明晰规范，像皇象本《急就篇》。

今草，于楷书和行书开始流行之后，相传是后汉人张芝（伯英）采取章草的草法和变化楷书、行书的点画用笔，"温故知新"而创造出来的一种草体，后人叫作为今草。"章草之书，字字区别，张芝变为今草，如其流速，拔茅连茹，上下牵连，或借上字之下以为下字之上。奇形离合，数意兼包。"张怀瓘《书断》又说："字之体势，一笔而成，偶有不连而血脉不断；及其连者，气候通而隔行。"还有字的大小相间，粗细杂糅，正斜相倚，彼此照应等都与章草不同。如王羲之《十七帖》。总而言之，今草的格调变化要比章草多得多。现在我们一般所说的草书，主要是指今草；本章所言草书，也以今草为主。

狂草，其实是一种特殊的今草。它比一般今草更加潦草狂放，不求一字一笔之工，但追通篇气势之雄，笔势连绵环绕，离合聚散，大起大落，变化无穷。人们称这种草书为狂草。例如传为张旭的《古诗四帖》、怀素的《自叙帖》等，就是狂草的典型代表。

可见无论是章草、今草还是狂草，由于潦草并变化多，不为一般人所熟识，所以它作为交际工具的实用价值并不很大；不过，草书作为书法品式的一种，它的艺术价值却很高。我国的传统书法艺术，是借助于结体的巧妙、点画的呼应、笔道粗细刚柔的变化、行笔的气势以及墨色的浓淡等等，来表现某种情趣和意境的，而草书在这些方面都可以得到充分的发挥。草书还有个特别之处，就是它的结体和用笔不受大小、正斜、轻重、笔道方向和字形笔顺的限制，能将真行隶篆熔为一炉而增强其表现能力，从而使书法家能在最宽广的领域里纵横驰骋，极尽变化之能事，使自己的情采和风格得以充分地表现。试看历史上的名家草书，有的似春风杨柳，婀娜多姿(如怀素《论书帖》)；有的似沙场征战，万马奔腾(如黄庭坚《诸上座帖》)；有的如风起云涌，波涛翻滚(如怀素《自叙帖》)；有的像悬猿饮涧，钩锁连环(如王献之《十二月帖》)，真可以说是集众美而有象，写意境而无穷，能够让人从中得到很好的艺术享受。草书美是美，不过很难写好。如果没有楷书和行书的功底，结体已是难工，用笔与章法更不易臻善。因此前人说："作草书难于做真书，作旭素(张旭、怀素)草书又难于做二王草书，愈无蹊径可着手处也。"(谢肇淛《五杂俎》)初学书法，应先学楷书、行书，不宜从草书入手。

2. 草书的结体特点

相对于隶书、楷书、行书，草书在体势结构方面有它明显的特点，这里仅举其主要的几条略加说明。

(1)结构简化明显。由于草书用点画简单的基本形态代替了楷书结构复杂的基本形态，所以使绝大多数字的偏旁部首以至整个字的笔画都大大减少，实际上起了简化汉字的作用。故现行的简化字有一些就是从草书楷化而来的。比如下面表中所列诸字：

楷书繁体	計	繼	書	專	當	為	寶	長
草书	计	继	书	专	当	为	宝	长
简化字	计	继	书	专	当	为	宝	长

从草书楷化来简化汉字是很可取的一种办法，既不增加汉字的总量，写起来又简捷顺当，还很美观。因而毛泽东同志曾指出过："简化汉字要多采用草书。"可惜在现行的简化字中，采取这一途径简化来的所占比例还很小，将来如要继续简化汉字，草书楷化宜视为重要的途径。

(2)大量基本形态同化自楷书结构。草书不但可以用一个简单的结构形态代替楷书一个繁杂的结构形态，而且常常可以同时代替两个、三个以至十几个不同的结构形态。这种混同的现象称为同化。草书对楷书结构形态的同化现象极为普遍，数量也很大。下面列举两个比较典型的例子：

草书的这种同化现象又是很复杂的，它既有规律又没有规律。说它有规律，是草书的某个结构形态，在做部首时，只要所处的位置相同，就通常不变。如"⌒"作为部首

·家居休闲·

图文珍藏版

草书结构形态	〜						
被同化的楷书结构形态	心	灬	臼	竹	比	外	齐	从
例字 楷书	惡	熙	舊	箋	昆	齐	孤	坐
例字 草书								

3									
月	乎	导	禹	高	爲	尋	争	于	尊
明	将	得	通	高	爲	尊	静	舒	薄

"心"，只要处在字的下方，便都可以这样写；"ℓ"作为"彳""亻""氵"三个部首的共用"符号"，只要在字的左边，都可以写作"ℓ"，等等。说它没有规律，是当这个草书的结构形态取代的是除部首以外部分的时候，又常常因字而异了。比如"3"在"薄"字中可代表"専"，但由于"専"并不是部首，在"傅"中就不能代"専"而将傅写作"13"了。因而草书的某个结构形态在不作为部首符号时，它的代表作用只是临时的、个别的，不大有规律可循。就是作为偏旁部首，也常常因位置的不同而有异，如"月"（肉），在右边作"3"（"胡"可写作"胡"），在左边则作"8"（"脚"可写作"脚"），在下边又作"8"（"育"可写作"育"）。因此初学草书，掌握这种同化现象最费力。

由于改变了楷书的结构形态，所以草书的结构体势与楷书大为不同。大体上可分为四种情况：

人	田	山	存	少	馬
人	田	山	存	少	馬

第一、仍基本保持楷书体势的，如：第二、同楷书体势相去较远的，如：

然	染	敬	德	故	感

第三、与楷书体势完全不同的，如：

下	盧	野	閒	異	部

第四、某些特殊结体从小篆、隶书或某些异体字草化而来，如：

鹿小篆作鹿，上从屮，与艸（草）相通，因而鹿字草书从屮（草字头），所有从鹿之字也都可以这样写。《草诀歌》中说"鹿头真戴草"，就是好让初学者记住这个写法。夺字隶书写作 ，草书的这个写法就是从隶书草化来的。"花""举"之所以能写成这样，是因为它们分别有""""的异体。而"我"的这种草法，则是来源于晋代索靖章草""。弄清了它们的来历，就不容易认错写错了。

（3）异字同形。草书中存在两种相反的现象：其一是一个字可以有两种或两种以上的不同写法，那主要是笔画多少的差别和体势的不同，这是很常见的，无须举例；其二是不同的字往往写法相同（笔画和体势都相同），形成字形的同化。这种现象虽不普遍，但最值得注意。例如：

列别　　事月　　碎醉　　参条　　巽閱

《草诀歌》说的"参条全不别，巽閱岂曾分"，谈的就是这种异字同形的现象。究其原因，是草书大量同化了楷书结构形态之后，产生了许多形体非常相近的新的结构形态，在快速的书写过程中，把本来相近但有区别的形态完全混为一谈了。比如："别"字本作"""列"字本作""，两个字是可以区别的，但由于写得太快，"别"开首的两点一连就与"列"字开首的一横无区别了，久之成了习惯，也就不再细分而混同之。碰到这种情况，只要依据上下文的语言环境，也不太难辨识。

（4）将两个字（常常是一个词或固定词组）合成一个字写。古人为了书写疾速，喜欢把常用而固定的两个字构成的词或词组写成一个字的样子。这与上下两个字相连是不同的。例如王羲之《丧乱帖》中的"顿首"、王献之《十二月帖》中的"如何"（见图版二十三）就是典型的例子。

总而言之，草书是在"解散楷体"的基础上按照书趋简捷、便于急就、气势连贯等特殊要求而构造起来的，它的体势除少数还跟楷书大致相似以外，多数字已与楷书差别很大，以致面目全非了。草书的结体比行书还要灵活多变。

3. 草书的用笔方法

其实草书的用笔，从本质上说与行书并无大异，行书所有的用笔都适用于草书，只是在形式上草书更加突出了某些行书用笔的特点，比行书更富于变化罢了。这里有两点应提起注意：

其一，使转多而变态无穷。所谓使转是指笔画的牵连环转。草书比行书更为趋简，书写更加疾速，自然形成笔画的左右旋绕，上下连环，因而构成了草书在结体和用笔上不同于楷书和行书的显著特点。草书的使转，乃是它赖以"安身立命"的形质，没有使转就没有草书。孙过庭在《书谱》中说："真以点画为形质，使转为情性，真以点画为情性，使转为形质。草乖使转，不能成字；真亏点画，犹可记文。"这段话言简意赅，既概括了楷书与草书的基本特征，又说明了楷书与草书在用笔上宜回互兼通，才能形神兼备而俱佳的道理，被人誉为"度世金针""抉破窔奥"的书法要诀。正由于草书离不开使转，所以使转就成了草书的主要用笔形式。草书的使

·家居休闲·

图文珍藏版

转比行书幅度大、变化多,时常左右腾越,上下翻飞,抑扬顿挫,起伏绵延;滞而流,屈而伸;或似长蛇攀树,或如蛟龙腾海;或有云绕峨嵋之姿,或具浪涌长江之势;形取自然之有象,意写物态之无穷。草书的成败,在很大程度上取决于运用使转的得失。

其二,改变楷书点画的现象比行书更为常见。草书为了使转便利和神态变化的需要,在结构上解散楷体,在用笔上大量变更楷书的点画形态。除了普遍使用行书以点代横、以点代撇捺等笔法之外,还往往把竖和"戈勾"写成竖勾,或干脆把众多的点画结构简化为便于使转的线条圈连结构。例如:

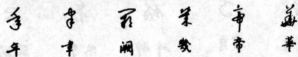

这些字除了极个别的点画形态还接近于楷书之外,其余几乎全被变更,而变更的契机和目的又在于适应使转的需求。

此外,草书的用笔与结体密切相关,用笔的不同,往往导致体势以至结构的异样,而用笔的变化又通常在乎毫芒之间。这是造成草书千姿百态的主要原因。

4. 习草书应注意的若干问题

由于不同于行书、楷书又不是平常习用的字体,所以草书不为一般人所悉知。它的艺术价值很高,但学习起来难度也较大。初学草书,应注意以下几个方面的问题:

第一点,努力熟悉"草法"。所谓草法就是草书的构形。懂得草法是认、写草书的基础,要想尽快具有这个基础,需要从两个方面着手:首先,从熟悉偏旁部首的写法开始,记住一批基本字的写法。这些基本字除了单独使用外,还常常与别的形体组成合体字(或为形声,或为会意),记住了它们,凡有它们参与组合的字就都可以触类旁通了。例如记住了"佳"的写法,那么要写"推""谁""焦""集""进"等就不在话下了。这些"基本字"(包括部首)又通常一字多形,有两种或两种以上的写法,初学时应先掌握其中一种较为规范、相对稳定的"正体",万变不离其宗,掌握了"正体",再去熟悉"变体",就容易了。在熟悉了偏旁部首和一批基本字的"正体"草法的基础上,再去探求草书简化、同化的规律。这样常用字的一般草法就学到手了。熟悉草法,主要靠自己经常归纳总结,可以借助于《草字汇》《中国书法大字典》等一类的工具书。其次,对形体相近的字要多进行比较、辨似。草书形体相近的字很多,其差别又常常只在毫厘之间,若不细察就容易认错和写错。例如:

它们的模样儿何其相似乃尔。对于这类字应经常进行比较,找出它们的差异点,并弄清其所以有此差异的原因,这样,它们的差别就会在我们的头脑中明显起来,就不至于认错、写错了。否则,就会像写速记符号一般,差之毫厘,谬以千里。因此辨似也是熟悉草法重要的一环。

第二点，要注重体势美。所谓体势，是指间架结构和使转用笔共同构成的字的形体和情态。所写的草书是雄强超迈还是柔弱委琐，主要靠体势来表现。所以《草诀歌》一开头就说："草圣最为难，龙蛇竞笔端。毫厘虽欲辨，体势更须完。"把体势的完美看得比辨似更为重要。决定体势成败的要素有三个：结体是否得当、使转用笔是否适宜和字与字之间是否协调

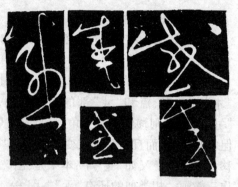

（即是否符合章法的需要）。草书的取势是千变万化的，就结构而言，或取其疏，或取其密；或取其扁，或取其长；或取其正，或取其斜。就使转用笔而言，或取其繁，或取其简；或取其圈眼连环，或取其简洁明快；或取其刚劲有力，或取其柔媚飘洒，等等，可以不拘一格而尽意。试看不同书法家笔下的"感"字（图17）的不同体势，便可略知一二。草书体势变化莫测，怎样才能更好地掌握呢？有效的办法还是多临帖。临帖不但能熟悉草法和各种体势，而且还可以从中体察到体势和章法两者之间互相制约又相得益彰的辩证关系，汲取多方面的营养。有的人只学了点单个字的草法，便随意"龙飞凤舞"起来，毫不讲究体势章法，这样学草书恐怕是要事倍功半的。

第三点，用笔应有点画感，不要以等粗线条一味相连。草书多连笔，俗称"连笔字"，因而有人写草书就用线条一个劲地圈连，并以此为美。事实上这显然是一种误解。首先，草书并不是连笔越多越好，有的地方应该适当安置一些独立的点画，（但要特别注意点画之间的呼应）；有的地方则须飞度而过，使之形断而意连。有意造作许多圈眼就显得俗气而缺乏神采。其次，即便是连绵不断的使转笔道，在本质上也是不同点画的连缀，即点画暗函于"线条"之中，因而使转的笔道应有粗细、轻重、缓急的变化，而不该是等粗线条的圈连。孙过庭所谓"或重若崩云，或轻如蝉翼；导之则泉注，顿之则山安；纤纤乎似初月之出天崖，落落乎犹众星之列河汉"，讲的正是草书用笔的点画感所制造的艺术效果。包世臣也说："世人知真书之妙在使转，而不知草书之妙在点画，此草法所以不传也。大令草常一笔环转，如火箸画灰，不见起止，然精心探玩，其环转处，悉具起伏顿挫，皆成点画之势。由其笔力精熟，故无垂不缩，无往不收，形质成，性情现，所谓画变起伏，点殊衄挫，导之则泉注，顿之则山安也。后人作草，心中之部分既无定则，毫端之转换又复卤莽，任笔为体，手忙脚乱，形质尚不具备，更何从说到性情乎？盖必点画寓使转之中，即性情发形质之内。"不难看出草书之讲求点画，除独立布置者外，有的还要寓于使转之中，以便让性情发于形质（使转）之内。这一点往往被许多书手忽视了，结果是只见使转圈绕，不见性情活脱。我们应当引以为戒。

5. 学习草书答问

(1)草书的独特笔顺

因为草书的结体,同楷书、隶书比较已发生了根本的变化,所以草书便形成了它独特的笔顺规律。

例如楷书"村"字,是由"木"和"寸"组成。但在草书中,已经面目全非了。"木"部的撇、点和"寸"部的横、竖、钩,已不复存在了,被横"S"形一笔所取代,"寸"部的点则移到了右上角,只是先左后右的顺序还没有改变罢了。有些草字不但笔画省略,而且连笔也改变了。例如"華(华)"字,原本在文字中间的"艹"部已移到了下部。又如"年"字,本来是先作三笔横画,最后才竖下,而草书则先竖下再作三横画。相类似的还有"禾""手"等。又如"犬"字,在省略点的时候,横画变成了自右向左的走向。部分草字,如"等","幸"则很难看出它是如何从楷书或隶书演变过来的(见下图)。

(2)草书偏旁的结体形式有哪些

草书虽然与楷、行、隶、篆,有相当大的差异,龙飞凤舞的线条使人难以识别。但是草书的结字绝不是随心所欲,想怎么写就怎么写的,也是有规律可循的。草书结体的规范性,表现在每一个偏旁都是按固定的结构进行书写。如:"解"字的"角"字旁,"疾"字的"广"字头(见下图)。

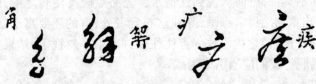

在应用的过程中,草书原有的一种偏旁,经过简化,连接等演变,逐渐形成了两

种不相同的偏旁结体形式。例如：

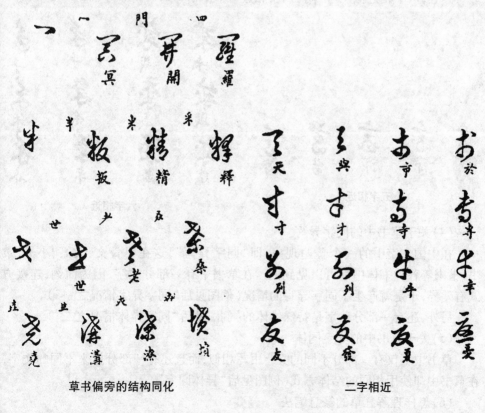

此外，也有一部分偏旁，由原本几种不同的结构，演变成相同的草书偏旁结构形成（参见下页图）。

（3）列举草书结体相似字举要

虽然有些文字在楷书中结体完全不同，然而由于草书特殊的书写方法，便成为结体十分相近似的文字。这类字形相似的文字，最容易识别错误，因而相似字形的草书识别，对于掌握草书是关键的一步。

草书偏旁的结构同化　　　　　　　　二字相近

其一，两字相近似（见后附"二字相近"图示）：

其二,三字相近似(见后附"三字相近"图示):

其三,四字相近似(见后附"四字相近"图示):

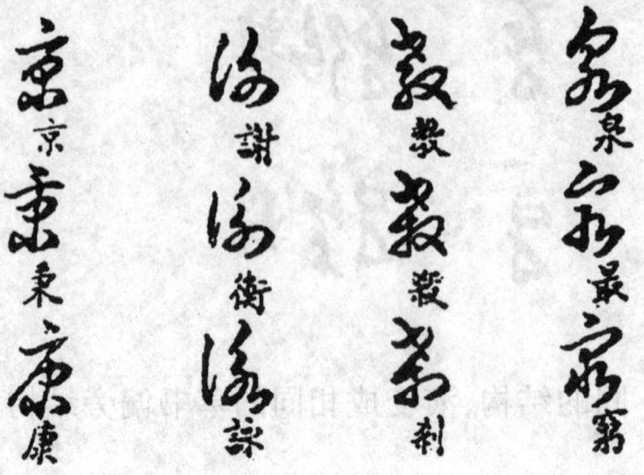

三字相近

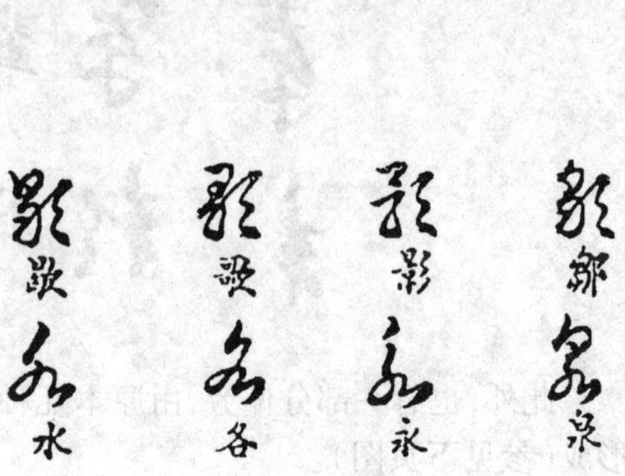

四字相近

其四,五字相近似(见后附"五示相近"图示):

其五,六字相近似(见后附"六字相近"图示):

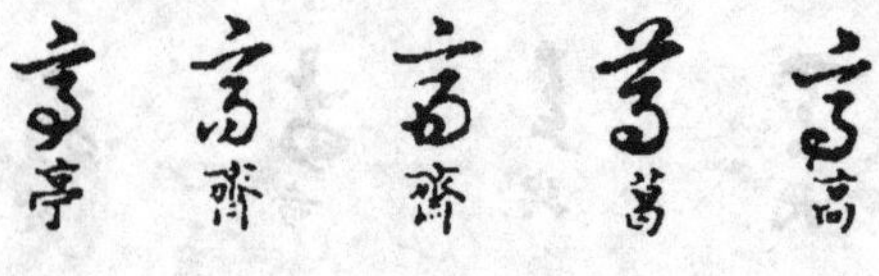

五字相近

六字相近

(4)关于草书中的同字异写

在中国文字中的一个普遍现象,即"同字异写",这在甲骨文、大篆、小篆、隶书、楷书等各种书体中都可以见到的。在草书中有一部分文字,因为简约,连接方式有差异,于是就产生了同字异写的情况(例图见后"同字异字情况之一")。

另外,还有一部分草字是特殊结体的(例图见后"同字异体情况之二")。

(5)关于草书中的异字同体

草书中不仅有一部分不同的文字书写相似,而且还有一部分原来不同的文字,在草书中却使用相同的结体方式(例图见后"异体同字")。

(6)怎样理解狂草的篆意笔法

狂草的篆意笔法,即通过篆书的笔意书写狂草,唐怀素《自叙帖》就是这样表现的。

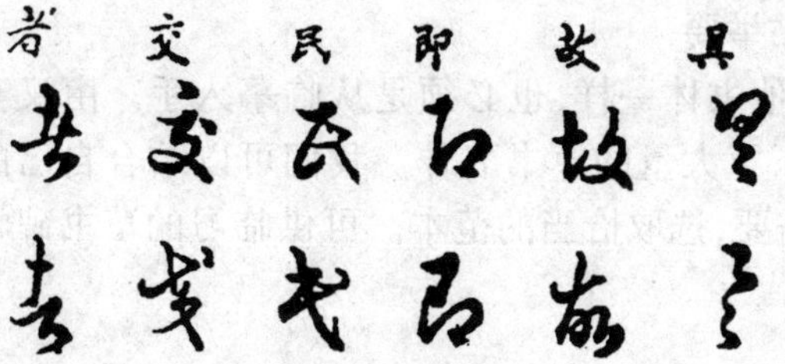

同字异字情况之一

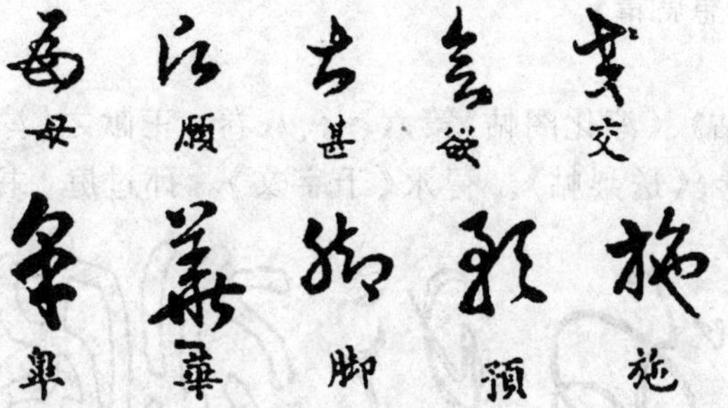

同字异字情况之二

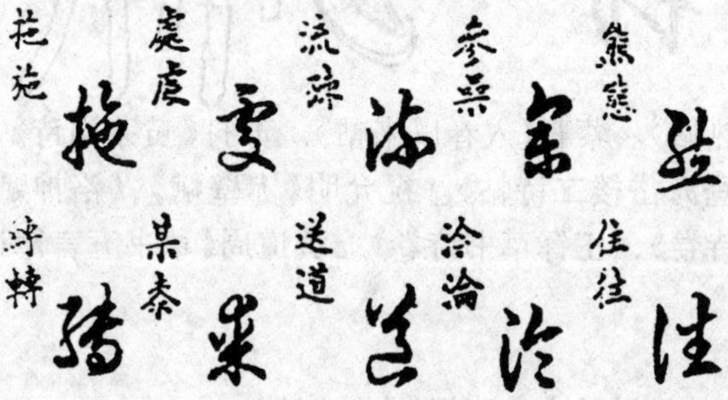

同字异字

　　尽管不同书体的笔法差异很大,然而由于运笔中锋的原则是不变的,因而各种书体之间,具有内在联系的必然性。这就是篆书与草书笔意相似现象的本质原因。怀素狂草《自叙帖》,一笔书下,气势连绵。在高速运行的过程中,笔锋平行运行的方式得到了强化的表现,而笔锋垂直顿挫的运行方式则没有体现出来。《自叙帖》中的"激""切""敢""当"等连体书法的笔意,与篆书婉转圆顺,粗细一致的线条表现形式相一致,而与其他书体的笔意则大相径庭。以篆意的笔法表现狂草,也体现了狂草的难度,使笔锋始终保持在同一高度运行,而没有顿挫加以调节,实在是很难做到的。

　　其实,篆书与狂草线条的根本差异还在于静与动的不同。篆书的线条表现的是一种安静,狂草展示的是一种躁动。显然如果没有篆书运笔的根基,要做篆意笔法的狂草是难以为之的。由此也表明,掌握篆书的基本技巧的意义,不仅体现在篆书的自身,也有利于书写草书(参见下图)。

(7)习草书碑帖举要

习草书和习其他书体一样,也必须是从临摹入手。由汉至今,古人为我们留下了大量的草书名作。我们可以结合自己的爱好,以及实际的需要,选取恰当的范本。可供临习的草书碑帖主要有:

汉《袁安碑》

①章草:

史游《急就章》、张芝《秋凉平善帖》、皇象《文武帖》、索靖《出师颂》、赵孟頫《急就章》。

②小草:

王羲之《十七帖》,《淳化阁帖》第六、七、八卷。王献之《淳化阁帖》第九、十卷,《送梨帖》。智永《千字文》。孙过庭《书

谱》。杨凝式《夏热帖》。蔡襄《入春以来帖》。苏打《黄茅岗诗》。黄庭坚《诸上座帖》。米芾《中秋登海岱楼二诗帖》。祝允明《赤壁赋》,《洛神赋》。文徵明《感怀诗》。王铎《杜甫诗卷》,《王铎草书诗卷》。黄道周《草书五言律诗》,《草书诗轴》。张瑞图《草书诗轴》。

③狂草:

怀素《苦笋帖》,《自叙帖》。张旭《古诗四帖》。

第四节　毛笔书法审美文化

一、无形之相——书法的抽象观

(一)书画相通问题

在中国,书法和绘画是天然的胞生艺术,说到书,必言及画,论到画,也必谈到书。

宋代郭熙在《林泉高致》里说:"说者谓右军喜鹅,意在取其转项,如人之执笔转腕以结字。故世之人多谓善书者往往善画,盖由其转腕用笔之不滞也。"善书者所以亦能善画,是因为在"转腕用笔之不滞"中借鉴了动物物象的生动意态。

董其昌记载过一段对话："赵文敏（赵孟頫）问画道于钱舜举（钱选），何以称士气？钱曰：隶体耳，画史能辨之，即可无翼而飞，不尔，便入邪道，愈工愈远。"什么是隶体呢？清代钱杜从"写"的意义上来理解隶体，他说："隶体有异于描，故书画皆曰写，本无二也。"他强调了绘画"写"的特点，是说书法和绘画在很大程度上就是在"写"

元 钱选《羲之观鹅图》局部

的层面上相通，所以，明代张岱说："青藤（徐渭）之书，书中有画；青藤之画，画中有书。"

清代董棨说："画道得而通于书，书道得而可通于画。殊途同归，书画无二。"黄宾虹说："书画相通，理一也。笔力之刚柔，运腕之灵活，体态之安排，格局之讲究，神采之变化，衡之书画，固无异也。"吴昌硕更说："直从书法演画法。"

为什么中国的书画家如此强调书法和绘画的相通性，书和画究竟"通"在哪里呢？

从文化背景来看，中国文化重视综合，不主张分析。尽管世界纷繁复杂，但《易传》和老庄哲学都从整体性和统一性上认识和把握世界。《易传》把世界归结为阴阳二气的相摩相荡，庄子说"通天下一气耳"，都重视纷繁复杂世界背后的统一性因素。这些哲学思想，促成了中国文化趋向于综合而非分析。

从书画所使用的工具来看，使用的都是毛笔。早在新石器时代，彩陶上的装饰图案就由毛笔所绘制，现在所能见到的最早的毛笔实物为战国时期，比秦代蒙恬造笔之说还要早。书画使用的工具相同，为书画相通奠定了基础。

然而，书画相通中最重要的，是书画用笔同法。张彦远说："书画用笔同法。"又说："夫象物必在于形似，形似须全其骨气，骨气、形似皆本于立意，而归乎用笔。故工画者多善书。"他很早就注意到书法和绘画笔法的相通性。

赵孟頫有一首著名的题画诗：

石如飞白木如籀，写竹还须八法通。

若也有人能会此，须知书画本来同。

他说，要想把石头画得通透灵活，需使用书法中飞白的笔法，画树的枝干则应该借鉴金文、大篆的笔法，画竹子要懂得隶书的波撇之法。虽然书画笔法未必如此简单地一一对应，但他展开了书画相通中比较具体的技法视角，很有理论意义。清代朱和羹在化用赵孟頫的思想之后，就说得更加细致了：

古来善书者多善画，善画者多善书，书与画殊途同归也。画石如飞白；画木如籀；画竹：干如篆，枝如草，叶如真，节如隶。郭熙、唐棣之树，文与可之竹，温日观之葡萄，皆自草法中得来，此画之与书通者也。……又如锥画沙、印印泥、折钗股、屋漏痕、高峰坠石、百岁枯藤、惊蛇入草、龙跳虎卧、戏海游天、美女仙人、霞收月上诸喻，书之与画通者也。

书法和绘画在笔法上如此相通，所以，字贵写，画亦贵写。"写"者，泻也，是要用线条去宣泄画家主体的内在情绪和感受。以书法透入于画，而画无不妙；以画法参入于书，而书无不神。

书画相通，还表现在书画家身份的融合上。史载东晋时王羲之的叔叔王廙善书画，又说唐代薛稷、郑虔也擅书画，惜俱不存。在宋代文人画兴起之前，书法家和画家身份集于一身的现象并不普遍，王羲之擅书法却不擅画，顾恺之擅画却不擅书法。宋代开始，书家兼绘事或画家染翰墨者多了起来：宋代苏轼、文同、米芾父子、宋徽宗，元代赵孟𫖯、元四家黄公望、吴镇、王蒙、倪瓒，明代董其昌、明四家文徵明、唐寅、仇英、沈周，清代石涛、八大山人、郑板桥、金农、赵之谦、吴昌硕等。我们看到，在中国艺术史的后半期，这种书法家和画家身份的融合，成为一个不可忽视的艺术现象，它反映了中国书法和绘画的深度融合，这种融合，可从两个方面来理解：

1.书法对绘画的渗透，促成了绘画的线条化、写意化。中国早期的绘画与西方古希腊的摹仿说并无太大差异，当时绘画服从于政治的、教化的、道德的功用之下，强调描摹物象，要求"像"，以发挥其教化功能。《左传》里说绘画要"使民知神奸"，绘画的目的是要让人们知道好坏，以教化人。直到三国时期的曹植，仍然说"存乎鉴戒者图画也"。

然而，随着文学艺术在魏晋时期的普遍自觉，书法的"写"的意识逐渐介入绘画后，中国绘画逐渐开始发生了分化，开始了向写意性发展的方向，并且得到文人的大力颂扬。早期追求"像"的工笔勾描被文人们视为"工"，视为工匠之气。"工"和"写"的分别，便逐渐成了中国画的重大分野，工笔画在中国后期的绘画史中不占主流地位，取而代之的是文人写意画的大兴。正是因为书法的"写"的意识的浸透，成就了具有中国气派的写意画。所以，清代布颜图说："书而不画者有之，未有画而不书者。"

书法线条的书写意识进入绘画，也促成了书法以题款方式进入绘画，以及诗歌以书法形式进入绘画，于是，诗书画印的融合，便成了中国后期艺术史上最耀眼的徽章。唐宋的画大多不署款，偶尔署款也藏于石隙之间。元代以后，画款盛行，题款的位置、字的大小、字体和文字内容也多有讲究，认为一幅画自有应题款之处，不可移易。画家以题语内容画景，画亦因题益妙。

2.写意画放弃丹青，选择水墨，绘画墨色也促成了书法作品中对墨色的关注。文人画出现，绘画的写意性得到发展，绘画笔墨趣味得到张扬，画家往往善书。于是，书法中对墨色的关注不再是个别现象，苏轼、赵孟𫖯、王铎、董其昌、王文治等在墨色上的探求，都取得了令人瞩目的成就。此画之影响书也。

不过，对于书画相通的过度强调，容易模糊它们之间的差异。书之为书，画之为画,自有不同,书法和绘画相比,最大的不同就在于书法的抽象美。

(二)书法的抽象美

书法的抽象,是相对于绘画的具象而言的。

书法和绘画都是艺术,是艺术就要讲形象,离开形象就不是艺术。形象,是指在生活中各种现实存在的或想象变形的具体物象,比如山水花鸟虫鱼、人物体态动作、妖魔鬼怪;形象不仅可以是有形的,也可以是飘忽无形的,比如寺庙里香烟缭绕、沙漠中风吹沙丘等等。

诗以书的形式入画,诗书画印的融合是中国艺术最耀眼的徽章。

书法作为一种艺术,当然要表现生动的形象。但因为它首先是写字,这就和具体物象之间隔了一层,就显得比较抽象。这种概括和抽象,并不是西方那种基于数理哲学和几何形式的抽象,也不是哲学的、逻辑的和数学的抽象,而是一种艺术的抽象,是一种生命意象的抽象。它并不具体表现物象的形体状貌,却在汉字点划线条的书写中,概括地表现出自然万象之美,传达出物象的生动特征,也就是张怀瓘所说的"无形之相"。中国书法所展现的就是一种无形的生命之相。

前面我们谈到书画的相通之处,但书法和绘画的表现手段毕竟不同,书法借助于书写汉字来实现,绘画通过描摹物象来实现。比如,《张迁碑》和《曹全碑》中都有"君"字,前者行笔迟涩顿挫,雄厚古拙,内含筋力,类似于绘画中松树梅花枝干或藤蔓的苍老虬结;而后者则轻盈流畅,飘逸生动,类似于绘画中柳枝和衣褶的飘拂舒展。

《张迁碑》　　　　　　　《曹全碑》

书法中《张迁碑》的线条和绘画中梅花、松树枝干的线条,具有相似的生命活力,所表达的美感极为相近。但是,评判艺术是具象还是抽象,不是看其渊源,而是看其表现方式,不是看"表现什么",而是看"如何表现"。它们的美,都是取之于自然万象和人心之美,但表现媒介和表现载体却有很大差异。书法的美,是间接反映现实物象的,是远离源泉的。正是在这个意义上,毕加索曾坦率地说过:"倘若我生长在中国,我将不可能是一个画家,而将成为一个书法家。"

书法的这种抽象美,其最深层的生命源泉就在于观物取象。书法美源于摹仿自然万象的意态,其中既有静止的造型的美,更有生动的、鲜活的生命意趣。这种摹仿,当然不是写一点要像一只鸟,写一撇要像一把刀,而是要表现自然物象的生动,要在积极地观察各种生动形象中,吸取着深一层的对生命形象的构思,把这种活跃的生命感融入线条,才可以把字写得有生气、有意味。这时,"字"已不仅仅是一个表达概念的符号,而是一个表现生命的载体,书法家就是用"字"的线条结构来表达物象的结构和生气勃勃的动态的。

书法家要观物取象,就是要从现实生活的自然物象中获得形体美的根源。李阳冰说:

于天地山川,得方圆流峙之形,于日月星辰,得经纬昭回之度,于云霞草木,得霏布滋蔓之容,于衣冠文物,得揖让周旋之体,于须眉口鼻,得喜怒惨舒之分,于虫鱼禽兽,得屈伸飞动之理,于骨角齿牙,得摆拉咀嚼之势,随手万变,任心而成。可谓通三才之品汇,备万物之情状者矣。

韩愈也说:"观于物,见山水崖谷,鸟兽虫鱼,草木之花实,日月列星,风雨水火,雷霆霹雳,歌舞战斗,天地事物之变,可喜可愕,一寓于书。"

在这里,便涉及书法"肇于自然"与"造于自然"的问题。蔡邕说:"夫书,肇于自然,自然既立,阴阳生焉;阴阳既生,形势出矣。"刘熙载则说:"书当造乎自然。蔡中郎但谓书肇于自然,此立天定人,尚未及乎由人复天也。""肇"是开始,书法之美是源于人们对自然物象的观察、抽象和表达。"造"是前往、到达,各个时期、各个时代人们的审美思想和情趣虽然不同,但对美的创造都必须回归于自然天成之美。"造于自然"是对"肇于自然"的重要补充,也就是不仅要源于自然,而且要回到自然,不仅要从自然中来,而且要到自然中去,不仅要立天定人,而且要由人复天。因为自然是一个大艺术家,艺术只是一个小自然。

李阳冰篆书《三坟记》

书法作为艺术的抽象,其意义就在于点划线条中所包含的那种不是语言、概念所能表达、说明、替代和穷尽的一种情感的、观念的、意识的甚至无意识的意味。这种意味不同于思维的抽象和符号的确定,它显得朦胧而丰富,模糊而不确定,这种意味不在于指示某种确定的观念内容,而在于其形式自身的结构、力量、气势,它就在线条运动的痕迹中。这种丰富的"意蕴",是真正美学意义上的"有意味的形

《易传》里说:"书不尽言,言不尽意,故圣人立象以尽意。"书法的这种丰富意味,正是因为"象"所具有的比语言更大的宽泛性和涵盖性。蔡邕说:"纵横有可象者,方得谓之书矣。"卫夫人说:"'一'如千里阵云;'、'如高峰坠石;'丿'如陆断犀象;'丨'万岁枯藤。"这些都是强调书法中所包含的生动丰富的自然之"象"。这一点,唐代的孙过庭说得就更精彩了:

观夫悬针垂露之异,奔雷坠石之奇,鸿飞兽骇之资(姿),鸾舞蛇惊之态,绝岸颓峰之势,临危据槁之形。或重若崩云,或轻若蝉翼;导之则泉注,顿之则山安;纤纤乎似初月之出天崖,落落乎犹众星之列河汉;同自然之妙有,非力运之能成。

一言以蔽之,"同自然之妙有"。各种自然物象的生动意态,就这样在笔墨里、在点画线条中重新复活了,万千生动物象竟囊括在寥寥数笔点划之中,这就是张怀瓘所说的"囊括万殊,裁成一相"。和绘画比起来,书法意象的表达可谓是抽象而纯粹,但却至简而至丰,以少少许胜多多许。南宋郑樵的"画取形,书取象;画取多,书取少",说的正是书法抽象美的问题。

中国书法可以说是中国人对于抽象美认识的大本营。

二、宁拙勿巧——书法的巧拙观

(一)拙的智慧

老子说:"大巧若拙。"为什么大巧、真正的巧反而会貌似拙了呢?

巧代表着智慧,拙代表着愚笨。巧的方向代表了文化的方向,拙的方向代表了回归的方向。巧与拙的分别,在相互比较的发展中,便产生了文化状态和自然状态。

在老子时代,工具发明和技术发达在社会生活中已经占有举足轻重的位置。人们掌握了技术,创造了物质财富,富余的物质财富带来了利益分配的问题。人类的智巧这时就不仅用于对付自然,而且用来对付人。于是,矛盾日多,机心日多,重视权谋、机诈,人们在利益的争夺中产生了更深重的精神痛苦。

老子看到了文化的发展对人类本真状态的破坏,指出了"五色令人目盲,五音令人耳聋,五味令人口爽,驰骋畋猎,令人心发狂,难得之货,令人行妨。"他憎恶文明的极端演化带来人类精神的过度分裂,呼唤回到自然而然的本真状态,要"绝圣弃智""绝巧去利""绝仁去义",要"圣人为腹不为目"。老子总是提醒人们不要被物质技术所役使,他的哲学思想是以保护生命为基础的。

在这里,老子哲学开始了对文明悖论的反思。人类在用自己的意志改造自然中发展了文化,但是发展的结果,却使人类异化和物化。人类掌握了文化,却带来社会的分裂、矛盾的加剧,人类自己的身心也处于分裂状态。当人再也感觉不到完整的自然、完整的精神时,就特别希望消除伪饰的文明带来的人与人的牵制,重新回到自然。

由反思文明,老子提出了要反对机心智慧和技术工具。老子反对智巧,"智慧出,有大伪"。在老子看来,人类用文化知识改变世界,是真正愚蠢的行为,这里的"智"是小智慧,不是"大智若愚"的大智。老子还反对技巧,即使有很多工具器械而不使用。他认为巧只是工具上的便利,并不能解决人心灵和精神的问题。物质的巧并不是生命的全部,要"技进乎道"。"进"并不是超过或提升,而是否定和消解。只有否定了"技",才能进到本真的自然状态,即"道"的状态。老子的大巧在技术上是笨拙的,但却是"道"的巧,是"大巧"。

人类因文明的发展而被异化,所以要回到自然,回去就是为了保护生命。但是如何回去呢? 老子说:"人法地",人要师法大地,因为大地厚德载物,像母亲不排斥任何一个儿子一样,大地包容着万物。凡是地上生长的万物都具有向上向阳的倾向,所以,老子说人也要"负阴而抱阳",要处暗向明,以静制动,以柔克刚,这才是生命之道。

这样,老子就给人们揭示了两种截然不同的生命状态:一种是人工的、机心的、造作的、伪饰的状态;一种是天工的、自然的、素朴的、天饰的状态。前者是知识的,后者是非知识的;前者是破坏生命的,后者是颐养生命的;前者与人为徒,后者与天为徒。人要遵循而不违背自然,不以人为的技巧去肢解和戕害自然,其结果是保护了人,这才是真正的大智慧。

后来,拙的思想、守拙的人生态度便成了很多文人的精神依托。明代陈继儒以笔墨砚为喻,反映的就是老子的守拙思想:

笔之用以月计,墨之用以岁计,砚之用以世计。笔最锐,墨次之,砚钝者也。岂非钝者寿,而锐者天耶? 笔最动,墨次之,砚最静,岂非静者寿,而动者天乎? 于是得养生焉,以钝为体,以静为用,唯其然,是以能永年。

钝就是拙,钝就是收起锋芒,钝就是处阴之道。元代杨维桢斋名"钝斋",他有《钝之字说》:

锋锐藏于不锐,其孰能御我之锐哉,故曰锐以钝养。老子曰大辩若讷,大巧若拙。老子之辩养于讷,天下之辩莫能胜;老子之巧养于拙,天下之巧莫能争。生之锐养于钝,则天下之锐莫能敌矣。

可见,养钝就是守拙,巧是困我之术,拙有助我之功。陶渊明诗云:"少无适俗韵,性本爱丘山。误落尘网中,一去三十年。羁鸟恋旧林,池鱼思故渊。开荒南野际,守拙归园田。"这里不仅仅是表面地回到田园牧歌的生活,更重要的是回归到生命的田园和精神的家园,即回到自然本真的生存状态。

智和巧是文明进步的标志,是妍的符号。可是,当人心被智巧所缚,精神被肢解,人内心所生发出的对生命家园的向往,就包含了对文明弊端的反叛,是一种对生命本真状态的回归,也是对生命的颐养,也就是追求拙。这时的拙,就是老子说

· 家居休闲 ·

图文珍藏版

的"大巧若拙"。"大巧若拙"不是真拙,它是在文明的戕害和践踏之后,重新找回自我。

拙,是一种独特的生存智慧。

(二)"复"的思想

苏轼有一幅《枯木怪石图》,他不画茂密的树,却画枯朽的树;不画玲珑的石,却画丑怪的石。这并不是说,苏轼只对衰朽、死亡、枯槁感兴趣。苏轼曾说:"外枯而中膏,似淡而实浓。""外枯"是没有鲜活的枝叶,"中膏"是内蕴丰满、充实、活泼。为什么外枯却能中膏呢?这是通过衰朽来隐含活力,通过枯萎去展现生机,通过丑陋折射美貌,通过荒怪表达亲切,它唤起了人们对生命活力的向往。它在生命的最低点,却向着最高点;它在暗处,却向着明处,它是处阴而向阳,在生命的最低点孕育着希望,这是对活力的恢复,相反,到了生命灿烂的极点,就意味着衰落的开始。

苏轼《枯木怪石图》

卫夫人在《笔阵图》里说:"'竖',如万岁枯藤。"万岁枯藤,也是一个生动的意象,其外表是苍劲老辣、粗糙而不光滑,态势是屈曲下垂、内含劲健,看似古拙、苍莽、粗糙,却有率真而不加修饰的美感。古人之所以喜欢以枯藤作喻,是因为藤中包含着柔韧的筋力,同时有了时间的积累和印记,藤的外部不再鲜嫩光滑。蔡羽题文徵明画曰:"盘山石壁云难度,古木苍藤不计年。"在中国书法中,吴昌硕用枯藤笔法写石鼓文,又用石鼓文笔法作梅花。石鼓文的线条,恰似饱经风浪、用旧了的船缆,虽然伤痕累累,依然坚韧有力。刘熙载说:"篆之所尚,莫过于筋。"筋就是内在的力量和精神的充满,就是缆绳的内筋。古藤苍老的外在肌理中蕴含有内筋,外在的枯朽和内在的强劲结合在一起。

为什么中国艺术家会认为,在生命的最低点反而孕育着希望,极盛却是衰落的开始呢?这与中国哲学"复"的思想有关,即循环往复。《周易》说:"无往不复,天地际也。""复,其见天地之心乎!"复,是《周易》哲学的核心思想;复,是循环往复的生命精神;复,是宇宙生命的重要特点。四季运转,春夏秋冬;自然界,万物由生到

《石门颂》竖画如万岁之枯藤

衰,由衰复生;日夜不停运转,四时永恒更替;水满了又枯,枯了又满;花开了又谢,谢了又开;月圆了又缺,缺了又圆;六十年甲子一轮回,三十年河东又河西,十二属相一轮回,天地车轮,周而复始。在中国古代的农业文明中,人们把时间节候作为种地的依据,时间对人们生活的重要性远远大于空间,生命的变化就在时间中展现,而其中最重要的,就是循环往复的时间意识。

有两个成语,剥尽复至、否极泰来,都出自《周易》。剥卦是五阴在下,一阳在上,最上一阳爻,就是生命没有最后灭绝的种子,它预示新生命的到来,潜藏新生命的希望。复卦是五阴在上,一阳在下,无边的大地上正有春雷在滚动,巨大的生命声响开始摧枯拉朽了。这一阳爻,就是初春树上的第一片绿叶,是旷野里第一只云雀。否卦是天气和地气不交接,阴阳二气相背离,万物不能生长;泰卦则是阴阳二气相交通,相交感,是相反的两个东西合在一起,变成一个东西,是阴阳相对待,因为与对方结合而能成就自己。

所以,苏轼说,"绚烂之极,归于平淡",就是要从平淡处做起,从拙朽处着眼,享受绚烂以后的平淡,领略落霞以后的余晖。

中国艺术家酷爱的两个意象苔痕和残花,也体现了这种"复"的思想。

中国盆景艺术家说,盆景无青苔,如人未穿衣。为什么青苔如此重要呢?对中国艺术家来说,青苔标志着静寂,人迹罕至的地方才有青苔,青苔显示出宁静。世事的变化,以其动者观之,则万物如白驹过隙,不能一瞬;以其静者观之,则江上明月,耳边清风,青山不老,绿水长流,年复一年,代复一代,都是如此。在这里,时间静止了,传递着亘古不变的消息,这就是永恒。中国的艺术家是把青苔作为永恒的徽标来看的。青苔是大地的衣裳,是阴面的使者,它总是在幽暗的古池边,在流注的溪涧旁,它昭示现在的鲜活,又隐藏过去的幽深;它背着过去说现在,又在现在里传递着过去,它沟通了过去和现在,诉说着永恒。

盆景无青苔,如人未穿衣。

再说残花。中国诗人有把玩残花的心态。李商隐诗云:"客散酒醒深夜后,更持红烛赏残花。"凋零的残花并不美,为什么成为诗人讴歌的对象?残花是一个象征物,一个唤起人们时间记忆的象征物。"残"把消逝和存留结合在了一起,残花的意义不仅是最后的,而且和另一段时间联系在了一起。"残"令人想到了"全",从最后的衰败想到了当时的鲜活,残花具有一段绚烂的往事,包含了往日的信息。诗人歌咏残花,抒发的是对时间的感慨,对人生无常的叹息。这是一种含泪的欣赏,是走向终极之时对自己生命伤痛的绝望抚摸。残花作为一个最后时间的意象,也是把过去、现在和未来联系在一起的,也是对永恒感的深层渴望。

中国园林中有假山,也就是枯石。假山上的绿色,就是枯朽中的点缀,更显得

明代吕纪《残荷鹰鹭图》

苍而秀。日本园林中也有枯石山水,是以白沙象征水面,以石块象征山峦,没有花木,没有水流,是绝对的静止和死寂。中日两国都喜欢枯石,都是为了挣脱时间的束缚,达到永恒。但中国人在枯中见活,日本人在枯中见寂。中国艺术家的一段枯木,是预示生命、预示春天的引子;日本庭院艺术家的一段枯木,一块朽石,是死寂和永恒。

　　中国画家喜欢以枯木怪石为题材,中国书法家喜欢写万岁之枯藤,中国诗人流连于苔痕和残花之间,中国园林家在枯石中构筑生意。他们关注生命的最低点,却思量着最旺盛的生命活力,在枯木、枯藤、枯石和残花中,他们看到了无边的春意和生命的精神。他们把人的性灵遁入自然,回复到生命的本初,点亮了生命的灯盏。

　　(三)"宁拙勿巧"

　　老树枯藤,枯笔飞白,剥蚀残破,漫漶迷离,都指向了一种"拙"的美。黄庭坚说:"凡书要拙多于巧。近世少年作字,如新妇子妆梳,终无烈妇态也。"他反对刻意浓妆艳抹，而追求淳朴自然。姜夔也说："故不得中行，与其工也宁拙，与其弱也宁劲，与其钝也宁速。"如果不能达到无过无不及的中庸之美，与其写得工巧，不如写得朴拙一些。姜夔的审美理想和孙过庭一样，以儒家的中和美为旨归。但是，以浮巧和率拙相比，他以为拙更接近自然。

但是，随着宋代《淳化阁帖》的刊行和刻帖的广泛流布，帖学风气甚嚣尘上。从南宋开始，书法家逐渐以奇巧精微相标尚，矜炫妍美以为能事。然而，刻帖在官方和民间的辗转翻刻中越来越走向了靡弱和失真，对于拙的书风追求在刻帖盛行

傅山像

的风气中慢慢失落了。元明二代，概莫能外。

明末清初的傅山感于时风，骇然一声惊雷，喊出了"宁拙勿巧，宁丑勿媚，宁支离勿轻滑，宁直率勿安排"这一振聋发聩的声音。他还说："写字无奇巧，只有正拙，正极奇生，归于大巧若拙矣。"傅山极力批评明末董其昌和元代赵孟頫的书法，认为他们只有奇巧。傅山希望书法能返璞归真，得乎"天倪"。"天倪"语出《庄子》的"和之以天倪"，指事物本来的差别。庄子崇尚不事人工雕琢的天然之美，强调美是自然生命本身合乎规律的运动中所表现出来的自由。傅山的"天倪"之美，一方面强调书法出于自然无为，另一方面强调个体人格的自由实现。他说：

吾极知书法佳境，第始欲如此，而不得如此者，心手纸笔主客，互有乖合之故也。期于如此，而能如此者，工也；不期如此，而能如此者，天也。一行有一行之天，一字有一字之天，神至而笔至，天也。笔不至而神至，天也。至与不至，莫非天矣。

傅山一连用了六个"天"字,他所说的字中之"天"、行中之"天"、通篇之"天",都是体会造化、顺乎自然之意,书法就是要得此中"天倪"。

傅山草书

　　由于审美趣味的不同,对前代书迹的关注点也不同。崇尚拙的书法家把视线落在了汉碑与北碑上。傅山说:"汉隶之不可思议处,只在硬拙。初无布置等当之意,凡偏旁左右,宽窄疏密,信手行去,一派天机。"比如汉碑中《张迁碑》可谓拙美的典范。康有为评南碑和魏碑有"十美",亦多为拙之美:

　　古今之中,唯南碑和魏碑可宗,可宗为何?曰:有十美:一曰魄力雄强,二曰气象浑穆,三曰笔法跳跃,四曰点画峻厚,五曰意态奇逸,六曰精神飞动,七曰兴趣酣足,八曰骨法洞达,九曰结构天成,十曰血肉丰美。

　　对于拙和巧的不同关注,带来了书法史上长久以来质与文、质和妍关系的辩论。质就是拙,文、妍就是巧,质文、质妍的关系,就是巧拙的关系。南朝宋明帝时书法家虞和说:"夫古质而今妍,数之常也;爱妍而薄质,人之情也。"他认为向妍的方向追求是人之常情,是无可厚非的。

　　唐代孙过庭提到当时有一种评论叫作"今不逮古,古质而今妍。"即今人不如古人,妍美不如质朴,孙过庭反驳道:

　　虽书契之作,适以记言;而淳醨一迁,质文三变,驰骛沿革,物理审然。贵能古不乖时,今不同弊。所谓'文质彬彬,然后君子'。何必易雕宫于穴处,反玉辂于椎轮者乎!

　　而按照老子返归于朴的思想,正是要放弃工具和技术而不用,要返回到穴处和椎轮。孙过庭则认为,由质向文的变化是符合事物发展规律的,他不仅是妍美思想的鼓吹者,且身体力行,在创作中予以体现。他说:"将反其速,行臻会美之方;专溺

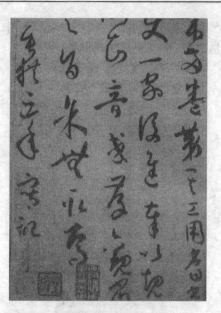

孙过庭《书谱》，运笔速度快，笔锋爽利。

于迟，终爽绝伦之妙。"在行笔上，孙过庭主张"速"，反对迟和淹留，认为"能速不速，所谓淹留；因迟就迟，讵名赏会？"所以他的草书行笔果敢利落，放锋收锋，皆迅捷痛快。张怀瓘就评价孙过庭的用笔说："过庭与王秘监相善，王则过于迟缓，此公（指孙过庭）伤于急速，使二子宽猛相济，是为合矣。"张怀瓘指出，行笔的迟速和质文、拙巧的风格有关，他反对过于妍美，批评"逸少有女郎才，无丈夫气，不足贵也"，而主张质文巧拙参半，即"质者如经，文者如纬"。

唐代韩愈则更欣赏古拙之美，他写《石鼓歌》时盛赞石鼓文字书法之美，他是在评价石鼓文字"金绳铁索锁纽壮，古鼎跃水龙腾梭"的同时，指出了"羲之俗书趁姿媚"的。

（四）枯笔、"不光而毛"与残碑

藤要老，在笔墨上就是要运用渴笔飞白以及焦墨的效果，老藤和飞白都是求干、求涩，但并不是一味地干涩，也不是枯槁，而是要在苍老中蕴含生机，所以要与湿润、洇化、清淡相呼应，两相对比，故产生更强烈的视觉效果。

孙过庭《书谱》说："燥裂秋风，润含春雨。"一方面是纵情恣意的洇化，达到笔酣墨饱、酣畅淋漓的极致；另一方面，随着书写，毛笔中的墨和水都越来越少，这时继续干笔逆行，于是迟涩铿锵的节奏便赤裸裸留在纸上，这与饱蘸水墨的洇染形成鲜明的对比。

画家恽南田说"皴染相间"。绘画中之皴法，恰如皮肤之皴裂，须干笔少墨，以迟涩的节奏在纸上逆擦而成。画诀中有"以渴笔取妍"之说，也是在枯朽处求妍秀，在看似无生命的地方追求生命，在生命最衰弱的地方迸发出生命力量的最强

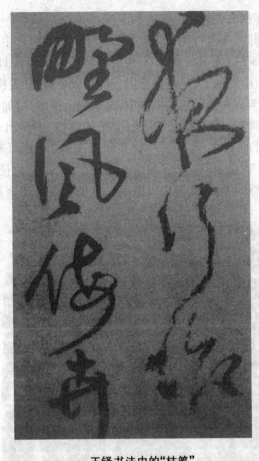

王铎书法中的"枯笔"

音。石涛作画特别喜欢用枯笔,他说:"笔枯则秀,笔湿则俗。"他认为笔过于湿滑,就如细皮嫩肉,就会甜腻生俗。他提倡干笔力扫,要扫出林岫、扫出苍莽。他有一幅《老屋秃树图》,他的这"老屋秃树法",就是干墨秃笔,用力横扫,枯莽中有畅快,干枯中见凹凸。

这种枯莽中的畅快和干枯中的凹凸,在笔画的视觉肌理上,就表现为包世臣所说的笔画边缘上的"不光而毛"。他说:"书家名迹,点画往往不光而毛。"古拙生辣的线条,外表往往是粗糙的、支离的、生涩的,甚至貌似僵硬的。"拙"的书法,线条边缘粗糙,就像山野村夫、田间老农皲裂的皮肤,没有外在的鲜活亮丽,没有肌肤之丽,只是粗糙毛涩,却有一种内在的力感,而正是这种外在的视觉效果成就了古拙的风格。

在金石碑刻中,无论是直接书碑再刻,还是书后经过摹拓上石再刻,或者先立定模范再铸造,文字的最后成形都不是一次完成的,都经过了二度或多重加工。毛笔书写本来的视觉肌理、笔画边上的不光而毛便很难体现,即使飞白牵丝经过精雕细刻上石,与原作亦相去甚远。

那么,金石碑刻的"不光而毛"和视觉上的"拙"是如何产生的呢? 由于历史沧桑,风雨剥蚀,或者腐蚀(尤其青铜),原初凿刻铸造时的锋棱日渐褪去,笔画的边角漫漶了,线条的边沿剥蚀了,于是显现出一种斑驳而朦胧的、模糊的感觉,这种模糊性有一种迷离的美。人们在艺术摄影中,喜欢隔上薄纱,增加一种迷离模糊不定的美。斑驳剥蚀的碑刻,因为罩上了一层历史的薄纱,而显出一种内蕴更丰富的美。这时,笔画边沿的剥蚀,就有了一种类似书写的"不光而毛"的苍莽感、古拙感,无以名之,名之曰"金石气"。它不是人力使然,而是造化使然,是自然风雨剥蚀的结果。书法家感动于此,便努力以毛笔和宣纸去摹仿那金石中蕴含的"拙"的意味。

西汉五凤刻石,风化剥蚀之后,点画"不光而毛"。

再看残碑。残碑有石碑断裂、碑文内容残破不全,有风雨剥蚀、点画线条剥蚀残破不全。一为文字残,一为点画残。但在"残"的意义上,又都是处在"全"和"灭"之间,这种"残"是把消逝和存留结合在了一起,令人想到其"全","残"成为由现在进入过去的引子。这种"残"的意味常常让人觉得惆怅,让人油然地生发出对时间的感慨和对历史的思考。它是一种莫名的追忆,也是一种深情的抚摸。自然剥蚀、风化所形成的金石气味在宋代金石学兴盛时便受到文人们的青睐。宋代刘正夫说:

字美观则不古:初见之,则使人甚爱;次见之,则得其不到古人处;三见之,则偏旁点画不合古者历历在眼矣。字不美观者必古:初见之,则不甚爱;再见之,则得其到古人处;三见之,则偏旁点画亦历历在眼矣。观今人字,如观文绣;观古人字,如观钟鼎。

为什么"古"的字需"三见之"才能得其妙处、"如观钟鼎"呢? 为什么斑驳的线

商代晚期青铜器《鹿方鼎》

条和迷离的点画反而更能激起耐人寻味的审美效果呢?

如果以久埋地下、保存完好、未经风化剥蚀的北碑或墓志,与那些立于荒林野水栈道旁、经过长期风化剥蚀之后的摩崖石刻做比较,前者还保留着刀劈斧削的痕迹,它们的点画中,力的指向是明确而清晰的;后者则因风化剥蚀,点画轮廓模糊而不确定,笔迹漫漶而指向不明,不知何所来,也不知何所止,正是这种不确定性增加了金石剥蚀的意蕴,使其更加耐人寻味。

这里就涉及的审美中艺术意蕴的不确定性。文学艺术作品的"意蕴",跟理论作品的"意义"有一个很大的不同,就是理论作品的内容是确定的,因而它是有限的;然而,艺术作品的意蕴极其丰富,也就是苏轼说的"横看成岭侧成峰"。由于金石剥蚀的效果,笔画漫漶不定,它在形体和点画的力的方向上,便带有多种可能性,这增加了在审美欣赏时的想象的空间。

比如《石门铭》,此石原在陕西褒斜道石门东壁,现移至汉中博物馆保存。宋人曾见此碑,后为山崖藤蔓所遮掩,到清代才再现于世。康有为称其为"飞逸浑穆之宗",评为"若瑶岛散仙,骖鸾跨鹤,飘飘欲仙"。之所以受到如此推重,与此碑经过长期风化剥蚀,导致大多点划漫漶、笔迹模糊、点划边缘不光滑,具有一种模糊美和朦胧美有密切关系。

(五)"熟后生"与"不工之工"

生熟的问题和巧拙有关。

郑板桥题画诗云:"三十年来画竹枝,日间挥洒夜间思。冗繁削尽留清瘦,画到生时是熟时。"生时其实就是拙时。董其昌说:"画与字各有门庭,字可生,画不可

《石门铭》

熟，字须熟后生，画须熟外熟。"他拿自己的书法和赵孟頫做了比较，认为"赵书因熟得俗态，吾书因生得秀色"。这里的"生"，就是"熟后生"。他把"生"解释为秀色，虽然董其昌的审美风格并不追求阳刚雄厚，但他也认为追求秀美却不能媚俗。而对笔法规律的过度熟练，容易在笔致的习惯性流走中，失去其内在的节奏律动，失去内心的依据和因凭。熟后求生，就是以生破熟，也是以生破俗。

　　生后熟，熟后生。第一个"生"是笨拙，由笨拙而能逐渐掌握规则法度，进入到熟练的境地，然后还要追求熟之后的生，这个"生"是若拙，而不是真拙。这种"生——熟——生"的三段论模式，被许多书论家所乐道。明代汤临初说：

　　书必先生而后熟，亦必先熟而后生。始之生者，学力未到，心手相违也；熟而生者，不落蹊径，不随世俗，新意时出，笔底具化工也。

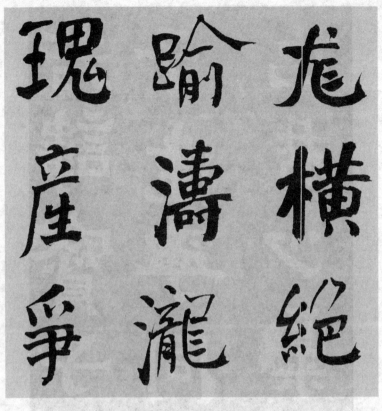

何绍基楷书,用笔生拙老辣。

熟后的"生",才是真正进入到大化的境界。清代姚孟起也说:"书贵熟,熟则乐;书忌熟,熟则俗。"姚孟起并没有否定"熟"的意义,要"运用尽于精熟,规矩谙于胸襟,自然容与徘徊,意先笔后,潇洒流落,翰逸神飞。"(孙过庭语)用笔只有达到娴熟的程度,书写起来才能得心应手,运转自如,才能意到笔随,心旷神怡,这就是"熟则乐"。但又不能停留在"熟"的阶段,"书忌熟"是指熟练过分,而不假思索,信手挥洒,看似流畅,却成了一种习惯性动作,一种习气,缺少变化,显得平庸俗气。所以,精熟固然是需要的,但不能停留于精熟而成为程式化的"俗"。

与生熟相联系的,就是"不工之工"的问题。赵之谦曾说:

书家有最高境,古今二人耳。三岁稚子,能见天质;绩学大儒,必具神秀。故书以不学书、不能工者为最工。夏商鼎彝、秦汉碑碣、齐魏造像、瓦当砖记,未必皆高密、比干、李斯、蔡邕手笔,而古穆浑朴,不可磨灭,非能以临摹规仿为之,斯真为一乘妙义。

"书以不学书、不能工者为最工",不学书、不能工并不是完全不要学习,完全抛弃法度,三代钟鼎、秦汉金石、魏晋碑版的书法高于刻意求工、专于摹仿之类书法的"一乘妙义",就在于不假造作的"拙"的境界。只可惜,赵之谦自己写北碑舍去了刻工的刀痕和生涩的古拙之意,而出之以毛颖的柔媚,把魏碑楷书写得新嫩秀

图文珍藏版

《爨宝子碑》,看似"不工",却因生而得拙意。

丽,缺少了古拙之气,被人诟为软媚。

"不工之工",不是不要法度,而是对熟练法度的超越。王澍说:"工妙之至,至于如不能工,方入神。"看起来好像是"不工",实则工妙之极。能用拙,乃得巧,拙中藏巧,这样的拙是若拙,这样的巧是大巧。刘熙载也说:"学书者始由不工求工,继由工求不工。不工者,工之极也。"这里的"不工之工",其实也是一种"无目的的合目的性",既在意料之外,又在情理之中。

(六)艺老在嫩

艺枯在润,艺老在嫩。

中国艺术强调天然、天真、童真气、童稚气,老境就是对婴儿活力的恢复,是对生命稚气的回归。老子说："能婴儿乎！"艺术要显示新生命的活力，不是在灿烂鲜活处寻求，而是在其对立面老境中探寻。

熟后生、巧后拙，都是一种"老"，但却是为了追求自然的天趣，是一种对生命偶然性的恢复，也是一种对生活程式化的反叛。中国的美学很少谈"美"，多言"妙"，这和老子哲学有关。所谓神来之笔，妙不可言，就是强调一种偶然性、不确定性和不可重复性。过分熟，就意味着精巧过度，就太注意雕琢，所以，熟和巧是对偶然性的破坏。明代孙𬤝说："凡书贵有天趣。"中国书法重视自然浑成，妙得天趣，就是追求不期然而然的偶然性。

在偶然性的恢复中，同时还包含了陌生化的效果。对法度的熟练把握，如果完全都在预料之中，就会使审美因得不到振奋而疲倦；而偶然的妙笔和神来之笔，使得观者既感到了解，又感到陌生，能更好地增强艺术吸引力，更耐人寻味。俗话说"太熟的地方无风景"，人们会忽视熟悉的东西，对其视而不见，而陌生的东西则使人产生新鲜感，使人从功利的实用中超脱出来，精神为之一振，审美为之唤醒。

有人尝试用左手写字和学习儿童的"孩儿体"，就是尝试一种对偶然性的恢复，就是求"拙"。但是，熟后生和刚开始的生不同，开始的生是支离，是不工；"不工之工"则不同，是超越了法度之后的重新回归，看似回到了最初的起点，却是螺旋上升到了新的高度。所以，"不工之工"和儿童作书或左手作书有着根本的差别。书法的大巧若拙和真正的笨拙，区别就在于，是否包含了对书法熟练技巧的超越，是否包含技巧娴熟之后对技巧的否定。

"老"意味着"古"。中国艺术家好古，喜欢用苍古、醇古、古雅、古淡、古秀等来评价艺术作品。这里的"古"，不仅仅是古代的古，其中显示了中国艺术独特的趣味和对永恒感的追求。他们通过对"古"和"老"的崇尚达到对自然时间的超越，是瞬间永恒的妙悟境界在艺术中的落实。当下和远古在画面中重叠，创造了一种永恒就是当下，当下就是永恒的心灵体验。永恒不是时间的刻度，永恒就是无时间；当下不是此时此刻，当下就是无时无刻。崇尚"古"的趣味就是对此在的超越，尚古就是为了否定现今存在的实在性。

在中国艺术中，"古"常常和"秀"结合在一起，即"苍而秀"。中国艺术家多于"枯中见秀"用思，作画要在苍古之中，寓以秀色，一盆古梅，梅根枯槎，梅枝虬结，再加上盆中太湖石瘦、透、漏、皱，显现一派奇崛、一片苍古。然而，在这片衰朽之中，有两片嫩叶，一朵微花，于是，衰朽和新生顽强地结合在一起，显现出生命的强大和不可战胜，传达出一种对永恒的哲思，艺术家在这里做的是关于时间的游戏。

中国的艺术家常常心怀太古，神迷于古拙苍莽的境界。在中国画中，一枝一叶含古意，一石一苔见永恒。寺观必古，有苍松做伴；山径必曲，着苍苔点点。一个"古"字，成了元代画家的最爱。明清画家也以好古相激赏，画中多是古干虬曲，古藤缠绕，古木参天，古意盎然，常常于古屋中，焚香读《易》。在这里，给人提供了一

天地一草亭,万古一重九。当下和远古在
画面中重叠,永恒即当下,当下即永恒。

个性灵优游之所,它提升人的境界,安顿人的灵魂。

　　中国艺术中的这种崇古趣味在世界艺术史上是罕见的,它源于一种深沉的文化沉思。立足于当下的艺术,却把一个遥远的对象作为自己期望的目标。在此刻的把玩中,把心意遥致于莽莽苍古,在当下和莽远之间形成回旋。一丸古石,勾起人遥远的思虑;一片青苔,提醒人曾经有过的过去。艺术家通过这些,一下子将亘古拉到眼前,将永恒揉进当下,榨尽人的现实之思,将心灵遁入永恒和寂静。青山不老,绿水长流,沧海茫茫,南山峨峨,水流了吗,又未曾流,月落了吗,又未曾落,江水年年望相似,江月年年尽照人,正是在这样的回旋中,中国的艺术家和永恒照面了。

三、神采为上——书法的形神观

(一)神采为上

中国古代绘画和古希腊一样,大多有极强的写实能力。《韩非子》里记载画"犬马难"而"鬼魅易",就是说写实的难能可贵。东吴画家曹不兴曾经为孙权画屏风,因为笔误,发笔将素屏点黑,于是只好顺势画了只苍蝇,等到画好之后,进呈孙权御览,孙权误以为画面生蝇,遂举手弹之,可见曹不兴绘画逼真的程度。这样的例子还有很多,那种认为中国艺术缺乏写实兴趣和写实能力,是大错特错的。

但是,中国绘画不仅描摹物象,再造真实,而且表现生命,创造生命。中国画家认为,画画不能限于摹形逼真,要在画面形体逼真的基础上,传达出对象的神采。神是形的宅宇,是形的主宰。所以,早在魏晋时期,顾恺之就提出了"传神写照"和"以形写神"的命题,成为后来中国画的纲领。形是有限的,绘画要通过有限的形象,表达更多、更广、更丰富的内容,形要突破和超越自己有限的表面的意义,以"一"反映出"多",以"形"反映出"神"。

书法中的"形"和绘画不同,它不描摹具体物象,而是借助汉字作为表现的载体。汉字是符号,本身就是对事物的抽象,这就决定了书法所具有的抽象特征。书法要在文字符号之外表现出一种神采,它通过文字符号的书写,间接地表现出万千物象最动人的生命特征,是一种对生命特征的精炼撷取。

张怀瓘说:"夫草木各务生气,不自埋没,况禽兽乎?况人伦乎?猛兽鸷鸟,神采各异,书道法此。"书法家发现,在书法中对这种生命力的表达,可以体现在"骨力"上,所以他们特别重视"骨"。卫夫人说:"善笔力者多骨。不善笔力者多肉;多骨微肉者谓之筋书,多肉微骨者谓之墨猪;多力丰筋者圣,无力无筋者病。"杜甫说:"书贵瘦硬方通神。"瘦硬而有骨力,才能体现神采,这是中国书法的形神逻辑。在这里,神采是一种力度和气骨的表现,是一种富有生气和活力的表征,是内涵膏腴、意蕴丰满的暗示。

对于书法神采的理论自觉和有意识的理论表述,要略晚于绘画。在书法理论中,神采论的真正奠基者是南朝王僧虔。他说:"书之妙道,神采为上,形质次之,兼之者方可绍于古人。"他与顾恺之一脉相承,说明了形神的辩证关系,"兼之者方可绍于古人",说明形和神不能分离,形为了神,神需要形,所谓"形具而神生",形和神的关系也就是皮和毛的关系,"皮之不存,毛将焉附"?在书法中,以神采为上,就是以一种生动的生命意趣为上。

王僧虔的形神观直接影响到初唐一些书论家。虞世南继承了王僧虔,他说:"书道玄妙,必资神遇,不可以力求也。机巧必须心悟,不可以目取也。"虞世南肯定了书法中玄妙难求的神,他对王僧虔的发挥之处在于,更注意作者主观精神方面的神采,即神采需要心悟,而不是在摹形中追求。李世民说:"字以神为精魄,神若不和,则字无态度也。"在虞世南和李世民这里,我们看到了王僧虔对初唐的重大影响,而且"神采为上,形质次之,兼之者方可绍于古人"有发展为更加强调主体精神作用的倾向。到孙过庭,则是总结了此前的以形写神的形神观,对初唐时期崇尚的王羲之那种志气平和、不激不厉而风规自远的书风所做的最高总结。但是,他们描述的这种以形写神、神形结合的美与紧随其后的盛唐蓬勃发展的精神气象大异其趣了。

(二)唯观神采

书法从"以形写神"到"遗形写神"观念的转变,是在张怀瓘这里实现的。他预示着一个从形神兼备向遗形取神时代的来临,他说:

> 风神骨气者居上,妍美功用者居下。
> 深识书者,唯观神采,不见字形。

张怀瓘在与友人讨论书法的"深意"和"精微"之妙时说,真正深深懂得书法的人,只看重书法作品的神采,不会留心字形的。张怀瓘可以说是中国书论史上最为彻底的神采表现主义者,他把形质贬到无以再低的地位,抛弃了形质,而只看重神采、风神、骨气,他的观点比王僧虔更加彻底,也比初唐的书论家都更加彻底。

以对待王羲之、王献之父子的态度为例,孙过庭扬羲抑献,代表了初唐时期一批书家对大王的忠实信仰;张怀瓘则字里行间褒扬大令而贬抑右军,认为逸少草书"乃乏神气","得重名者,真行故也"。他指出了从晋代到初唐,人们主要关注的对象是"真行"。从六朝到初唐,人们兼取形神,以形写神,不抛弃形质基础,这也是行楷书兴盛的原因。行楷书在表现神采时,并不舍弃字的点画结构规范;而从张怀瓘开始,只观神采,不见字形,字体便以行草为主。在张怀瓘看来,王羲之的真行具有温文尔雅、"簪裾礼乐"的温润灵和之美,王献之的行草却是逸气纵横、遒拔礼俊的恣肆之美,后者正深合张怀瓘"唯观神采"之意。

张怀瓘抑羲扬献的真正目的,是反对初唐承袭的大王书风,高扬"挺然秀出"的行草书风和"唯观神采"的美学主张,所以他说:"逸少草有女郎才,无丈夫气,不足贵也。"张怀瓘的审美主张是盛唐时期昂扬勃发的时代气象的反映,在创作实践中,颜真卿、张旭、怀素等一批杰出的盛唐书法家把这种反映盛唐气象的时代书风推向了顶峰。就这样,以王羲之、王僧虔、欧虞褚薛、孙过庭为代表的"以形写神"的形神观与以张怀瓘、张旭、怀素、颜真卿"三稿"为代表的"遗形写神"的形神观开始分道扬镳了。

明人说:"唐人尚法,宋人尚意"。一个"法"字,竟掩盖了盛唐时期书法对神采的无上高扬以及所体现的浪漫主义特征。盛唐行草书所表现的正是一种喷涌式的感情,使书法的神采得到前所未有的表现,而这种喷涌式的感情正是作为唐代书风的代表与不激不厉、飘逸温润的晋人书风的区别所在。从王羲之的"夫欲书者,先乾研墨,凝神静思,预想字形大小、偃仰、平直、振动,令筋脉相连,意在笔前,然后作字",到窦御史评怀素"粉壁长廊数十间,兴来小豁胸中气。忽然绝叫三五声,满壁纵横千万字",这之间,发生了多少变化呀。

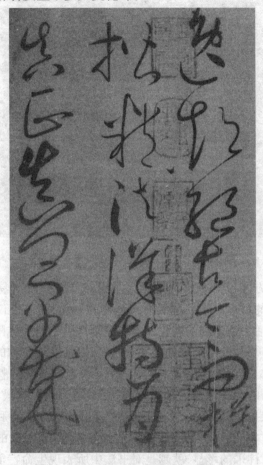

李白赞扬怀素草书有诗云:

少年上人号怀素,草书天下称独步。

墨池飞出北溟鱼,笔锋杀尽山中兔。

起来向壁不停手,一行数字大如斗。

忧恍如闻神鬼惊,时时只见龙蛇走。

这就是怀素草书神采撼人的生动写照。"唯观神采,不见字形",在颜真卿的行草书中也有充分的体现。苏轼说:"诗至杜子美,文至韩退之,书至颜鲁公,画至吴道子,而古今之变,天下之事毕矣。"以尚意书风相标举的宋代书法家都特别重视颜真卿,他们把颜真卿看作王羲之之后最大的革新者。"鲁公三稿"涂涂改改,却同样表露的是喷涌式的激情,从中正可以看出颜、王之间的差别。这种创作上的转变,恰恰深合张怀瑾"风神骨气者居上,妍美功用者居下"的美学主张,他们找到了表现神采、写意抒情的最高形式,即行草书。

李白《上阳台》,寥寥数字,神采跃于纸上。

旅美美术史家方闻说:"在古代中国人眼里,绘画就好比《易经》中的象,具有造物的魔力。画家的目标在于把握活力与造物的变化,而不仅仅限于摹仿自然。"如果说绘画要把握活力与造物的变化还不能完全摆脱物象形体限制的话,那么,书法由于不摹形状物,书写的是抽象的汉字符号,所以其表现造物的变化和活力要显得更加明显和突出。它借助汉字笔画符号为手段,表现事物的整体特征和本质生命,揭示出外界事物的内在生命特征。这种特征,是天地万物最本原的存在,它隐藏在世界万物和人自身的万千形态之中,它需要书法家去洞悉和发现。书法家的本领,就在于要与对象沟通,打破物我的对立和隔膜,再现对象的本质生命感。在这个意义上,越是对神采的彰显,就越是对书法中所表现生命特征的褒扬。书法家是将书法作为有生命的东西来对待的,是人的对象化了的自然。傅抱石说:

王羲之写字,为什么不观太湖旁的石头而观庭间的群鹅?吴道子画《地域变》,又为什么要请裴将军舞剑?这些都证明一切艺术的真正要素乃在于有生命,且丰富其生命,有了生命,时间空间都不能限制他。

在"以形写神"看来,形是神的宅第,是神得以托付的条件;在"遗形写神"看来,形不过是得鱼的筌、登岸的筏,得神就可以舍筏登岸、得鱼忘筌。张怀瓘说:

及乎意与灵通,笔与冥运,神将化合,变出无方。虽龙伯系鳖之勇,不能量其力;雄图应箓之帝,不能仰其高。幽思入于毫间,逸气弥于宇内。鬼出神入,追虚捕微,则非言、象、筌、荃所能存亡也。

"神"是鬼斧神工而不可端倪,是出入藏露而变化无穷,如腾龙在天,卷雨舒风,吐云纳雾,或露片鳞,或垂半尾,隐显叵测。欲臻此境,须意与心合,笔契自然,纯熟之极,由妙悟而入,最后舍弃筌蹄,而意在鱼兔,只见神采。

（三）妙在似与不似之间

遗形写神、"唯观神采、不见字形"的形神观,为了凸显神,轻视甚至抛弃形,舍形而言神。但对形的过度轻视,会导致忽视技巧的锤炼,甚至大言欺人贻误后学。清代梁章钜说:

今人临古,往往藉口神似,不必形似;其鉴别古迹,亦往往以离形得意为高。此等议论最能贻误后学。古人硬黄响拓,鳃鳃于分秒之间,岂故作是无益?盖断未有不先形似,而辄能神似者。今人诣力未深,不能形似,每以此自文其短。亦有但取写意,而姑为是英雄歁人之言者,又岂可为曲要哉!

他指出了以神似为借口,其实是自文其短、藏拙欺人之言。其实,早在宋代的沈括,对此已经有了成熟的思考。他一方面认为:"书画之妙,当以神会,难可以形器求也。……得心应手,意到便成;故造理入神,迥得天意,此难可与俗人论也。"这看起来似乎是很轻视"形器"的了,但另一方面,他又说:

世之论书者,多自谓书不必用法,各自成一家,此语得其一偏。譬如西施、毛嫱,容貌虽不同,而皆为丽人。然手须是手,足须是足,此不可移者。作字亦然。虽形气不同,掠须是掠,磔须是磔,千变万化,此不可移也。若掠不成掠,磔不成磔,纵具精神筋骨,犹西施、毛嫱,而手足乖戾,终不为完人。杨朱、墨翟贤辩过人,而卒不入圣域。尽得师法,律皮备全,犹是奴书。然须自此入,过此一路,乃涉妙境,能无迹可窥,然后入神。

如果掠不成掠,磔不成磔,形质全无规矩,形器不成形器,就很难有完美之神。沈括的侄子沈辽也说:"书之神韵,虽得于心,然法度必资讲学。"

神采的张扬展现的是一种书法的生命感,这种生命感并不能脱离其骨肉形质。书法的神,离不开点画结构的筋骨血肉。神气和骨肉之间不可分割,才能成就一个有形象的生命体。苏轼曾言:"书必有神、气、骨、肉、血,五者阙一,不为成书也。"骨、肉、血是书法的形质,神、气是书法点画结字中显示出来的神采,也是书法家精神气质的流泄,是书法家作书时精神状态的外化。五者俱备,就是形神俱备。

唐代张怀瓘的形神观过度张扬了神采,在后代受到某种矫正,演变到明清时期,就形成了关于"不似之似"的理论。"不似之似"是以"似"为基础,以归于"不似"为目的,似中有不似,不似中有似,妙在似与不似之间。清代姚孟起说:"初学先求形似,间架未善,遑言笔妙。"要求形似,就要忠实于范本,从笔画的一起一收、一转一折到间架结构的长短、大小、疏密都要逼似范本。

在"不似之似"的追求中,形和神再度结合在了一起,它在一定程度上是对"以形写神"的回归,要在形质中见性情、见神采。祝允明说:"有功无性,神采不生;有性无功,神采不实。"功是笔墨技巧的功力,性是书法的性情神采,有才情而没有功力,就是神采不实,神采没有妥帖恰切的依附载体。

祝允明小楷，既具功力，又见性情。

妙在似与不似之间，不似是形的不似，似是神的似。孙过庭只说"拟之者贵似"，包世臣则说"拟虽贵似，而归于不似也"。石涛说"不似之似似之"。黄宾虹说画有三种：绝似则是欺世，不似则是鱼目混珠，妙在似与不似之间，"当以不似之似为真似"。齐白石也说太似是媚俗，不似是欺世，似即熟，熟则俗，所以要求不似。这些都反映了一种"不似之似"形神观对"遗形写神"形神观的矫正。"不似之似"却得到了神采的真似。

（四）"神采生于用笔"

清代书家姚孟起说："离形得似，书家上乘，此中消息甚微。"为什么离了形，才能得神似，在形之外而能得的似，才是神似呢？

其实，这里的形主要指结构。轻视技巧、轻视形质，就是轻视结构。在技巧中，用笔和结构具有不同的意义。结构偏于静，是外在形质的载体；用笔偏于动，是内在神采的依据。所以，"遗形写神"的结果就是重用笔而轻结构。

宋代李之仪说："凡书，精神为上，结密次之，位置又次之。杨少师度越前古，而一主于精神；柳诚悬、徐季海纤毫皆本规矩，而不能自展拓，故精神有所不足。"和杨凝式相比，柳公权、徐浩拘泥于规矩结构，所以精神不能展拓。神采来源于笔法的精妙。李白说："笔精妙入神。"清代宋曹说：

凡作书要布置、要神采，布置本乎运心，神采生于运笔。

凡运笔有起止，有缓急，有映带，有回环，有轻重，有转折，有虚实，有偏正，有藏

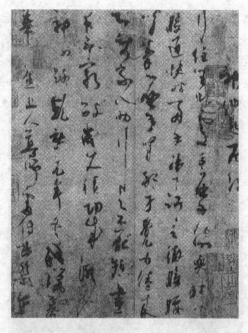

黄庭坚："谁知洛下杨疯子，下笔便到乌丝栏。"

锋，有露锋，即无笔时亦可空手作握笔法书空，演习久之自熟。虽行卧皆可以意为之，自此用力到沉着痛快处，方能取古人之神。若一味临摹古法，又觉刻画太甚，必须脱去模拟蹊径，自出机杼，渐老渐熟，乃造平淡，遂使古法优游笔端，然后传神。

"神采生于用笔"，神采的关键在于那千变万化的用笔，而不在刻画模拟的结本。神采难求，也就是笔法之妙难求。朱和羹云："临池之法，不外结体、用笔。结本之功在学力，而用笔之妙关性灵。"沈宗骞说："不灵之笔，但得其形；必能灵变，乃可得其神。"宗白华也说："书画的神采皆生于用笔。用笔有三忌，就是板、刻、结。"板、刻、结的用笔，不是妙关性灵的用笔，也不是传神的用笔。

褚遂良的用笔深得一个"媚"字，此"媚"处亦即其"神"处。张怀瓘评他"真书甚得其（指王羲之）媚趣，若瑶台青璪，窗映春林，美人婵娟，似不胜乎罗绮，增华绰约，欧、虞谢之。"《唐人书评》里也称他的书法"字里金生，行间玉润，法则温雅，美丽多方"。褚遂良书法传神关键在一"媚"字，那么，"媚"是什么呢？它为什么能传神呢？西方美学家莱辛对美和媚作了区别，他说要"化美为媚"，也就是要化静为动：

媚就是在动态中的美，画家所画的人物是不动的，它只能暗示动态，动态中的美比之单纯形状或颜色的美，更能使人欣赏和激动，我们回忆一种动态，比起回忆一种单纯的形状或颜色，一般要容易得多，也生动得多，所以在这一点上，媚比起美来，所产生的效果更强烈。

阿尔契娜的形象到现在还能令人欣喜和感动，就全在她的媚，她那双眼睛所留下的印象不在黑或热烈,而在它们"娴雅地左顾右盼,秋波流转";她的嘴荡人心魂,并不在两唇射出天然的银殊的光,掩盖起两行雪白的明殊,而在从这里发出的那嫣然一笑,瞬息间在人世间展开天堂,从这里发出的心畅神怡的话言,叫莽撞汉的心肠也会变得温柔;她的乳房令人销魂,并不在它的白皙如鲜乳或象牙,形状鲜嫩如苹果,而在时起时伏,像海上的微波,随着清风来去,触岸又离岸。

褚遂良楷书善用曲线

媚与美的区别在于,媚暗示了一种动态。在书法中,这种动态是由用笔来体现的,这一点,在褚遂良楷书中善于用曲线和柔曲之态得到了验证。褚遂良的媚不是软媚,而是清媚。他媚而有骨,其骨就来自于用笔。南宋赵孟坚说:"仅能欹斜,虽欲媚而不媚,翻成画虎之犬耳!"书法有时要以欹侧取媚,但仅能欹侧,为了取媚,结果却达不到媚。"何也?书字当立间架墙壁,则不骸骸。""骸骸"是指骨头弯曲,就是说在"媚"之中又有柔之骨,柔软中有挺立的力量,这一点,褚遂良正可当之。

(五)临摹问题

临摹是书法学习的主要手段,它和书法的形神关系十分密切。首先,临摹有别。北宋黄伯思说:

临,谓以纸在古帖旁,观其形势而学之,若临渊之临,故谓之临。摹,谓以薄纸覆古帖上,随其细大而搨之,若摹画之摹,故谓之摹。

摹有双钩、描红、水临等数种方法,而临帖则分为对临和背临。对临,是面对字帖,照着书写,心力目力所及,试图写出与字帖一样的点画、结构乃至神采。背临,是在对临的基础上,熟记帖中用笔、结体,不看帖而能写出形神兼备的字体。

褚遂良《房玄龄碑》,清媚而有骨力。

临摹的功用特点各不相同。宋代姜夔说:"临书易失古人位置,而多得古人笔意;摹书易得古人位置,而多失古人笔意。""临书易进,摹书易忘,经意与不经意也。""位置"就是"形",就是结构,"笔意"就是"神",就是用笔。所以,摹易得形,临易得神。明代李日华说:"临得势,摹得形。"形是静止的,势是动态的,于是,李日华提出了"神摹"之法:

学书妙左神摹,神摹之法,将古人真迹置案间,起行绕案,反复远近不一观之,必已得其挥运用意处,若旁立而视其下笔者,然后以锐师追之,即未授首,亦直薄城下矣。

摹是临的基础,亦即形准是神具的基础。但摹易像,也易忘,所以摹帖不可太久。朱和羹批评人们"每临一家,止摹仿其笔画;至于用笔入神,全不领会。得形似者有尽,而领神味者无穷。"说明临习古人的书法,摹仿外貌,求其形似,是有限度的;而领略其神采和意趣,求其神似则是无止境的。李日华说要能"神摹","神摹"其实就是通常所谓"读帖",朝夕观摩其神采风韵。米芾说:"画可摹,书可临而不可摹",极言摹往往拘于形之束缚,忽略追求内在神采。

有一则故事:唐太宗雅好翰墨,但是"戈"字总写不好。有一回,他写了一个'戬'字,只写了左边的"晋"字,空出右边,让虞世南补上"戈"字。写好后,唐太宗给臣相魏征看,说:"我学习虞世南的书法似乎把他的笔法都学到了。"魏征看了说,"戬"字右边的"戈"字的笔法,最像虞世南的。唐太宗学习虞世南的书法,左边'晋'字形体位置与虞世南的差别或许甚微,然而,就在那微妙用笔中,却与右边虞世南亲笔的"戈"字不相融合,二者神采之异竟被老道的魏征看了个究竟。这就是姜夔所说的"夫临摹之际,毫发失真,则神情顿异,所贵详谨"。所谓"毫发死生",也是强调毫发精微之处的重要性,毫发之微的准确是为了表现出风韵神采。

康有为说:"学书必须摹仿,不得古人形质,无自得性情也。"没有形怎么能体现出神呢,只有"形质具矣,然后求其性情"。所以,"欲临碑必先摹仿,摹之数百过,使转行立笔尽肖,而后可临焉"。

临,分为对临和背临。对临更易得"形",背临更易得"神"。背临可以检验自己的对临的效果和实际的书写能力,是加深理解帖中精神风貌和意蕴神采的有效方法。在一定程度上,背临比对临更重要。清代书画家松年说:

临摹古人之书,对临不如背临。将名帖时时研读,读后背临其字,默想其神,日久贯通,往往逼肖。……若终日对临,固能肖其面目,但恐一日无帖,则茫无把握,反被古人法度所囿,不侊摆脱窠臼,竟成苦境也。

明代沈颢亦说:"临摹古人不在对临,而在神会,目意所结,一尘不入,似而不似,不似而似,不容思议。"今人陆维钊在《学书述要》中阐述了摹仿、对临、背临三者循序渐进的关系:"初学宜摹,以熟笔势;稍进宜临,以便脱样;最后宜背。背者,将帖看熟,不对帖而自写,就如背书,而一切仍须合乎原帖之谓。三者循序而进,初学之能事毕矣。"

重视临摹,就是重视以形写神,就需要仔细观察不同字体的不同形体特征,体味其中表现其神采意蕴的关键,一丝一毫亦不放过。古人说"惜墨如金",又说"泼墨如神"。一方面特别讲究惜墨如金、毫发死生,另一方面又讲究笔已尽而意无穷,讲究一唱三叹。正因为他们愈加重视艺术内蕴神采的无限广阔性,也就愈重视艺术形象的有限真实性;愈严格要求这艺术有限形象中要能包含更广阔丰富的内容和意味,也就愈发惜墨如金,千锤百炼,精益求精,务必使一笔一画、一波一挑、一行一驻、一提一按都毫不浪费。形是有限的,只有在形中见神,才能臻于无限,以形写神达到至妙,所以,形象应该是高度的精炼和集中,任何重复都是多余。只有在"形"中见出"神",在"一"中见出"多",这样才不会一览无余,才能百看不厌。

（六）"我神"与"他神"

董其昌说:"欲造极处,使精神不可磨没;所谓'神品',以吾神所著故也。何独书道,凡事皆尔。"要成为神品,最主要的是因为有了我神。那什么是"我神",什么是"他神"呢? 刘熙载有一个很明确的说法:

书贵入神,而神有我神、他神之别。入他神者,我化为古也;入我神者,古化为我也。

"他神"是经过学习而得到的前人之神,这是前提和阶梯,但也可能成为桎梏;"我神"则是书法创作更高的阶段,是书法家个性的自然流露。入"他神"者,是学书者临摹古人之书,由形似到神似,有象可睹;入"我神"者,是创作者融会古人之书,由博涉至约取,无迹可循。前者是"我注六经",后者是"六经注我"。必须实现从"入他神"向"入我神"的飞跃,才能真正表现一个书法家的个性神采。中国书法强调以手写心、以墨迹展示人的精神气质和个性神采,只有完成了从"他神"向"我神"的飞跃,才能成为真正的书法家。

书法要有"我神",就是要活脱、要有风韵,有气质。黄庭坚说:"书画以韵为主","凡书画当观韵"。他在论书画时多次用"韵"来作为评判作品高下的标准,这是他书法美学思想的核心。他所说的"韵"有着十分丰富的含义,有绝俗、传神、含蓄、味外之旨、余意、情感与表现方法之渗透等多重含义。他说:

两晋士大夫类能书,右军父予拔其萃耳。观魏晋间人论事,皆语少而意密,大都犹有古人风译,略可想见。论人物要是韵胜为尤难得。蓄书者能以韵观之,当得仿佛。

这种"韵"来自人的精神气质修养。蒋和说:"法可以人人而传,精神兴会则人所自致。无精神者,书虽可观,不能耐久索玩;无兴会者,字体虽佳,仅称字匠。""兴会",是一时的兴致感发,具有偶然性,但这种偶然的勃发却有其长期积淀的基础,是水到而渠成。

曾国藩曾谈到自己的学习体会时说:"古之书家,字里行间别有一种意态:如美人之眉目,可画者也;其精神意态,不可画者也。意态超人者,古人谓之'韵胜',余近年于书略有长进,以后当更于意态上有些体验工夫。"马宗霍说:"晋人书以韵胜、以度高。夫韵与度,皆须求之于笔墨之外也。韵从气发,度从骨见。必内有气骨以为之干,然后韵敛而度凝。"这里的"韵"和"度"都是在笔墨的形迹之外,都是属于"神"的范围。

对"神"的追求,同时也是对"意"的追求,唯"笔意"可见"神采"。李世民说:"纵放类本,体样夺真,可图其字形,未可称解笔意。"黄庭坚说:"今时学《兰亭》者不师其笔意,便作形势,正如羡西子捧心而不自悟其丑也。"北宋文学家晁补之说:

书在法,而其妙在人。法可以人人而传,而妙必在胸中之所独得。书工笔吏竭精神于日夜,尽得古人点画之法,而模之浓纤横斜,毫发必似,而古人之妙处已亡,妙不在于法也。

"法"与"意"相对。宋代董逌说:"书法贵在得笔意。若拘于法者,正唐经生所传书尔,其于古人极地不复到也。视前人于书自有得于天然者,下手便见笔意。"董其昌在《画禅室随笔》里谈到临帖的体会时说:"临帖如骤遇异人,不必相其耳目、手足、头面,当观其举止、笑语、精神流露处,庄子所谓目击而道存者也。""精神流露处",就是意思之所在,就是神采之所在。

在书法中,轻视甚至摈弃外在的形质,重视和高扬内在的神采,是对生命特征的精炼撷取,是对生命情调的细致把玩。从以形写神到遗形写神,从对形质的肯定和否定,又回到追求妙在似与不似之间,中国书法家始终没有放弃对于神采的追求。在书法中，以神采为上，就是以一种生动的生命意趣为上。临帖时，以形取神或重神轻形，都是抓住作品精神风貌和意蕴神采的有效方法。在似与不似之间，达到了生命的真似，外在的书法之象于是成了自我生命的宅第。从书法历史的发展来看，唐代对遗形写神的追求，是以六朝至初唐以形写神作为历史的铺垫和积累的。当遗形写神被过度强调，成了藏拙欺人、自文其短的借口时，书法实际上也失去了真正的神采，这样，在明清时期出现不似之似的形神观便也是必然的了。

四、无色之色——书法的色彩观

（一）中西方的色彩观

西方人是科学的数理世界，中国人是艺术的生命世界，在色彩观念上也有不同的体现。

西方人的色彩观是科学的结果，由物理学、光学所理解的科学的色彩观，成为西方色彩学的基础。他们认为光是色彩发生的原因，色彩只是人类对光的感觉的结果。这是根据现代物理学、光学、生理学、心理学的一系列实验结果得出的科学结论，由此，对于自然光的光谱分析，便奠定了色彩学上三原色理论的基础。

然而，审美的欣赏是一种完整的经验。科学的方法为了知道某一部分现象产生的特殊原因，必须把这种完整的经验打破，去仔细分析它的部分。于是，独立的颜色和光影是一回事，在审美意象中的颜色和光影又是一回事。在审美中，全部并不是部分之和，拆碎全体来研究部分，美就会消失，就像剖开整个人单论手足脏腑以求生命之所在一样。所以，建立在物理学、光学和实验基础上的现代光谱学色彩理论，无法完全解释和满足人类对于色彩存在的情感需要和审美需要，无法完全解答人类生活中出现的色彩问题。换句话说，色彩的本质不仅可以由科学的角度来观察和解释，也可以由社会的以及哲学的角度来观察和解释，而在审美中，更需要后者。

中国人的色彩观正是与中国文化和中国哲学紧密相连的，这种色彩观在中国艺术中得到了充分的体现。与西方科学色彩学相对照，中国色彩理论可以称为哲学的色彩学。在人类已经有过的各种文明之中，没有哪一种文明或文化像古代中国文明那样，重视色彩的象征意义、精神内涵与哲学价值，也没有哪一种文明将色彩作为哲学意义上的宇宙秩序来使用。古代中国的哲人根据阴阳五行哲学原则，将色彩归为五种基本元素，即青、赤、黄、白、黑五色。五色就是五行的表现，五色与五行之间存在着对应的关系：水为黑，火为赤，木为青，金为白，土为黄，以这五种色彩分别象征自然界和社会人类的各个方面，并组织成某种密不可分的关联结构，五色对应五行，五色象征五方、五色显示五德，等等。

中国式的哲学的色彩观念，非但没有因为其缺少实验科学的基础而失去其存在的价值，在艺术创造上，反而会因为它重视人的主观情感和人的文化态度而更能与艺术创作的特殊规律相整合。与西方的科学色彩论相适应，由现代化学工业生产出来的颜料可以满足光谱学色彩体系的全部要求，而中国的哲学色彩学理论下的颜料体系，最突出的特征是其自然主义倾向。在中国画的颜料学中，基本的原则是从自然界中直接获取能够显色的物质作颜料，并且不改变其原始的色相而直接使用于绘画。

绘画是用五色来创作，所以传统绘画被称为"丹青"。谢赫"六法"中的"应物象形"和"随类赋彩"谈的就是形和色，以形写形，以色貌色，这是中国早期绘画的基本原则。但是，唐代段仲容画花鸟始改此风，"或用墨色，如兼五采"。在山水画中，王维"始用渲淡，一变钩斫之法"，认为"画道之中，水墨最为上"，水墨画逐渐蔚成风气。中国画开始摈弃镂金错彩的美和富丽繁缛的色彩，只用墨在宣纸或白绢上直接作画，没有任何绚烂的色彩，这在世界艺术史上是独有的，代表了和西方油画并驾齐驱的中国画气派。

这种转变，来自中国哲学中独特的色彩观念：墨为玄色，玄为阴，纸为白色，白为阳，阴阳相摩相荡，故能"肇自然之性，成造化之功"。中国绘画是要通过水墨的形式，通过笔墨酣畅淋漓的泼染涂写，尽广大而极精微，掘取宇宙和个体生命深层的奥秘。

在这里，水墨非但不是一种过于简单的表现方法，而是达于世界本性的一种手段。因为，在中国哲学中，无色的世界为世界的本色，中国艺术与其说要抛弃色彩，倒不如说是归于本真。中国艺术家认为，色的追求是无止境的，也是没有意义的，外在的色彩绚烂的美只是暂时的、相对的，不能恒久。艺术是要超越相对，而追求绝对的美，要超越暂时，遁入永恒。而无色的世界，才是本源的世界，无色之色才是大色，无色之虚中有灵气飘卷。

无色之色，乃天地本色，无色之虚中有灵气飘卷。

（二）色空的观念

中国艺术中的色空观念，有其深厚的哲学基础。一般认为，色空观念源自佛学，《般若波罗蜜多心经》将五蕴皆空的观念表达得十分充分：

舍利子，色不异空，空不异色；色即是空，空即是色。受想行识，亦复如是。舍

中国艺术与其说是抛弃色彩,不如说是归于本真,
水墨就是达于本真世界的一种手段。

利子,是诸法空相,不生不灭,不垢不净,不增不减。是故空中无色,无受想行识,无眼耳鼻舌身意,无色声香味触法,无眼界,乃至无意识界,无无明,亦无无明尽,乃至无老死,亦无老死尽。无苦集灭道。无智亦无得。以无所得故,菩提萨埵。依般若波罗蜜多故,心无挂碍。无挂碍故,无有恐怖,远离颠倒梦想,究竟涅槃。

这是由色空推想到受想行识皆空,一切皆空,而且只有做到空,才能心无挂碍,才能达到涅槃境界,强调了色空观在佛学中的意义。《金刚经》里也说:"一切有为法,如梦幻泡影。如雾亦如电,应作如是观。"佛学认为,物质世界各种色相全是空幻而不真实的,所以不应该迷恋和思念任何色相。这种色空观,看似否定一切,实际也肯定了一切,色空之"空",同时也是包罗万象、蕴含无限可能性的"实"。

但中国艺术中的色空观念,并非始自佛学的传播和流布,从广义上说,中国哲学本来就存在一种根深蒂固的色空思想。中国在先秦时期就进入了所谓色彩绚烂的时代,孔子有"恶紫之夺朱也"的感叹,就是对当时迷恋于色彩绚烂的形式之风所发出的。老子从他的自然无为哲学出发,对色的世界进行猛烈的抨击:"五色令人目盲,五音令人耳聋,五味令人口爽",色、音等作用于人的感官,使人成为欲望和知识的俘虏,这里主要强调外在有形世界的虚幻不实性。中国老庄哲学强调于空中见色,认为色的世界是表象的、欲望的,而无色的平淡素朴,才是大道之本真。

中国艺术中的这种色空观念,十分符合老子崇尚的"见素抱朴"的哲学理念。庄子也说:"朴素而天下莫能与之争美";"纯素之道,唯神是守";"故素也者,谓其无所与杂也;纯也者,谓其不亏其神也。能体纯素,谓之真人。"在庄子看来,朴素是天下之至美,是抱守精神之道,只有不含杂质,不损精神,能够体会纯素的人才是真人。以老庄为代表的道家思想对中国艺术精神影响极大,而禅宗在佛学色空哲学影响下,继续发扬了老庄素淡哲学思想,高扬一种无色的哲学,禅宗认为"不揩你眼,你看什么,不堵你耳,你听什么",认为无色是天下之本色,以色追色,并不能带来真正的绚烂,而无色之色,才是根本之色。

所以,中国艺术中的色空观念,从根本上是来自于道禅哲学。

(三)黑白世界

按照西方的色彩观念,黑色是光波被全部吸收时产生的,白色则是对所有色彩波的反射,故白色和黑色很少被视为色彩。然而,中国书法的基本色彩恰恰就是黑白二色。中国书法(包括中国的水墨画)就是在黑白二色中,营构出一个气韵流动、墨气氤氲的世界。

粉墙黛瓦,黑白世界。

在中国的艺术中,黑和白是被当作有和无、实和虚的象征来看的,因而就具有了哲学的意味。黑,是指事物处于一种黝黯、隐晦、实在的状态;白,是指事物处于一种明朗、光亮、虚空的状态。黑,属于实;白,属于虚。黑,属于有;白,属于无。中国艺术中的黑色,并不是康定斯基说的"绝对的虚无",恰恰就是有,然而,黑之为有,并非绝无仅有,而是在有中包含无;同样,白之为无,也不是康定斯基说的"新生的无,诞生之前的无",无不是空洞无物,而是无中包含有,无中生有。无和有交织在一起,无中含有,有中含无,虚中藏实,实中有虚,就这样,中国艺术把有和无、实和虚、黑和白,作了浑然一体的统一观。

我国古代工匠在建筑上就巧妙地采用了这种虚实相间的黑白之色。在江南水乡的传统建筑中，多是"黑白世界"，粉墙黛瓦，在青山绿水之中，勾出淡淡的素影，有一种令人难忘的美。书画家说计白当黑，就包含无中生有之意，而南国的园林艺术可以说就具有这种知白守黑之美。比如，徽州园林艺术的知白守黑之美，就体现在造型和意境两个方面。从造型上说，它充分发挥了黟县青、歙县黛、婺源青等山石资源的作用，突现出浓郁、凝重、光润、黝黯的特质，但它不堆砌，不壅滞，不堵塞，回荡着情韵疏宕和空灵之美。在园林中，在别墅外，云绕高山，石猴拱揖，瀑布飞下，流泉潺潺湲湲，空明而旷远，寂寥又宁静，富于一种虚白之美。从意境上说，徽州山水园林的黑白之美，已远远超出了黑白色彩本身，而显现为象外之象。唐代诗人刘禹锡说"境生于象外"，如果把徽州园林造型具体而生动的状态视之为象，那么，透过造型所显示出来的奇妙境界、无迹状态就是象外之"境"。如果说前者是看得见、听得到、摸得着的，诉诸于审美感官，那么后者就是诉诸审美知觉的、诱发人的审美想象的美的精灵。它引人悠然神往，令人玩味不尽。由楼、溪、桥、树、竹等物所构造的天地空间，形成了幽邃、宁静的意境，显示出不可言传的美。

中国书法同样也展现了这黑白世界的妙处。尽管中国古代书法遗迹有一些用红色书写的(称为朱色)，比如在早期的陶纹、魏晋的残纸以及高昌国的墓砖文字中，都可以见到朱色文字遗迹。后来，也有用其他色彩作字的，比如朱砂和金粉等，但是，毫无疑问，使用最广、书写最多的还是黑色的墨。为什么中国人独独钟情于这黑色呢？难道仅仅是因为黑色醒目吗？

我们知道，中国古人把文字看作是神秘的东西。仓颉造字的时候，"天雨粟，鬼夜哭"，而掌握文字的人、会画符的人，在某种意义上就是连通人与神之间的桥梁，他们具有达天通人的力量，所以写了字的纸也不可随便乱扔，要珍视和爱惜它，古人叫"敬惜字纸"，敬字纸若神明。而黑色正象征着神秘和敬畏，古代黑色也称玄色，老子说"玄之又玄，众妙之门"，道家视黑色为天色，是一切色的母色，是具有朴素之美的自然本色。出于对黑色的类似于宗教原因的敬畏，使黑色日益衍生出庄重严肃、神秘深邃等等象征意味，而对黑色的迷恋，就是对神秘感的肯定。书法放弃了色彩，选择的玄黑之色，不能说和中国的哲学化色彩观没有关系。书法的黑白世界，实际上反映的就是道禅哲学所推崇的色彩哲学。这一点，是迥异于西方的视觉艺术的。

书法用黑白这两种极色来把握一个平面空间，书法的用线极其简练、用色也简单之极。但这线和色的简却可以表达意的繁，即表达出极其丰富而富有想象空间的内在意蕴。贡布里希论到人们欣赏艺术品要发挥想象的官能时说："(作品)提供的信息越少，我所谓的'观看者的本分'就越发挥作用。"贡布里希又说"毕加索也一定认识到'少即是多'的道理。"其实，中国的艺术家是最懂得这"少即是多"的道理，而这个道理在书法中表现得最为充分。

（四）墨分五色

书法选择了墨，选择了玄色。在唐代以前，中国书法对墨色要求主要是浓黑，最经典的表述就是"一点如漆"。到了唐代，书法开始关注墨色变化。欧阳询说："墨淡则伤神采，墨浓必滞锋毫。"孙过庭说："带燥方润，将浓遂枯。"他们追求浓淡适宜中和的墨色美。但在洇染晕化的宣纸使用之前，淡墨的妙处在绢素和麻纸上不易体现，容易因淡而缺乏神采，所以，实际上用墨还是以浓为主，他们希望墨色能数百年保全如漆，不至于洇化散脱。

墨分五色始于绘画。唐代张彦远最早提出了"墨分五色"的思想："运墨而五色具，谓之得意。意在五色，则物象乖矣。"墨本无色，何以能"运墨而五色具"呢？关键在于"得意"。这个"得意"，有两层意思，一是得色之本真；二是以意而得。这样的无色世界，就是一个五色的世界，就是一个心灵的空间，在人的心灵中，绚烂的世界出现了，以色追色，徒具表面之灿烂，其实不能真正表现世界，所以只能是"物象乖"。

关于"五色"所指，说法不一。有说指浓、淡、干、湿、黑，有说指焦、浓、重、淡、清，也有的说指枯、湿、浓、淡、焦或者为浓、淡、渴、润、涨，还有的把飞白也纳入进来，莫衷一是，只不过都指出了墨色变化产生出的不同层次。至于为什么会分五色，这是来源于中国人的五行思想。受五行哲学的影响，中国人认为天有东西南北中五方，音有宫商角徵羽五音，物有金木水火土五行，颜色也不出于红、黄、蓝、白、黑五色。中国人长期将五色视为基本的色彩，所以清代沈宗骞说："五色源于五行，谓之正色，而五行相错杂以成者谓之间色，皆天地自然之文章。"在水墨交替的变化中，墨色层次丰富，受五行与五色模式的影响，也分为五种，用五种墨色来代表墨和水的巧妙运用中所表现出丰富的变化。

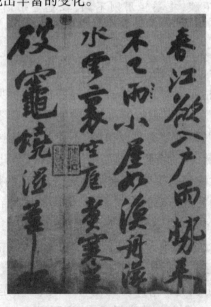

苏轼喜用浓墨

"墨分五色"中最明显的就是浓淡燥润的变化。

先看浓淡。苏轼以酷爱浓墨著称,他认为,既黑又亮的墨才是好墨。在宣纸广泛使用之前,纸张和绢素都不甚洇化和晕染,所以淡墨的趣味往往不能得到充分显现,而浓墨却颇见神采,所以书法家多喜用浓墨。即便在宣纸使用之后,仍然有很多书法家酷爱浓墨。康有为说:"与其淡也宁浓,有力运之,不能滞也。"康有为认为,与其用淡墨不如用浓墨,运笔得力了,用浓墨书写也不会滞涩。而用墨太淡,写出的笔画容易稀薄而缺乏神采。浓墨不仅有神,而且"经数百年而墨光如漆,余香不散"(王澍语)。康有为对墨的审美态度和他的碑学观是联系在一起的,浓墨的审美观和碑派书法崇尚阳刚的审美追求是一致的。再如,包世臣也是浓墨的鼓吹者,他说不仅要墨色"黝然以黑",而且要和用笔很好地结合,使得意到、笔到、墨到才行。

书法中淡墨的出现,源于文人画的直接影响。最先在书法中自觉运用淡墨的,是那些会墨戏、求墨趣的文人画家,他们把书法"写"的意识引入绘画,又把绘画墨法运用于书法。这成为宋代文人画发展起来之后中国艺术史上最重要的景观。

墨的浓淡的选择还要根据不同的纸张来决定。清代梁巘说:"矾纸书小字墨宜浓,浓则彩生;生纸书大字墨稍淡,淡则笔利。"矾纸是熟宣纸,洇墨较差,适宜书写小字和做工笔画;生纸是生宣纸,吸水性强,富于墨韵。此外,还要根据笔毫中墨的多少,对用笔做出调整。赵宧光说:

弱毫,重墨轻用,得佳书;轻墨重用,其书恶;轻墨轻用,其书纤;重墨重用,其书俗。强笔,轻墨轻用则不腴,重墨轻用则不润,轻墨重用则犷而离,重墨重用则粗而俗。

他说的轻墨重墨就是笔毫中墨的多少,重用轻用就是笔的提按的轻重,可见墨色的浓淡和笔毫的性能、用笔提按的力度都直接相关。

浓而无水至于焦,枯而无墨至于燥,渴则燥烈秋风,润则润含春雨,浓有"浓墨宰相",淡有"淡墨探花"。浓墨则行笔沉稳,墨色凝重,墨不浮怯,用笔深透,即包世臣所说"笔实而墨沉",要使笔力足以摄墨,不使从旁边溢出。淡墨则清新淡远,飘逸出尘,恰如略施粉黛,而清新脱俗。如果说淡墨得韵,具有阴柔之美,体现的是道家的艺术精神;那么,浓墨则得神,具有阳刚之美,体现的是儒家的艺术精神。

再看枯润。浓淡的关键是墨的多少不同,枯润的区别在于水的多少不同。孙过庭说:"带燥方润,将浓遂枯。"带几分燥反而能更显得润,有几分浓反而能更显得枯,这里是运用了对比的效果。姚孟起说:"功夫深,虽枯亦润;精神足,虽瘦亦肥。"枯不干瘪,而且由于枯的衬托,更显出润的妙用;润的笔画容易妍润秀美,但也容易靡弱,用枯的笔画可以提领精神,所以,中国书法常常是在枯朽中求韶秀,在枯笔中却蕴含了更郁勃的生命力。枯能得骨力,润可见肉妍,要在枯中见润,乃是真润,要在润中含枯,才更精神。

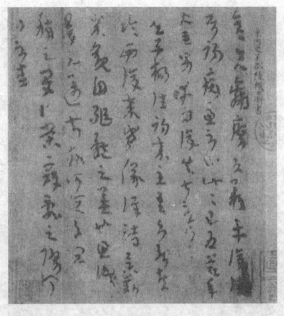

陆机《平复帖》中的枯笔

枯笔又称渴笔,渴笔之法,妙在用水。前人喜欢用所谓"渴骥奔泉"来指这种渴笔的艺术效果。明代李日华有《渴笔颂》,写得很生动。诗曰:

书中渴笔如渴驷,奋迅奔驰犷难制。
摩挲古茧千百余,羲献帖中三四字。
长沙蓄意振孤蓬,尽食腹腴留鲠刺。
神龙戏海见脊尾,不独郁盘工远势。
巉岩绝壁挂藤枝,惊狄落云风雨至。
吾持此语叩墨王,五指擎空鹏转翅。
宣城枣颖不足存,铁碗由来自酣恣。

润则有肉,润则笔酣墨饱,水丰血活,杜甫诗中"元气淋漓障犹湿",就是对书画用墨之"丰润"提出的要求。如何才能得墨色之润呢?清代周星莲说:

"濡染大笔何淋漓","淋漓"二字,正有讲究,濡染亦自有法。作书时须通开其笔,点入砚池,如蒿之点水,使墨从笔尖入,则笔酣墨饱,挥洒之下,使墨从笔尖出,则墨泗而笔凝。

可见蘸墨之法,亦大有讲究,笔须通开,通开则蓄墨多而便于挥运,但蘸墨时,当笔尖点入砚池,一粘即起,这样容易产生墨韵之变化。陈绎曾谈到蘸墨之法,也说得极为生动。他说:

笔尖受水,一点已枯矣。水墨皆藏于副毫之内,蹲之则水下,驻之则水聚,捉之则水皆入纸矣。捺以匀之,抢以杀之,补之。衄以圆之,过贵乎疾,如飞鸟惊蛇,力到自然,不可少凝滞,仍不得重改。

林散之草书的墨色变化，润含春雨，燥裂秋风。

尤其是使用新笔，不可只将笔化开到三分，以其含墨量少，稍一运动，墨已枯矣。故宜开足，开足则水墨贮藏于笔毫之内，再结合运笔中的蹲、驻、按、提、过、抢等动作，墨色自然灵活而富于变化。

再看涨墨。涨墨，往往是水与墨还未充分融合时即已落笔，水墨的渗化过程便在纸上实现，通常是行笔处墨多，为黑，水渗开处墨少，为淡，由浓到淡的渗化过程留在了纸上，在笔画的边沿通常留下了不光而毛的自然线迹，十分耐看。王铎对涨墨做出了极大的贡献，他用墨老到而泼辣，常常是墨和水都涨出笔画之外，雍容郁勃，浑厚华滋。黄宾虹很欣赏王铎的涨墨。他说：

古人善书者必善画，以画之墨法通于书法。动落笔似墨汁，甚至笔未下而墨已滴纸上，此谓兴会淋漓，才与工匠描摹不同，有天趣，竟是在此，而不知者视为墨未调合，以为不工，非不工也，不屑工也。

"兴会淋漓"四字，正可得涨墨之妙。清代王潜刚说："用墨之法，书纸不如书绫绢，书绫绢不如书薄绸，墨彩极妙，盖愈难用墨愈经意也。"生宣使用之前，纸多光洁，不易渗化，比如晋唐以及宋人的尺牍，不易出现涨墨的效果；而绸绢和生宣极易于渗化，造成涨墨强烈、兴会淋漓的笔墨效果。王铎喜欢在薄绸绫绢和大幅生宣上故书,常常有极其精彩的涨墨运用。

王铎喜用涨墨,笔墨兴会淋漓。

从墨色的变化,我们可以一窥中国书法发展的脉络轨迹。从抛弃朱色选择墨色,从浓墨传神到淡墨显韵,从浓不凝滞、淡不浮怯到水墨淋漓、涨于字外,书法的墨色变化从一个侧面反映了书法发展的时代特征。沈曾植对此有一个概括,指出墨色的时代变迁,尤其是宋以前画家得笔法于书,元以后书家取墨法于画,可谓一语泄出书画笔墨相互影响的机窍。他说:

墨法古今之异,北宋浓墨实用,南宋浓墨活用,元人墨薄于宋,在浓淡间,香光始开淡墨一派,本朝名家又有用干墨者。大略如是,与画法有相通处。自宋以前,画家取笔法于书,元世以来,书家取墨法于画。近人好谈美术,此亦美术观念之融通也。

(五)墨气问题

墨与气关系紧密,墨的世界就是气的世界。墨的世界之所以能幻化出一个生意盎然的世界,与中国传统哲学中气化哲学密切相关。

宋代张载在中国古代"元气自然论"的基础上,提出了"元气本体论"。他认为宇宙万物的本源是物质性的"气",并引入了"聚"和"散"的概念,来说明客观世界不同物质形态的存在和它们的运动变化,根源在于气的聚散。在《正蒙》中,他提出了"太虚即气"的观点。他说:"太虚无形,气之本体。其聚其散,变化之客形尔。"就是说,元气的聚合分散,都是暂时现象,而不是永久不变的。一切自然现象,变化无穷,都可以用气来解释。张载在阐述事物的运动变化时,又引进了事物对立统一的观念。他说:"两不立,则一不可见,一不可见,则两之用息。"这是因为任何一物总是有虚实、动静、聚散和清浊等相反的特性,从而造成了"循环迭至,聚散相荡,升降相求,氤氲相揉,盖相兼相制,欲一之而不能"。

清初王夫之则把当时发展的制墨技术作为他气哲学的唯物观的根据之一,他从张载"元气本体论"出发,提出物转变而不灭的思想,"散亦吾体,聚亦吾体",气只有聚散,没有生灭,元气是永恒的。他举了三个明显的实例加以阐述:车薪燃烧、蒸汽散发、汞燃烧后,终究要落到地上,并不会消失。墨的制造亦是如此,从松枝、桐油的燃烧而搜集成了这些烟的细微颗粒,它们虽然形质发生了变化,但作为气的本质是不变的。王夫之认为,这些例子充分说明了"形"是可生可灭的,但"形"的生灭不过是"形"与"气"的相互转化而已。在王夫之哲学看来,墨不仅是气的表现载体,同样是气聚合的结果。

山色空蒙雨亦奇,皆为气之聚散、阴阳消息。

在气的哲学影响之下,中国人也用气的眼光来看书法。书法中的墨气,离开了浓淡变化、枯润对比、涨墨晕染,墨气则无处可见,正是在这些相反的"两立"之中才显现出气的聚散流动和变化。而书法恰恰就是在水和墨的交融变化中展现那水墨淋漓和墨气氤氲的效果。

气和书法的关系涉及内容颇多。在水墨画的墨色变化没有渗透入书法之前,气和力密切相关,气即力也,有气就有力。气可感而不可视,力感则成为气的表现形式,其核心则是书法的生命感。而当水墨画"墨分五色"的墨色变化进入书法之后,书法的墨色变化便更加微妙奇特,富有内在的节奏感和层次感的笔墨涸化,在墨色氤氲中展尽大千世界的奥秘,如气之聚散离合,更生动地显现了中国人气化的世界观。书法中讲究"一团墨气纸上来",墨色的变化,帮助了气感的视觉化和丰富化,使不可视变为可视。毛笔能表现力量和节奏,但笔力是含于内的,没有长期的笔墨体验不容易感觉到,而墨的氤氲变化可以在瞬间展开一个生气流动的世界,它使气形之于目,引起强烈的审美愉悦。

在书法史上,明末对于书法墨法的发展至为关键。在宋代,米芾在其水墨氤氲的泼墨山水画影响下,书法的墨色变化已露端倪,有枯有润。到了明末,董其昌、王铎、傅山等,使得墨色境界为之一新。

董其昌的书法体现了一种玄淡素雅的墨色之妙。他喜欢参禅,参悟庄学之素淡,他认为"作书与作文,同一关捩。大抵传与不传,在淡与不淡耳。"潘伯鹰曾说:

米芾《潇湘奇观图》，水墨氤氲，雾气蒸腾。

"用淡墨最显著的要称明代董其昌，他喜欢用'宣德纸'或'泥金纸'或'高丽镜面笺'，笔画写在这些纸上，墨色清疏淡远，笔画中显出笔毫转折平行丝丝可数，那真是一种'不食人间烟火'的味道。"董其昌不满足于苏东坡的浓黑光亮如小儿目睛的用墨，指出苏轼用笔之病带来的墨色的习气，他在《跋赤壁赋后》中说："坡公书，……每波画尽处，隐隐有聚墨痕，如黍米珠痕，非石刻所能传耳。嗟呼，世人且不知有笔法，况墨法乎？"苏轼有枕腕偃笔之病，在起止停顿和笔画尽处有聚墨痕，因此受到了董其昌的诟病。从苏轼到董其昌的变化，可以看出从宋代到明代书法在墨色方面的丰富和拓展。

明末清初，王铎、傅山用笔奇肆放纵、用墨大胆泼辣，涨墨渴笔，任情挥洒，天趣横生。尤其王铎喜书大幅条屏，纵长逾丈，往往饱蘸墨，豪气郁勃胸中，一气呵成地写出一串串文字来。其墨色由浓而淡，而枯，至无墨时仍皴擦而成干渴的笔画，忽又蘸墨，由渴极到润极，正如"渴骥奔泉"。枯笔和水墨的对比造成极大的反差，带给人们视觉的激动和审美的愉悦，墨色之妙于此可见一斑。从董其昌的淡墨到王铎的涨墨，再从清代王文治的淡墨一直到当代林散之的晕墨，他们丰富了书法的墨色的表现，拓展了书法中气的表现形式，让人真正能从书法中感受那类似于水墨山水一样墨气氤氲的艺术效果。

为了达到墨气淋漓的效果，古人对如何用墨十分讲究。周星莲说："用墨之法，浓欲其活，淡欲其华。活与华，非墨宽不可。'古砚微凹聚墨多'，可想见古人意也。"墨宽，就是墨饱，蘸墨多，浓墨要写得灵活，淡墨要写得华美，都要笔酣墨饱，墨宽之法，乃是破枯、破薄之法。蒋骥说："用笔，润则实抢，湿则虚抢。"抢就是抢笔，是快而有力的收笔动作，墨浓而润时就用实抢，笔锋按于纸面上作收势；墨淡而湿时就用虚抢，笔锋提于空中作收势。赵宧光说：

凡强纸用墨,使墨有余,浓墨用笔,使笔勿渴,饮墨如贪,吐墨如啬,不贪则不胆,不啬则不清,不胆可,不清未可,俗最忌也。

"饮墨如贪,吐墨如啬"这八个字,最可深味。前人说"泼墨如神,惜墨如金",正是说的这个意思。清代沈宗骞说:"夫传神秘妙,非有神奇,不过能用墨耳。用墨秘妙,非有神奇,不过能以墨随笔,且以助笔意之所不能到耳。盖笔者墨之帅也,墨者笔之充也;且笔非墨无以和,墨非笔无以附,墨以随笔之一言,可谓泄用墨之秘矣。"近代画家黄宾虹深得用墨之法,他1935年在香港九龙半岛曾与友人谈及用墨之法:

古人书画,墨色灵活,浓不凝滞,淡不浮薄,亦自有术。其法先以笔蘸浓墨,墨倘过丰,宜于砚台略为揩拭,然后将笔略蘸清水,则作书作画,墨色自然,滋润灵活。纵有水墨旁沁,终见行笔之迹,与世称肥钝墨猪有别。

用墨蘸墨都需讲究,而要师法前人用墨,则须多见真迹方可。董其昌曾说:"字之巧处在用笔,尤在用墨,然非多见古人真迹,不足与语此窍也。"要知道用墨的妙处,观摩学习古人墨迹是最重要的途径,因为用笔的起止和轻重变化、墨色的浓淡,线条的枯润以及笔势呼应都清晰地呈现在纸上了。

(六)"血"的问题

最后谈谈书法中的"血"。

所谓"血",就是体现了点画质感的墨色浓淡枯润的均匀适度,"血"的问题其实就是水墨调匀的问题。就像人的肌肤的美同血色相关一样,书法的肌肤之丽来自书法之血,即墨色的变化;而墨色的浓淡枯润又主要是同水相关,所以"血"的问题归根到底是水的问题。人健康而有活力则血气丰沛,字水墨调匀则血色丰美。

《管子·水地》里说:"水者,地之血气,如筋脉之通流者也。"他把地上的水比作大地的血气和筋脉流通之所在,其实,书法中的血气和筋脉流通亦是靠的水的作用。陈绎曾说:"字生于墨,墨生于水,水者字之血也。"血色的鲜活,关键在于水的滋化,所以"凡磨墨不得用砚池水,令墨滞笔洉,须以新汲水临时用之"。要用干净的清水来磨墨,才不会墨滞笔洉。此外,砚池要常常清洗,"池宽而细,每夕一洗,则水墨调匀,血肉得所"。丰坊也说:"血生于水,肉生于墨,水须新汲,墨须新磨,则燥湿调匀而肥瘦得所。"古人有云:"宁可三日不沐面,不可一日不洗砚。"

陈绎曾曾经把"血法"和"肉法"联系起来,具体阐发了书法创作中血与肉(也即水和墨)的运用与字的肥瘦的关系:"水太渍则肉散,太燥则肉枯。干研墨则湿点笔,湿研墨则干点笔。墨太浓则肉滞,太淡则肉薄。"可见,"肉"的美与不美同"血"相关,也同"水"相关。水和墨的运用有了干、湿、渍、燥等变化,"肉"的质感便有了散、枯、滞、薄等区分。墨色的变化和运用对书法美感的丰富性起到了重要作用,缺少了"水"的作用,就少了这一层墨色的美。古代镌刻在碑石上的字迹,墨已见不到了,在这些碑的拓本上,我们无法感受到墨色水滋、血肉丰美的鲜活感,而主要是点画和结构的形质、方圆、曲直、端庄、欹侧等等,所以在这一层意义上,古人认为,学习碑刻不如学习墨迹。

浑厚华滋、笔墨淋漓、气韵生动、血肉丰美,中国书法中对"血"的强调,对墨色的强调,体现了中国书法中强烈的生命意识。

五、妙悟之门——书法的通感

(一)悟的哲学

苏轼在扬州的时候,好朋友佛印禅师在江对岸的金山寺做住持,两人经常诗文来往。有一次,苏东坡坐禅欣然有得,便做了一首偈子,来表达他禅悟的感受:"稽首天中天,毫光照大千。八风吹不动,端坐紫金莲。""八风",是指日常生活中所遭遇到的称、讥、毁、誉、利、衰、苦、乐。苏轼在打坐参禅时,自觉体会到这种境界,身心合一,一片光明照彻大千世界。

写完后,就吩咐侍童把偈子带去给佛印禅师,等待佛印的夸奖。佛印看过偈子后,在后面写了两个字:"放屁!"然后叫侍童带回去。苏轼等得急不可耐,打开偈子后却看到佛印如此无理的评语,恼羞成怒,立即乘船过江找佛印评理。船快到金山寺时,佛印禅师早已站在江边等待,苏轼一见禅师便怒气冲冲地说:"禅师,我们是至交道友,你怎么能骂我呢?"禅师听了哈哈大笑,说道:"八风吹不动,一屁过江来。"苏轼一下子恍然大悟。

其实,苏轼处理"知""行"关系的态度,正是很多中国文人的通病。他们把知识放在我身之外,以知识的眼分割这个世界;他们以为抓住了这个世界,实际上手里空空如也。苏轼早年这种"我执"的心态表现为一种极端的自负,而佛印禅师的当头棒喝使他幡然醒悟。后来他经历了"乌台诗案",遭受了多次人生的失意和打击之后,看透了人生的"空幻",破除了"我执",参悟了人生。

悟,原在佛学中指心对佛理的理解、领会,有顿时生成、不可言说的特点,因而显得很奇妙,又称妙悟。因为妙悟的特点和文学艺术创作的特点极其相似,妙悟后来被引入艺术理论。王维说:"妙悟者不在多言。"到了宋代,妙悟成为评诗论文的重要观点,其中严羽借禅论诗,用妙悟说明艺术创作的特殊性,影响极大。严羽认为,作诗也如佛家参禅,在悟中达到对于事物的透彻理解和领会,才能创作出好诗,他把悟看作诗歌创作的关键,"为悟乃为当行,乃为本色"。

那么,什么是悟呢?《说文解字》说:"悟,觉也。从心吾声。"其实,"吾"亦表意,悟就是吾之心,就是悟由我心而起,觉是我心觉,解是我心解。《说文解字》又说:"觉,悟也。"觉者,悟也,悟者,觉也,觉悟一也。《说文解字》还说:"寤,觉悟也。"寤就是睡觉醒来;悟就是寤,人在沉睡的状态下被唤醒就是寤,也是悟。所谓"大梦今方觉,平生我自知",觉和悟可以对勘,悟和寤可以互解。

在佛学中,以觉为悟,不觉为迷。大乘佛学认为,人人都具有觉性,只不过凡夫

·家居休闲·

图文珍藏版

俗子在世俗琐务中被各种妄念所污染和遮蔽,处于迷妄之中,就如同长睡不醒一样。又好比镜子被灰尘污染了,所以要"时时勤拂拭,莫使惹尘埃"。拭去心灵的尘埃,从长梦中醒来,就是心中的觉悟之性被点亮了,回到了真实的生命。

道家哲学也强调回归生命的本源,并把人生视为一个梦境。《庄子》里讲庄周梦蝶的故事:从前,庄周梦见自己变成了蝴蝶,一只翩翩飞舞的蝴蝶,遨游于各处而悠然自在,根本忘了自己原来是庄周。忽然一觉醒来,发现原来自己分明就是庄周。但经历了梦境后,庄周也怀疑,不知道究竟是庄周做梦化为蝴蝶呢?还是蝴蝶做梦化为庄周呢?这是对梦境的怀疑,同时也是对现实人生的怀疑。

悟是一种独特的认知方式,是一种审美的认识方式。庄子有一次和惠子在濠梁之上游玩,庄子看到鱼在水里从容自在地游动,就说:你看,这鱼真快乐呀!惠子反驳道:你不是鱼,你怎么知道鱼的快乐呢?庄子利用惠子的逻辑机智地回答道:你不是我,你怎么知道我不知道鱼的快乐呢?惠子回答道:我不是你,当然不知道你的快乐;可是你也不是鱼,你也不知道鱼的快乐。这个道理是一样的。庄子说道:我们把话题回到开头,当你说"你怎么知道鱼的快乐呢"的时候,就已经承认了我知道鱼的快乐而来问我的,我是在濠河的桥上知道鱼的快乐的。

这听起来似乎两人在互相狡辩,事实上反映了两种不同的认识世界的方式。惠子以理性的、科学的、逻辑的态度看待世界,庄子以诗性的、艺术的、生命的态度看待世界。惠子的眼光是知识的,是理性的,是将我与物分别对待的,我和物之间是不能对话和沟通的;庄子的眼光是艺术的,是审美的,是将我和物和合为一的,我和物之间是交融和不做分别的。庄、惠二人,一个逐于物,一个融于物;一个是知识的推论,一个是艺术的妙悟;一个是人和物质世界的全面冲突,一个是人在世界中的优游和契合。惠子关心的是"我思",庄子关心的是"我在"。惠子对庄子的责难,是非本真状态对本真状态的责难,是理性对存在的僭越。惠子处于非本真状态,所以必然用认识论、逻辑学的观点看待世界,这种世界观首先预设了人与天(世界)之间的对立,然后又企图去弥合这子虚乌有的对立,他如何能理解处在本真状态中的庄子诗一样的世界"观"呢?而在庄子那里,自己与他者、与世界之间的关系是渗透了思的诗,是诗之思,是诗与思之间坦诚的毫无遮蔽的对话。

悟这种认识方式和庄子的生命之眼十分近似。悟不是逻辑的,它抛弃作为知识概念体系的逻辑。"桥从人上过,桥流水不流","张公饮酒李公醉";"称锤井底忽然浮,老鼠多年变做牛",它们违反了日常生活中人们习惯了的生活逻辑,通过这种表面的荒诞来挣脱人们习以为常的逻辑。在禅宗看来,貌似合乎逻辑的举动实质不符合人的生命逻辑。他们要通过悟,来建立自己的生命逻辑,也就是回到存在本身,让生命的原有面目自己说,让世界纯然自在。悟也不是科学的、不是功利的、不是知识的认识活动,它是近似于审美的认识活动。在悟之中,没有审美主体,也没有审美对象,悟的过程就是消解审美的主体和对象,将主客体合二为一了。

　　悟不作物我的分别,不是以科学的眼光去打量这个世界,而是纵身大化,去契合这个世界。悟要人往内心求,由外在求知转为内在体验。悟不是静止地、冷静地旁观,以知识的逻辑来分割世界;参禅悟道,参是参入,悟是契合,就是要加入其中去,去验证,去体会。它不是以知识的逻辑去证明,而是以生命的逻辑去证明,证出人之真性,证出人之智慧,证就是真实显露。所以要闭合理性的眼,开启智慧的门,让世界回到"青山自青山,白云自白云"本来的样子。

水漾花开,池塘鲤鱼戏荷花,这是大自然的节奏。

　　《鹤林玉露》有诗云:"尽日寻春不见春,芒鞋踏遍岭头云。归来偶把梅花嗅,春在枝头已十分。"这是一首禅意极浓的好诗,整天在寻找春天,却不知道春天究竟在哪里,草鞋都踏破了,翻山越岭,扶云追月,始终找不到春天。回来后,不经意间嗅了嗅窗前的梅花,才发现,在梅花的枝头已是春意盎然了。它告诉我们,这世界似乎原本并不复杂,是我们的"念"使其复杂化了,妙悟的境界就是让人们回到平常的境界,回到平常心。没有什么天翻地覆,没有什么石破天惊,就是"水色山色自悠悠",就是"云在青天水在瓶",是"空山无人,水流花开",是"落花无言,人淡如菊"。水在流淌,云在卷舒,鸟在盘旋,雾在缠绵,它们是大自然的节奏,是往复回环的动感,它们在艺术家心里回旋,人和着天籁之音轻吟,"我"随着自然的节拍曼舞,这里似乎没有了"我",但这世界就是"我"。

　　悟,不仅仅是将世界的本身彰显,还是一种揭示,一种创造。虽然妙悟只是将自我生命中本来的面貌显示出来。所以它是熟悉的;但它也是把被遮蔽的东西展露出来,这是没有被感受过的世界,所以它又是陌生的,是令人惊奇的。它提醒人们那个被忘记了的、被忽略了的世界,它打开了一个新的世界,给人审美的愉悦,因此，它是一种发现和创造。悟了的世界，是日光的世界，是明月的世界，是清澈的水的世界，总之，是被照亮了的光明的世界。它告别了寂，告别了黑，告别了梦，悟就是似曾相识燕归来。

王阳明有段著名的表述说道，你没看到山中的花时，那么这花和你的心一样归于寂寞；而当你看到这花时，那么花的颜色一时明亮起来，可见花的色彩不在你的心外存在，而是在你的心里。这种心学思想把人看作世界万物的照亮者，是大地意义的赋予者，"我"是世界的中心，"我"观天地，世界有了观者和被观者，他把人的位置预先设定为高于万物的位置，人是高居于万物之上的，天大地大人最大。在儒家哲学中，始终有这样一个"大人"的影子，天地不言，他代为言之；天地无光，他给予其光明。

而受道禅哲学影响的妙悟思想，并不把人看作是世界的照亮者，而是世界自有意义，自己照亮自己的。世界是无分别的存在，万物自在呈现。"我"不是世界的冷观者，而是契合到这世界中去，"我"就是"无我"，并不是人退出，而是人的自我意识淡出，时时忘记自己，和世界万物同浮沉，同流转，去契合世界的节奏，去契合万物的节奏，内在体验指向物我同一，这样，人作为世界之一部分，和万物都依照自身生命的本来面目而呈现，人从自我意识的此岸飘向了生命真实的彼岸，实现了人与物的合一。

文与可画竹时，见竹不见人，不但不见人，而且忘记了自己身。观竹，画竹，竹叶婆娑，竹影婀娜，青翠欲滴，雾气蒸腾，画竹人沉迷于竹子，忘记了自己，自己化入竹之中，"我"就是竹，竹影即我影，我声即竹声，竹韵萧萧，是我的衷曲；竹影森森，是我生命的舞蹈，我和竹化为了"一"，这个"一"既是世界，也是"我"。

（二）悟的偶然性

悟是回到世界，回到世界就是回到本真，回到它本来的样子。悟不是外在的知识学习，而是一种智慧，是知行合一的；悟是一种整体把握，不是理性分割，是以自然合乎自然，以天合天。悟常常期而不至，不期而至，没想到来就来了，是巧遇，带有偶然性和随意性。但这不是说，悟只能是难以预料的等待，最重要的是唤醒心灵，恢复灵魂，拆除知识的墙，涤除障眼的雾，让理智退出，让生命自显，恢复源于生命深层的自然的倾向性，这就是"天"，就是"天机自发"。项穆在《书法雅言》里说：

所谓神化者，岂复有外于规矩哉！规矩入巧，乃名神化。固不滞不执，有圆通之妙焉。况大造之玄功，宣泄于文字，神化也者。即天机自发，气韵生动之谓也。

书法达到神化境地，就是不动自动，不发而发，蓄聚的能量喷涌而出，就是天机自动。"机（机）"是弓箭的发射机关，"天机"不是不可泄漏的秘密，而是自然的状态，全由天力，不劳人为。人恢复了自然的天性，去除了理智和知识的羁绊，进入到天机自运的境界。

文与可《竹》

悟具有偶然性、突兀性、常常豁然贯通而不可预料，但是，悟并不是完全不可把握的。艺术的妙悟需要艺术感受的积累，朝夕玩味，往往是一再遭遇挫折之后，才"一朝悟入如来地"。妙悟要排除理性的作用，但是，学养的积累、见识的扩大、阅历的丰富对于妙悟不但无害，而且有益。以前的经验、见识、知识的积累可以成为悟的前提，成为悟的触发点，为悟引航。悟与不悟，关键在心，仅有广博的知识，被知识压抑了灵性，缺乏通达活脱的心灵，同样不能悟。要知而能化，要学而不为学所缚，这样的心灵，悟才会在瞬间降临。所以，悟不是等待，而是要修为自己的心灵，慢慢培植，读万卷书，行万里路，功夫勤，学力深，见闻广，心胸开，心灵敏感，洒落自然，学力与修心并重，而期于一悟。

意大利美学家克罗齐提倡"直觉"说，直觉的含义与悟有某些相似之处。克罗齐认为，艺术家在获得真正的直觉感受之前，兴许要做出各种努力，"经过许多其他不成功的尝试"。直觉感受的勃兴也具有突兀性，艺术家是突然间、甚至好像是不求自来地碰上了他所寻求的表现品，是水到渠成的，霎时间他便感受到了审美的快感。与直觉相似，严羽指出，妙悟也是要经过诗人对第一流作品的"熟读""熟参""朝夕讽咏"，才可以一朝悟入。这种悟入也具有突发性，艺术家顿时豁然开朗，进入了审美的极致境界。

克罗齐和严羽都没有否定在悟入和直觉获得之前，理性因素、学识积累因素介入的价值，只不过，在悟入或直觉感受的瞬间，却常常以非理性的特征出现。克罗

一朝悟入如来地，一辈子痒痒一时消。

齐说，直觉不是道德行为，不具有理性的逻辑形式，不依赖于概念，也无法用语言直接表达，它具有强烈的情绪性和瞬时性。而悟的到来，亦意味着艺术家获得了超理性功利的审美心胸，悟入是"不涉理路，不落言筌"的。只不过，直觉和悟的区别在于，克罗齐把直觉看作艺术和审美的全部，"直觉即美，直觉即艺术"，直觉既是体验又是能力，既是欣赏又是创造，直觉是艺术的目的，它不需要借助任何媒介来表达，这就否定了艺术传达是艺术活动。而妙悟只被视为艺术创造过程的一个构思酝酿阶段，需要通过恰当的物质材料物化为作品。

悟了之后的世界，是心灵自由的世界。明代担当和尚说，悟好比"一辈子痒痒一时消"。悟是解开心结，宽阔心灵，悟是自己对自己的解放。达摩曾对慧可说："谁人缚你？与你安心。"心头之累、心头之结只有自己去解，"即心见性"，达到人的本来面目，就自由了，这才是真心的自由。

（三）悟和通感

从文艺心理学来看，悟的道理还在于通感。

通感是一种较为复杂的心理现象。在艺术欣赏中，表现为欣赏者各种经验的触类旁通，或各种感受的融会贯通。通感形成的基础，固然是客观事物的内在联系。相互联系着的客观事物，反映到人的大脑中，所形成的各种心理感受，也是相互联系着的。这种相通，是一种官能彼此打通，钱钟书称为"体异性通"，他说：

在日常经验里，视觉、听觉、触觉、嗅觉等等往往可以彼此打通或交通，眼、耳、鼻、身等各个官能的领域可以不分界限。颜色似乎会有温度，声音似乎会有形象，冷暖似乎会有重量，气味似乎会有体质。

在中国人的艺术通感中，包含着一种广大的生命精神。这种通感是基于中国人"天人合一"的宇宙意识和气化哲学的生命精神。庄子说"通天下一气耳"。孙过庭说"同自然之妙有"。袁枚说"鸟啼花落，皆与神通"。一丸石、一瓣花，一声鸟啼，一篙江水，都具有了人的性灵。声音可以是视觉的，色彩可以是有温度的，在这里，对万物不做分别见，而作统合观。所以，苏轼说："物一理也，通其意则无适而不可。"朱长文也说："天下之事不心通而强以为之，未有能至焉者也。""通"的关键，在人心里。

书法本来是视觉形象，但在历代书法家那里，书法竟然具有了美妙的声音，它的感觉和音乐相通。卫夫人说："点如高峰坠石，磕磕然实如崩也。"袁昂说："皇象书如歌声绕梁，琴人舍徽。"虞世南说："鼓瑟伦音，妙响随意而生。"杜甫用"锵锵鸣玉动"来形容张旭草书的音韵。唐代张谓用"奔蛇走虺势入座，骤雨旋风声满堂"，王邕用"下笔常为骤雨声"来形容怀素草书的声势。项穆也说："心与笔俱专，月继年不厌。譬之抚弦在琴，妙音随指而发；省括在弩，逸矢应鹄而飞。"

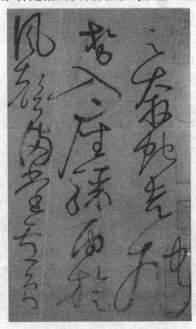

怀素《自叙帖》："奔蛇走虺势入座，
骤雨旋风声满堂"。

北宋书法家雷简夫有一段话，把声音和视觉的官能打通在书法家身上的体验作了真实的记录，他说："近刺雅州，昼卧郡阁，因闻平羌江瀑涨声，想其波涛番番，迅驰掀搕高下，蹙逐奔去之状，无物可寄其情，遽起作书，则心中之想尽出笔下矣。"

江水潮涨,波涛翻滚,高下起落,闻其声而想其状,睹其状而动其情,情动而笔落,笔落而声起,在这时,涛声、水势、笔墨、人心,浑然一体。

这种艺术通感,还可以从西方格式塔心理学"异质同构"说得到印证。格式塔心理学认为,在人与自然界之间、人的生理和心理之间有一个"力的结构"的相似,而这个力的结构的相似,正是艺术意象旁通的基础。阿恩海姆曾举例说,比如一株垂柳,可以看上去是悲哀的,是因为垂柳的形状、方向和柔软性,传递了一种被动下垂的表现性。他还引证了他的学生比内要求舞蹈学院的学生们表现"悲哀"这一主题时,学生们动作大多缓慢、幅度小,方向多变不定,而这些动作与一个人在悲哀时心理情绪结构十分相似。

阿恩海姆认为,当对象的力的结构与人的知觉、情感的力的结构达到一致时,审美感受或审美经验便油然而生。书法的妙悟,实际上正是审美主体心理结构与审美客体动态结构相互作用的一种双向活动,也是书法作品中文字书写所显示的"力"的结构与审美主体生理心理"力"的结构二者协调运动的结果。就汉字及其结构而言,它本身只是一个符号,但通过它所表现的点画的运动、结构的变化,却能在情绪上产生巨大的感染力。虽然笔墨书写痕迹与人心情绪律动,在性质上完全不同,但两者在运动中力度的大小,节奏的强弱、速度的快慢趋于相同,这种"异质同构"关系使书法能够通过上述物质运动的力度和表现形态,唤起主体在结构和节奏等方面的情绪反应,从而产生共鸣。

一株垂柳,柔软缠绵,慵懒惺忪。

书法家正是通过感悟自然物态,并转化为书写中的一种感受、一种节奏、一种结构或者一种笔墨淋漓的效果的。书法家一方面大量临摹前人的碑帖,另一方面在寻求创作的灵感时,往往不在书法的范围之内,而是走到别的艺术范围里,或者在普通的日常生活中获得启发。这就是"意象的旁通",而这种旁通正是悟得以实现的基础。王羲之说："夫书也，玄妙之技也。若非通人志士，学无及之。"书法有其妙不可言之处，但并不是神秘的，其"玄妙"之处便在于，书法家要赋予点画线条以无尽的表现力，表现万千物象生动的意象，这些绝不仅仅是靠笔冢墨池的刻苦功夫就能获得，更要靠灵心通透的启悟，具有这样颖悟素质的人就是王羲之说的"通人志士"，所以他说"自非通灵感物，不可与谈斯道"。

第七章　绘画艺术

第一节　工笔人物画技法

一、工笔人物画的作画步骤

起稿　用铅笔或炭笔起草稿前,先将形象大的平面找准,同时注意整体构图,然后再将人物的头、躯干、四肢的比例找对。用铅笔勾草稿,大体同于用毛笔白描,但铅笔起稿的线,应比白描更简练一些。

过稿　是把铅笔或炭笔的草稿,直接拷贝在正式作画的宣纸上,如发现原来的构图或造型有缺点,过稿时还可以改进和纠正。

涂底色　现代工笔人物画有底色的比较多。涂底色可在过好铅笔稿,尚未勾墨线时进行。底色一般用淡墨和透明的植物质颜料,刷底色可用羊毛板刷在画面上轻轻刷过,最好不留笔痕,以十分匀净为好。将纸喷清水打湿后,再刷底色或喷底色,不容易出笔痕。

勾墨线　线条是造型的骨架,勾墨线的深浅要根据所画对象颜色的深浅勾出不同深浅的墨线。如人物的肌肤,白衣领应勾浅墨线,头发、上眼睑应勾深墨线,衣纹线的深浅根据衣服颜色的深浅勾。面部和衣纹中不太明显的结构、起伏,可不勾墨线,留在渲染时解决。

渲染　勾好墨线后,可将画面画黑色部分如头发、眼睛及黑色衣服等先画出来,但不要画足,要留有余地,以便上色后再调整总的色调。渲染结构时,要注意线条与结构的关系,渲染结构是辅助线的表现而不能喧宾夺主、超过线的表现,如果用淡彩法,全部使用透明颜料,渲染完毕,全画已接近完成。

罩色　在白描和底色上罩粉质重彩,要细致精到,宜欠勿过,掌握好"度"。平涂或渲染重彩时,要注意白描的完整性,充分发挥底色的作用。重彩的渲染,使粉色有薄有厚,底色在重彩的覆盖下,若隐若现,丰富了色彩,增加了层次。重彩罩染也要因为不同对象,采用不同处理方法。如画少女的面部,罩粉时可先渲染后平涂,白粉中调入不同的肉色,按其肤色进行罩染;画老年人时,可先用粉色依据脸的肌肉分块渲染,然后再罩染一次。画石青或石绿衣服,罩染时色彩沿线处要淡薄,需要多次罩染才能达到工整精细的效果。如用矿物质颜料罩色,渲染时要深一些。除勾填外,罩色可以盖住线条,因为最后还有提线步骤。

提线 工笔人物画多次渲染、罩色之后,原先勾勒的线可能被覆盖住,必须在最后将模糊的线条再复描一次,提线可用墨线,也可用色线,但并不要求将所有的线条无选择地重描一遍,而是根据需要来复描,如需要虚的地方,可以不描。需要强调线的作用的地方如眼睛、口角、鼻子等必须重描。

二、工笔人物画的配景

我国古代不少画家,人物山水花鸟均佳,或擅长其中之一,而对其余二者也有相当高的造诣。现在有些中青年画家只画花鸟而不学山水、人物。有些则只会画山水,而对人物花鸟却无能为力。但画工笔人物,必须兼能山水、花鸟。人物画的配景是整幅作品的重要组成部分,而且涉及面非常广泛。如春夏秋冬、车马船轿、家具陈设、阴晴雪雨,亭台楼阁、禽鸟蝶鱼以及行云流水等,几乎无所不包,因此人物画家必须掌握界画和花鸟、树木、水石等各种画法,才能配好景。配景要注意人物与景物的关系:(一)景物对加强人物思想感情的刻画起到辅助作用,两者必须协调和谐、相得益彰。(二)景物与人物的身份、所处的时代背景、自然环境相和谐,如画踏雪寻梅、秋夜咏月、夏日观荷、郊外春游,人物的服饰与所配的景物必须一致。(三)景物不可喧宾夺主,永远是人物的陪衬。无论构图、设色都应以突出主题思想刻画人物性格为主,配景要服从人物的需要。(四)景物要尽量简洁,以少胜多、以简胜繁、避免景物充满画面,而有损于人物形象。配景可以平衡构图、烘托气氛,使画面有疏密、虚实和节奏感。如顾恺之的《洛神赋图》景物非常繁杂,画中的山石树木只勾线条而无皴擦,树小而作夹叶,水、云都用线条勾,与人物飘飞的衣带取得和谐,加强了动感,烘托了画面的气氛。

人物画的配景,要有疏有密。疏者一石一树有清虚潇洒之意,少缀花草有雅静幽闲之趣,虽疏而不觉空;密者要层层掩映,重阴叠翠,不堆砌、不模糊、不失章法、层次分明,虽密而不觉乱。

关于山石树木、翎毛花卉的画法,在后面山水画和花鸟画的章节中有详尽的讲述,这里从略。

三、工笔仕女画技法

工笔仕女画即以工笔描绘古代女性形象。初学者可从相法、手法和衣法这三个方面着手逐步掌握工笔仕女的基本方法。

描绘仕女面相,也称"开脸",相法,就是描绘仕女面相的方法。开好面相关键要正确地勾出人物的外形。由于人物的面形的宽、窄、长、短、胖、瘦等不同,所以这一圈是非常关键的。在勾勒时都要抓住其基本特征,不然就会谨悉微毛,留意于小,则失其大貌。还有眉相和视相。眉相就抓住人物的眉毛特征,抓住了外形的基本特征之后,细节的精心描绘也是不可忽视的。如眉毛也是重要的部分。眉开眼笑、眉飞色舞,都说明眉毛的重要作用。眉毛画好了,就有利于表现不同人物的形态和表情。如何画好眉毛,唐代时便将不同眉毛归纳为十种形态:1. 鸳鸯眉(八字眉)、2. 小山眉(远山眉)、3. 五岳眉、4. 三峰眉、5. 垂珠眉、6. 月棱眉(却月眉)、7. 分梢眉、8. 涵烟眉、9. 拂云眉(横烟眉)、10. 倒晕眉。

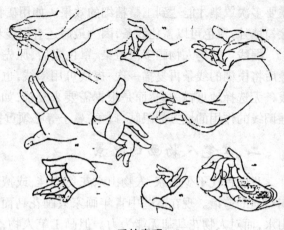

手的表现

手法,就是画手的方法。手是人物表达的重要方面,人的喜、思、悲、恐、怒、忧、惊,都可通过手势来表示。画手时首先要把握人物的神情特征;由于人物的年龄、性别、职业和性格的不同,手形和手势都是有区别的,画手就要掌握好人物外形特征;要了解手的结构、手指的功能和手指的运动规律。中国画人物手的表现有其一定方式,初学者除了从作品中了解掌握手的表现方法之外,更多的可以从古代的壁画,如敦煌壁画、永乐宫壁画、克孜尔壁画中吸取表现技法。

衣法,就是画衣服的方法。衣料的质地、厚薄、特别是衣着人体的部位和动作的不同,便产生各种变化的衣纹。中国人物画强调线条的表现,于是就产生了十八描。如何掌握人物画的衣纹,应处理好这几个方面:掌握衣纹转折,转折多在人物关节处,关节越是夹紧衣纹越是紧密;衣纹的转折呈三角形褶叠,凹入

衣服的表现

里面的成阴面,凸出于外的是阳面,以此决定受光与否;紧贴身子的部分,如肩部,衣纹较少,应体现人体的结构;外轮廓的衣纹线条较长,转折较少;注意调节线条疏密,对于过多过乱的线条要加以取舍;线条勾勒要有粗细、浓淡、转折、顺逆等变化。

头法:就是画头的方法。习画人物画可从仕女的头像开始。画头像基本步骤为勾勒、染墨、染色、醒笔、点饰。

勾勒——用淡墨勾勒轮廓;染墨——根据发型分组用淡墨逐步渲染,一次染后需待干后再染第二次;染色——先用淡的洋红染出颧凸,干后用肤色渲染面部凹凸,干后用薄薄的白粉罩染或在纸的背面衬染,用淡墨染眼与眉;醒笔——用中墨点睛,用浓墨勾勒头发和上眼皮及圈点眼珠;用朱红点唇;点饰——用白粉、石青、石绿等色点出头饰和坠珠。

仕女面部染色应注意"三白",即在额、鼻、下颌三个凸出部位用白粉渲染。这是唐代时已经流行的一种方法。这样处理有利于突出神气。

四、画工笔男子头像技法

中国人物画从战国帛画《夔凤人物》至顾恺之、陆探微、张僧繇"六朝三杰",已奠定了人物画的基础,唐代吴道子更是把当时的人物画推到了主导地位。此后中国人物画便以众多的面貌发展成异彩纷呈的局面。千百年来人物画塑造了大量的典型男子形象。如《苏武牧羊》《李白》《屈原》等。

画男子头像基本有三个步骤:勾勒、染色、醒笔。

勾勒——用不同浓淡的墨色勾出人像的轮廓;染色——用洋红渲染颧凸,后用肤色渲染面部凹凸,再用白粉薄薄的罩染,用淡墨渲染头发;醒笔——用浓墨勾出须、眉、发的细丝,用胭脂勾唇。

古代画人物还有不少要诀,可供借鉴的。如有关人体基本比例的要诀有:

"立七坐五盘三半""盘三跪四",指"从脸之大小应量,从发际至地边(下巴)"作为丈量人体的基本单位,人站立为 7 个头高,坐着为 5 个头高,跪着为 4 个头高,盘坐约为 3 个头高。

"文胸武肚",指文人的胸部要画得平扁一些,武将的腹肚要画得粗壮一些。

"三庭五配三匀","三庭"指发际至印堂(两眉中间)为上庭;印堂至鼻准为中庭;鼻准至地角(下巴)为下庭。"五配"指山根(鼻梁)约一眼之位,两鱼尾(眼梢)约两眼之位,加上两眼,成五等分。"三匀"指两颐(面颊)约两口之位,加上口,成三等分。

又如描绘"恭、慈、直、快"四种眼神的"四视"画诀,即"一为仰视心恭,二为俯视心慈,三为平视心直,四为侧视心快。"

第二节　写意人物画技法

一、写意人物画概览

简与繁、工笔与写意是相对的表现手法,在工笔人物画盛行的时候,写意人物画也已悄然兴起。写意人物画,就是以简练的笔墨描绘人物的形象。李公麟的"始

·家居休闲·

图文珍藏版

扫云粉黛,淡墨轻毫,高雅超谊",表明了他的白描,不仅以线条作为表现的基本手段,而且已简化了勾勒的程式。正是依靠神韵和神气而塑造人物形象便是写意人物画的基本特点。

中国人物画在五代、两宋时期,由于皇室贵族及文人、士大夫积极参加绘画的实践和理论研究,开始形成文人画的体系。在理论上主张抒写"胸中逸气",把表现主观感情、意趣作为绘画的主要目的。南宋梁楷的简笔人物画,《太白行吟图》以极少的几笔狂草的笔法,画出伟大诗人的高尚博大的胸襟,洒脱豪放的气质。梁楷在人物造型方面大胆的夸张与变形,巧妙地运用抽象因素,表现画家主观意象与情趣,开我国写意人物画之先河。梁楷为南宋时期的画家。生卒年不详。宁宗嘉泰(1201~1204)间为画院待诏。梁楷性格狂怪,嗜酒自乐,举止不羁,故有"梁疯子"之称。后因不满画院束缚,而将赐予他的"金带"挂在院内离去。梁楷作人物画,喜以泼墨法,用极其放纵简练的线条塑造人物形象。传世的作品主要有:《泼墨仙人图》《太白行吟图》《寒山拾得图》和《布袋和尚图》等。其中《布袋和尚图》最为人们熟知。作品以工整笔法画眉目,粗放的笔法画衣纹,对比鲜明而又和谐统一。人物造型新奇,圆颅硕躯,笑容可掬。《南宋画院录》说:"画始从梁楷变,烟云犹喜墨如新,古来人物为商品,满眼云烟笔底春"。由此可见,中国写意人物画,虽然早在唐代时期吴道子创造了水墨淡彩,五代石恪又以强劲狂放的笔势、简练夸张的形象,直抒主观的心意。存世有《二祖调心图》。但形成写意人物画完整的体系,写意人物画的创始人应该是梁楷。

宋以后文人水墨画经过元、明、清三代的长足发展,达到炉火纯青的高峰,明、清两代文人画成为中国绘画的主流,但当时的文人画以山水花鸟为主,人物画则比较少一些。新中国成立以后,人物画受到前所未有的重视,改革开放以来,写意人物画空前繁荣,呈现出百花争艳,各具神韵的新局面,近年来在继承优秀传统的基础上,不断汲取西洋绘画及其他画种之长,加上各种绘画新材料、新技法的尝试,使写意人物画形成更加多样化,技法、技巧更趋丰富多彩。

石恪《二祖调心图》

初学者画写意人物要有一定人物画基础,如把工笔画比作楷书的话,那么写意画就好比是草书。只有具有一定的工笔人物的基础学习写意人物画才便于掌握。

写意人物画以写意塑造形象,其用笔率意简捷,多用行书和草书的笔法。石恪《二祖调心图》的衣纹采用草书笔法,灵活飞动,粗放处的挥写还见侧锋和偏锋的使用。

写意人物画采取高度概括的造型,善于抓住人物的基本形态,把具体的细节部分加以简略与虚化。所画的形象强调以意象传神,并不求逼真性,人们可从齐白石这一组人物画的头像中体会到这一点。

齐白石塑造的人物形象

写意人物画多用泼墨法和破墨法,干湿浓淡的不同墨色,泼洒交融便能产生神奇的墨采效果。写意画人物画并强调不同的色彩与色彩以及不同的墨色之间的交融,在墨色的流动感中强调整体的形象感。如关良的戏剧人物画体现了这一妙趣。

二、写意人物画的造型

写意人物画是用主客观相结合的意象造型而不是单纯地摹仿客观物象,追求形象逼真。当代著名画家石鲁,在《学画录》对上述观点做出阐述:"偏于主观者以形象为符号,偏于客观者以形象为拜偶,皆不足取也。余当取于客观、形成于主观,归复于客观,故造型之过程乃为客观——主观——客观之式也。"公式中后面的"客观",即艺术形象的意象。写意人物画的造型,既以客观对象为依据,又与客观物象拉开距离,经过画家的取舍、提炼、概括,充分发挥主观意识,按照画家的审美情趣,去创造理想化的艺术形象。如果与工笔人物画造型相比较,写意人物的造型,主观感情与意念的成分更多一些。二者都要求形神兼备,而写意人物画的神似多于形似。鲁迅先生说:"传神的写意画并不细画须眉,并不写上名字;不过寥寥几笔,而神情毕肖,只要见过被画者的人,一看就知道是谁;夸张了这个人物的特长——不论优点或弱点,却更加知道这是谁"。寥寥数笔能表现人物的神情,是写意人物画造型的神妙之处,与工笔人物画造型的另一区别,在于写意人物画的造型始终突出线条的优势,减弱色彩的作用,甚至只用水墨不着颜色。写意人物画充分发挥笔情墨趣、以线造型,采用书法的用笔技巧:"书法入画",使写意人物画有一种抽象美的"书意"和节奏感与神韵感。

写意人物画的造型,追求以形写神,意象合一,把作者的主观意识、个性修养、审美情趣,寄托在一定的形象之中。画家要舍弃许多表面的、非本质的东西,经过筛选、取舍、变形和夸张,才能达到意象造型的最高境界。例如当代绘画大师齐白石画的虾,与真实的虾距离相当大,但齐白石画的虾是经过他多年摸索、变化、夸张而提炼的产物,他所创造的虾比真实的虾更美。当然求变与夸张要适度,要合情合理,要符合事物内在的本质和民族审美心理与审美习惯,如夸张变形过度,不合理的夸张或任意地扭曲,必然变美为丑。

三、写意人物的小品画

在中国历代绘画中,鸿篇巨制固然不少,但传流至今的大量作品中,很大一部分是笔简意深的小品画,它是中国传统绘画遗产中的重要组成部分。

中国人物小品画形成较晚,宋末文人画萌生,元以后文人画占统治地位,以抒情写意为主旨的作品,大部分属于小品的性质。

小品画的特点是篇幅小、构图单纯、制作简便,题材广泛,形式灵活和情趣感人。小品画轻松抒情,清雅质朴、新奇别致,寓意深远,令人赏心悦目。

初学者可先从学画人物小品画入手,可选择自己最熟悉的生活片段,反复进行多层次、多角度的表现,通过多次实践逐步掌握它的规律。很多画家把对生活原型的感受,创作灵感,在尚不能成为成熟的主题创作时,画成小品,从而锻炼笔墨技巧,提高造型能力,通过小品画的创作实践,为今后完成主题创作做准备。同时好的小品画本身,就是一幅完整的艺术作品。小品画练习是把练习笔墨和创造意境紧密结合在一起,没有基本训练与创作的明确界线。作者把生活中积累的素材筛选出来,运用已掌握的专业技能,整理出小型创作就是小品画。这种小品练习对提高概括能力、抓住创作灵感,确定构思立意,学习创作方法,掌握笔墨技巧,都大有裨益。

第三节　山水画的用笔技法

线条在自然界中虽然并不存在,但它却不是凭空而来的,而是古人从生活中渐渐感悟出来的。这种生活经验的产生,总是与人的心理状态有关。换句话说,它与中国人的欣赏习惯有关。

中国画的线条,由用笔、用墨表现出来。中国画中用毛笔画出来的线,与其他的线条有所区别。它是中国画基本的技法和条件,它与墨的运用紧紧连在一起。

中国画的线条具有气韵,有韵律节奏感,有个性特点,能表达画家的气度。所以评论作品时,往往先对用笔进行议论评价。线本身具有形式美,具有美的内涵。线是造型艺术中表现形式的因素之一,是造型的手段之一,但它不是造型的目的。中国画只不过用它来概括形象而已。

用笔要有正确的方法。由于各人的个性、气质、功夫、兴趣、情绪的不同,笔下就会产生多样风格的线,轻重缓急,刚柔肥瘦,虚实繁简,曲直偏正,这与用笔者的"胸襟"与风格很有关系。画家能做到得心应手,意到笔随,笔笔连贯,一气呵成,其实都与心胸有关。正如清代沈宗骞所说:"笔墨虽在乎手,实根于心,鄙吝满怀,安得超逸之致,矜情未释,何来冲穆之神。"

中国画的线条,以能表现对象为目的,不同的对象,对线的要求也不同。山水画中，勾、勒、皴、点、染等等不同用笔，是现实和理想的结合，是在仔细观察自然以后，经过长期艺术实践而创造出来的。

中国的山水画，已有一千三四百年的历史。从前人大量的作品和浩繁的文字资料中看，用笔的方法技法是极为丰富的，这是优秀的绘画传统中重要的遗产。

用笔之法，需注意运腕。运腕要能虚能实，灵活转动，有时腕实，沉重着力，有时腕虚，飞动悠扬。腕正则藏锋中锋，腕仄则倚斜有势。运腕还须有迟有疾。石涛的山水画，笔墨空灵，神情生动，是他充分掌握运腕方法的结果。

用笔高妙，是长期苦练的结果。恽南田说："妙在一笔而千百家服习不能过也。"达到了功夫成熟的地步，即使随便画一笔，一般人也达不到。潘天寿先生有时只画三笔兰叶，一朵花，也使人觉得满幅完整有物，这就是用笔的功夫。

用笔功夫纯熟之后，弄笔如丸，则墨色可以随笔而到。画法都从运笔中来。练习纯熟，则停顿转折，头头是道，处处逢源。

用笔在于挺拔、轻隽、沉着，太快易滑，过慢又滞；偏用不能薄，正用又不可板；有意屈曲，会如锯齿，太直了又如界画，这都是用笔能否灵变自然的关系。

用笔灵变，除了表现景物的形态之外，还能表现出景物的"神"。到后来阶段，用笔越简而得"神"越全。轻重疾徐，偏正曲直，能去浮滑钝滞，而趋于自然。笔能流畅，又有节奏地把景物的形神及主观个性、感情都表现出来。

画有工致与写意，越工的越要见笔。笔法，不论工、写都须讲究，要能收能放，随心万变，意到笔随。

落笔时，要使精神充足，使气韵自晕于外，似生实熟。能圆转流畅，则笔笔见笔，笔笔无痕迹。

峰石峭立，峻峰而外露的用中锋画，山头山腰，石筋石脚，可兼用侧锋画。用聚锋四面圆厚，山石阴凹处，可用宽笔肥墨，或用侧中寓正的用笔。

山水景物形象的艺术性，要靠笔墨的艺术性来表现。线条有它的气魄和情调。下笔须用墨来体现线，但形象上又不可使人只感到是墨是线。

用笔要求无笔的痕迹，即藏锋、回锋，起止无迹，有似出乎自然。同时笔线反映自然景物的"神"，也表现画者的个性。在作品中有了画家个性特征的风格，就不觉得有笔和墨的痕迹了。

中国画艺术塑造形体，展现艺术风格，靠笔墨来完成。明代李开先提出六种笔法：

〈一〉神笔法：纵、横、妙、理、神、化。

如戴文进、吴小仙的大笔山水。

〈二〉清笔法：简俊莹洁，疏朗虚明。

如戴文进、吴小仙、倪云林的山水。

〈三〉老笔法：苍藤古柏，峻石屈铁，玉坼缶罅。

如戴文进、吴小仙、沈石田、周臣的山水。

〈四〉劲笔法：强弓巨弩，犷机蹶发。

如戴文进、吴小仙、周臣的山水，夏昶的竹等。

〈五〉活笔法：笔势飞走，乍徐还疾，倏聚忽散。

如戴文进、吴小仙的云湖山水，周臣的木石、夏昶的竹等。

〈六〉润笔法：含滋蕴彩，生气霭然。

如戴文进、吴小仙、周臣的云湖山水，夏昶的竹，蒋子臣、杜古狂的树石。

下笔无笔墨痕迹，就能使"实处皆虚，虚处皆实"，使画面上出现一种烟云的气氛，整个画面上有一种空灵的境界。虚处的笔，似无而实有，似近而又远。

景物的形神不同，以笔勾写，要能传神。用笔必须灵变，才能到达传神的地步。不可繁琐，用笔有力，是中国书画形式美的因素之一。笔力的蕴含，靠提笔控纵，如勒马缰不可拘束。所以画家先要提得笔起，用笔的提按要自然，有如音乐中的节奏。画山水即使在设色中，也须注意用笔。线的组织铺排，是由意指导的。笔法结合设色，是中国绘画造型的独特风格。

笔与笔之间要连贯接气，这就是用笔的节奏与和谐。使笔自有韵，并不是依赖墨的浓淡才有韵。运笔的轻重疾徐、强弱虚实、提按控纵、转折顿挫、节奏韵律这几条，如同音乐的旋律，在中国画艺术中，可以说它们是灵魂。

用笔中的提按，必须在提的基础上按下去；提又是在按的动作下提起来。腕，如果长按在桌面桌角上，就达不到这效果。按的笔画，如果平躺在纸上，看起来会感到笨重；提得过分了，笔画又会浮滑而缺乏力量。提按须结合，且要灵活运用。笪重光提出："将欲落之，必先起之。将欲拨之，必教掞之。"就是这个意思。

书法中说用笔有振、摄二法，画上相同。摄是收墨含蕴，如拿马绳的勒拉，又放又留。振是振动，点画间如见挥动。

中锋圆浑，侧锋险峻，逆锋有意外奇味。但使用逆锋，须建立在运用中锋的熟练功夫之上。用笔的各种方法中必须注意一个"藏"字，即不露笔锋。

中锋，是主要的笔法。起笔、行笔、转折，都要从规矩入手，不可故意做作。刚柔、提按要并用。中锋，是笔的中心，中心出于主锋，外边是副毫的作用，下笔时锋毫平铺纸上而中心在中叫作中锋。如同圆口喷壶喷水，四面俱足。

中国画中线条很重要。"线条是艺术家凭他的想象而加于物的，并且有高度艺术概括的作用。"

西洋绘画中虽然不像中国画那么重线条，但他们对线条也有较深的认识。十九世纪美国画家惠斯勒说："美术不单是叙事诗，更应该是音乐，应该以线条为节拍，运用色彩以求和谐。"

中国画的线条，还具有刚正生死的气象，凝练有力。线条有方圆长短，既能表现景物形象的筋骨皮肉，又能表现出刚柔妩媚，雄健飘逸的精神。画家先须凝神静虑，专精以注之。不仅只是有线有形而已，也不仅只是描摹外表的形骸，而是要使它具有生命的感觉。

景物中,树的根梢老嫩;叶的繁简虚实,山石的坚硬粗疏,亦须以不同的用笔去表现。

线条能表现景物的轮廓,而且对无形之物、不显之貌也能表现,并且可以摆脱写实,离开自然,这也可说是东方艺术的特点。线的形质,能传神情,抒气韵。虽然简单,却可转化为美,如音乐中,虽然只有七个音阶,但可构成变化万千的旋律。

用笔还有镇纸、离纸两种形相。镇纸是指线条端凝,力透纸背,纤悉不苟,但不可板滞。离纸是指线条有如在空中飞舞跌宕,有如神龙不测之机,可是要使人感到不浮滑。

用笔第一步,求妥当规矩,第二步,求生动;达到生动,再回妥当。经过如此反复实践,才可达到纯熟生巧的程度。

第四节　山水画用墨用水技法

墨彩靠色阶、色调的变化,去表现对象的形质、明暗和空气感,有如唱腔中的音色美。墨色的运用可与设色相配合,但以浅淡色为主。如着重色,当以浓墨勾勒。

墨与笔关系密切,"笔之所成,墨之所至"。

"笔精墨妙",要求用笔精到,用墨则从浓到淡,从淡到浓极尽变化之能事。所谓"妙",就是点画之中,墨色具无穷变化,不可言说。有浓有淡,浓几分淡几分,说得明看得清。只有浓淡而已,就不成其为妙了。

用墨的层次,看用意深浅,厚薄而施。有的先淡后浓,再加焦墨擦。擦须不露笔迹,使其形象妥帖。有的先浓后淡,再用水墨润泽。有的下笔即呈浓淡,自然浑成。

用淡墨须注意用笔聚锋。墨淡不一定单薄,浓淡相互衬托,能使其浑厚,仍具空灵生动的感觉。黄宾虹先生最擅层层加墨,只是在印刷品上不易看清,须细看。

勾皴后亦可不加擦染,而是由淡到浓反复勾皴数层,使它浑厚。但反复勾皴时,要尽量避免与原来的勾皴复笔,以使墨色不至于僵腻。

有的重叠皴擦,用笔略干,使其呈秋苍之色。有的多用淡墨,使其有迷茫雅淡之趣。

山水中无时无地不有烟云,一树一叶亦具烟云之色。水墨、设色之中,烟云都赖淡墨出之。若能呈现似烟非烟,似云非云,有如薄雾熹微,一片氤氲之气的境界,就更能动人。

笔墨在于干湿互用。

石涛善用泼墨,是如"泼"之意,并非真用盆子罐子成墨去倒。

泼墨是指浓与淡,墨与水相互渗破。积墨,是指先浓先淡,或浓或淡,一次次,一层层加上去。墨色的浓淡,能表现山水景物形体的立体感、空间感、质感,也能表现晴雨、明晦景色,还能使画面具有蓬勃的生气,雄伟的魄力。

笔墨的运用,目的为表现景物的形神,须先从蘸墨与蘸水掌握分寸上学起。经长期锻炼,努力达到准确有数地掌握墨的浓淡与用水的多少。

墨由笔使,笔由墨现。纵横挥洒,无拘无束,才能使笔墨与自然景物融洽,层次分明,浑然一体,墨彩焕发,一片生机。

用墨用色,都是为了"传神",墨随笔施,色又随墨。画成以后,应是山林景物,非色非墨,却是画面上的神采。

墨色的变化微妙,在于水分掺渗的多少,蘸墨蘸水极须讲究,先蘸水,后蘸水,效果则不同。蘸水的分量,应心中有数,眼睛须注视水盆,这与蘸墨是同等重要。

山川景物只是形与色而已。以笔勾形,以墨取色。笔墨得法,则情态、远近、精神都能自呈,于是则景物鲜妍,气韵生动。

墨与水的分量,须看画的大小、多少而定。蘸墨与蘸水要准,蘸后就须下笔,不可调动,这样可保持水墨的自然浑化。墨多调,变化就少。

用墨多少还须先辨别纸性。纸的吸水性、渗化性,与下笔应取的速度有关。如"煮硾"纸,经过硬石压磨,水分上纸一时不会化,须过一会儿再化。在这种纸上用水不宜多。多了,渗化过了头就涸。

明代李日华曾指出:"古人于一滴水墨中,吐吞天地山川之变。"这并不很容易,须掌握纯熟的用笔用墨方法,还须有相当的涵养。清代王石谷曾说:"画家六法,以气韵生动为要。"之所以生动是因为用笔用墨能夺取造化的生机。

墨要新研,水须干净。如用书画墨汁,也要加适当水分重研。因为时间一久,墨汁中的胶就要凝结,造成墨色不新鲜的毛病。

即使全用焦墨作画,也须有疏朗之气,否则易生黑气。黑气,往往是从没有变化的死墨中产生出来。所以墨的浓淡,水分的多少应很讲究。

笔洗中的水,也须干净。画时用多少水和墨,就蘸多少水和墨。直到画完,最好不要洗笔。

第五节 工笔花鸟画技法

工笔花鸟画的发展先于写意花鸟画,战国时期长沙楚墓帛画和长沙马王堆一号汉墓出土的帛画,可以说是工笔重彩画早期代表作,其内容虽以人物为主,但也有生动的鸟兽形象,在敦煌壁画中也描绘了大量的动、植物。它们既富有装饰风格,又生动逼真,对工笔花鸟画的形成、发展准备了条件,直接影响了工笔花鸟画的造型、色彩及工整细致的表现方法产生。

人们的审美趋向随着时代的前进而发展,工笔花鸟画的题材范围不断扩大,艺术风格、表现手法与技巧日趋丰富多样,我国工笔花鸟画在继承传统的基础上，采用"工写结合"的方法，即以工笔花鸟为主与写意的背景相衬托、相融汇、相渗透，创造出美的境界。采用工写结合的方法，白石老人已有很多成功的经验。如他把非常工细的蝉和寥寥几笔的柳叶画在一幅作品中，工写结合、虚实相生，把此时无声胜有声的诗意发挥得淋漓尽致。把花鸟与出水结合起来创造出一种凝重、深远、神秘、幽静的意境，也是现代工笔花鸟画常见的一种表现方法。中、西结合，西为中用是现代工笔花鸟画新的发展。学习素描的明暗对比手法，吸取现代构成的养分，进行装饰、夸张和适度变形，追求形式感，从而更增加作品的情趣。在运用特殊技法方面，近几年比较盛行。如对纸张做特殊处理，就有扎染法、皴纸法、加筋法、腐蚀法等等。此外如弹色、喷色、用蜡、用油、用牛奶以及各种拓印方法、拼贴法等等多种艺术手段，都运用到花鸟创作中来。

工笔花鸟画以线为造型基础。中国画的用线融合了中国书法中用笔规律和美学法则，能体现出力量和美感。白描勾线不是用细线沿着轮廓去描，而是用书法中的用笔方法"写"出形象。以线造型，不仅要表现轮廓、形态和结构，而且要用线来表现浓淡、凹凸、质感、明暗，利用线的疏密来产生远近感、空间感，利用线的强弱产生动感，利用线的粗细、间隔的变化、线条的排列产生浓淡和面的感觉，利用线的勾连、搭接和不同形态的组合，充分发挥线条的各种功能。

一、花卉的类别、结构和形态

花鸟画中的主要描绘对象就是花卉，自然界的花木可分为木本、草本、藤本、蔓本。木本又分为乔木和灌木。如松、柏、杨、榆、木棉等属于乔木，杜鹃、蔷薇、牡丹、玉兰等属于灌木。草本又分一年生，多年生。如秋葵、凤仙、雁来红、鸡冠花等属一年生，如百合、秋海棠、水仙等属多年生。藤萝、凌霄、葡萄、爬山虎等属于藤本，牵牛、葫芦、扁豆、丝瓜等属于蔓本。

花朵是由花冠、花序、花蕊组成。

常见的花冠有蝶形花冠、唇形花冠、十字形花冠、漏斗形花冠和管状、舌状、钟状花冠等。花有单瓣和复瓣两种，如海棠、梅花、桃花等是单瓣花，开放后形成一个盘形，荷花、山茶、芍药是复瓣花，开放后成为球形或半球形。花瓣与根部分离的叫离瓣花冠，如二月兰、牡丹、梅花等，花瓣联合在一起的叫合瓣花冠。

花在花轴上的排列叫花序。单独生长在茎枝上或枝的顶端叫单生花，如荷花、玉兰、桃花、牡丹等。在一个花轴上，按不同次序排列着许多有花柄的小花叫总状花序，如油菜花、紫藤等。葡萄、丁香为复总状花序。在一个花轴上紧密排列着许多无柄的小花叫穗状花序。如凤仙花、车前子等。在花轴顶端生长许多有柄小花叫伞形花序，如百子兰、君子兰等，侧生在一个引长的花轴上叫伞房花序，如海棠、梨花等，花轴形成一个扁平的圆盘，上面密生许多无柄花管状或舌状小花，叫头状花序，如向日葵、菊花等。

花蕊生在花心，分雄蕊雌蕊两部分，常见的花蕊也有不同类型，如桃、海棠、梅、

·家居休闲·

图文珍藏版

杏等,雌蕊为一枚、白色,雄蕊为多枚、花丝多为白色。花药多为米黄色。芍药、牡丹其单瓣露心的花蕊明显,蜀葵为单体雄蕊,花丝连成一束围绕于雌蕊之外,扶桑的蕊管较长高出花冠,雌蕊伸出雄蕊管外,柱头五裂,呈紫红色或黄色,其他如荷花、山茶等各种花蕊的形态也各不相同。

花卉的叶子如人体的四肢,起着衬托花的作用,俗话说:"好花要靠绿叶扶"。叶子由叶片、叶柄和叶托组成,有单叶、复叶之分。

单叶有针形叶、剑形叶、心形叶、带形叶、披针形叶、椭圆形叶、箭形叶、扇形叶、盾形叶。

在一个总叶柄上生出多数小叶叫复叶,由于排列和数目不同,又可分为奇数羽状复叶和偶数羽状复叶。

叶柄是叶片与茎相连接部分,一般为圆柱形,也有半圆柱形、平扁形等。叶柄有长短、粗细之分,多数与叶片方向相一致,有的形成一定的角度,大部分叶子都有叶柄,也有少数无叶柄的如二月兰、罂粟等。

叶托生于叶柄与茎枝相连处,一般细小相对而生,有些花没有叶托。

花卉的茎如人体的躯干,它下部连接着根,上面支撑着叶、花和果实。茎多生长在地上,也有些生长在地下的叫地下茎。一般为圆柱形,也有棱柱形,四棱形或扁型的。

二、工笔花卉的白描

工笔花卉白描勾线的要求与工笔人物白描相近,但花卉有它自身的特殊结构、性质和质感。前面粗略地介绍了花卉的类别、生长、结构和形态。写生和创作时可以避免出现常识性的错误。

学习花卉白描应与花卉写生同时进行,对照实物仔细观察,更便于了解一般花卉的规律和每种花卉的特点。

学习白描勾线要掌握用笔用墨的基本方法。如勾勒花瓣、茎叶适合用圆挺有力的中锋、勾皴山石树木时应用扁斜的侧锋,勾线时起笔要藏锋,行笔要慢,要有顿、挫、转折的变化,收笔时要回锋,不能把线甩出去。

勾线的起笔顺序是从上到下,从左到右,先勾上层花或叶,然后勾被遮住的第二层第三层,当两条线相遇时,一条线压住另一条线要上压下、前压后。利用线条上下前后左右的关系来表现花叶生长结构。

花叶的轮廓线,可分为边缘线、折面线和主筋线三种。花瓣的边缘线通常是不整齐的缺口叫"缺刻",边缘裂开的口子叫"撕裂",边缘重叠起来叫"褶皱"。叶片的边缘也是变化多端的,花瓣叶片都是薄片状,当它翻卷起来露出的折面时,用折面线和主筋线来处理,花叶的主筋多位于花瓣与叶片正中,主筋基部粗,到边缘部分渐细。边缘线有顿挫、曲折、粗细、连续、起伏的变化。折面线与主筋线比较挺拔、饱满。

花筋叶脉犹如人物画的衣纹,勾好筋脉能使形象丰富具体,增强花叶的体积感。有些花瓣上的花筋不明显,如桃、海棠、梅、杏等均可以不勾花筋。有些花,花筋显著,如芍药、牡丹等需勾花筋,但线条要细、要虚。着色的花卉多在染色之后再勾花筋。

点花蕊犹如人物画的点睛,是花枝的精神所在,雌蕊比较明显,可先用淡墨勾勒,雄蕊花丝要勾得细而有力,花药用焦浓点出,由于花卉品种不同点蕊的方法各异,如杏、桃、梅等雌蕊不明显,可以省略不勾,牡丹、芍药的雌蕊为一小石榴形,要先行勾出,萱草、百合雌蕊花柱呈长柱形,柱头三裂,可用细线双勾,杜鹃、山茶雌蕊细长,可用焦墨勾点,雄蕊花丝一般细长,勾时用线要细挺有力,用笔要快捷,收笔要尖细,花丝方向要向雌蕊攒抱。

作为花卉的骨干,茎枝在勾皴时必须从根到梢一气贯通。主干和侧枝要生长自然,婀娜多姿,草本花的茎是嫩的,所以尖端细、根部粗,两条线平行,一般出枝处略为膨大。枝干一般为圆柱形,有的有棱有沟。茎上有沟棱的,要用较干淡之墨虚勾,不可过实。木本枝干比草本复杂,变化较大,无论乔木、灌木都比草本花高大,有树根、树本、大干、小枝的区别。树皮干裂粗糙,树身隆起凹进呈不规则状。历代画家创造了不少皴法、擦法,可以表现树皮的裂纹和起伏。勾皴木本枝干,可用中锋与侧锋结合,转笔与折笔互用,皴擦多用侧锋干笔横扫,出现飞白的笔触,树皮的纹裂,可根据不同的花种灵活运用。

木本枝干勾皴以后,还虚要点苔,点苔宜用秃笔散锋、戳点要自然有力,要有大有小,有聚有散,可以攒三聚五不可平均分布。

工笔花卉的白描,只凭线条的粗细、浓淡、虚实、疏密、聚散、连断,表现物象的形、神和质感,如果没有娴熟的笔墨功夫和高度的概括能力,很难处理得完美生动。

三、工笔花卉的渲染设色

作品的意境,笔墨的运用,形象的塑造,神态的刻画,构图的处理,渲染设色,都会直接关系到工笔花鸟画的成败。历代画家在长期实践中积累了丰富的设色经验。清代邹一桂在《小山画谱》论花卉画的设色法和点染法中,对花卉的设色做过精辟而简要的阐述。诸如:设色宜轻不宜重,重则沁滞而死板。要想色彩艳丽鲜明应以一色为主,其他色相配,青紫两色不能并用,黄白两色不能兼随,大红大青可以偶然用一两次。深绿浅绿表现叶的正反面。画花可以重复敷色,画叶不可出现重笔,画焦叶用赭色,画嫩叶可加胭脂,如果花色重,叶色不宜淡,落墨深,着色就应淡些……清代方薰在《山静居画论》中说:"设色妙者无定法,合色妙者无定方,明慧人多能变通之。凡设色须悟得活用,……活用则神彩生"。主要是阐明设色的原则,不要拘泥定法,要根据花卉的形象、质感、色彩,灵活多变。

下面具体讲述工笔花卉的几种渲染技法。

1. 晕染,是深浅上色法,用一只手同时拿两支笔交替使用,先用蘸色的笔色,再用另一支蘸清水的笔把色晕开。晕染时向同一方向,一层一层地由小面积到大面积,这是表现花叶起伏转折、明暗及层次的主要手段。晕染时的浓淡要根据花叶的固有色的变化来安排,如桃花、荷花、海棠、杏花等花瓣内浅外深,花苞深开后浅。而山茶、牡丹、菊花等,它们的花瓣是外浅内深,多数花是根部深、边缘浅,而荷花、牵牛等则是根部浅、边缘深。

叶片是以叶筋为依据,染出起伏转折,从正中主脉把叶片分为两部分,主脉凸出的一侧在后,要重些,主脉凹进的一侧是前半面为亮面。晕染花叶的明暗,浓淡变化,通常是根据平光下花卉自身结构的起伏,转折和层次加以适当夸张来安排其明暗,浓淡的对比。有些折枝花卉,尤其是小幅的花卉多采取浓浓淡淡的互相衬托的方法。

2. 先铺后染,即先平涂一层颜色,然后用晕染的方法染出明暗浓淡,例如画芙蓉叶先铺一层淡绿,然后再用老绿在叶脉两侧空出水路进行晕染,又如画朱砂的花,为使朱砂增加明度,先铺一层白粉,然后用朱砂或胭脂渲染。

3. 点染在工笔花卉中,常用来表现小花、小草和画远景的柳、苇、竹等细小的形象。方法是不勾轮廓线用一支笔先蘸一种色彩,然后用笔尖再蘸另一种色彩,着染时把笔按压下去,使之产生两种色彩的过渡变化。点染时,一笔下去使两种颜色掺和在一起,既有形象结构,又有色彩变化,要熟练地掌握色彩和水分的变化,用笔要注意轻重转折,使之更富于笔墨趣味,点染法也常用没骨画法。

4. 混染也称粉染,即用粉和水色直接在画面上混染成所需要的色相,例如画荷花,其花瓣的色彩是由红、白、淡绿三色互相渗透、晕化配合而成,表现这种色相,其他染法都有不足之处,而用混染法比较容易达到应有的效果。在花瓣的三个部位,先后着上含有饱和水分的红、白、淡绿三色,再用蘸清水的笔略为引调刷染,使红与白、白与绿接晕自然。水光均匀滋润。如觉得有色度不足之处,仍可补色,再用清水略为刷染,用此法染出来的荷花和带露水的花朵,色感娇嫩辉晕,有透明感。

5. 罩染,在渲染设色中,罩染是最后的一道色,例如在绿叶上罩染一点朱砂或胭脂,使色相更加丰富,在平绿上罩上一道嫩绿,使色相增加柔润感。如画老叶,先用墨染最深的地方,再用老绿加染,然后用嫩绿从叶尖向后罩染,可使色泽娇艳,明暗深浅明显,增加层次变化。

6. 托染,又称衬托或托色。工笔重彩画常在纸或绢的正面或背面平涂一层石色或水粉色,可以突出画面形象,丰富画面色彩,增强装饰性。例如用石青来衬托玉兰以及一些白色花朵,用淡赭、淡绿、淡青衬托花木,也可以直接用色纸作画,产生衬托的效果,托染虽是平涂,可以一次涂成,也可多次涂成。

7. 其他染色法,是近现代画家创造出来的新技法,如用喷枪或其他喷雾工具,把颜色非常均匀地喷在画面上。弹的方法多用于弹撒雪点。拍是指用揉皱的纸、布或丝瓜瓤蘸上颜色拍点出自然多变的苔点。拓是在不同质感的底子上拓印,如同拓碑帖一样,藉以制造特殊效果。除喷、弹、拍、拓以外,还有不少新奇的方法,只要我们运用得当,就会产生不同的特殊的乃至意想不到的效果。

8. 整理。主要是收拾画面,调整关系。其中包括点花蕊、补色,补小景等,能起到画龙点睛作用的多种方法。颜色的深浅与画面的层次是否适当？空白的处理是否稳妥？物象的轮廓是否准确？构图安排是否完整等各种关系的调整，要在最后整理阶段来完成。一切都调整妥当以后，最后再用题款、印章来弥补构图之不足。

四、工笔禽鸟画法

花和鸟是花鸟画的主要描绘对象。中国传统绘画将"花卉"和"翎毛"分为两个独立的画科，"翎"系指鸟类；"毛"是指兽类。"二足而羽谓之禽，四足而毛谓之兽"，通常把翎毛称为禽鸟并不确切。

在花鸟画中，多是以鸟为主，以花为宾，有的作品尽管花卉在画幅中所占比例较大，禽鸟所占的位置较少，但仍应以鸟为主，因为鸟是动物，比花更为生动。禽鸟羽毛华丽，能展翅飞翔，鸣啭动听，善歌有情，更为人们所欣赏。当然也有些作品以花卉为主，鸟只处于从属地位的。

画鸟，首先要了解和深入细致地观察鸟类的生活习性，生长环境，骨骼、羽毛的组织结构，飞、鸣、食、栖的举止动态，再结合某些鸟的性格，名称，形状加以人格化的描写，抒情言志，如画鸽子以示和平、幸福，画鸳鸯象征爱情坚贞，用画绶带、桃子象征祝寿等等。

唐代花鸟画杰出代表边鸾能画出禽鸟活跃之态、花卉芳艳之色。作《牡丹图》，光色艳发，妙穷毫厘。仔细观赏并可确信所画的是中午的牡丹，原来画面中的猫眼有"竖线"可见。又如五代画家黄筌写花卉翎毛因工细逼真，呼之欲出，而被苍鹰视为真物而袭之，此见于《圣朝名画评》："广政中昶命筌与其子居寀于八卦殿画四时山水及诸禽鸟花卉等，至为精备。其年冬昶将出猎，因按鹰犬，其间一鹰，离鞲奋举臂者不能制，遂纵之，直入殿搏其所画翎羽。"

工笔画盛行于唐代。能取得卓越的艺术成就的原因，一方面绘画技法日臻成熟，另一方面也取决于绘画的材料改进。工笔画须画在经过胶矾加工过的绢或宣纸上。初唐时期因绢料的改善而对工笔画的发展起到了一定的推动作用。

工笔画一般先要画好稿本，一幅完整的稿本需要反复地修改才能定稿，然后复上有胶矾的宣纸或绢，先用狼毫小笔勾勒，然后随类敷色，层层渲染，从而取得形神兼备的艺术效果。如陈之佛所作《秋艳》图。

鸟类分布于世界各地，由于栖息的环境和习性不同，其外形和构造也有很大区别。根据它们的生活环境，大致可分为森林鸟类、水域鸟类、沼泽鸟类等，也有将禽鸟分为山禽、水禽和家禽的，若根据它们的形体特征和习性，又可分为涉禽、猛禽、走禽、游禽、鸣禽、攀禽、鹑鸡、鸠鸽等八类。

走禽类主要生活在热带，草原、沙漠、灌丛中，它们的特点是两翼退化，多数不能飞行，善于迅速奔走，如非洲鸵鸟，美洲鸵鸟，澳大利亚鹤驼等。游禽类多属集群性鸟类，多分布在湖泊、海滨，如红嘴鸥、企鹅、大雁、海燕、潜鸟、鸳鸯、鱼鹰及各种鸭类。涉禽类多栖息于河川、沼泽、海滨及林地、山间，如丹顶鹤、鹭鸶、白鹤、朱鹮、灰鹤等。猛禽类遍布我国大陆及海南岛平原地带,如老鹰、苍鹰、猫头鹰、游隼等。攀禽类野生时集群于灌丛和林中,有的经过驯化笼养,可供观赏或表演杂技,如翠鸟、鹦鹉、杜鹃、啄木鸟等。鸣禽类有的栖于山上密林中,有的栖于平原山地和灌木丛中,如八哥、黄鹂、太平鸟、相思鸟、绶带鸟、伯劳、百灵、画眉等。由于鸣禽小巧玲珑,羽毛艳丽,为花

陈之佛《秋艳》

鸟画家乐于描绘的宠物。鸠鸽类如斑鸠、沙鸥栖于沙漠,半沙漠地带,鸽类,如肉鸽、观赏鸽多为人类驯养,并成为世界性的爱好,作为和平的象征。

若想把自然界中形形色色的禽鸟完全研究透彻,认识它们的特征和本质,绝非易事,但在表现它们之前至少要熟悉它们,认识它们,掌握禽鸟的分类、自然生态、生活规律,以及它们和自然环境的关系。

禽鸟的种类繁多,但经常入画者,不外鸡、鸭、鹅、鸽、苍鹰、卢雁、孔雀、锦鸡、仙鹤、鹭鸶、八哥、鹦鹉、鸳鸯、喜鹊、翠鸟等。初学者掌握以上禽鸟的基本画法,其他禽鸟便可触类旁通,举一反三。

画禽鸟的步骤,基本上可以归纳为三种:一、画静止的鸟,一般可先画鸟头,画头先画嘴,画眼、再画头的外形、背部、两翼、尾部、胸部、腹部,最后再画足爪。二、画飞翔鸟,在空中相斗的鸟,展翅啄食的鸟,均可由翅膀画起,然后补身、加头、勾嘴、点睛、添足。三、用没骨画法,先从背部着笔由浓渐淡,再用淡墨画胸腹,用浓墨画翼,尾,最后画头、勾嘴、点睛、补足添爪。

画禽鸟的方法,依次是白描勾勒、墨色打底、着色等,与花卉基本相同。

画鸟的最后步骤也是非常重要的,关系到一幅作品成败的关键。这一环节包括批毛、勾羽轴、羽枝、画爪、勾须点睛等。

批毛。鸟的软毛部分在着色以后,一般都须再用同类重色批毛。如草绿、石绿色鸟毛要用较重草绿或花青批毛;朱砂、朱磦色鸟可用曙红或胭脂批毛,白鸟则用白粉丝毛……

翎片部分要用同类重色勾羽轴、羽枝。羽轴勾线可略粗重,勾羽枝要有规律,均匀地勾在羽片外缘,中央与羽轴虚开,勾羽枝的斜度越向羽片尖端越趋向与羽轴平行的方向,有些鸟类在腹部边缘和胫腓骨上部生有白色绒毛,要以浓白粉在喉与脸颊的交界处和腹肋与翅膀交界处丝几组白毛,对比鲜明醒目。但用笔要细而劲挺,要用覆盖力强的浓白粉。

鸟爪分浅色与深色两种,浅色鸟爪可先勾好轮廓,着染底色分染体积,干后再用同类重色复勾轮廓及勾点鳞甲,也可以用立粉法,用浓厚的白粉点出鳞甲,干后

用透明色罩染。深色鸟爪画法,可用墨勾线,填色、积水点鳞甲。

为突出鸟的眼神并使之有透明感,一般先在眼眶的内周染一圈水色,中间空白干后再用焦浓墨点睛。为了加强鸟向前看的感觉,高光留在后上方,还可在高光的对面再留一较小的反光,以增加其透明感。

有一些鸟类,鼻、须明显,特别猛禽类,勾上鼻须可加强其凶猛的气势,可以细挺的小笔,从鼻孔部向斜下方以犀利的笔锋勾出、勾鼻须多用赭墨。

第六节　油画基本技法

油画即可采用不透明的厚涂,也可以采用透明的薄画法。色彩可以相互柔和地调和在一起,也可以留下刀锋般的硬边,形成尖锐的对比。因为油彩干得很慢,在其干燥之前可以有很多时间来进行调整和修改。即使在一幅画干透之后,新鲜的颜料还可以再涂上去。虽然油画看起来有无限的可能性,但其技法主要还是分为直接的与非直接的两类。

在两种类型中直接画法的更为常见,它被认为是油画技法的"基础"。这些简单的技法普遍适用于所有的油画形式,包括将从软管里挤出的颜料直接使用到画布上。颜色的调和、质感的形成、构图的体现和画面的修改都能直接在画布上进行,产生直接的效果。

非直接画法的过程较为复杂,包括一些预备性的计划。基本的油画技法被完美地利用之后,再把透明颜色一层层覆盖上去,创造出珍珠般的效果。这种被称为上光的方式将在以后的章节中介绍。

我们将研究一些基本的东西:湿画法、一次完成法、干笔和厚涂技法;黑颜色的运用;调色刀技术;质感的创造;实现均匀的调和;等等。我们也将看到开始作画时的一些优先方式。

从素描到油画

在我们深入地了解油画技法之前,应当先把注意力放在一个非常基本而又总是被轻视的事实上——素描的重要性。

画家们经常认为素描与油画是两个差异很大,有时是相互对立的行为。一位画油画的妇女曾经对我说,她喜欢画油画,但讨厌素描。我并不是完全不同意她要对她所说的"素描"作新的界定。起码在我看来,素描不过是一种想法的最简单的形式。甚至西斯庭教堂也是由一系列潦草的线条开始的。在我自己的作品中,我常常惊奇地发现一幅完美的油画不过是从被遗忘在速写本中的一幅小素描开始的。对我来说,别的艺术家可能也是如此,素描似乎是初步的构想,油画是那种构想的全面发展和最后实现。所以,素描和油画并非是相互对立的行为,而是导致同一结果的过程中相辅相成的步骤。

我之所以这么说，是因为可以清楚地看到一幅素描是多么自然地成为一幅油画。在作品的最初步骤中，素描和油画是同一回事。这可能就是为什么一幅画开始的时候是整个过程中最有意思的部分。想到你那洁净雪白的画布犹如一张大素描纸就令人陶醉——你最开始的想法与想象在一个空荡的舞台上或剧院里第一次获得了生命。

严格地说，素描是一个灵活的过程，它允许甚至鼓励变化、修改和调整，所有这一切都是为了发现和发展一个明确的视觉形象。在任何一幅油画的起步阶段，灵活性都是一个关键的因素，只是为了这个理由，就不必为花费大量时间直接在画布上画素描或是随意涂画而伤心，它不过就像一张大的白纸。

有许多素描材料和技法可以用于任何风格的油画在起始阶段为确立基本构思而要做的大量工作。这些媒介在画布上运用灵活，易于调整，在草图完成或固定之后，也能有机地与油彩结合在一起。

炭条

炭条差不多是最常见的与油画颜料混合使用的素描媒介。炭精棒和木炭条都适用于画布或木板上的素描。木炭条的性能尤佳，因为它能留下较轻的印迹，更为灵活——即是说它更易于擦掉。炭精棒则留下很深的黑线，更为明确，更适于画细部。

在画布底子上用炭条画素描差不多和在纸上的感觉一样，但难于附着在表面。这种素描的完整程度十分广泛，从几根概括性的线条到具有阴影与高光的完整的明暗表现。传统的纸上炭笔素描中所使用的工具在这儿也是相同的：软橡皮、硬毛刷、麂皮和锥形擦笔，各自都有不同的功能。修改也很容易，既可以将炭笔线条擦掉，也可以用抹布蘸水或松节油将所有的印迹全部除去。

是否将炭笔素描固定下来应视情况而定，但较复杂和较详尽的素描应当固定，而且需要用固定液来处理。传统的固定液是以虫胶为基础的各种变体，它不会对油画颜料有丝毫损伤。当炭条素描完成后，你准备铺上第一层油彩时，预先要在画布上喷上薄薄的润色清漆。这是非常有用的，如果你的炭条素描画得十分精细和准确，你就不会在油画的初步阶段失去素描的印迹。当你用松节油洗去你的油彩时，润色清漆还能保护你的素描。另一方面，倘若你要使你的素描与油画融为一体，就不必喷上润色清漆，顺其自然。炭条对最后的色彩效果不会有什么影响，除非它不必要地画得十分浓重。

色粉笔与孔特蜡笔

使用色粉笔或孔特蜡笔（一种用石墨和粘土制成的硬蜡笔）的方法与炭笔大体一样；同样的工具与技术用于调和、晕擦、刮擦和擦除。当然，相异之处在于色彩，它们有多种颜色，不过也可以作为素描阶段的一种因素来介绍。

不能选择太软的色粉笔。色粉铅笔是一种很好的选择。理想的效果是不留下太多的颜色在画布上，这就是为什么硬色粉笔和孔特蜡笔比传统的软色粉笔要好用。你不能将画布上弄得到处是"粉末"。要保持色粉效果的干净,不能层层叠加。在这种方式中也要避免使用白色或浅色的色粉笔;相反,要让画布的白色底子为素描留下鲜明的效果。在这种素描中,堆集传统的厚色粉笔色层是错误的,因为它会给你的油画造成一个不稳定的底子。因此,色粉笔要画得绝对薄——几乎像一道印迹——你会得到完美的效果。倘若需要的话,可以喷上一层润色清漆。

水溶彩色铅笔

人们往往忽视用彩色铅笔画上颜色和素描来作为油画的初步阶段的方式,尤其是由德温特(Derwent)生产的水溶彩色铅笔的变体。这种独特的媒介允许画家同时使用线条与水溶颜色。干了之后,这些铅笔的效果就如一般的彩色铅笔,但一旦你用它们来着色时,在周围用湿画笔涂上清水,就会产生如水彩画效果一样的透明水色。浅色和白色是由画布的白色底子留出来的。以水为基础的彩色铅笔在画布上仅会留下一层极薄的色层,不会对油彩的覆盖有什么影响,因此也不用上固定液。

对于同时喜欢画水彩画的艺术家来说,这是一种很理想的媒介,不过他的观念最终还是要以油画来实现。作为一种可行的底色与素描媒介,水溶彩色铅笔具有同色粉笔与炭笔同样的优点,但后者不易清除,即是说,如果彩色铅笔的素描画得不对或太乱,你可以用湿抹布把它擦掉,再在白色的画布上重新开始。

墨水笔

墨水笔作为油画的素描草图是一种十分有趣的工具,凡·爱克就偶尔使用。印度墨水和乌鸦羽毛管笔是最理想的,酒精溶解的(不是松节油溶解的)圆珠笔墨水也很便于使用。你也可以用水溶彩色墨水。这种媒介用在硬底子上比画布上更有效果,比如木板或梅索奈特纤维板,画布的质地会分散精力。

墨水笔是在这儿介绍的四种媒介的素描中是画得最慢的,所以它适合于小幅作品。事实上,它的主要优势是使油画家从一开始就充分注意细节。可以想象,在15世纪以细节为主的油画中它有着多么重大的作用。使用一支乌鸦羽毛管笔对于大画或"绘画性"也不会有任何损害。

墨水笔素描的优点在于它完全固定在你用笔的地方。当你用油彩覆盖它时,它既不会移动,也不会轻易地被松节油洗掉。更惊人的是它还很便于修改。因为在油画的条件下,这种媒介在底子上比在传统的纸上更牢固,也就完全可能把墨水刮掉或用砂纸擦掉,用来调整以画出最精彩的细节,一种用钢丝绒做成漂亮有效的擦笔,可以用于对墨水笔优美的晕擦。对于有铜版画技术的画家来说,墨水笔是油画创作的一种熟悉而自然的方法。

第七节　水彩画着色的基本方法

当把颜色调配好之后,怎样画到纸上去,怎样恰当地运用好水分,怎样才能正确、充分地表现对象的效果,塑造好物体形象,这是学习水彩画中一个至关重要的问题。

水彩画由于它的工具材料不同,颜色的性质不同,颜色必须借助于水分的多少来表现物象的不质量感和画面气氛。所以,在着色方法和表现手段上就有区别于其他画种的显著特点,另外自然界的物象千变万化,各具不同的特点,因此我们也应采用各种不同的表现手段和着色方法来表现对象。

一幅优秀的水彩画,从画面各部分看,都是采用各种不同的着色方法组织画成的。如果采用单一的某一种着色方法来完成一幅画,那将是片面的、单调的,是不能表现好对象的。

水彩画的表现方法丰富多样。根据其用水调色的特点。基本技法大体可分为干画法与湿画法两大类。现将这两大画法分别介绍如下:

1.干画法

又名分层着色法。主要利用水彩画颜色透明这一特点,着色时颜色由浅到深,层层相加。干画法一般笔触显露,色彩层次丰富而富于变化。干画法水分容易掌握,因为干画法均采取干底层层加色,所以受时间限制少,便于反复琢磨,长时间的刻画。初学者先练习此种画法为佳。

干画法又可分为干后重叠、平涂、并置、枯笔、点彩。

①干后重叠法

是干画法中最主要的一种画法。即利用水彩画颜色透明的特点,在干底子上着色,颜色由浅到深,多次重叠相加。也就是说,在第一笔或第一遍色干后,再加第二笔或第二遍色,这样多次重叠加色完成(如图1)。

此种画法的特点:

此种画法一般笔触明显,色彩绚丽,色彩层次丰富而富于变化。适宜于表现明暗对比强、轮廓清晰、质地粗糙而坚实的物象和阳光灿烂、色彩明丽的景色,以及刻画亮部、近处、实处的物体。

图1

此种画法因采用干底层层加色的方法,所以作画时不受时间的约束。因此它可有较长时间来深入、细致、反复地刻画而达到相当充分、具体地表现对象,适合于做长期作业。

使用此画法须注意:

加色时,必须考虑到加上去的颜色与已画的颜色结合后所产生的重叠效果。重叠次数不宜过多,常常是这样很透明的颜色,因重叠的次数过多,容易显得生硬、呆板、不透明,出现灰暗、污浊、滞闷。重叠时,颜色应一遍比一遍透明度高,重叠时颜色力求鲜明,先浅后深,要稀而薄,不宜过厚。

②平涂法

平涂在水彩画着色中是相对简单而常用的一种着色方法。就是按照物体轮廓的形,将调好的颜色,有计划、均匀地涂到画面上去。在做大面积平涂时,根据需要,可以有色彩的逐渐变化。此法,常用来表现平面的、光度变化不大的对象。如墙面、地面、平静的水面、澄明的天空、静物画中的桌面等装饰性较强的画面。此种画法简练、概括、单纯、明快。

③干后并置法

就是着色时在一色干后再画邻近一色,是采取色块并置或并列的方法来描绘表现对象的一种方法。颜色未干的情况下,可作间隔并置,使颜色分割而互不渗化。如图2在色块并置时,色块既可平涂,也可重叠、连接,使之有其变化。此种方法还可称之为分割法、填充法、拼接法等。

图2

这种画法,适宜表现形体明确,轮廓清晰可见,色彩清晰、明快,明暗对比强烈,各部分色彩差异较大的物象。如强烈阳光照射下的现代建筑、对比较强的花卉写生等。

采用此种方法,表现对象时,要求简单、直接,色彩准确,颜色要饱和、水分要充沛,笔法要生动,形体结构简练概括,尽量少做修改,争取一气呵成。防止出现呆板、单薄和色块生硬的状况。还须注意两色块并置后产生的色彩效果,切忌对比色相等面积色块的并置。

④枯笔法

采取画笔含水量少,画笔一般使用狼毫水彩笔,行笔较快,利用水彩纸粗面的纸纹产生一种干枯粗糙的有力的笔触,画出像书法中的"飞白"现象的画法(如图3)。该画法的优点是能加强物体的质量感。与其他方法结合使用,可以形成对比和衬托,起到强化物体增强画面力度的作用。可用它来表现粗糙的树杆、树枝、水面闪动的波光和蓬松的头发以及水果中某些高光等。

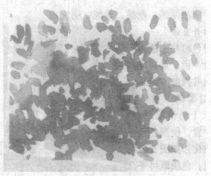

图3

国学经典文库

家庭生活百科

·家居休闲·

图文珍藏版

形成枯笔效果的主要条件:纸面粗糙;笔上含水量少;颜色浓度大;行笔速度快。枯笔既可在干底上产生也可在湿底上产生,妙在恰当掌握。

采用此种画法需要注意的是:根据表现对象的需要,恰当使用,如果使用不当,将会出现画面干枯、花乱的感觉。使用此法,还须注意画面的大关系和总的气势、质感的表现,谨防滥用。

⑤点彩法

用颜色点来表现景物的方法。有干底点彩、湿底点彩、半干半湿时点彩等多种方法(如图4)。因为此种方法一般采用干底点彩的较多,所以将此法列在干画法这一类。

图4

湿底点彩:就是在第一遍色未干时,就将各种颜色点上去,利用水分的渗化作用,产生一种不固定的形象。从而形成模糊而虚远的丰富的色彩效果。还有一种半干半湿时点彩的方法,在底色快干未干的情况下,把颜色点上去。这种方法,色彩经过色水渗化后,产生一种中心固定边缘模糊,形成既清楚又模糊的形象,美丽而自然。用此法表现花布上的点花、雨点、飞雪、灯光等效果极佳。

干底上点彩,一般包含着干后重叠点和干后并列点两种。但一般都不把它列入干后重叠和干后并列法之中,因干后重叠与并列,都是指用色块来表现对象的。所以,一般都将此法用在深入细致刻画和表现对象的细节上。如点树叶、石块和点苔上。使用时要根据对象的形体结构去点画。用笔须简练、概括,要有画龙点睛之妙。点彩时,笔上含水要饱和。用狼毫和羊毫笔点彩,各有所长,根据需要而定。要注意点画适度,以避免画面花乱、零碎,影响表现效果。

2. 湿画法

湿画法,就是指利用水彩画用水调色、颜色便于在纸上渗化的特点,在湿底上着色的方法。一般趁纸面水色未干连续着色,所以又称之为连续着色法。此画法,在着色时间水分的掌握上要求特别严格,所以需要周密计划,严格训练,反复训练,才能得心应手,挥写自如。须注意的是,着色时画面或纸面水分较多,各种颜色在纸面上经过渗化、分离、聚合后产生什么样的色彩效果,画者一定要做到胸中有数。湿画法,一般笔触模糊,色彩变化丰富,给人一种湿润、浑厚、虚远、朦胧、水色淋漓的特殊效果(如图5)。

湿画法,又可分为湿纸着色法、湿时连接法、晕化

图5

法、湿时重叠法、沉淀法等多种方法。

①湿纸着色法

就是把纸全部或局部打湿,利用水分的渗化,使颜色在湿纸上自然地结合起来,表现对象或景物的方法。

全部浸湿画法

将用铅笔打好稿子的水彩纸,全部在清水中浸泡20~30分钟,使纸全部浸透,然后取出,放在平整的画板上,如果天气太热,气温高,干得太快,还可在纸的下面放上一层用水打湿的海绵,保持湿润的时间。铺平后用羊毛底纹笔或毛巾,将纸面上的水分扫均匀。趁湿不干着色。此种方法时间性比较强,作画速度宜快。最好一气呵成。着色时,对着色程序要有一个周密的安排。也就

图6

是说,先画哪一部分,后画哪一部分,要条理清楚、程序分明,才能达到良好的效果,要不然会搞得手忙脚乱,一事无成,水在纸面上泛滥成灾,不可收拾。此种方法,宜表现形影模糊的雨雾景色(如图6)。

局部湿纸法

图7

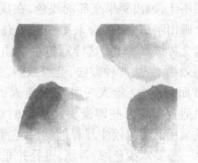

图8

这种方法在水彩画的制作中通常应用。如图7就是先用清水或浅色水将画面背景部分打湿,趁湿不干连续着色的。着色时用水的多少,干湿的程度,一般视表现的需要而定。布上的花纹,就是事先用浅蓝色的水,水分充沛,将其全部刷湿,趁湿未干把花纹、颜色画上去的。然而,形成一种虚远、模糊的效果。与用干画法塑造的物体形成一种干湿的对比,起到了突出主体的作用。风景写生中,画远景,一般都采用此种方法。

②晕化法

如图8,实际上是一种渲染的方法。一般是用羊毫笔将水分较多的颜色,画在

干底画面的某一部分,随之用饱含清水的笔在某颜色的边沿接触一下,使其颜色自然地向涂清水的地方慢慢地化开。使所表现的物象形成一种圆润而边线模糊的感觉。这种方法在花卉、水果、人物写生中应用较多,如图中的苹果,就是先在苹果的明暗交界线部分涂上一笔饱含水分的颜色,再用清水笔将其向亮部慢慢化开,形成苹果的那种圆润之感。

③湿时连接法

图9

如图9,是趁湿不干连续接色的方法。先用水分较多的天空的颜色,把天空的色先铺上,趁湿画出远处天空的变化,趁远处天空色未干,接着又将远山的颜色接上。概括起来说,就是从画面的某一些部分开始着色,趁第一笔未干就接着画第二笔、第三笔或趁第一块色未干就接着画第二块、第三块色,直到完成。这种方法,在画面可形成一种柔和自然而富于变化的色彩效果。

④湿时重叠法

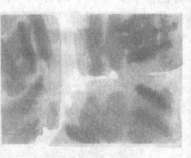

图10

如图10所示,趁第一次颜色未干,多次重叠加色的方法。如图中的苹果均采用此法。先把整个苹果用光源的颜色(即蓝灰色)涂一遍,紧接着趁湿不干,画出苹果亮部的浅色,在浅色未干的基础上画出暗部色,接着采用湿时重叠的方法画出明暗交界线的颜色,这样通过多次重叠完成。从画面效果上看,此种方法,笔触减弱,色彩柔而润,丰富而有变化,给人一种深邃迷人的色彩感觉。所以适宜表现那些即模糊又清楚的对象和景色。

只是采用此法时须注意着色要快,色彩要准,用笔简单、直接。第二次重叠上去的颜色一般要水少色浓,否则,重叠并非增色,而是减色,加上去的颜色将会把底色排开,形成一些水痕、斑点,破坏画面的色彩效果。

⑤沉淀法

如图11,在作画时,用水量大,使用不透明的颜色,纹路较粗的纸,利用水色在纸上流动、渗化、沉淀的特点,形成自然的分离、聚合,造成颜色的沉积,使画面形成美丽自然的肌理的一种方法。

产生这种画法的主要条件:用水量要大;色彩要求变化,不要调得太匀;采用颗粒粗、不透明的颜色如:群青、赭石、土黄、土红、熟褐等;纸面粗糙,可采用粗纹纸或将纸面用橡皮擦毛均可;画面要平放。

3. 干湿结合画法

所谓干、湿法,是一种将干画法和湿画法结合起来表现对象的方法。是在写生

图 11

中用得最多的一种画法。一般在写生中单一地采用某一种画法去完成一幅画是比较少见的。而是采用干、湿并用的画法，只有这样才能求得多样变化的表现效果。这从一般的水彩画作品中，均可看得出来。

干、湿画法结合使用的一般方法与规律，归纳起来大致是：先湿后干、远湿近干、宾湿主干、软湿硬干、虚湿实干等。

任何画法都有其长处与优点，也有其短处与不足，不同对象情况不同，不同画法功能不一，我们只有根据不同对象采取不同方法，运用不同方法表现不同对象，对症下药，量体裁衣。只有这样，才能真实而完美地把对象表现出来。其次，在什么样的情况下，采用哪一种方法，这也是没有具体规定的，这就要求我们具体情况，做具体分析，熟练掌握各种技法，并灵活运用，充分发挥其特点与长处，克服其不足之处，达到充分表现对象的要求。

第八章　棋类对弈

第一章　围　　棋

一、围棋布局知识

布局,就是一局棋开始阶段的布置和结构。一般在几十着之内,先角后边逐渐向中腹发展,双方都想尽快占领盘上有利据点,构成自己较满意的阵势。这就叫作布局。

布局是一局棋的基础。初学围棋应掌握以下三个方面:一是布局通则,二是大场知识,三是布局类型。

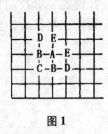

图1

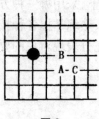

图2

1. 布局通则

(1)角上下子的位置

①占角:对局开始总是先要占据空角。通常占角有五种、共八个位置,如图1,走在 A 位叫"星";B 位叫"小目";C 位叫"3、三";D 位叫"目外";E 位叫"高目"。

这五种位置,各有不同的作用。小目和"3、三"偏重于守角取实地;星、目外和高目偏重于控制边和中腹的形势。

②守角:除了"3、三"能一手占角外,其他各种占角位置都需要再补一手,才能巩固。

通常小目守角有三个位置。如图2:在 A 位守角叫"无忧角"。在 B 位守角叫"单关角"。在 C 位守角叫"大飞角"。这三种守角方式各有不同的作用。"无忧角"占地比较实在,也最常见。"单关角"在向两边开拆时,棋子的配合比"无忧角"

好,但给对方留有抢角的机会。"大飞角"控制的范围较大,但使对方攻入的手段较多。

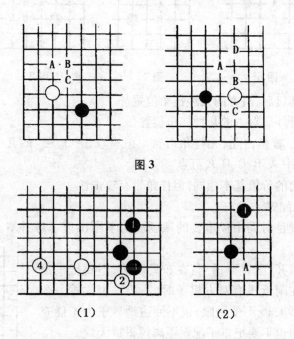

图3

（1）　　　　　　　（2）

图4

目外和高目的守角方式,基本上与小目相似。但走目外和高别的目的,就是准备对方占角以后,采用多种手段取势或取实地等等。如图3(1)是黑走目外白走小目以后的各种手段。

③是黑走高目白走小目以后的各种手段。

"3、三"一着棋就可占角。往下再走就是向两边发展的问题了。

"星"是着重取势。便于伸向中腹的一着。它补一着,对方也有侵角或点角的机会。如图4(1)是侵角。(2)在A位点角。

④挂角:如图5,当黑方在小目或星的位置占角后,白方在黑角附近下子叫作挂角。挂角通常在ABCD几种位置上。在三线上挂角叫低挂。在四线上挂角叫高挂。这几种挂角无优劣可言。一般低挂偏重于取实地,高挂偏重于取外势。

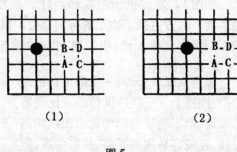

（1）　　　　　　　（2）

图5

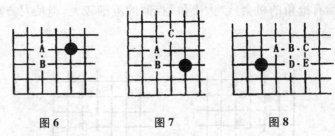

图6　　　　　　图7　　　　　　图8

图6是走高目后,对方的几种挂角位置。

图7是走目外后对方的几种挂角位置。

"3、三"是一着棋占角,无挂角可言。但有攻击"3、三"的几个位置,如图8中A、B、C、D、E五点。

守角与挂角的价值基本相同,但挂角带有攻击性。

(2)棋子的配置

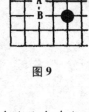

图9

棋子的配置是对局中极重要的课题。初学围棋应了解并掌握其基本规律。

①棋子要布开,配置要适当:在布局阶段,不要把棋走得过于密集。在附近没有对方棋子时,不要一个挨着一个的走。如图9,这样既不便做眼,也不便占地。子力不能充分发挥作用。但也不要把棋子配置距离拉得过大。

如图10走黑1是想在角上得到较大的地盘,但给白方留有侵入的余地。白在A位打入,结果至少是劫活,反倒事与愿违。要想守角,黑1应走在B位是好形。

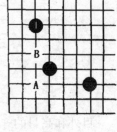

图10

在布局阶段应当尽可能把棋子分布在全盘各个有利的部位,配置疏密要适当,棋形要舒展。如图11与图9(1)比较,同是四个子,但图11走得舒畅。

如图12,双方棋子配置都是好形。黑方走得坚实,实地较大。白方占据了边上的有利部位。棋子配置得灵活舒展。如黑方走在A位,白方要在B位跳起,否则黑方有在C位打入的好点。

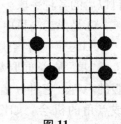

图11

②高低配合:开局一般都走在边角的三、四线上。三线叫低位线。比较容易取地,但不利于控制中腹。四线叫高位线,比较容易取得外势,控制中腹,但不利于占地。因此要三线和四线互相配合,这叫作高低配合。

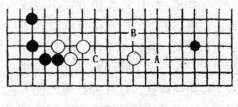

图12

如图13,黑方1、5、7三着就是高低配合的好形。在整个一盘棋中都要时刻注意棋子的配置,不能脱节,根据具体情况,做到前后有应,紧密配合,使子力充分发挥作用。

（3）建立根据地

所谓建立根据地,就是使一块棋具有两个以上的眼位,即成为活棋。否则就成了一块孤棋,受到逼攻,后患无穷。有关根据地之着,同样是布局上的大棋。如前面图13:黑1、5、7三个子和白2、4、6三个子都有了眼位,特别明显的是白小飞抢角,就是为了建立根据地。又如图14A位是一着有关双方建立根据地的大棋。初学者绝不可忽视。

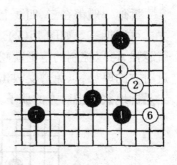

图 13

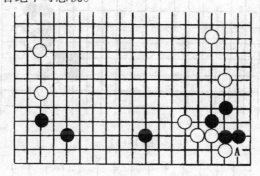

图 14

（4）拆地与夹攻

①拆地:在边上不论向左或向右发展,都称为拆。

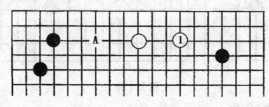

图 15(1)

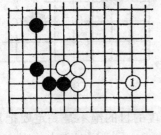

图 15(2)

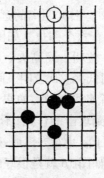

图 15(3)

拆地一般都在三、四线上。布局阶段在三线上走拆二为活棋型。如图 15（1），立二可以拆三。如图 15（2）。立三可以拆四。如图 15（3）。立的子数越多，势力就越强，可以控制的范围就越大。另外，拆地还应注意两个问题：一是一般不要接近对方的厚势，以免遭受攻击。如图 16（1），白应于 A 位拆二，不应在 B 位拆二。二是拆地兼攻击对方的孤子。如图 16（2），白 1 是拆兼攻的好点。

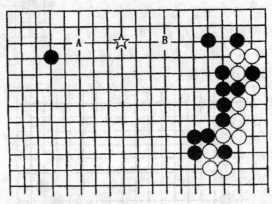

图 16（1）

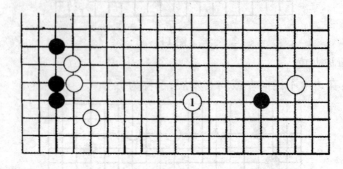

图 16（2）

②夹攻：就是配合角上一子夹击对方一子，叫夹攻。在三线上夹攻叫低夹。在四线上夹攻叫高夹。根据距离的远近和高低去夹攻对方，一般有六个部位。如图 17，走黑 1 叫上间低夹。A 位叫一间高夹。B 位叫二间高夹。C 位叫二间低夹。D 位叫三间高夹。E 位叫三间低夹。除此六点外，如果走的距离再远一

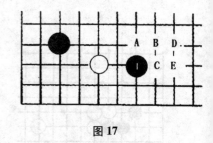

图 17

些，就起不到攻击的作用，不能称为夹攻了。夹攻的目的绝不是一定要把对方吃掉，而是为了阻止对方拆地，破坏对方边角势力连成一片。同时借夹攻对方使自己能够拆地，如图 16 就是很好的例子。拆兼攻是攻守兼备的好着，容易取得全局的主动权，所以是高手下棋经常采用的手段。

③分投：在对方阵势中选择左右都有拆二余地的着点投入，叫作分投。如前面图15(1)白一子叫作分投，如黑在白1位拦住白就在A位拆二。又如前面图16(1)白☆子在A、B两点均可拆二，就是分投的好点。在布局阶段，分投能够有效地防止对方夹兼拆，破坏对方阵势连成一片，而自己又能较安全地立在其中。选择分投点，注意不要在靠近对方厚势的地方拆二。如图18。这样白子拆二，太贴近黑方厚势，反觉不安。要选择最大限度地限制对方阵势扩展的分投点。如图19。

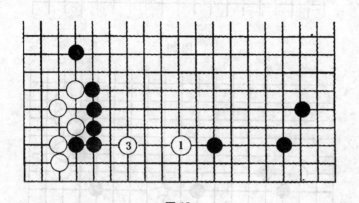

图 18

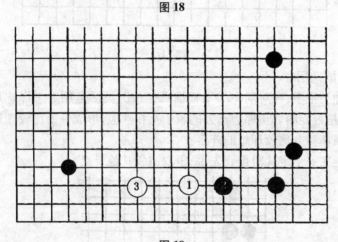

图 19

（5）实地与外势

所谓"实地"，就是已经占有而对方又不易攻人的地域。

所谓"外势"是在对方实地外面形成一个比较大的势力范围，但还没有取得完全肯定的地域。有了较大的外势，可以构成大模样或开拓较大的地域。如图20：白1利用右上角的外势开拓较大的地域，还可以攻逼对方。如图21：黑1利用右面的外势，既拆地又逼攻白☆一子。实地与外势在一般情况下是对立的，在对局中，什么时候占实地，什么时候取外势，要根据全局形势来决定。虽然每个人的棋风有所不同，有人喜欢外势，有人喜欢实地，但都不能过分。如图22白方仅得20目的角地,反使黑方的外势过大,白不可这样走。

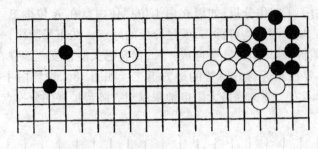

图 20

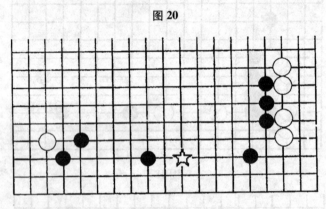

图 21

(6)定式的选用

定式的种类很多,在对局中必须根据具体情况灵活运用。怎样选用呢? 应考虑以下几点:是否能同邻角邻边己方的着子互相呼应,形成一个比较理想的阵容?

是否能破坏对方比较理想的阵容?

能否在走完一个定式时得到先手,争取占领其他要点?

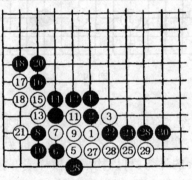

图 22

能否贯彻自己的布局意图?

征子是否有利等等。

请看图23。

如上角星位有黑子的场合下,黑方采用这个定式是可以的。如果星位是白子,黑方采用这个定式就不能构成大模样,而白方在下边所得的实地较大。这样黑棋受损。

请看图24。

这是个常用定式,双方均无不满。黑方角上很坚实。白方占领黑方两角的中间地带,破坏了黑方连成一片的大阵势。

再看图25,这是一个简单的二间高夹定式。白4二间大跳就是为争个先手,占据盘上其他要点。或在A位夹击黑3一子。再看图26,黑方在对角上有一子,征子有利。因此黑可在13位立下,如果白在14位断,演变到31止,白方六子被吃掉。黑方在征子不利时,黑13不能立下,只能在22位虎。

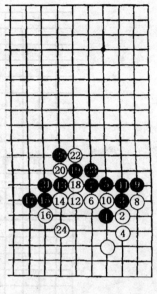

图23

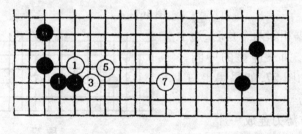

图24

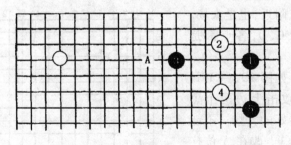

图25

2. 大场的知识

大场就是大处的意思。具体地说,就是在布局阶段,除占角、守角和挂角是大场外,凡是可以扩展自己的势力范围,或可妨碍对方扩展势力的地方,也称为大场。例如:

(1)四边的中心点附近。

A. 在对方占据相邻两个角时,边上的中心点附近。如图27白1是大场。

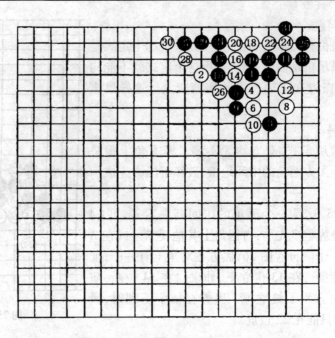

图 26

B. 自己占据相邻两个角时,边上的中心点附近。如三连星的中间一子是大场。又如图 27,如果黑走白 1 的位置也是大场。

这可使黑方势力连成一片。

C. 相邻的两个角,双方各占一角时,边上的中心点附近,也是大场。如图 28 的 A、B、C、D,各点都是大场。

(2)拆兼攻:如图 29,白 1 开拆得地,同时还攻击上边两个黑子,是这时盘上最好的大场。不能轻易放过。如果白 1 改在 A 位挂角,黑必在 B 位挂角,以补强上边。

(3)在双方互有大形势的情况下,一着棋既能扩张自己的大形势,又能削弱对方的形势,这种全局性的好点,叫作形势消长的要点。围棋术语叫"天王山"。如图

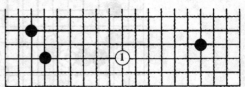

图 27

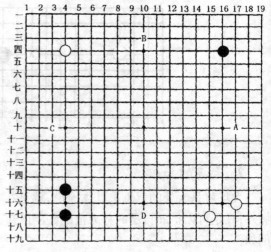

图 28

30,白1是双方形势消长的要点。无论被哪方抢占都是盘面上绝好的大场。

（4）凡是能扩大自己地域和势力，或能限制对方地域和势力的地方，白走拆一后，使自己边上的拆二得到加强和扩大，而使黑的右角受到限制，变得单薄。所以白1的价值不能单从拆一的大小去估量。它是一着关系双方劳逸的大棋。

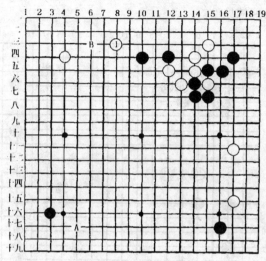

图29

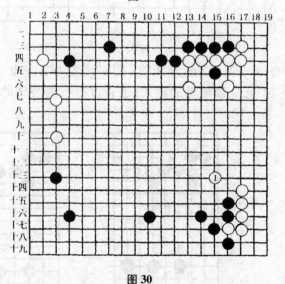

图30

3. 布局的类型

布局中的定式虽双方亦有争夺，但属于局部，且多在边角。本章所要介绍的，既包括布局也包括中盘，但着眼点已从局部转向了全盘。尤其是中盘战，千变万化，难以捉摸，没有固定模式可循。下面说的，不过是其中的一些基本知识，或者说是基本方法。

（1）平行型

　　双方各占相邻的两个角,叫作平行型布局。这种布局偏重于取边角实地,较为平稳简明。按照布局通则,占据要点,抢占大场,有时能各自连成一片,形成较大模样。这是广大棋手所喜欢的布局类型。它大致分有错小目守角型;星小目守角型和三连星布局等三种常见型。

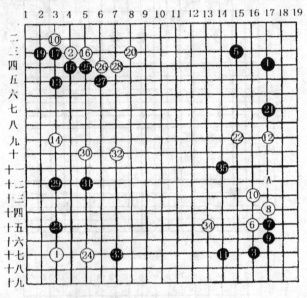

图31

　　①错小目守角型:分高挂和低挂两类。图32是错小目守角型的高挂类。右下角白6高挂后至12只是最常见的定式,也是这种布局公认的走法。双方都无不满。

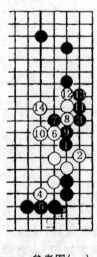

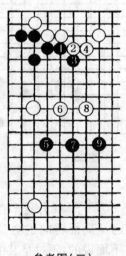

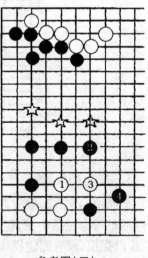

参考图（一）　　　　　　参考图（二）　　　　　　参考图（三）

在左边,由于白方相邻两角的位置不同,变化较多。除走定式外,没有固定的边角常型。本图中,白对黑13挂角的夹攻方法很多。白14采用三间低夹是较松缓、留有余地的着法。至白20是定式,双方都有了根据地。黑21是大场。不仅加固了无忧角,还存的在A位打入的好点,如参考图(一)所示。因此白22跳起是为了防黑打入并向中腹发展形势。黑23是破坏白在左下边的地域连成一片,但也可按参考图(二)的走法。黑29拆二安定了自己,同

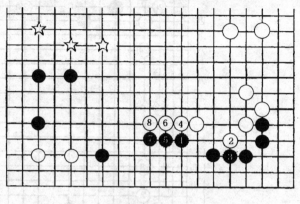

参考图(四)

时威胁白14一子。黑33紧凑地向白左下角施加压力并想取得下边的实地。白如跳出便成参考图(三)。这样左边白☆三子将受影响,同时黑4又取实地,而白方没有什么收获。因此白34以扩展右边的阵势来应对。黑35如按参考图(四)的下法取实地,白得外势,并同左边白☆三子相呼应,黑不满意。所以黑35打破常规侵消白势。从此进入中盘战斗。

图32是错小目守角型低挂类的布局常型。

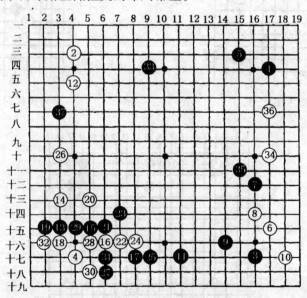

图32

②星小目守角型:就是黑1走星位,3、5在相邻角走无忧角。它有正分投,如图34;偏分投,如图35;不分投,如图36。

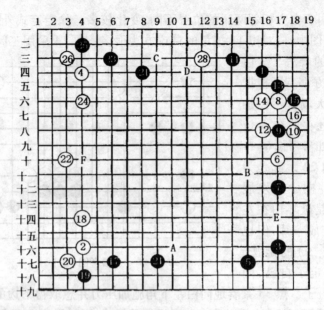

图 33

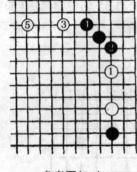

参考图（一）

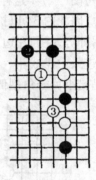

参考图（二）

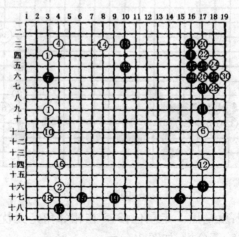

图 34

图 33,白 6 走在"3、十"路位置上是正分投。它破坏黑方的地势,是很重要的大场。黑 7 从无忧角的方向拦是当然的。8 至 16 的走法是这种布局中最常见的型。如按参考图(一)的走法是常见的。但白方如按参考图(二)的走法,就给黑方留下很多借用的手段。黑 19 也可走在 A 位。黑 27 如在 C 位拆二,白可能在左边构成大模样。白 28 如不打入,则黑在 D 位补也很大。至此是这盘棋的简单布局。以后白方有可能在 A 位尖侵,E 位打入的手段。黑方也有在 F 位侵消白方的办法。这是进入中盘阶段的要点。将来黑在 B 位飞也是好点。

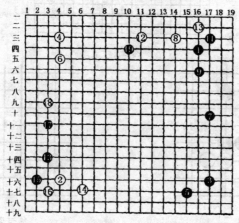

图 35

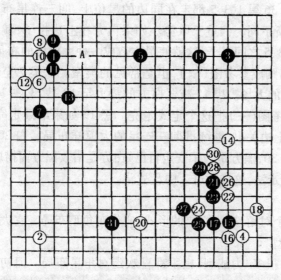

图 36

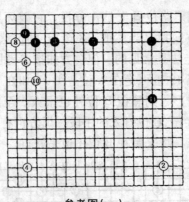

参考图（一）

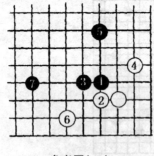

参考图（二）

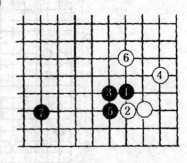

参考图（三）

③三连星：图36黑1、3、5都走在同边的星位上，叫三连星布局。它与前面两种平行型布局有所不同。偏重于取势。如果白方在上边投子，就要受攻。所以白方一般都不在1、3、5之间投子，这就使黑方造成一种大模样的布局。白6挂角后，黑7如在A位关，则成参考图（一），也是常见的类型。从黑7至13是常见定式。白14是双方争夺的大场。黑15减弱白方的势力至18是"3、三"定式。一般应按参考图（二）或参考图（三）把这个定式走完。黑19如果继续走完定式，就要落后手，因此脱先，在上边关出，继续贯彻三连星的大模样布局。白20是大场，并攻逼黑两子。从21至30，黑方是为了安定自己，白方是借攻黑方而捞取实地。黑31反攻白20是积极的走法，这样就进入中盘战斗。

（2）对角型

双方各占两个对角，成为交错的形式，叫作对角型布局。它大致分成对角星和对角小目两个类型。

对角星布局：很多"力战型"棋手都喜欢走对角星布局。但初学者感到它不太实在，容易落空。其实，如能掌握它的规律和特点，就会给对方较大的威胁。对角星布局的第一个特点是速度快，便于向边和中腹发展。它一手占一个角，因此黑5就必然挂白角，而不会是守角。这就决定了它的第二个特点——积极主动。对角星布局大体分为：白夹攻型，如图37；白守角型，如图38。

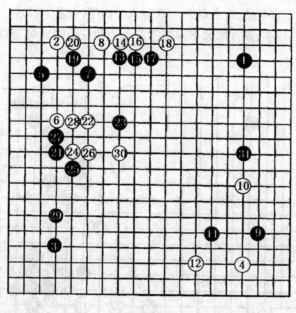

图37

图37,白6夹攻黑5。从5至8和9至12是同一个二间高夹的定式。就是要利用对角星的威力,对白6和白10两子进行夹攻。黑13先对上边白棋进行飞压,先手取得外势。至黑21转身来攻击白6一子。如果黑13飞压后白14冲断,则演变成参考图,至12,黑上边已得不少地盘,白显然不利。黑23镇,控制中腹。从白24压,黑25扳,至29,黑很容易地在左下边与星配合,构成理想形。这时,中腹白棋并不算安定,还要继续逃出。黑31就转身夹攻白10一子,掌握了全局的主动权。

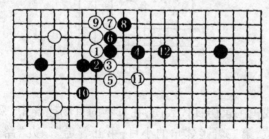

参考图

（3）互挂型

图8,到黑7为止,双方相互挂角,叫互挂型布局。这种布局不像平行型或中国流那样有规律,比较复杂多变。采用夹攻的定式较多,双方都很难构成大模样。往往都顾不得去占据大场就卷入急战。本图就是很好的一例。

白8采用一间高夹是使对方不能反夹。否则按参考图,黑无论在A、B位反夹,被白在1位压就很难下。至24是常见定式。黑25是攻防的要点。黑27一间高夹后至

35,双方的意图是安定自己,攻击对方。36 至 40 白方阻止黑方联络。黑 41 跳出后,白右上角也不安定。现在,双方都顾不得去占左上边和左边的大场,在对攻中进入中盘战斗。

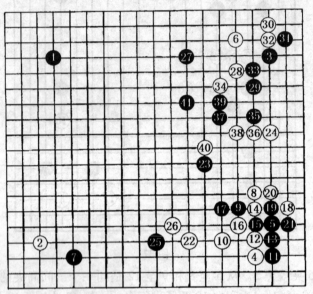

图 38

参考图

(4)"中国流"

一九六五年,我国围棋访日代表团,在日本的首场比赛中,采用了一种新型布局,即第一着走星位,第三着走邻角的小目,第五着走"3、九"路位置。几年后,这种布局在棋界受到高度重视,并广为流行,从此被称为"中国流"布局。

"中国流"布局的特点是:

①黑 5 的位置优越(黑 5 若下在高一路,称为"高中国流")

白方无论在 1、5 之间或 3、5 之间投子,就按参考图(一)或参考图(二)的走法,使白方的棋型局促。黑方跳起后,不仅威胁着白棋,还扩展黑方边上的形势。由此看出黑 5 一子的位置十分优越,它能有效地限制白棋在整个黑边的行动。使黑方能从容地走出两翼张开的好形势。

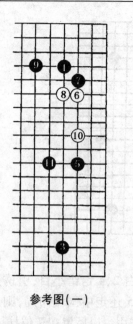
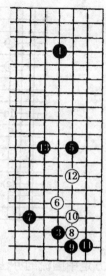

参考图(一)　　　　　参考图(二)

②子力的效率高,推进的速度快。参考图(三)和参考图(四)是两种"中国流"布局的常型。它表明无论白方从哪个方向投子,黑方都可以快速地构成两翼张开的大模样。迫使白方必须立即考虑打入或消减大模样。这样黑方无疑要掌握主动权。

高和低"中国流"布局的特点各有不同。低中国流对限制白方在黑边扎根取地的作用大。如参考图(一)或参考图(二)所示。但容易让白方把地域压扁。如参考图(五),白13也可先走 A 位,黑走 B 位,然后在 C 位补。高中国流虽可使白方不易浅消,但容易让白方在边角扎根做活。如参考图(六)或参考图(七)。

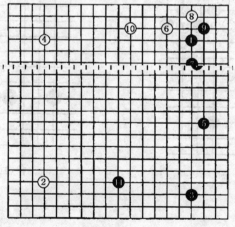

参考图(三)

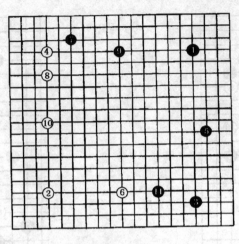

参考图(四)

　　破坏黑方走中国流的办法是如参考图(八),白 2、4 走错小目,引诱黑 5 来挂角,破坏黑方构成"中国流"布局的计划。如果黑 5 还走中国流布局,则成参考图(八),白 6 不但守角而且起限制黑向下边发展的作用。以后黑在 7 位挂,到 12 止,占据上边大场,达到限制"中国流"布局扩展的目的。

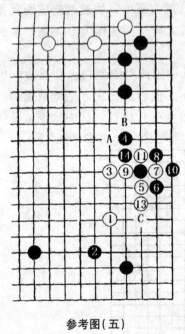

参考图(五)

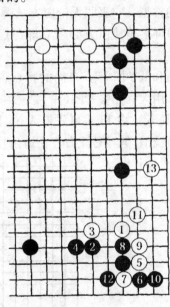

参考图(六)

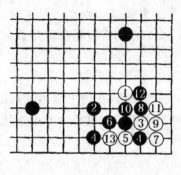

参考图(七)

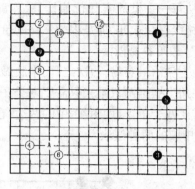

参考图(八)

4. 角、边、肚各有轻重

"金角银边草肚皮",是一句流传极广的棋谚。说的是:角最重要,边次之,而"肚皮"(即中腹)的价值最低。我们在下围棋时,要先占角,再占边,然后向中腹发展。

(1)地线与势线

图39是中国棋圣聂卫平执黑对日本名誉棋圣藤泽秀行在第一届NEC中日围棋擂台赛中的一局棋,这是布局阶段的走法。由于角的价值最大,所以开始几着双方各自占角,接着由角向边发展,而先将中腹空着。

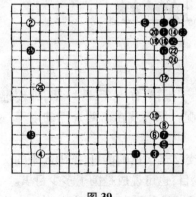

图 39

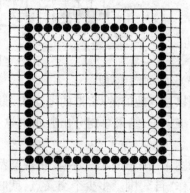

图 40

从图中我们可以看到,边角的棋子大都下在三路或四路上,那是因为下在二路上围不到地,下在五路上则边角太空虚。习惯上称三路线为"地线",称四路线为"势线",其意思是说,棋子下在三路上重在取实地,下在四路上则重在取外势。

图40中,黑方用五十六手棋在三路上围一圈,共得192个交叉点;白方用四十八手棋在四路上围一圈,共得169个交叉点。一方取地,一方取势,大致两不吃亏。乍看起来,中腹十分庞大,其实比四条三路边所围还少。可是黑方比白方多花了八

国学经典文库

家庭生活百科

·家居休闲·

图文珍藏版

手棋,从每一手棋的实际价值计算,四路上棋子似乎还要稍高一点点。但在布局中,三路线更受欢迎,那是因为三路的价值比较稳定,而四路的价值浮动就大了。

（2）边角容易做活

角上做活最容易,边次之,而中腹做活最难。

在角上摆出两只眼来只需要六个子,如图41中的四个角;在边上摆出两只眼来就需要八个子了,如图41中的两边;在中腹摆出两只眼来最少也得十个子,如图41中,中腹的两种摆法。

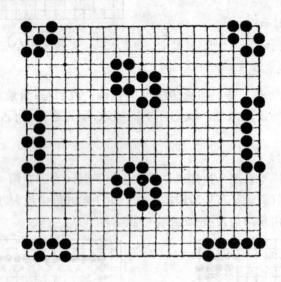

图 41

（3）边角利于围地

围棋是围地的游戏,谁的地盘大,谁就赢了。下围棋,你一手,我一手,即使谁也没吃准一子,结果总能分出胜负。这是为什么呢? 原因就在于两人围的空不一样多。

如图42,黑子围了三块空,每块空都是20个交叉点。在围棋里,把围起来的交叉点称作"目",围了多少个交叉点,就叫围了多少目,也可说成是围了多少目棋。

图中我们可以看到:角上围地最容易,围20目棋只需要十个子;边上围地也比较容易,围20目棋需要十五个子;而中腹围地就难了,围20目棋最少也得二十个子。

（4）占角的位置

正是由于边角在建立根据地和围地方面所具有的优越性,所以自古以来就有"起手据边隅"的说法,说的就是刚开始的几手棋要下在边角上。

我国古代下围棋时,在对局之前,先要将黑白各两个棋子交错摆在棋盘四个角的星位上,按今天的说法就是"对角星"。这种在下棋之前就先摆好的四个子称

"座子"，这种下棋方式被称为"座子制"。

现代围棋早已不同于古代围棋，"座子制"已不复存在。现在，从第一手棋开始便任意下，占角也好，占边也好，甚至占中腹，都随便。因此，现代布局的内容也更为丰富多彩。不过，从占角最为有利这一点来考虑，现代棋手一上来的几步棋仍然都下在角上。

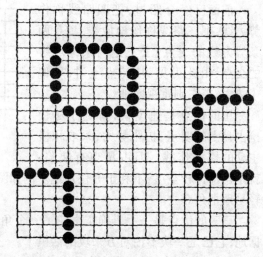

图 42

如图 43，假如你执黑棋，上来的第一步你打算占哪一个角呢？也许你会想，占哪个角不都一样吗？从围棋技艺上说，确实都一样；但从下棋规矩上说，又有点差别。

你第一手棋应该下在从你的方位来看的棋盘的右上角，这样才显得懂规矩。要说这规矩有什么道理，也说不出什么来，围棋竞赛规则上也没写这一条，但它好像成了约定俗成的习惯，被棋手们沿袭了下来。

棋手多习惯于右手下棋。对你来说，把棋子下在右下角最为顺手；而对你的对手来说，则下在左上角最为顺手。第一手棋，你要是非下到左上角去，抢占对方最顺手的地方，好像不太礼貌；你要是悠然自得地下在右下角，又好像有点不够谦虚。从第二手棋开

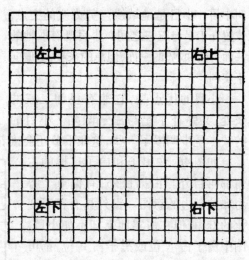

图 43

始，下在什么地方就随便了。不过，第二手棋如果白方下在左上角和下在右下角完全没有差别的话，若他硬要下到右下角来，抢占黑方最顺手的位置，也有点说不过去。

好，还是书归正传。本节所要说的占角的位置，可不是指右上角还是左上角，而是说在角上的具体哪个部位。一般来说，占角的位置主要包括五种，即星、三三、小目、目外和高目。

如图 44，黑子占角上星位，白子占三三的位置，我们把一个角上的这样的第一个子叫星或三三。

前面已经介绍过,把四路线称作势力线,把三路线称作地域线,星是两条势力线的交点,三三是两条地域线的交点,由此可见,从特点上讲,星偏于势力,三三则重视实地。

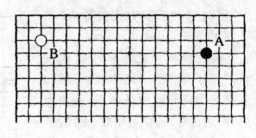

图44

星的优点是速度快,有利于尽快抢占盘上的要点,扩张势力,采取积极主动的模样作战。但占星也有缺陷,就是角部比较空虚,不利于守住角地。例如图44中,白只要下在A位点三三,便可轻易地把角夺去。

三三的优点是一手棋确实占住了一个角。也就是说,三三一手棋便建立了根据地,它已是一块不怕对方来攻的活棋了。三三的缺点则是位置低,不利于扩展势力。仍如图44中,黑只要下在B位尖冲,白就会被压至低位。

如图45,像黑子和白子这样的占角都叫小目。小目是地域线与势力线的交点,位置介于星与三三之间。小目既有取地的一面,又有取势的一面,但总的来看,更偏向于实利。

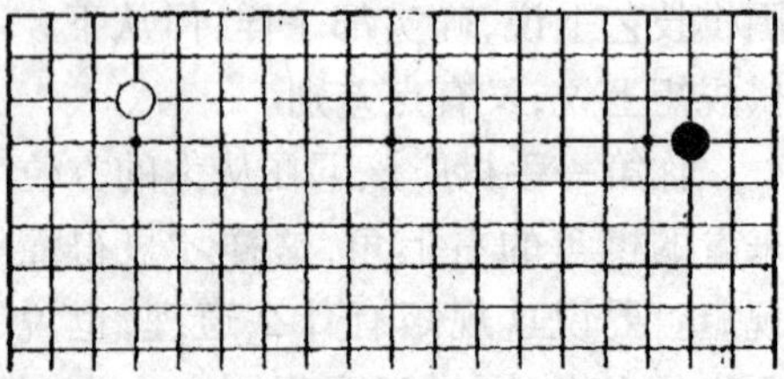

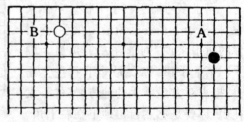

图45

小目的优点是,它兼有星和三三的长处,又弥补了星与三三缺陷。小目的的缺点是步调慢了一些,这在下节还会接着谈到。

如图46,像黑子和白子这样的占角都叫目外。占据目外,有偏重于势力和控制边的意图。目外具有富于变化的魅力,但在占实地上却不如小目。图中白子占A位或黑子占B位,都可把角地夺去。

图46

如图47,像黑子和白子这样的占角都叫高目。高目是四线和五线的交点,从其位置就可以看出,它把着眼点放在控制中央的形势上。高目有利于取势作战,但不利于实地,而且不如目外那样富于变化。占高目后,角上仍很空虚,图中白子占A位或黑子占B位,即可轻松得角。

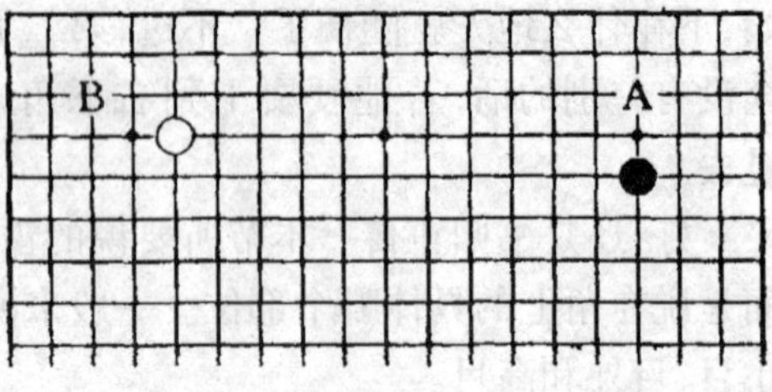

图47

（5）守角与挂角

除了三三能一手棋占住一个角之外，其他占角方式均不能做到这一点。因此，第一手占角之后，接着还需要守角。从理论上说，最需要紧接着再花一手棋守角的，应首推小目。

小目最需要守角的原因大致有二。其一是小目守角后能形成非常理想的棋形。

无忧角角地确实，非常坚固，喜欢采用的人最多。单关角有利于发展势力，角地却不如无忧角牢固。大飞守角比无忧角多开一路，对于控制边上的势力较为有利，但角地比较空虚。此外，目外与高目若再走一手，同样可守成无忧角或单关角。

小目急需守角的第二个原因是，如果你不守角，对方就要来挂角，守角和挂角的点实际上是同一个，而这个点对双方来说都是好点。

如图48，是小目守角的四种形式。守角也称"缔角"，或简称"缔"。图中，右上是小飞守角，称作无忧角；右下是单关守角；左上是大飞守角；左下大关（也叫大跳或二间跳）是较特殊的守角方式，一般是在取势为主或照顾周围子力配合的情况下才采用。

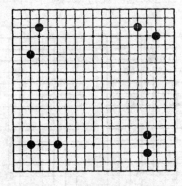

图 48

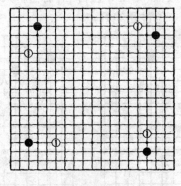

图 49

如图49，是白棋对小目的四种挂法。右上小飞挂和左上大飞挂都是低挂，低挂较注重实地。右下一间高挂，左下二间高挂，都较偏重势力。除了二间高挂外，其他三种挂法都很流行。

由于小目守角非常重要，所以占小目后通常总是紧接着再守一手，这样在布局之初，就需要在一个角上连花两手。前面谈到占小目有步调慢的缺点，正是就此意义而言。

但这并不是说，只有小目守角重要，采用其他方式占角后就不需要守角了。

如图49，是星守角和挂角的主要方式。右上是小飞守角，左上是大飞守角，左下则为单关守角。右下是对星的挂法，绝大多数是在1位挂，为了照顾势力时，可在A位或B位挂，特殊情况下甚至可在C位挂。

守角是要守住自己的角地，挂角则是要划分对方的角地，守角和挂角都是非常大的棋。

占角、守角和挂角，都各有不同的方式，不能说因选择的方式不同，其价值就有大小之分，只能说它们各有特点，各有利弊。不论哪一种方式，都要看你运用是否得法。关键是要根据棋手的不同风格，特别是要根据全盘的配置来灵活选择。

二、围棋实战知识

1. 布阵

（1）大场

大场，顾名思义，即大的地方。除了占角、守角、挂角都是当然的大棋之外，我们一般说大场，常常是指有利于开拓己方地域、扩展己方势力范围和妨碍对方开拓地域、限制对方扩展势力范围的好点。

图1黑1是令人瞩目的大场，既扩大了自己，又限制了对方。以后白棋若在 A 位打入，黑可在 B 位拆二，而白打入一字却无拆二之余地。反过来，黑若不占 1 位，白占 1 位也是绝好点。

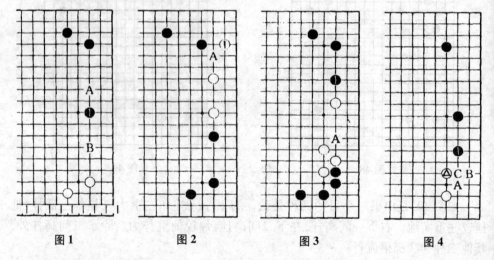

图1　　图2　　图3　　图4

图2白1大飞也是大场，在加强自身的同时侵入黑角。白1若不走，被黑A位守，白拆二两子顿感薄弱。

图3黑1拆二，扩大了角地，且瞄着 A 位的打入。这种具有后续手段的大场，尤其应注意抢占。

图4黑1拆二也是具有后续手段的大场，黑1后可在 A 位点或 B 位飞。白△子若在 C 位，黑1的重要性相对就差多了。

图5A 位和 B 位虽然都是大场，但白占 A 位比 B 位更为重要。这是因为，A 位是黑左下无忧角的立体形态发展方向，自己获得理想形同时破坏对方获得理想形的大场价值更大。

图50

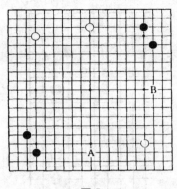

图 5

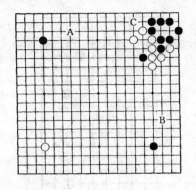

图 6

图 6 下一手黑棋于 A 位或 B 位守角,并限制白棋的势力,是无可非议的好点,然而守哪个角却是要斟酌的。实际上右上角白棋的形状并非对称,黑选 B 位大场比选 A 位更好。由于黑棋有 C 位的跳入,所以大大降低了白棋经营上边的效率。

大和小是相对而言的,同样是大场也有轻重缓急之分。所谓大场先行,是说先挑大的地方下,总不会错。

(2)急所

急所,指急于抢占之处。那些关系到整块棋的安危,关系到双方的强弱或形势消长的要点,都是要争先抢占的。

图 7 黑 1 看起来好像不大,却是关系到黑整块棋安危的必争之点。黑 1 之后,这块棋就活了,这对以后的作战必会产生很大影响。

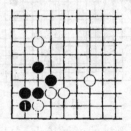

图 7

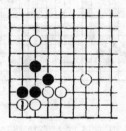

图 8

图 8 如果白 1 下在这里,一下子就夺去了黑棋的根据,黑这块棋便不得不出逃,早晚会有麻烦。

图 9 白 1 不过是拆一,好像没什么了不起,其实是个带有急所性质的大场。白棋抢到 1 位,使自己变强了,相形之下,黑右下大飞角却变弱了,白于 A 位靠人便可侵分黑角。

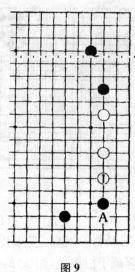

图9　　　　　　　　　　图10

图10 1位若被黑棋争到,顿时双方的强弱全然改变,黑大飞角得到巩固和扩大,白二子成了被攻击的对象。

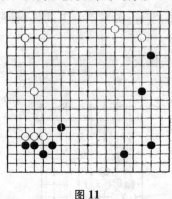
　　　　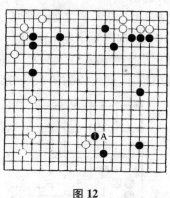

图11　　　　　　　　　　图12

图11 黑1是双方形势消长的要点。黑1之后,黑棋的模样扩大,白棋的势力发展受到限制。当双方形成以互围模样进行抗争的局面时,这种要点的争占尤为重要。

图12 黑1飞,或者是被白A位飞镇,使双方的势力一消一长。在日本围棋术语中,把这样的地方称作"天王山",意喻其分量之重。对局中能否争到这样的点,心情大不一样。

（3）两翼

图13 黑子和白子分别以角地为依托,形成了两翼张开的理想阵容。这样的阵容对方不易侵消,即使来打入,一般来说自己总能占住一边。

图14 两翼张开阵形的一个很大优势在于成空效率高。围棋中有一句术语是

"棋子围空方胜扁"，就是说同样子数围地，方的要比扁的大。方的，也就是立体形状，习惯上把这种形状叫"箱形"。

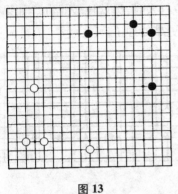

图13 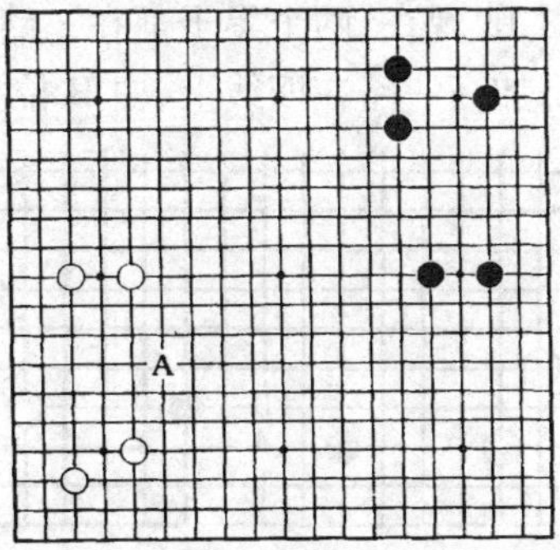   图14

本图中的黑白双方就各自布成了一个比较理想的箱形。白棋若 A 位再补一手，别看用子数不多，围空却既多又实。

图15 让我们把两翼张开的因素也考虑在内，来审视一下目前盘上的大场。A、B、C、D 四点都是醒目的大场，现在该黑走，怎样下才是双方最妥善的运行？

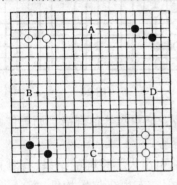
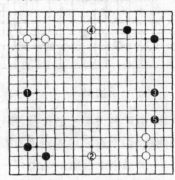

图15   图16

图16 黑1是盘上最优的一点。它不仅是左下无忧角立体形态发展方向的开拆，同时又限制了白左上角立体形态的势力发展，所以，其价值是第一位的。其次，白2拆最善，不但是右下白角开拆的绝好点，还限制了黑棋获得两翼张开的好形。接下去，黑3、白4也是同样的道理。如果再往下走，黑5拆二可谓价值最大。这个正确的行棋次序无疑反映出了，两翼张开是占大场时应优先考虑的一项内容。

（4）高与低

前面已经讲过，三路线叫地域线，四路线叫势力线。三线利于取地，但发展性较差；四线利于取势，但有点虚而不实。所以凡属好的结构，都是注意了高与低的配合，也就是充分发挥了子力的作用。

图17 这个图可能实战中不大碰得着，但两个黑子间隔三路一高一低这样的配

·家居休闲·

图文珍藏版

置却大有用处。白A位打入时黑B位压住,白B位打入时黑A位托过,两个黑子之间保持着妥善的联络。

图18 现在,两个黑子都在三路线上,白A位打入时,黑就比较难办。如果两个黑子都加高一路在四线上,白B位打入时,黑就更难处理了。

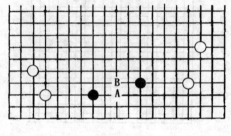

图 17

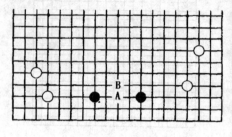

图 18

图19 黑三子高低配合,错落有序,即便从视觉上也让人感到舒服。如果●子也低一路处在三线,阵形便显得扁平,缺乏生动感。

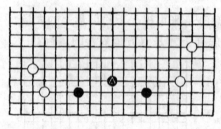

图 19

图 20

图20 由于两边黑子的位置都比较高,●子位置低一些就很合适。如果把●子也放到四线上,下边显得太空虚,白棋打进来很容易。

图21 虽然下子位置的高低仅一路之差,却能引出大不相同的结果,有时直接关系到布局的成败。本图黑1拆二虽极为普通,但左右黑棋位置均低,配合不好。而且左边白有白A、黑B、白C封压黑棋的手段,黑不能满意。

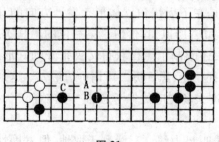

图 21

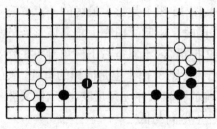

图 22

图22 黑1小飞,比起上图的拆二来就要有生气多了。尽管这样下会生出白在下边的打入点,但黑左右坚实,无需顾虑。

2. 攻击

(1)拆与夹攻

拆一般都在三、四线上。布局阶段在三线上走出一个拆二，大致上就可认为已是一块活棋。夹攻则是不让对方在边上拆。对方的棋没有根据地，便可对其展开攻击。

图23黑1拆二，在边上就建立了根据地。若黑1不拆，被白在A位或1位夹攻，黑子便只剩下仓皇出逃一条路了。

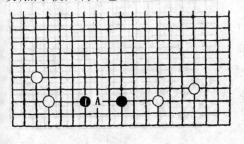

图 23 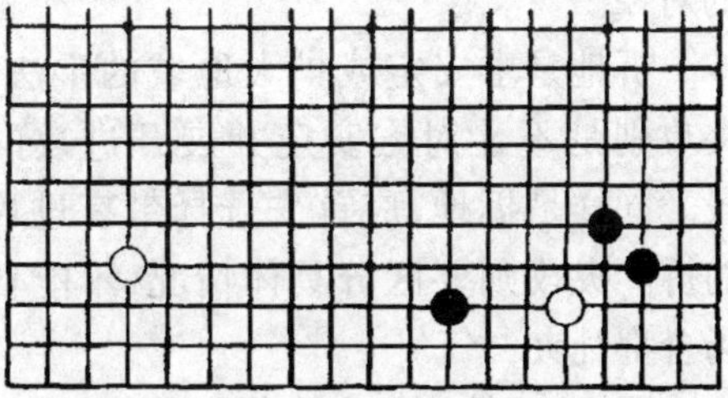　　　　　　　　图 24

图24黑1夹攻，不让白棋拆边，是攻击的要领。

图25如果一个棋子既是拆边又是夹攻，那么这一子的效率就非常高。本图的黑1就是一子拆兼夹，1位是以右上无忧角为背景在大拆的同时夹攻白子的绝好点。黑1下在A位虽然也是好点，但给白棋留下了在B位拆二的余地，便称不上是在夹攻了。

图26黑1以右上黑势为背景，是拆兼夹的绝好点。类似这样的效率非常之高的点，绝对不能放过。

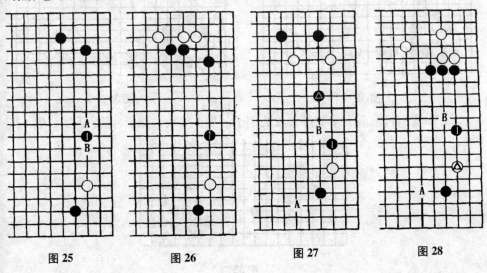

图 25　　　　图 26　　　　图 27　　　　图 28

图 27 有时候，你不占领拆兼夹的好点，反过来还会给对方留下这样的好点，这时抢占这样的点便显得更为重要。本图黑 1 连拆带夹，黑若不抢占 1 位而改着 A 位守，反过来被白占 B 位，则白既拆二又夹攻黑❷一子，双方的攻守地位完全颠倒。

图 28 黑 1 立三拆四，同时又对白❷子形成了二间低夹。黑 1 若改在 A 位守，白当然会下 B 位，白棋不仅拆三，还对黑三子形成夹攻，黑三子一下子变成了被攻击的对象。

拆地是求安定或扩大地域的手法，而夹攻则是不让对方安定并展开进攻的手段。同样是拆地，应首先选择带有进攻性的拆。夹攻则要区分具体情况，不能什么场合都乱夹一气。

图 29 现轮到白方走棋，白以右下单关角为依据，可在右边拆，也可在下边拆。依你之见，是拆哪边好呢？

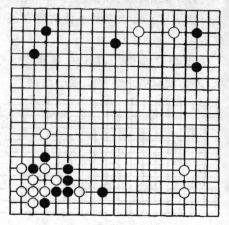

图 29

图 30 白 1 拆边，并带有攻击性，是当然的一手。白 1 之后，黑 2 关补是本手。白 1 若不走，黑在 A 位拆二是好棋。

图 31 白 1 为什么这样重要呢？因为白 1 之后，有攻击黑棋的后续手段。黑 2 若不补，白 3 至白 7 的手段很严厉，黑棋受不了。

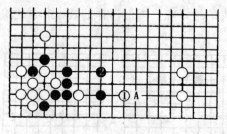

图 30

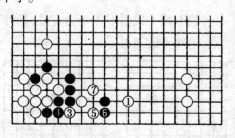

图 31

图 32 我们再来看一个胡乱夹攻的例子。黑 1 夹攻白❷子，以下至白 4，黑 1 不

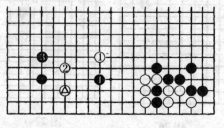

图 32

仅没起到攻击作用,反而遭到白棋的猛烈进攻。这是由于右翼的白棋很强,黑1靠近强敌来夹攻,只能是自讨苦吃。

（2）分投与拦逼

图33 白1是分投的好点,接着黑从上面拦白向下面拆,黑从下面拦白向上面拆,白总能拆到一边。1位对双方来说,都是绝好的大场。白1下了之后,总能在边上开拆,像这样的一手棋叫分投。

图34 对方分投之后,想阻止他开拆已不可能,但选择拦逼方向的权力却在己方。对白◎的分投,黑1拦方向正确,由此右上黑形成了两翼张开的立体形阵容。黑若从 A 位拦,让白 B 位拆,白的心情会很愉快。

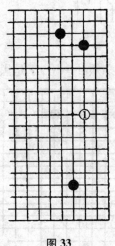

图33

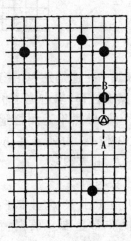

图34

图35 对分投方来说,也有一个选择适宜的分投点的问题。本图白1选择的分投点就很合适。

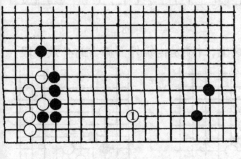

图35

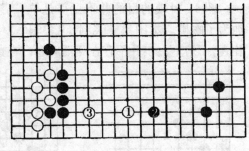

图36

图36 现在白1比上图只左移一路,相比之下就差多了。黑2拦得舒服,白3拆二后,白子与黑厚势距离过近。拆边时不要接近对方的厚势,以免遭受攻击,这是一般的道理。在选择分投点时,就要把这个因素考虑在内。

图37 并不是说只有当对方分投时才存在拦逼,拦逼作为围棋中的一种基本战术,适于应用的场合很多。黑1这样的拦逼在实战中经常能看到。黑1不仅阻止了白在边上的开拆,而且随后生出了黑在A位点或在B位封的手段。所以黑1后,白通常需在B位补一手。

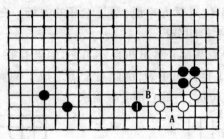

图37

图38 黑1拦逼是先手,由于左上白角空虚,白2必须补一手,于是黑3得以折回。通过黑1拦逼,黑占据了价值很大的左边。如果黑不运用拦逼战术而直接在3位拆,白就会在A位拆二,一出一人,相差很多。

（3）出头与封锁

图39 黑1出头,防止被白棋封锁,这步棋非常重要。根据情况需要,黑1也可改在A位或B位靠压出头。

图40 白1封锁,不让黑棋出头,马上黑两子便危在旦夕。

图41 封锁的目的并不见得是单纯为了吃棋。本图黑1飞封,黑势很壮观,而角上白棋并不存在死活问题。在这里,封锁是构筑外部势力的有效手段。

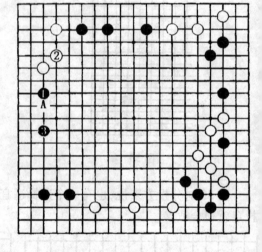

图38

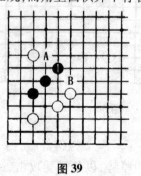

图39

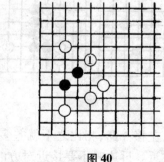

图40

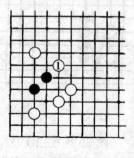

图41

图 42 假如上图黑棋不对白棋进行封锁，被白 1 在此处出头，不仅黑上面一子，而且黑下面三子都面临着现实的危险，上图颇为壮观的黑势已不复存在。

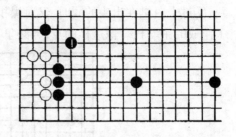

图 42

图 43 同样，出头的目的也不是单纯为了求活。在讲定式时就碰到过类似本图这样的棋形，那时就说过黑 1 跳出是绝对的一手。往中腹出头也好，往边上出头也好，总之是不让对方把自己的棋封住。

图 44 如果被白 1 拐封头，黑角就被完全包在了里面，外面白势非常强大。其实黑角并不会死，只要 A 位扳就能活，不过这种活法太委屈了。围棋里有"生不如死"的说法。指的就是这种情况。

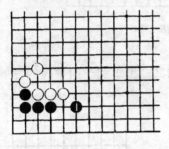

图 43

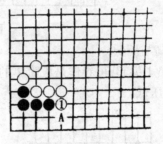

图 44

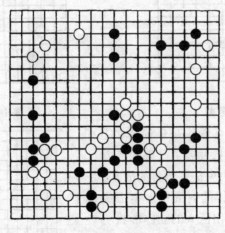

图 45

图 45 下围棋，免不了作战。当作战时，正确运用封锁和出头战术，便显得更为重要。本图轮到黑棋走，请你仔细看一看，走哪步棋最重要？

图 46 有时候，自己出头的这步棋，正好又对敌方形成了封锁，这时这步棋的重要性，称得上达到了无以复加的程度。黑 1 就是这样的一步棋。1 位若被白棋走

到,反过来白棋在出头的同时,又对黑棋实行了封锁。总之,谁占到 1 位,谁就掌握了作战的主动权。像这样的点,务必争先抢占。

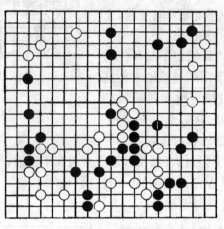

图 46

（4）加高与压低

图 47 黑 1 尖起,可看作是最简单的加高。黑 1 利于向中腹的发展,同时防止被白在 1 位压低。

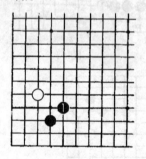

图 47

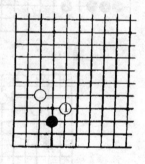

图 48

图 48 白 1 飞压,可看作是最简单的压低。白 1 在压低黑棋的同时,发展了己方的势力。

图 49 加高,是往中央扩张形势的战术,更多地应用在双方互张模样的对局中。本图经黑 1 加高,整个黑势便呈现出巨大的立体形状。

图 50 加高和压低又是相辅相成的。黑 1、3 在加高自身的同时,又有效地压低了白棋的势力。

图 51 压低,是防止对方扩大中央的战术。压低和加高也往往互为因果。本图轮白棋走,

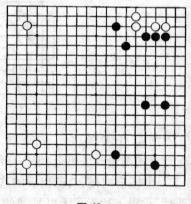

图 49

左上白三三位置太低,于A位加高是眼见的好点。但是,走A位以前,别忘了先做一个必要的交换。

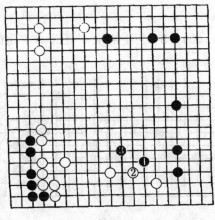

图 50

图 52 白1先跳,与黑2交换后白3再飞,上方白的阵形很理想。白1是对黑势的压低,在压低黑势的基础上再加高自身。白1若直接下在3位,黑就会在1位飞镇,这样一来,黑势有效地加高,而白势却在一定程度上被压低。

图 53 加高与压低在实战中应用很广。如本图,白刚刚下了⊘子,黑当然可下在A位,但那样下黑阵略显扁平,黑有加高的下法吗?

图 54 黑1至7的下法便有效地加高了自身,由此下边黑势越发壮大。黑之所以采

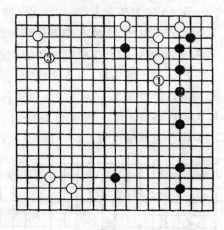

图 51

图 52

用这样的下法,在很大程度上是因为看到了左边存在着黑A、白B、黑C压低白棋的手段,而且黑C位以后几乎是先手,经过两侧如此加高,下边黑势转为实地的可能性便越来越大。

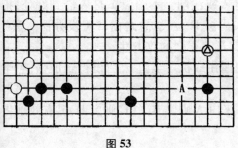

图 53

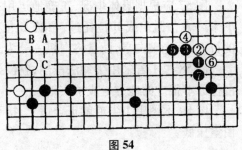

图 54

3. 攻防

(1)打入与浅削

图55白1深入黑阵,这手棋叫打入。打入的目的是掏空,有时还带有一定的攻击性。

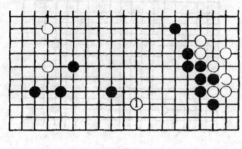

图55

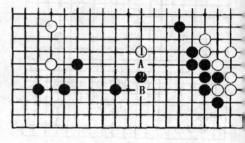

图56

图56白1在上方轻吊,让黑2守,白1这手棋叫浅削。如果认为没有危险,白1也可在A位吊,让黑B位守。浅削的目的是压缩敌势,把对方的空限制在一定的范围内,有时还带有扩张自己势力的意图。

打入和浅削相比,打入比较凶,恨不得一下子就把对方的空掏光,当然,打入比浅削的危险性也大一些。浅削也可称作侵消,都是一个意思,但从字面上看,应理解为程度略有不同。侵消带有侵入和消灭的意味,而浅削只是薄薄地削去一层。不少棋手习惯于用侵消这个词,其实在多数场合就是这里说的浅削。

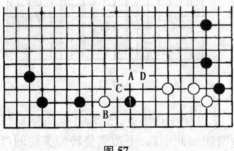

图57

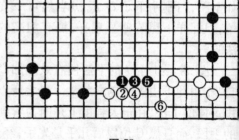

图58

图57应根据具体情况,正确地运用打入或浅削。本图黑1打入恰到好处,接下来可A位跳出或B位托过,白若C位尖黑可D位飞,总之白拿黑没办法。黑1的打入,不光破白空,而且将白棋一分为二,还有很强的攻击性。

图58黑1若采用尖冲法浅削,就没把握住战机。至白6,白棋得到加强,黑帮白把原本很虚的地方走成了实地。

图59本图黑1尖冲就正合适了,接下来白A则黑B,白C则黑D,黑有效地将白空压低。

图60 黑1若打入，则不合棋理，显得过于冒险。至白6，黑遭到整体攻击，至少战斗的主动权掌握在白棋手里。黑1如此深入，破白地却有限，无此必要。

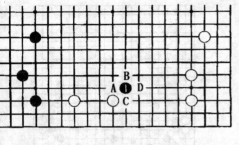

图 59　　　　　　　　图 60

图61 在适合于打入的场合，也要正确地选择打入点。本图黑1选点正确，至黑3，白两侧都很薄弱，白棋陷入苦战。

图62 黑1也是打入，却选点错误，至白8，黑帮白棋走强。

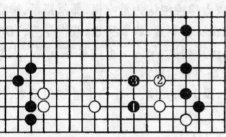

图 61　　　　　　　　图 62

图63 现在白⊙子已尖进角，黑1打入已不带有攻击性，故而意义不大。

图64 现在白两侧都很结实，黑再打入反而受累，故此时黑以1、3浅削为宜。

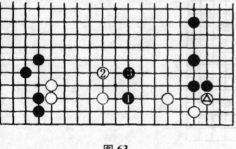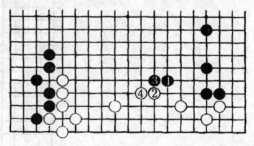

图 63　　　　　　　　图 64

图65 在适合于浅削的场合，也要正确地选择浅削点。对黑从中央到下边的巨大模样，白从哪里浅削才正合适呢？

图66 白1在这一线浅削正合适，既没有危险，又最大限度地压缩了黑阵。白1下在 A 位，黑 B 位守，下边仍可围七十目左右实地，黑形势有利。白1下在 B 位，

黑又会在 A 位镇，白危险。由此可见，A 位削得过浅，B 位又削得过深，1 位才正合适。

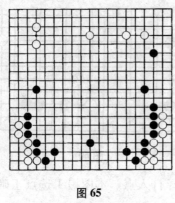

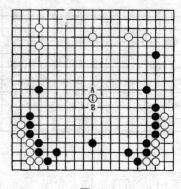

图 65 　　　　　　　　　　　图 66

（2）攻击与防守

进攻和防守都是极为重要的。如果把攻击单纯地认为是吃棋，那就错了，毕竟吃棋是很不容易的。进攻的本质，是通过攻击获得利益，或取实地，或得厚势，有时进攻又是最好的防守。而防守，其作用与攻击正相反，是为了不让对方得到攻击的利益。有时退让一步而坚实地防守，其效果并不劣于攻击。

图 67 该进攻的时候要进攻。白⊙挂后，黑 1 先尖顶，不让白棋进到角里来，然后黑 3 再关，黑●子正好对白二子形成夹攻的态势。

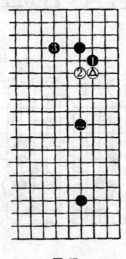

图 67

图 68 黑 1 若直接单关守，被白 2、4 两飞，白已成安定之形，黑便失去了攻击的目标。

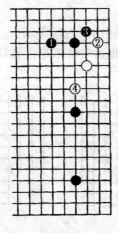

图 68

图 69 该防守的时候要防守。白△拦逼后,黑 1 跳补一手是必要的,这步棋几乎已被看作是定式。

图 70 黑若在此处脱先,则白 1 打入是要点,至白 7 抱吃一子,黑虽然大致也是活形,但白通过进攻却获得了很大的利益。

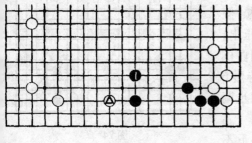

图 69   图 70

图 71 在进攻时不要忘记防守。这是一局让四子棋,白△来打入,黑应如何进行攻击?

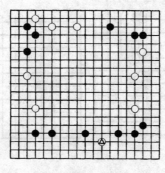

图 71

图 72 黑 1 先守住边空,待白 2 关起后,黑 3 也关起分断白棋,是正确的进攻

方法。

图73 黑1以下一味强攻,至白14,白活得很大。虽然外面的黑势十分厚壮,借此黑也可对左右白棋实施打入,但这些都不足以弥补下边黑棋如此之大的损失。

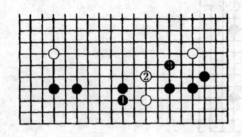

图72

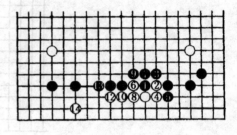

图73

图74 在需要防守时,又不能忘却可能的进攻手段。本图白下边和右边都需要补棋,白能否通过进攻来达到防守的目的?

图75 白1跳是好棋,有此一手,黑三子便成了缺乏眼位的棒形。尽管黑棋很不情愿,但为了不被白棋封锁,黑2、4不得不忍痛压出,此时黑根本没工夫去考虑如何攻击两侧白棋的薄味。于是白3、5顺势补强了右边,待黑6整形时,白7又回到下边补,白在攻击的步调中同时补强了两边。

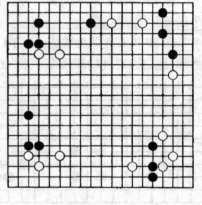

图74

图76 可能有人会想到白1压,这样下不好。黑2长后,白右边的弱点依然存在,下边的白棋也变薄了。之后,白若A位补,则黑有B位打入的余地;白如C位补,又无法防止黑在D位的打入。正因为白⊙子过于接近黑墙,结果白在下边左右为难。

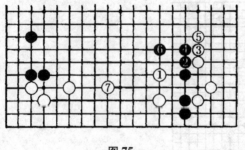

图75

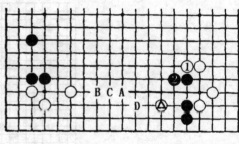

图76

第二节 象 棋

一、象棋基本知识

1. 什么是象棋

象棋是中华民族珍贵的文化遗产。它源远流长,历史悠久。现制象棋始创于唐朝,定型于宋朝,至少已有一千多年的历史。它的最早源头一直可以追溯到我国春秋战国时期的"六博"棋。六博是现制象棋的老祖宗。

由于历史悠久,象棋在我国有着广泛和深厚的群众基础,可以这样说,几乎家家户户都有爱下象棋的。无论是在城市或是在农村,无论工农商学兵,无论哪一阶层,都有许多象棋爱好者,据估计,12亿中国人民中,至少有1亿的象棋爱好者,正因为这样,象棋受到党和国家的重视,作为国家发展的体育项目而加以提倡。

象棋是开发智力的一种工具,经常下象棋,可以发展人的智力,促进人的思维能力,使人变得更聪明,更有智慧。象棋是大脑的锻炼工具、是智慧的体操。我国的政治家、军事家、科学家、数学家、经济学家和各行各业的专家、学者和名人中间,有不少人爱好下象棋。他们把象棋当作业余文化生活的一个组成部分,调剂精神,陶冶情操,发展智力,锻炼思维,促进自己事业的发展和成功。

对于少年儿童来说,学下象棋可以使自己变得聪明起来,而聪明的小朋友通过象棋可以使自己变得更聪明,甚至有可能发展成为象棋的高手。

象棋是一种竞技性的智力体育项目,国际国内都有各种各样的比赛。通过象棋比赛可以培养和提高我们的竞争意识。

下好象棋不但要有棋艺技术,而且要有良好的意志品质和顽强的斗志。通过象棋可以陶冶高尚的情操,塑造完善的个性。

象棋对局的棋谱和讲述棋理、棋史、棋人的书籍可以传播四方、留传后世,成为文化的一部分,通过象棋可以提高我们的文化素质。

象棋的着法规律和棋理可以从数学、计算机学、军事学、心理学、思维科学等各个角度进行研究,所以象棋本身还是一门特殊的科学。通过象棋可以培养人们的战略战术意识和注重全局的观点,可以加强人们的科学性、计划性和灵活性。

象棋是科学、文化、艺术、竞技四者融合在一起的智力体育项目。

象棋对人们智力的开发、全面素质的提高以及完美个性的形成和塑造有着如此之多的有益作用,建议小朋友们都来学下象棋。通过象棋把自己变得聪明起来,变得更有智慧。这就是本书著者的一个心愿。

2. 棋盘和棋子

（1）棋盘

·家居休闲·

图文珍藏版

象棋的棋盘是由九条竖线和十条横线交叉而成,盘上共有 90 个交叉点,棋子就摆在交叉点上,并在交叉点上活动。

图 1 是没有放上棋子的棋盘,棋盘中间有一条空白横道称为"河界"。河界把棋盘分成两大块阵地,它们开始时分别属于红方和黑方。每方阵地后方的中央都有一个由 9 个交叉点组成的"米"字格,称为"九宫",这是双方将帅和卫士活动的地方。

"河界"中间不标出直线,棋子越过河界时,无论直走或斜走,都按有线行棋对待。实际上,"河界"中的直线是隐线。

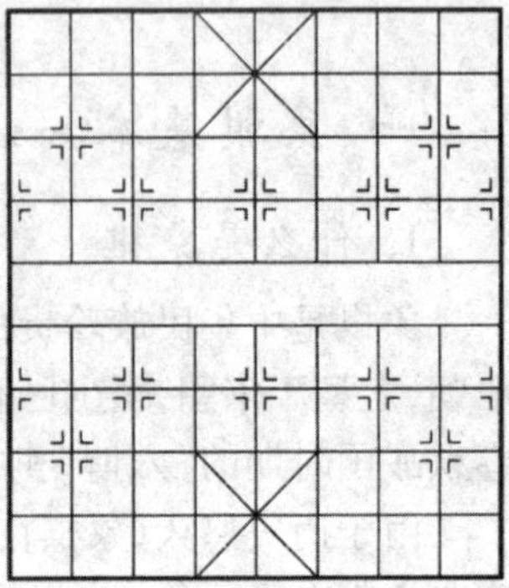

棋盘上的直线(竖线)有标志。红方的直线,由右至左,依次用一至九的中文数码表示,黑方的直线,由右至左,依次用 1 至 9 的阿拉伯数码表示。如图 2 所示。

每方棋子的走法都按己方的线路标记,各记各的,互不干扰。

(2)棋子

象棋的棋子共有 32 个,每方 16 个,分红、黑两种颜色。都是 7 个兵种。

红方棋子有:

帅——1 个;仕——2 个;相——2 个;车——2 个;马——2 个;炮——2 个;兵——5 个。

黑方棋子有:

将——1 个;士——2 个;象——2 个;车——2 个;马——2 个;炮——2 个;卒——5 个。

其中:帅=将;仕=士;相=象;兵=卒。

名称的略异为的是便于区别红、黑。

3.棋子摆法

对局开始时,双方的棋子摆法如图 3。

每方的主力部队,除炮以外,都摆在底线上,底线最外面的两个棋子是车,车里面是马,马里面是相(象),相(象)里面是仕(士),底线中央是帅(将)。每方的两个炮都放在己方阵地的第 3 横线上,五个兵(卒)都是隔一路一字排阵摆在己方阵地的第 4 横线上。每方棋子摆法的特点是以帅(将)为中心两侧对称排列。

黑 方

图 1

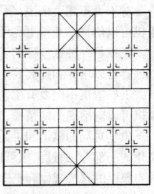

黑 方

1 2 3 4 5 6 7 8 9

九 八 七 六 五 四 三 二 一

红 方

图 2

4. 棋子走法

棋子的7个兵种,可分为两大类:一类可以过"河";一类不可以过"河"。

可以过"河"的兵种是:车、马、炮、兵(卒)。

不可过"河"的兵种是:帅(将)、仕(士)、相(象)。

在不可过"河"的兵种中,又有两种不同的类别。一类是帅(将)和仕(士),活动范围限于九宫之内。另一类是相(象),活动范围不仅仅限于九宫内的中相(象)位。

下面依次介绍这7个兵种的走法。

(1)车的走法

车走直线,不限步数。不论上下左右,只要无子拦阻,只要是在棋盘内,都可直走或横走,而且可进可退。但不得拐弯。

图4中的车可以向左或向前移动,移动的距离不限,最远可以移到边线或底线。

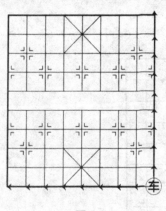

图4

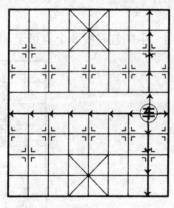

图5

图5中的车可以上下左右,长走或短行,任意选择。

车的吃子法和走子一样。在它的活动范围内,如果有对方棋子,就可以吃掉对方的棋子,占领对方棋子所在的点位。

图6中,红车可以吃掉黑方任何一个子,但只能选吃其中一个。

图7中,红车可以吃黑车,黑车也可以吃红车。

车是象棋中最厉害的棋子,它可以走到棋盘上任意一个点位,最多时可控制棋盘上横竖共17个点。车的移动速度很快,一步棋就可从棋盘的这一头调到那一头,从一个侧翼调到另一个侧翼。车占据了开通的线路时,子力的效率才能发挥。

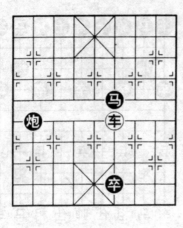

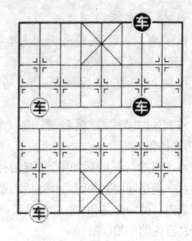

图 6   图 7

（2）马的走法

马走"日"字，即从"日"字的这一角走到它的对角。或者说马直走两格再横走一格或直走一格再横走两格。

马在棋盘中间某个位置时，有 8 个点可走，这就是人们常说的"马踏八方"，有"八面威风"。

图 8 中的红马有 8 个点可走。

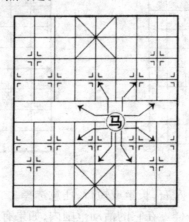

图 8

但是，马有蹩腿的限制，如果在它直走或横走两格的行程中有自己或对方的棋子挡住，它就不能越过去，这叫"蹩马腿"。这对初学者特别要强调。有些小学生学下象棋已有很久，却还有不知马蹩腿的。

图 9 中的红马被黑炮和红兵蹩住，只有箭头表示的 4 个点位可走，其余的点因有蹩马腿而不能走。

图 10 中在原始位置的红马只有箭头表示的两个点位可走，另一点位因为有自

己一方相的阻碍而不能走。

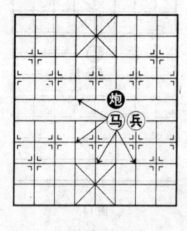

图 9

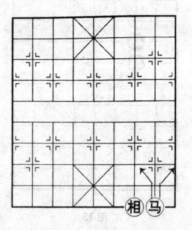

图 10

马的吃子法与走子一致。只要在它的活动范围内有对方棋子存在,它就可以吃掉对方的棋子,取而代之,占据对方被吃棋子的点位。

图 11 中的红马可以有选择地吃掉对方车、炮、卒、士中的任何一个棋子。

图 12 中的红马和黑马可以互吃。

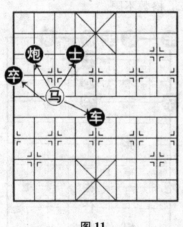

图 11

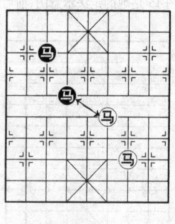

图 12

图 13 中的红马可以吃黑马,但黑马却不能吃红马,因为有卒的蹩腿。图 12 中的红马和黑马因为有蹩腿,都不能吃。

马最多时可控制 8 个点,攻击 8 个方向,也是威力很大的攻击性棋子,但它不如车的速度快,也没有车的行动自由。一旦被蹩马腿,就寸步难行。

· 家居休闲 ·

图文珍藏版

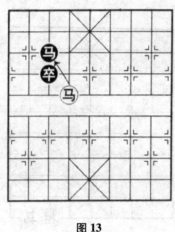

图 13

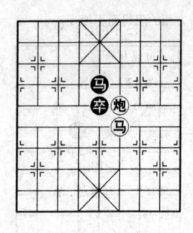

图 14

（3）炮的走法

炮是象棋中的一种特殊棋子，它的走子法和吃子法不一样。炮的走子法同车一样，走直线，只要无子阻拦，距离不限。但炮的吃子法却有点特别，必须隔子吃子，即必须要有自己的或对方的任意一个棋子充当"炮架"。要注意的是，炮的吃子，只能隔一个棋子，隔两个棋子则不能吃。

图 15 是炮的走法示意图，前后左右都可移动，格数不限。

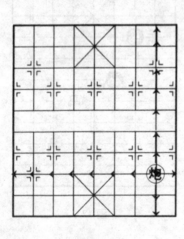

图 15

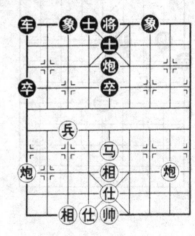

图 16

图 16 中的红炮可以打车，黑炮可以打马。

炮的威力与马差不多。它们各有长处。

炮的移动速度比马快，但它必须要有"炮架"才能发挥攻击的作用。所以当一盘棋下到残局，可供充作"炮架"的棋子越来越少时，炮的作用就不如马。古代象棋诀要有"残棋马胜炮",指的就是这个意思。但是具体情况也要具体分析。

车、马、炮都是强子,属于攻击性的棋子,是全盘的主力军。双车、双马、双炮俗称"六大件",它们协同作战,取长补短,才能发挥出强大的战斗力。

(4)兵卒的走法

兵卒的走法有两种不同情况:没有过河的兵卒只能向前走,每步限走一格;过河的兵卒,不仅可以向前走,还可以向左、向右横着走,每步限走一格。兵卒所到之处,遇到对方任何棋子,都可以吃掉。

兵卒在任何情况下,都不得后退。这一点与任何其他棋子都不同。

图17中,红方有5个兵,其中一兵已向前走了一格;黑方有5个卒,都在原位。双方兵卒都未过河,都只能向前走一格。图18中,红方中兵过河以后,允许向前、向左、向右移动一格,活动范围增大;红方冲到底线的老兵只能向左或向右移动一格,不能后退;黑方过河的卒即使冲到红方第2横线,也允许向前或向左右走一格。

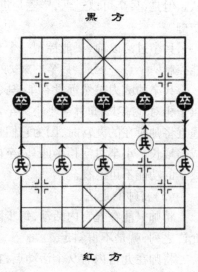

黑　方

红　方

图17

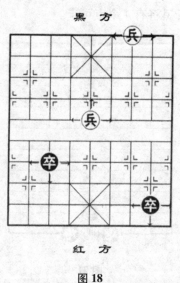

图18

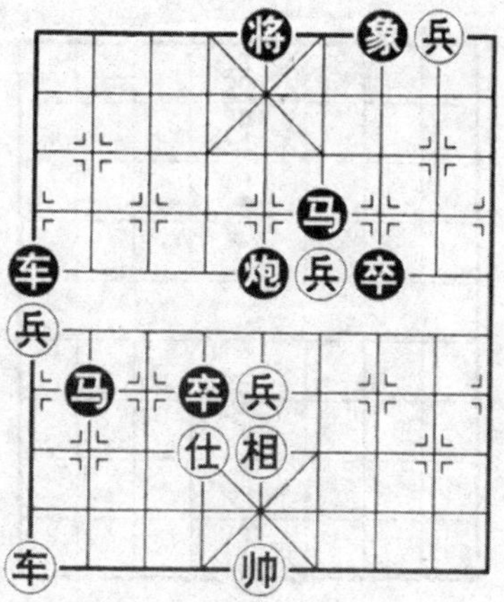

图19

图19中,红方有4个兵,其中:有3个兵都可以吃子。边兵可以前进一步吃掉黑车,刚过河的兵可以有选择地吃掉黑方的炮、马或卒,老兵可以吃掉黑方底象。

黑方也有两个卒,其中:没过河的卒可以向前走一格过河,无子可吃,而已经过河的卒可以有选择地吃掉红方的士或中兵。

比起其他子力,兵卒的战斗力最弱。车马炮是主力军。兵卒只能算是辅助军队。但是,兵卒可以过河,毕竟是进攻性的棋子,它们可以配合主力军进行攻杀或防御。

兵卒过河以前,只能控制一个点。过河以后,最多能控制 3 个点,其中老兵只能控制两个点。因此,兵卒的威力决定于它们所占的位置。

兵卒的威力虽然远没有车、马、炮等其他子力大,但是当一盘棋下到残局,盘上棋子相对地减少的时候,小小兵卒却往往能发挥举足轻重的作用。特别是当兵卒逼近将帅所在的九宫时,因为它们直接能威胁将帅的安危,它们的价值和威力顿时成倍增长。小卒过河顶半匹马;卒闯九宫顶大车;独卒可以擒王,这些都充分说明兵卒的功能不可忽视。

(5)将帅的走法

将帅只能在九宫内活动,每步限走一格,上下左右,前进后退,横走直走,都在允许之列,就是不得斜走。

将帅在九宫内有 9 个活动点,它最多可控制 4 个点,最少可控制两个点。将帅在它的控制范围内,也可以吃子。

但是,将帅有两条特殊规定:第一是其他棋子允许送吃,但将帅不许送吃;第二是将帅不许走成双方直接照面。

图 20 表示将帅的走法,红帅有 3 个点可走,黑将有 4 个点可走。

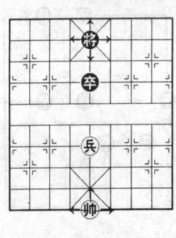

图 20

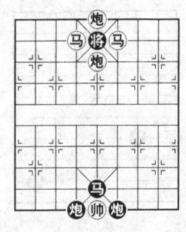

图 21

图 21 表示将帅的吃子法。红帅可有选择地吃掉黑方三个子中的任一个;黑将可有选择地吃掉红方四个子中的任一个。

图 22 中,红帅不能吃黑马,而黑马也不许跳开,否则,造成将帅直接照面。

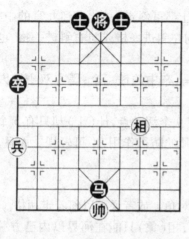

图 22

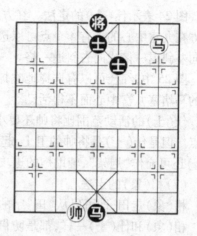

图 23

　　图 23 中,红帅可以吃黑马,也可以不吃马而向前走一格;而黑将却一步也不能挪,向左走一格,有红马控制,成了送吃,规则不许,向右走一格,与红帅直接照面,规则也不许。

　　将帅从字面上看是三军统帅,但它的战斗力却不强。它的活动范围仅限于九宫之内,而且又有将帅不许直接照面的规定。计算子力价值时,一般不把将帅包括在内。但是,将帅不可舍弃,将帅必须保住,否则,就是输棋,因此,不可轻视将帅的安全和作用。

　　(6)仕(士)的走法

　　仕(士)是帅(将)的贴身侍卫,只许在九宫内顺着米字格的斜线活动,共有 5个活动点,只能斜走,不能横走或直走,每步限走一格。仕(士)能走到之处,如有对方的棋子,可以把它吃掉。

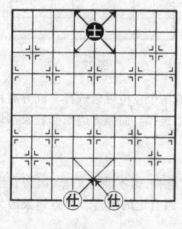

图 24

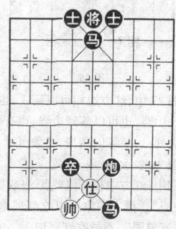

图 25

图 24 表示仕(士)的走法。红方左右两个仕都可斜走一格,走到九宫的中心;黑方在九宫中心的士有 4 个点可以选择,可以向左斜进一格或向右斜进一格,也可以向左斜退一格或向右斜退一格。

图 25 中,红仕可以有选择地吃掉黑方炮、马、卒中的任一个;黑方双士则因自己的马堵塞九宫中心而不得活动。

仕(士)的活动范围比将帅还要小。将帅有 9 个活动点,仕(士)却只有 5 个活动点。但是仕(士)是将帅的卫士,起着保护将帅的防御作用,不可轻视。而且,仕(士)还可充作"炮架",辅助炮的进攻。

(7)相(象)的走法

相(象)走田,即可以从"田"字的一角走向对角。或者说可以斜着走两格。

相(象)和仕(士)一样,都是防御性的棋子,相(象)只能在河界以内己方一侧活动,不能越过河界。它能走到的点位如有对方棋子就可以吃掉。

相(象)有"塞象眼"的限制。如果在"田"字的中心点有自己或对方的棋子,这叫"塞象眼",它就不能飞过。

图 26 表示相(象)的走法。带箭头的实线表示可以走的点位。虚线表示可以活动的路线。

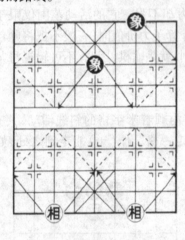

图 26

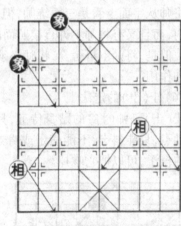

图 27

图 27 中,红方边相可以高飞,也可以低飞,有两个点位可以选择。红方高相可以落到中路,也可以落到边线,也有两个去处可以选择。而黑方边象和底象都只有一个去处,边象可以高飞,底象可以飞中路。

图 28 表示相(象)的吃子。

图中,红方中相可以吃黑炮或黑马,由红方选择,但不能吃黑车,因为有黑卒"塞象眼"。黑方中象可以吃红底炮,但不能吃,因有炮的闷宫。黑方边象因为有红车"塞象眼",不能吃红底炮。

相(象)的活动范围比仕(士)稍大些。仕(士)有 5 个活动点,相(象)有 7 个落

脚点。就控制范围而言,相(象)和仕(士)都是4
个点。所以它们的防御力量差不多。

相(象)和仕(士)都讲究连环,连环起来,互相
保护,互相支持,就有力量,就能有效地保护将帅,
保持将帅的安全。如果不连环,就容易受到对方的
攻击,而被各个击破。如果剩下单仕(士)或单相
(象),或者虽有双相(象)或双仕(士),但无法连
环,它们的防御力量就大大削弱。

仕(士)相(象)的威力与车、马、炮不可类比。
仕(士)相(象)的作用主要是防御性的,而车、马、
炮则既可用于进攻,又可用于防御。而且主要是进
攻性的子力。

尽管如此,仕(士)相(象)的防御作用还是不
可轻视。尤其在残局阶段。对方光杆老将,你有一匹马即可取胜,但如对方还有双
士或双象,你就没法胜了。

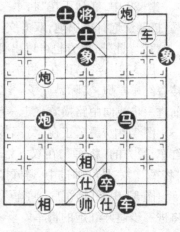

图28

5. 将军和应将

象棋对局的目的是捉住对方的将帅。比赛规则规定:当一方的将帅被对方棋
子攻击,威胁到下一步要被吃掉时,称为被"将军"或被"照将"。攻击将帅的动作
称为"将军"或"照将",也可以简称为"将"。这时被"将军"的一方必须立即应将。
如果无法避开"将军",即被"将死"。

应将的办法有三种:

(1)吃掉对方攻击将帅即进行"将军"的棋子,可称之为吃子解将;

(2)用棋子挡住对方攻击将帅即进行"将军"的棋子,称为"垫将";

(3)移动自己的将帅,避开对方棋子的"将军",称为"避将"。

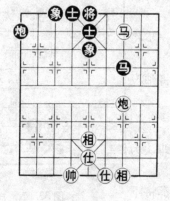

图29

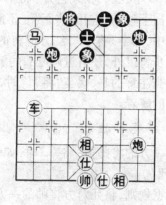

图30

图 29 中,红马正在"将军",黑方三种应将方法都有。黑方可以用边炮打掉红马,接着红炮打掉黑炮,双方交换子力,谁也不吃亏。黑方也可以退:马蹩住马腿,"垫将"。此外,黑方也可以出将,避开红马的"将军"。

图 30 中,红马正在"将军"。黑方也有三种应将方法:一是炮打马,吃子解将,接着红车吃炮,实际是兑子。二是黑右炮后退一步,蹩住马腿,垫将。三是黑将向前进一步或向中路横着平走一步,避开红马的"将军"。

图 31 中,黑车正在"将军"。红方有三种应将方法:一是红车吃掉黑车,黑马吃红车,黑方的"将军",在双方兑子后自动解除。二是红炮向左平移一步,挡住黑车"将军"。三是红帅进中,避开黑车的攻击。

图 32 中,红炮沉底"将军"。黑方可以退马吃炮解将,退象底线垫将,也可以黑将进一步避开红炮的将军。

兵卒的步子小,只有与对方将帅贴身接触时,才能"将军"。

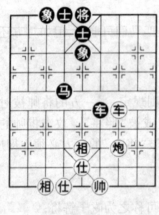

图 31

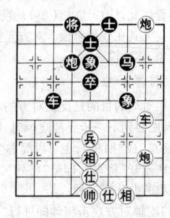

图 32

图 33 中,红兵在九宫外"将军",黑将只有向中路,向上或向下移动,避开"将军"。不能吃兵。

图中,黑卒"将军",红方应将的办法除了退一步将或横一步将以外,还有进帅吃兵的解着。

应当注意的是,兵卒"将军"时,被"将军"的将帅没有垫将的解着。

6. 将死和胜负

当一方的将帅被"将军"时,如果无法避将,即认为被"将死"。

根据规则,将死对方将帅的一方为胜。双方都将不死对方的将帅为和局。

图 34 至图 37 是"将死"的几个实例。

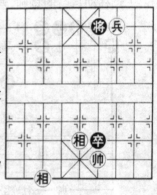

图 33

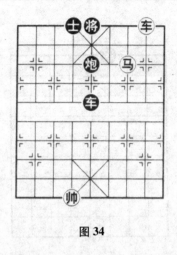

图 34

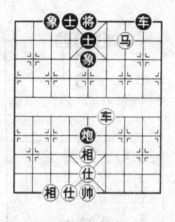

图 35

图 34 中,红车"将军"时,因受红与的控制,黑将无处避将,即成"将死"。

图 35 中,红马"将军"时,因有红车控制,黑将不能拐出避将,即成"将死"。

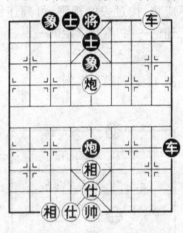

图 36

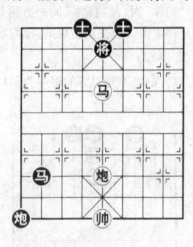

图 37

图 36 中,红车"照将",因有红炮牵制,黑将无处可避,即成"将死"。

图 37 中,红方马后炮造成"将死"。

除了"将死"以外,还有一种常见的胜法是"困毙"。这时轮到走棋的将帅,虽然没有被对方"照将",但却被禁在某个位置而无法走动时(包括被禁的其他棋子也无法走动),就算被"困毙"。困毙同样算辅棋。

图 38 和图 39 是"困毙"的实例。

除了"将死"和"困毙"以外,比赛时用时超过规定时限的,按规则判负,这叫"超时判负"。

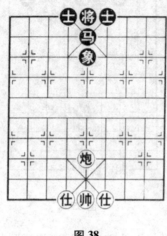

图 38

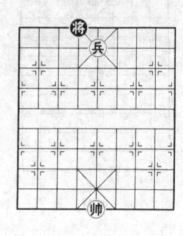

图 39

"将军"时,被"将军"的一方可以应将而不应将,按过去的规则,可判违例一次,允许重走。但按最新规则,应判输棋,没有记违例一次、重新续走的一说。

7. 和局

双方都将不死对方的将帅为和局。图 40 至图 45 是和局的实例。

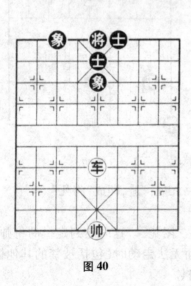

图 40

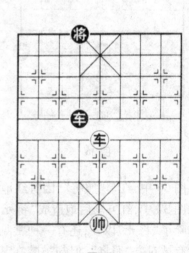

图 41

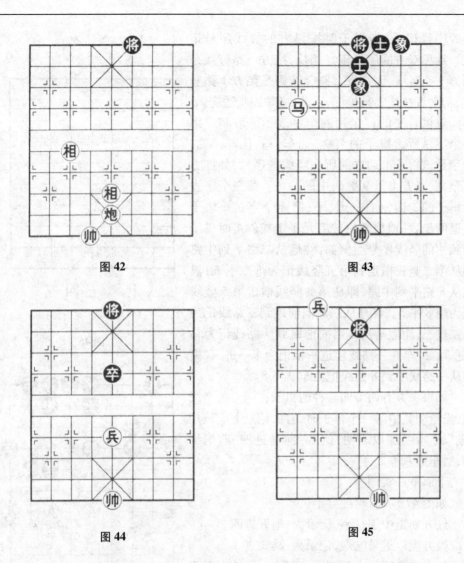

图42　　　　　　　　　　　　　图43

图44　　　　　　　　　　　　　图45

　　除了以上双方无取胜能力判为和局以外,还有一方提和,另一方表示同意,双方经过60回合的战斗,局面和子力没有实质性变化的,以及同样局面三次重复出现等等,按规则应判为和局。

8. 对局记录方法

　　参加象棋比赛,一般要做对局记录。另外,阅读棋书,学习棋谱,研究高手的对局,也必须懂得象棋的记录方法,因此,学下象棋,首先一定要学会象棋的记录方法。

　　象棋着法是按棋盘上竖线的标志进行记录的。象棋棋盘上的九条竖线,红黑双方分别用数码加以标志,如图46所示。红方由右到左用一至九的中文数码表示,黑方由右到左用1至9的阿拉伯数码表示,双方各记各路。走红子时按红方的竖线序号记录,走黑子时按黑方的竖线序号记录。红黑双方的序号正好相反,红方一路竖线是黑方9路竖线,而红方九路竖线则是黑方1路竖线,初学者往往容易搞混,因此,必须逐步适应。

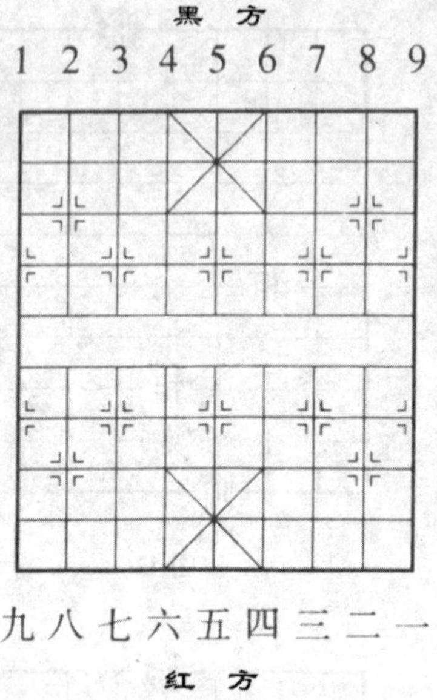

象棋着法的记录用四个字表示一着棋。第一个字是所走棋子的名称,如车、马、仕等;第二个字是该棋子走动之前所在竖线的序号,如红方一至九、黑方1至9数码中的一个。第三个字表示棋子的走向,如进、退、平;第四个字是该棋子进退的步数(或格数),或者是平走或斜走时棋子所到达的竖线序号。例如:红炮从二路平到中路即从第二竖线横走到第五竖线记为炮二平五;黑炮从8路平到中路,即从第8竖线横走到第5竖线记为炮8平5。红马从二路向前跳到三路线记为马二进三,而黑马从8路向前跳到7路线记为马8进7。红车在一路线前进一格记为车一进一,黑车从9路线平到8路线记为车9平8。

如果一方有两个同兵种的棋子在同一条竖线上,当走动其中的一个棋子时,着法记录上应该用"前"或"后"加以表明,例如:前马进四、前炮平四、后车平六等。

下面举一实例。

如图47局面,轮红方走棋。

红方如走中炮打卒,记录为:炮五进四。

黑方应以进马吃炮,记录为:马3进5。

红方如走四路车进二步捉黑炮,记录为车四进二,黑方应以炮进5步打兵,记录为:炮7进5。

红方如走四路车退二步至河沿,记录为车四退二。如四路车平至三路,记录为车四平三。

红方如走八路车过河至卒林线,记录为车八进六,接着黑方7路卒进一步捉车,记录为卒7进1,红车四平三避捉后,黑马由河沿退至7路打车,记录为马8退7。

9. 禁止着法和允许着法

对局过程中,有时会出现双方着法循环反复的情况,因此对于哪些循环着法是允许的,哪些循环着法是禁止的,必须做出规定。象棋比赛规则关于禁止着法和允许着法的规定很详细。初学者应当认真学习和掌握象棋比赛规则,

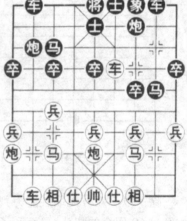

黑　方

1　2　3　4　5　6　7　8　9

九　八　七　六　五　四　三　二　一

红　方

图 46

图 47

比赛时才能做到不违反规则。

按国内象棋比赛规则的规定,长将、长杀、长捉、一将一捉、一将一杀等为禁止着法,而长拦、长兑、长跟、长献、兵卒长捉、将帅长捉等为允许着法。凡是走出禁止着法的一方,必须变着,不变判负。凡是允许着法,双方不变,可判和局。

下面先从长将说起。长将是绝对禁止的,必须变着,不变判负。

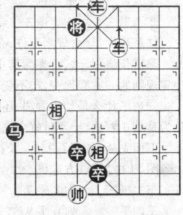

图 48

图 48 中,轮红方走,

车四进一	将 4 进 1
车五平六	将 4 平 5
车六平五	将 5 平 4
车四退一	将 4 退 1

红方双车交替长将,违犯规则不许长将的规定,应判红方变着,不变作负。

象棋规则规定,长杀也是禁止着法。

图 49 中,轮红方走,

马六进七	将 6 进 1
马七退六	将 6 退 1
马六进七	将 6 进 1
马七退六	将 6 退 1

红方进马卧槽,要杀,接着退马又要杀,成长杀(或长要杀)。如此循环反复,规则不许可,红方应当变着,不变作负。

长捉和长将、长杀一样,也是禁止着法。

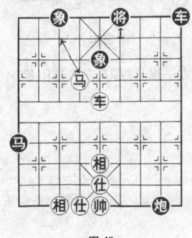

图 49

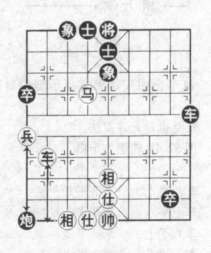

图 50

图 50 中,轮红方走,车八退三　　炮 1 退 3

车八进三　　炮 1 进 3

车八退三　　炮 1 退 3

红车长捉黑炮,规则不许,必须变着,不变作负。

除了长将、长杀、长捉为禁止着法以外,一将一杀、一将一捉等也属禁止着法。违犯规则的一方必须变着,不变作负。

知道了什么是禁止着法,还要知道什么是允许着法,否则,如果把允许着法误认为是禁止着法,比赛时就会吃亏。

下面先从"长拦"说起。长拦是允许着法。

图 51 中,轮红方走棋,

车二平三　　炮 8 平 7　　车三平四　　炮 7 平 6

车四平一　　炮 6 平 9　　车一平九　　炮 2 平 1

车九平八　　炮 1 平 2

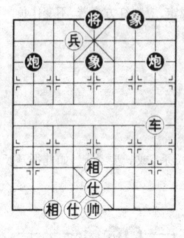

图 51

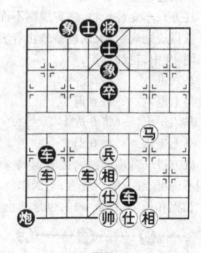

图 52

红车企图穿越黑方担子炮的封锁线,黑方平炮长拦,双方均是闲着,不变作和。

长兑也是允许着法。

图 52 中,轮黑方走棋,

…………　　　车 2 平 3

车八平七　　车 3 平 2

车七平八　　车 2 平 3

车八平七　　车 3 平 2

车七平八　　车 2 平 3

车六平七　　车 3 平 4

车七平六　　　车4平3

车八平七

红双车联成一线,与黑车长邀兑,属允许着法,双方不变作和。

对局中的一方用自己的一个棋子盯住对方有保护的棋子(称"有根子"),对方这只棋子走到哪里,就跟到哪里,这叫"长跟"。"长跟"是正当的防卫手段,属允许着法。图53中,轮红方走棋,

车八平九　　　炮1平2

车九平八　　　炮2平1

车八平九　　　将5平4

车九平六　　　士5进4

车六平九　　　士4退5

车九平六　　　士5进4

车六平九　　　炮1平2

车九平八

红车长跟黑炮,黑将拐出要杀,红车照将后,又回原处跟炮,成一照一跟,均属允许着法。双方不变作和。

对局中一方总是送子给对方吃,这叫"长献"。"长献"也是允许着法。

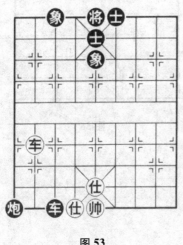

图 53

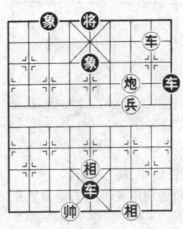

图 54

图54中,轮红方走棋,红方必须兑掉一车,才有和局。于是采取"长献"妙着。

车二平一　　　车9平8

车一平二　　　车8平9

车二平一　　　车9平8

车一平二　　　车8平9

红车"长献"。黑方接受所献的车,红炮二平五照将抽车成和局。否则,按规则,红方"长献"车,属允许着法,双方不变,也是和局。

将帅长捉和兵卒长捉是允许着法。

图55中,黑方有卒渡河,又有黑炮,子力占优,但黑炮位置不利。红方有妙着利用规则避免败局。

帅五平四　　炮6平5
帅四平五　　炮5平6
帅五平四　　炮6平5
帅四平五　　炮5平6
帅五平四

红帅步步捉黑炮,黑炮被红仕相包围,无法突围,优势不能实现,成为和局。这里,红帅捉炮,是将帅长捉,属允许着法,双方不变作和。

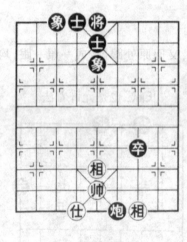

图 55

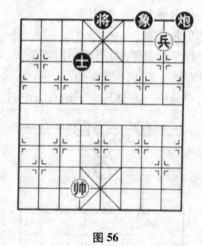

图 56

图56中,轮红方走棋。

红方利用规则,可以迫和黑方。

兵二平一　　炮9平8
兵一平二　　炮8平9
兵二平一　　炮9平8
兵一平二

形成兵卒长捉,属允许着法,双方不变作和。

象棋规则中关于禁止着法和允许着法的棋例很多,初学者只要掌握以上基本原则即可,随着棋艺水平的提高,可结合实战比赛中遇到的棋例,查阅象棋规则。

10. 摸子动子　离手生根

下棋必须遵守规则。在象棋规则里,规定了许多有关规范棋手比赛时行为守则的条条。对于初学象棋的爱好者来说,特别是对于小棋手们来说,首先应记住并遵守的两条行为规则是:摸子动子、离手生根。这是对每个棋手的最基本要求。遵守这两条规则,是良好棋风的具体体现。象棋爱好者,特别是小棋手们必须从学棋开始,就注意遵守规则,培养自己的良好棋风,这叫没有规则,不能成方圆,不遵守规则,成不了优秀棋手。

在对局过程中,用手触摸了己方的某一个棋子,就必须走动这个棋子。这叫摸子动子,或叫摸子走子。只有当所触摸的棋子按行棋规则根本无法走动时,才可以另走他子。

同样道理,在对局过程中,如果用手触摸了对方的某一个棋子,就必须用己方的棋子去吃掉它。只有当己方的任何一个棋子按吃子规则都不能吃掉它时,才允许另走别的着法。

有些小棋手,下棋时总有一个坏习惯,喜欢摸摸这个,碰碰那个,两只手或一只手总是不停地在旗盘上方活动,有时把棋子举在手里,在棋盘上方找落子点。这是很坏的习惯,必须及早改正。

对局时必须保持正确的坐姿,两手自然地放在身体两侧,没有想好走什么棋以前,千万不要把手伸出去,更不应该在没有选好行棋位置以前,把自己的棋子握在手中,再在棋盘上寻找目标。

如果不小心把棋子掉落在棋盘上某个位置,或者同时碰着了对方的某个棋子,这时就会产生纠纷。

按照规则,棋子如果停落在棋盘上的某个交叉点,同时握棋的手已离开棋子,这时只要符合行棋规定,就不得另移其他的交叉点。这叫离手生根,就是说落子生根,手离为准。

有些棋手习惯在棋盘上推着棋子行棋,这叫推子。虽然按照新规则规定,落子生根,以离手为准。但推子不是好习惯,且容易产生纠纷,所以应当改掉这个习惯。

摸子和落于是指行棋者有意识地做出的动作。如果明显看出是偶尔误碰一下某个棋子,或者属于无意失手把棋子甩落在棋盘上,可以只提个醒儿,让他以后注意,而不作摸子或落子处理。

11. 子力价值

象棋对局过程中,必不可免的是要兑换子力。这时我们必须要掌握各种兵种棋子的子力价值,交换子力时才不致吃亏。

棋子的子力价值决定于棋子能控制的点位多少、棋子所占位置的好坏以及棋子之间的协同关系。

象棋有 7 个兵种,车、马、炮、兵(卒)为进攻性子力,车、马、炮都是强子。仕(士)、相(象)为防御性子力,还可起到辅助进攻的作用。帅(将)战斗力弱,但它是一军之主,不可丢失,不可被吃或送吃。它的价值特殊,不可与其他子力类比。

如果用分值表示各兵种间的子力价值,它们的价值大体如下:

·家居休闲·

图文珍藏版

车9分;炮4.5分;马4分;兵(卒)未过河者1分;过河者2分;老兵(卒)即冲到对方底线的兵(卒)1分;仕(士)2分;相(象)2分。

如果用图解表示,它们间的关系大体如下:

车 = 2×炮

车 > 炮+马

车 > 2×马

炮 > 马(开局时)

炮 = 马(残局时)

马 = 2×象

兵(过河)= 士 = 象

注:>表示优于。

但是,这种价值关系只能是一种参考。实际上,棋子的价值取决于每个棋子在棋盘上的位置以及在整个棋局中所起的作用。在特殊的局面中,有时,兵卒能顶大车,弃子却能取势。

二、象棋基本战术

灵活运用各种战术,进行战术攻击或战术防守,是象棋对局中争胜或谋和的重要手段。对于象棋初学者和小棋手来说,首先要打好基础。基本战术的学习和训练无疑是一项必修的基本功。只有全面掌握各种基本战术,才能在实战对局的各个阶段灵活运用。

在实战对局中,常见的是几种基本战术的综合运用,形成战术组合或连珠妙着。下面让我们从最简单的基本战术学起。

1. 捉双

捉双是象棋中残局战斗中最常用的基本战术,几乎每局棋里都离不开捉双。它包括一子同时攻击对方两子或两子分捉对方两子等多种不同形式。捉双是谋取子力优势的主要手段。在各个兵种子力中,车、马、炮这三大件在捉双战术的运用中,最为活跃。

图1 车的捉双。

着法	红先
车四进二	马8进7
车四退五	炮7退2
车四进二	将5平4
车四平六	将4平5
车六平三	

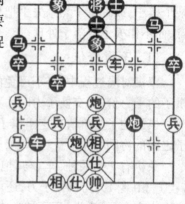

图1

红车捉双,黑方必失一子。

图2,马的捉双。

马有八面威风,可以在不同点线上同时攻击对方两个以上的棋子。同时攻击对方两子时就是捉双。

如图是马捉双的实例。

着法　红先

马六进四

红马同时攻击黑方马炮两子,两子必失其一,红方得子可胜。

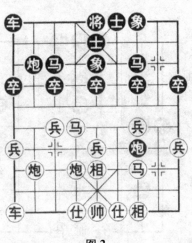

图2

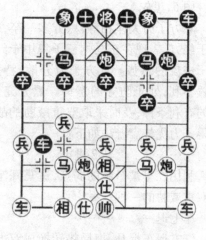

图3

图3,炮的打双。

炮隔子打子,需有炮架才能发挥作用。只要有炮架可以利用,捉双的机会也很多。

如图3,红先。

炮六进五

进炮串打,黑方左翼的马炮两子必失其一。红方得子可胜。

2. 双重威胁

一方活动一子以后,同时给对方两个方面的威胁,例如一面捉子,一面胁以将死或同时从两个方面给以将死的威胁等等,这叫"双重威胁"。

因为有将死的威胁,双重威胁的战术结果就不仅仅限于得子,而且还可能发展成迅速入局。

图4,红先。

双方子力相等,但红方子力位置优越,处于攻势,红方采取双重威胁战术,结果成杀,着法如下:

图4

车六进二　　将5退1

车六平四　　………

双重威胁！一面胁以进马卧槽的杀着；一面胁以炮沉底线后的双将杀。

………　　　车2进3

如黑士4进5,红炮三进五闷宫！如黑士6进5,马八进七杀！

炮三进五　　士6进5

车四进一

双将杀！红胜。

图5,黑先。

双方子力大体相等,黑方多一卒,子力位置优于红方,表现在车马炮三子集中于红方左翼,处于进攻的态势。红方子力分散,特别是红炮位置不利,处于防守的态势。黑方充分利用自己的有利条件,及时采取双重威胁的战术,最终谋得子力优势。着法如下：

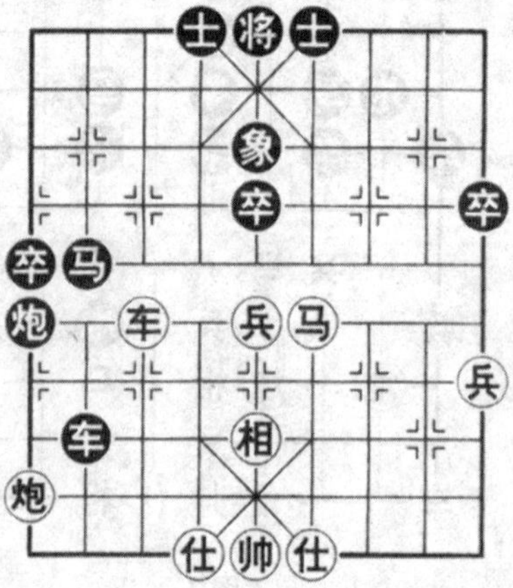

………　　　马2进1

利用红车被牵制的弱点,进马踩车又捉炮,是双重威胁的一种。

车七退一　　………

红方退车捉马,把局势转换成双方互捉,黑方炮攻击红方马、炮两子,而红方车捉着马。

………　　　马1进2

黑方此着暗伏车2平1提双,与此同时仍保持着炮打马的威胁,因此,仍然是双重威胁。

车七平四　　车2平5

仕四进五　　炮1平3

一面要杀；一面要平车捉死炮。又是双重威胁。

帅五平四　　炮3平6

炮打马先兑掉一子,走得干净,如果黑方立即车5平1捉死炮,红方有马四进三的反扑,黑方不好防御。

车四进一　　车5平1

捉死红炮,黑方多子多卒胜定。

3.闪击

闪开一子后露出后面的棋子向对方进行攻击的着法称为"闪击"。这种战术在实战对局中颇为常见,适于车炮马等子配合运用,有时也可由车炮与相(象)、兵(卒)等配合实施。由于闪开的棋子常常同时起着捉、献或拦等的作用,因此,实际

图5

上起着双重威胁的作用,使对方顾此失彼,难于防范。

例1　(图6)

着法　　红先

车八平二!

典型的闪击着法,平车一着起到腾挪闪击、移花接木、解杀还杀的作用,着法饶有趣意。

…………　车8进5

黑进车吃车,只能解除由闪击造成的两种威胁中的一种,顾此失彼,防不住对方炮沉底线后的杀着。

炮八进七　　象3进1

如黑改走士5退4,红车六进一,将5进1,车六退一杀,红胜。

车六进一!　　将5平4

兵六进一　　将4平5

兵六进一　　(图7)

(红胜)

最后红方弃车引将,再冲兵连将,造成双将杀。

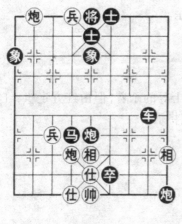

图7

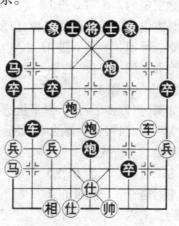

图8

例2　(图8)

如图形势,红方先行。由于黑方有卒7平6照将后引出的连杀,红方必须先发制人。

炮六平五　　车2平5

车二平五　　卒7平6

炮五平四　　(红胜)

红方最后一着运用闪击战术，闪炮垫将，露车叫将，解杀还将，抽吃黑炮，一举胜定。

4. 闪将

闪开一子露出后面的棋子向对方将（帅）照将的着法称为"闪将"。这种战术在实战中也是十分常见，适于车马炮相等各种子力在战斗中的配合运用。它是"闪击"的一种特殊形式，所不同的是对方必须立即应将。如果闪开的棋子同时给对方造成捉吃或其他威胁，这时的闪将即成抽将。

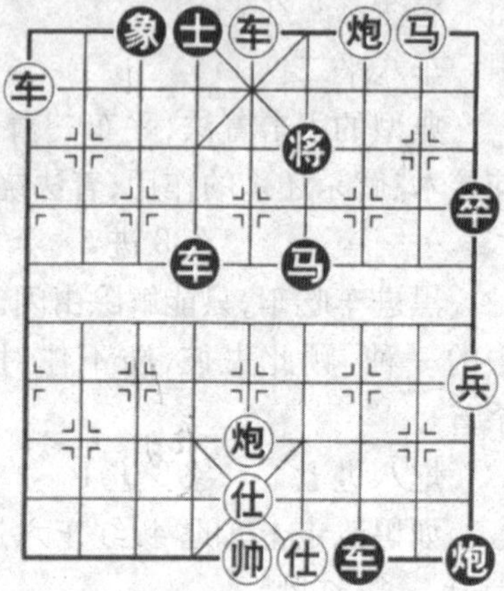

例1　（图9）

如图形势，黑方有退车抽将造成炮的闷宫杀的威胁。但在轮到红方走棋，红方用弃车吸引、闪将选位等战术最后造成重炮杀。

图9

着法　　红先

车九平四　　将6退1

红方平车照将用的是"弃子吸引"战术。

炮三退六　　将6进1

红方退炮这着是闪将选位，以便做成重炮杀。

炮三平四　　马6进4

炮五平四　　（红胜）

例2　（图10）

如图，黑方多子占优，以下伏炮沉底、卒吃士等的杀着，但由红方走棋，红方采用调虎离山、照将顿挫等战术，最后造成车马闷将杀。

着法　　红先

炮三进三　　士6进5

车七进一　　将4进1

炮二平六　　车2平4

车七退一　　将4退1

车七平五　　（红胜）

例3　（图11）

如图，黑方有双车错杀势的威胁，但现由红方走棋，红以先行之利，妙用闪将战术，解杀还杀。着法如下：

前车平六　　将4平5

车七平五！　　车9进4

相五退三！　　将5平6

车六平四　　（红胜）

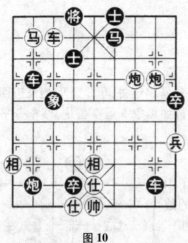

图10

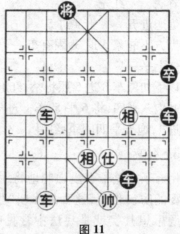

图11

5. 抽将

一方走动一子以后同时攻击对方两个目标,一面照将或解将还将,一面捉吃对方棋子或拦截选位,改善子力位置,这种着法叫"抽将"。对方为了应将,不得不放弃被抽的棋子,蒙受子力损失,或者任凭对方抽动的棋子选占有利位置,封阻拦截,解将还将、解杀还杀。

例1　　（图12）

如图局面,如由红先,红方车二退四,抽将得车,胜。

如改黑先,黑方车5平8,抽将得车,黑胜。

这是抽将吃子的典型局例。

例2　　（图13）

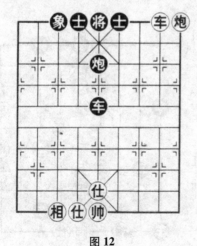

图12

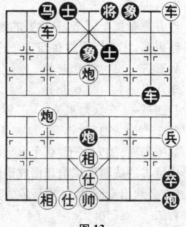

图13

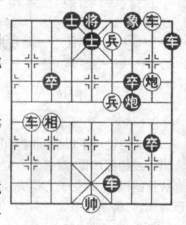

本局红方先行,炮打马、象,以抽将战术。解将还将杀黑。

着法　　红先

炮七进五　　士4进5

黑方不能象5退3,因有车一平三杀。

炮七平三!

以下如黑车8进5照将杀,红炮三退九抽将,解将还将,车8退9,炮三进四,车8平9,炮三平四,将6平5,车七进一杀,红胜,再如黑象5退7去炮,红车一平三,将6进1,炮五平四闷杀,红胜。

6. 引离

用弃子或兑子手段强制地将对方某个棋子引离重要的防御位置,这种战术叫"引离"。它的战术主题思想其实就是兵法中常见的"调虎离山"计。不过,引离是强制性的,对方不得不应。

引离战术的运用常和照将、要杀、捉子、牵制等强制性的着法结合一起。下面举几个实例。

例1　　(图14)

如图局面,选自古局,红方采取弃子引象,调虎离山,弃炮吸引,迫黑车移至消积部位,然后以车双兵成杀。

着法　　红先

车二平一!!　　车9退1

炮二进三!!　　车9平8

前兵平五!　　将5平6

车八进五　　车6平4

红方进车捉士要杀,是重要的顿挫,借此引开6路黑车,才有以下红兵四进一的杀着。

兵五进一　　将6进1

车八退一　　将6进1

兵四进一　　(红胜)

例2　　(图15)

如图局面,黑方多子,双车双马双炮已对红帅形成巨大的威胁而双炮却构成牢固的防守阵地,红方必须出奇制胜,才能转危为安。

着法　　红先

车六进四!　　炮9平4

红方以车换炮,突破黑方防线,引离黑方边

图14

图15

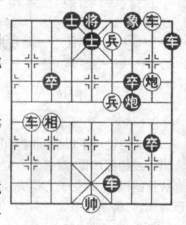
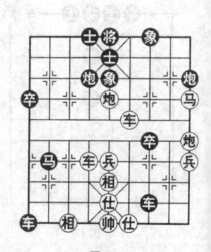

国学经典文库

家庭生活百科

·家居休闲·

图文珍藏版

炮,为以后马炮的活动创造条件。

　　车四进四!　　将5平6

　　红方弃车打将,引出黑将,属弃子吸引战术,以便为红马进击架桥铺路。

　　马一进二　　将6平5

　　如黑改走将6进1,红炮一进四胜。

　　炮一进五　　(红胜)

7.吸引

　　一方用弃子或兑子手段强制地将对方的将(帅)或某个棋子吸引到易受攻击或自相堵塞的位置,这种战术叫"吸引"。在实战对局中,它和"引离"战术一样,十分常见,而且常常和照将、要杀、捉子、封锁、堵塞等战术结合运用。因此,常使对方不得不应。同时,吸引战术还常和引离战术配合使用,达到攻杀入局的目的。下面介绍几个实例。

　　例1　　(图16)

　　本局红方首着采取弃子吸引战术将黑将引至6路,然后以车马炮配合成杀,着法如下:

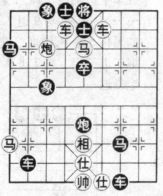

图16

　　车四进一!　　将5平6

　　黑方不能走士5退6,因红有马五进三杀。

　　车六进一　　将6进1

　　马五退三　　将6进1

　　车六退二　　象3退5

　　车六平五　　(红胜)

　　例2　　(图17)

　　此局双方对杀,红方抓住战机,发挥先行之利,采取弃子吸引战术,先黑一步成杀。

　　车五进一!　　将4平5

　　如黑将4进1,车一进一,将4进1,车五平六,红胜。

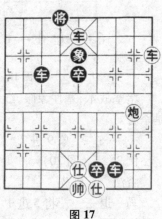

图17

　　车一平五　　将5平4

　　车五平六　　将4平5

　　炮二平五　　将5平6

　　车六平四　　(红胜)

8. 堵塞

　　对局中的一方采取弃子手段使对方子力自行阻塞其将(帅)出路,或者运子阻塞象(相)眼,象(相)路,破坏双象(相)联络的战术叫"堵塞战术"。它是象棋残局

中常用的基本战术之一,常常导致各种型的闷杀。下面举例说明:

例1　　（图18）

如图形势,双方子力相当,但黑缺士露将,处于被动。

例2　　（图19）

如图形势,黑马踩三,且车双炮临门,红势正危。但红借先行之利,采取堵塞战术,抢先入局。

着法　　红先

车四进三!　　马4退3

车四平一

红车平边别住马脚,下着沉炮照将,做成漂亮的"闷杀"。

…………　　马9退7

如黑将5平6,红炮二进三,仍是"闷杀"。

炮二进三　　象7进9

炮二退一

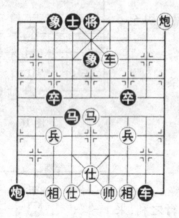

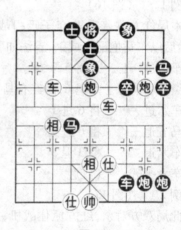

图18　　　　　　　　　　　　　　　图19

堵塞战术,塞住象眼,红车沉底照将成杀,如黑接走将5平6,红车沉底照将,仍是杀着。

………　　象9进7　　车一退二　　（红胜）

例3　　（图20）

着法　　红先

马一退三　　将5进1

炮四平二!　　将5平6

车六进二!　　将6退1

车六平五!!（红胜）

此局末着红车平中一着乃堵塞战术的妙用。车塞花心后,如黑马退中心吃车或士4进5吃车,红炮二平四

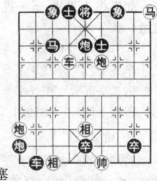

图20

照将,均成闷杀! 黑如车2退6,红车五进一,再炮二进二,亦是杀棋。

9. 拦截

在破坏对方子力协调,限制对方子力作用的战术中,还有一种常用的基本战术是拦截战术。拦截战术经常采取弃子手段,切断对方棋子之间的联络或堵塞它们进攻的道路。这种战术在中局中屡见不鲜。

例1 (图21)

着法 红先

兵四平五 士4进5

如黑士6进5,红炮七进一闷宫杀! 如黑将5进1,红车九平五,将5平4,马八退七,将4进1,车五进二杀。

车九进四 士5退4

炮七平二!!!

红方平炮一着拦车,兼有拦截、腾挪、闪击的作用,暗伏车借马力杀士的恶着。

………… 士6进5

车九平六! 士5退4

马八退六 (红胜)

例2 (图22)

此局红方先行,为了解除黑方沉车照将的杀着威胁,进而杀掉黑将,红方运用拦截战术。

着法 红先

马三进五 士4进5

马五进七! 将5平4

炮五平一 车3进1

炮一进三 将4进1

炮一退一 士5进4

车二进二 士4退5

车二退七 士5进4

炮一平七 (红胜)

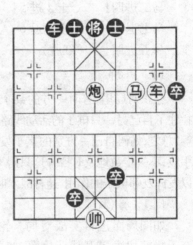

图22

10. 牵制

牵制战术是象棋残局战斗中最常用的一种战术。通过牵制,可以限制对方子力的自由活动,从而陷对方于被动挨打的地位。这时,主动牵制的一方,为了发挥战斗效果,需要抓紧时机,围歼对方已被牵制的棋子,以便乘机占取物质优势,或者利用对方子力受制的良好时机,集中优势兵力,攻其薄弱环节,争取以多胜少,速战速决。

例1　（图23）

此局红方弃一马入局,采取牵制术,以双车一炮做成绝杀。

马二进三　　将5平4

如黑马9退7去马,则红马四进三,将5平4,炮一平六,车3退2,车八进二,红胜。

马四进五　　马9退7

车一千四　　马7退5

炮一平六(牵制)车3退2

车八进二　　（红胜）

例2　（图24）

此局黑方双车一卒,子力占优,但因黑将和双车位置不佳,竟不敌红方的双马双兵。局中黑方双车为马兵所困,被迫守护主将,不得自由活动,这也是牵制战术的一种运用。最后,红方边兵通行无阻,渡河助攻,终成杀局。

着法　　红先

马二进四!　　士4进5

马七退五!　　士5退6

马五进四　　（红胜）

11. 腾挪

象棋对局里,有时一方的某个棋子位置不利,例如拦住了自己另一只棋子的活动线路,绊住了自己的马或堵住自己象眼,阻塞将帅通路等等,总之,妨碍自己一方别的棋子发挥作用。这时可采取照将、要杀、弃子、捉子等强制手段,不失步数地及时挪开这只碍事的棋子,腾开通路,以发挥友邻棋子的作用,这种战术叫"腾挪"。

例1　（图25）

如图局面选自实战对局。轮黑方走棋,黑方以弃子腾挪战术揭开战斗序幕,步步紧逼,丝丝入扣,最后构成绝妙奇局。

………　　　车7退3

退车送吃,弃子腾挪,妙在有马挂角闷杀的伏着,所以红车和红马都不敢吃掉这只送上门来的黑车,这是一种强制的战术手段。

车七进三

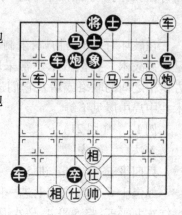

图23

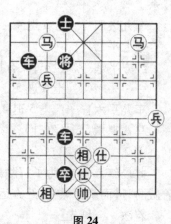

图24

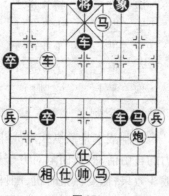

图25

如红炮二平五照将,黑棋可以车5进5弃车吃炮,红马四进五,黑车7进6照将,仕五退四,马8进6,帅五进一,车7退1,黑方车马互相配合,做成典型杀局。又如黑车5进5吃炮后,红相七进五吃车,则有黑马8进7的闷杀!

………… 　　将5进1
车七退一　　　将5退1
相七进五　　　车5进5!

仍有车马杀着和闷杀的埋伏,红马仍不敢吃车。

前马退六　　　将5平4
车七平四　　　车5平8
车四进一　　　将4进1
马六进四　　　将4平5!

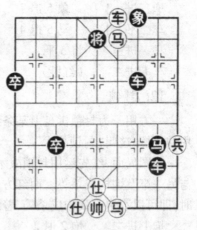

图 26

这一着棋下得有魄力。黑方算准红马吃车以后,位置不佳,挡住三路竖线,黑有机会施展一箭双雕的双重威胁。

马四退三　　　车8平6

双重威胁! 红如兑车,黑马挂角杀! 红如不兑车,马卧槽将军也是杀。红顾此失彼,于是只得认负。

例2　　(图27)

本局红方采取腾挪战术,弃车腾开马路,接着跃马渡江,进炮照将,迫黑飞起边象,自我阻塞,然后以重炮将毙敌。

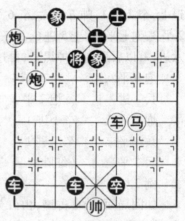

图 27

着法　　红先
车四平六!　　　车4退3
马三进五!　　　将4退1
马五进七　　　　将4退1
炮八进三!　　　象3进1
炮九进一　　　　(红胜)

例3　　(图28)

此局双方对攻,现由红方先行,红方采取腾挪战术,弃掉妨碍红马卧槽的炮,打通车路,然后以双重威胁术杀黑。

着法　　红先

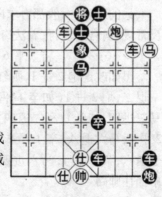

图 28

炮三进一!　　　象5退7

车二平七!　　　马5退4

马一进三　　　将5平4

车七进二　　　（红胜）

12. 封锁

一方用子力封锁棋盘上某条线路,使对方子力不得越过,从而限制对方子力作用的发挥,这叫"封锁战术"。

如图局面,红先运用封锁战术,以炮在八路封住黑方进卒,使之不得越过雷池与另一卒及炮构成杀势。而红方边兵则可自由挺进,待进到黑方右翼3路第二线时,即可以双炮一兵构成杀局,着法如下:(图29)

炮七进二　　　炮2退2

炮七退一　　　炮2进1

如黑改炮2进7,则炮九平八,卒1平2,炮八退七,卒2进1,帅五千六,卒6平5,炮七退五,卒2平3,炮七平五,士5进6,相三退五,卒5平6,帅六进一,以后用炮打掉黑卒,再过边兵即胜。

炮九平八!　　　将5平4

兵一进一!　　　炮2平1

炮七平八　　　卒1进1

兵一平二　　　卒1进1

兵二平三　　　（红胜）

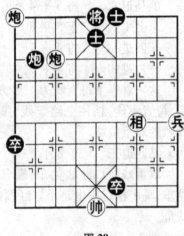

图29

例2

如图局面,选自古谱,由红先走。红方依仗先行之利,抓住战机,采取封锁战术,锁住黑方将门,然后灵活用马,围绕黑方九宫,针对黑炮位置的特点,迂回进攻,两翼盘旋,着法奥妙曲折,奇幻莫测,犹如追风赶月,着法如下:

兵四平三　　　…………

兵的进攻,一般都力求向九宫靠拢,现在红兵一反常规,向宫外横行,着法奇特。

…………　　　将5平6

黑如改走炮2进1,则红兵三进一,卒1进1,马一退二,炮2进1(如卒1平2,则马二退三,下一手马三进四,红胜),马二退四,炮2退1,马四进六,炮2平4,马六退八,卒1平2,马八进七,卒2平3,马七退六,卒3平4,马六进四,红胜。黑卒来不及平中挡住帅路。

马一退二　　　炮2进2　　　兵三进一　　　将6平5

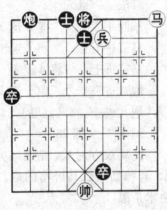

图30

兵入底线照将,逼迫黑将回到中路,红兵从此锁住将门,才有红马盘旋取胜的途径。

马二退四　…………

红方退马,伏马四进三卧槽和马四进六挂角的双杀。

…………　炮2退1　马四进六　炮2平4

马六退八　卒6平7　马八进七　卒7平6

马七退六

下一手马六进四挂角杀,红胜。

13. 借力

对局中的一方借用自己某一兵种子力的力量或作用,运动另一兵种子力,以展开攻杀的战术叫"借力"。借力战术有几种表现形式,例如借炮使马、借车使马、借炮使车、借车使炮等等。下面介绍几个实例:

例1　(图31)

此局例红方双将以后马借炮力,照将成杀。

着法　红先

马四进六　　前车平4

车四进一　　士5退6

马六进四　　将4平5

马四进六!　　(红胜)

首着红马四进六,照将构杀。亦可改变运子次序,先走车四进一,然后再马四进六照将,杀力效果相同。

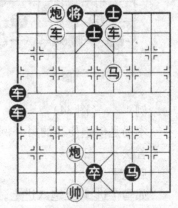

图 31

例2　(图32)

此局红方弃车引将借将跃马成杀,这是借车使马战术的典型运用。

着法　红先

车四进一!　　将5平6

车五千四　　将6平5

马六进四!　　将5平6

马四进二　　(红胜)

下着黑方只有将6平5,则车四进三,红胜。

例3　(图33)

如图局面,红方采用抽将选位,借炮使马,使红马退至三路底线,移花接木,替出另一着马,然后以马炮成杀。

着法　红先

马七退五　　炮2平5

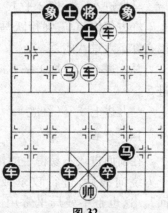

图 32

马五退三　　　炮5平4
马三退五　　　炮4平5
马五退三　　　炮5平4　　马四进五　　炮4平5
马五进四　　　炮5平4　　马四进五　　（红胜）

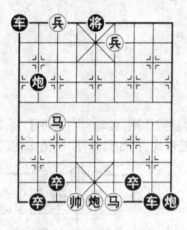

图33

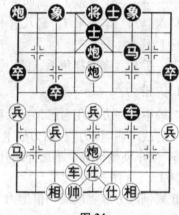

图34

例4　　（图34）

本局是借炮使马的另一例。

着法　　红先

后炮平八

如马7进5,红炮八进七,士5退4,车六进八,将5进1,车六退一胜。

…………　　炮1平2

马九进八　　　炮2平1

红方借炮使马,强行跃马,黑方不得炮2进7,因有红车六进八闷杀。

马八进七　　　炮1平2　　马七进九　　　马7进5

马九进七　　　（红胜）

14. 迂回

在前面进攻不易得手的情况下,有意识地组织子力绕向敌后,进行攻杀或捉子的战术,叫"迂回"。这也是中残局里常用的战术。下面举几个实例:

例1　　（图35）

如图局势,双方炮马相争,黑方边马虽可防止红方马后炮杀着,但主将不安于位,红方有机可乘。

　　着法　　红先

　　炮三进一　　　马2进3

　　炮三平一　　　将5平4

　　炮一退四

　　红方得子胜定。

　　例2　　（图36）

　　着法　　红先

　　仕五进四　　　卒6平7

　　仕六进五　　　卒7平6

　　马五进三！　　　卒6平7

　　马三退四　　　炮4进3

　　马四退三　　　炮4退3

　　仕五退四　　　炮4退1

　　马三退五　　　卒7平6

　　马五退六　　　（红胜）

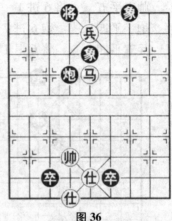

图36

　　此局红兵坐花心,控制黑将活动,黑炮又为红帅牵制,红马只要调到左翼即胜,但为黑炮所阻,红方以退为进,退马至帅后转向黑棋右翼做成杀局。这是迂回战术在残局中运用的典型局例。

15. 交换

　　通过子力交换达到争先、取势或成杀的目的,这种着法叫"交换"战术。它在实战对局里,足最常用的一种基本战术,不论在开局、中局或残局阶段都能广泛运用。下面举例说明:

　　例1　　（图37）

　　如图是典型运用交换战术入局的实例。

　　着法　　红先

　　炮八平七　　　车3平8

　　炮七进五　　　车8进1

　　车一进二　　　车8退2

　　车一平八　　　炮2平1

　　车八进六　　　士6进5

　　车六进四　　　将5平6

　　炮七平三　　　炮1平7

　　车六平五　　　（红胜）

　　例2　　（图38）

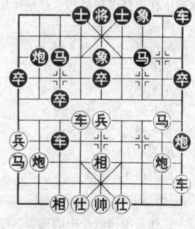

图37

如图选自古谱实用残局。红方运用交换战术兑炮致胜。

着法　　红先

炮五平一　　　将6退1

炮一进二　　　将6进1

相五进三　　　将6退1

帅六平五　　　将6进1

炮一平四！　　炮6进7

兵五平四！　　将6退1　　　帅五平四　　（红胜）

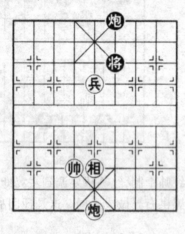

图38

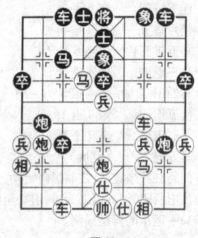

图39

例3　（图39）

如图局面,选自实战对局。红方采取交换战术连续兑掉车马两子,最后利用牵制战术在中路谋得黑马。这是运用交换战术谋求子力优势的实例。

着法　　红先

马三退一　　　炮8退3

车七进三　　　炮2退2

车七进三　　　炮2平4

兵五进一　　　马3进5

车七进三　　　象5退3

炮八平五

红方得子胜定。

16. 顿挫

顿挫是象棋战斗中的重要次序。它不仅在残局里,而且在开、中局阶段都是常用的基本战术。它实际上是一种强制性的中间过渡着法。例如采取照将、捉吃、威胁等强制性着法,迫使对方走上预定的变化或为己方赢得重要的步数。下面举例说明：

例1 （图40）

本局红方运用顿挫战术,平炮背攻做杀,继而弃相打车,争得一先,可乘机将左炮调入中路成杀。

着法 红先

炮八平七 车2平3

相五进七! 车3平4

炮七平五 （红胜）

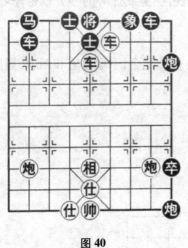

图40

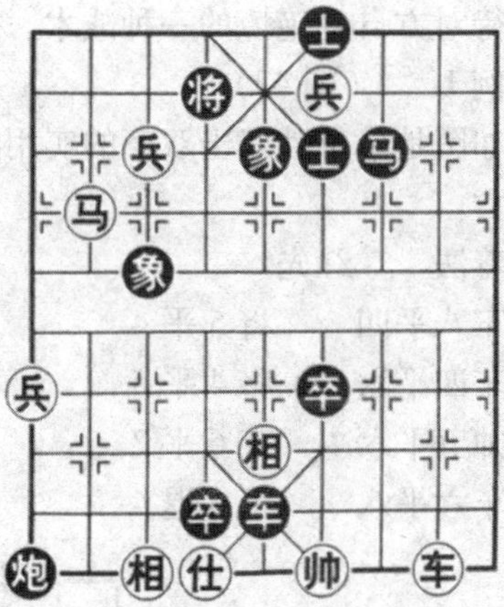

图41

例2 （图41）

本局双方对攻,但红方可用"顿挫"战术,开车巡河线做杀,佯攻黑方右肋,诱出黑方

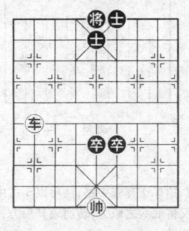

图42

左马,争得一先,然后沉车底线迫黑马回防,最后弃车争先,以马兵伏击取胜。

着法 红先

车二进四、 马7进6
兵七平六 将4退1
车二进五! 马6退7
兵四进一! 马7退8
马八进七 （红胜）

以下红有兵四平五杀着,黑方无解。

17. 等着

等着是象棋残局里的常用基本战术。它是占胜势或优势的一方以走停着、闲着等待对方自趋绝境的一种战术。

例1 （图42）

如图是单车胜双士双卒的实用战局。红方车帅配合,采取停着和闲着,逼黑自取灭亡。

着法 红先
车八平四 将5平4
车四平六 将4平5
帅五平六 卒6平7
车六平八 士5退4

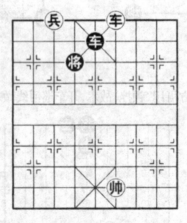

图43

车八平五 （红胜）

例2 （图43）

本局红方以帅走等着,迫黑车弃守中路,然后以车占中线,先从正面做杀,诱出黑车驻守正面将门以后,又恃底兵之威力,转而攻其后方,黑将腹背受敌,黑车疲于奔命,终于首尾不得兼顾而败。

着法 红先
帅四退一 车5平8

车四平五	车 8 平 7		
帅四平五	车 7 平 8	车五退四!	车 8 进 8
帅五进一	车 8 平 4	车五进四!	(红胜)

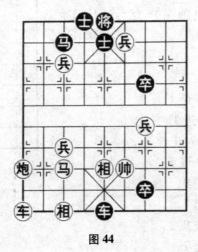

图 44

18. 困子

将对方子力围住,使之不能发挥攻击作用的战术叫"困子"战术。这是中残局,特别是残局里的常用基本战术。

例1   (图 44)

着法   红先

炮九进七!   马 3 退 1

相七进九!   车 5 平 1

相五退七   (红胜)

此局红方形势危急,采取弃子手段弃掉炮车两子,然后用兵和马双相把黑方车马两子分别软禁起来,然后渡七兵,灭黑卒,四兵配合杀败黑将。

例2   (图 45)

着法   红先

兵七进一   将 4 进 1

如黑将 4 平 5,则红马进三卧槽杀。

车四平六   炮 1 平 4

车六进四!   士 5 进 4

炮九平六   车 1 平 4

如黑士 4 退 5,红马四六照将抽车。

炮六进三!   (红胜)

本局红方采取困子战术以马炮联防困死黑车,然后进象位兵,调整帅的位置,黑方只有束手待毙。

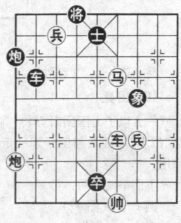

图 45

末着红炮六进三以后,黑方唯有象7退9,则红兵三进一,待机渡河。黑方边象受制,只得平卒,红帅得以升高调位,进至第二横线的中路。以后红方胜法是:退炮至士角位置,交红帅保护,然后运马追杀黑象,伺机挥兵过河。

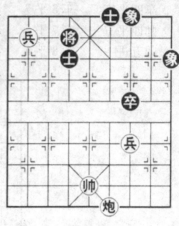

图 46

例3　　（图46）

着法　　红先

兵八平七!　　车4退1

兵七进一1　　将4进1

炮四进八!!　　卒7进1

兵三进一!　　象9进7

兵三进一　　象7进9

兵三平二　　象9退7

兵二进一　　象7进9

帅五进一　　象9退7

兵二平一　　象7进9

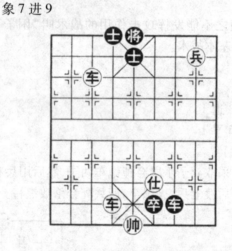

图 47

兵一进一　　（红胜）

19. 困毙

一方以子力围困对方将(帅),使之无子可动而认输,这叫"困毙"。运用"困毙"战术时,常常与困子术一起施行,充分发挥己方帅(将)控制对方将(帅)的作用。

下面举例说明:

例1　　（图47）

着法　　红先

国学经典文库

家庭生活百科

·家居休闲·

图文珍藏版

车六平四！　　　车7平6
车七平三　　　车6退1
车三进二　　　车6退7
兵二平三！　　（红胜）

这是困毙在残局中的运用实例。红方弃车杀卒后,强行兑车,最后以一兵抢守要道,禁死黑将、使之束手就擒,

例2　（图48）

着法　红先

车二平八！　　　炮4进2
车八进五　　　炮4退2
车八平七　　　卒1进1
车七退四　　　卒1进1
车七退一　　　炮4进2
车七进五　　　炮4退2
车七平八！　　（红胜）

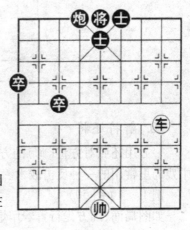

图48

本局黑方炮双士位置不好,红方运用等着或困毙术迫使黑方送卒,以后红车沉底困住黑炮,锁住黑卒通向红方右侧的活动路线,使黑束手待毙。

例3　（图49）

如图局面,红方可用等着困毙黑将,着法红先:

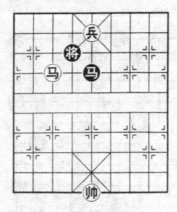

图49

帅五进一！　　　马5退3

黑方非退此马不可,否则红马七进八杀。

马七退八！　　　马3进2
马八进六！　　　马2进4　　　马六进八　　　马4退3
帅五退一！

困毙,红胜。

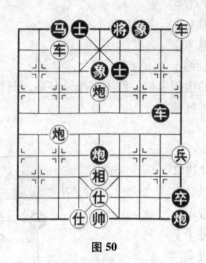

图 50

20. 解将还将

一方用还照对方将(帅)的方法解除对方照将的着法叫"解将还将",这是象棋中残局里常用的一种反击战术。下面举例说明:

例1 (图50)

如图局面,红方先行首着用炮打马,以抽将战术,解将还将术胜黑。着法如下:

炮七进五　　　士4进5

黑不能象5退3,因有车一平三杀象照将的杀着。

炮七平三　　　车8进5

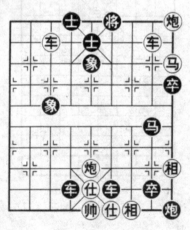

图 51

炮三退九

红退炮解将还将。

…………　　车8退9

黑退车解将还将,但红有进炮弃车的妙着。

炮三进四!　　　车8平9

炮三平四　　　将6平5

车七进一　　（红胜）

例2　　（图51）

如图局面,双方对攻,但红借先行之利,第2回合以中炮打士,隐藏解将还将的妙手,然后弃车换士,吸引黑车,调虎离山,争得一先的战机,车占花心而胜,着法如下:

车二进一　　　将6进1

黑如象5退7,则红车二平三,将6进1,车三退一(将6退1,马一进二杀),将6进1,车三退一,将6退1,马一进二,红胜。

炮五进六!　　　士4进5

车二退一　　　将6退1

马一进二　　　象5退7

车七进一　　　士5退4

车七平六　　　车4退8　　车二平五　　（红胜）

车占花心,以后退马双将杀黑。

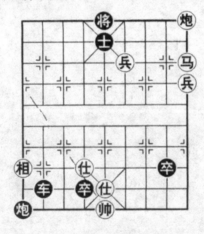

图52

21. 解杀还杀

在对方进行要杀的情况下,突然发动反击,进行反要杀,这种着法叫"解杀还杀",也是中残局里常用的一种反击战术。下面举例说明:

例1　　（图52）

本局红方在关键时刻用解杀还杀的战术取胜,着法红先:

马一进二　　　士5退6

帅五平四!　　　卒8平7

红方出帅一着,解杀还杀。如黑改应将5进1,则红马二退三,将5平4,马三进四,将4平5,兵四平五,红胜。

马二退三　　士6进5

如黑将5进1,红兵四平五,将5平4,马三进四杀。

马三进四!　　将5平6

兵叫进一!　　(红胜)

例2　(图53)

本局双方对攻,红方先行,运用解杀还杀战术胜黑。着法如下:

车四进二　　将5进1

马二进四　　将5平4

车四退一　　士4进5

如黑将4进1,红炮一平五,解杀还杀,红胜。

车四平五　　将4进1

炮一平五

红炮打中卒,暗保中上,黑如车6平5,则炮五退五解杀还杀,红胜。

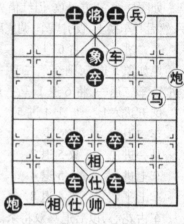

图53

第九章　时尚垂钓大观

第一节　垂钓的种类与方法

一、不同地点与时节变换的垂钓方法

1. 海　钓

海钓包括在海边礁石上、沙滩上、防波堤上、栈桥面上向大海施钓,或在海中岛屿、船上、冰上凿洞垂钓。虽然,海水鱼类吃钩迅猛,遇上鱼群,可连钓连上,远比淡水鱼容易钓,但海洋大而水情、鱼情复杂,要学会海钓,并且取得好的垂钓效果,还是存在着相当难度的。

海钓多用抛竿(又名海竿)。船钓被称作海钓之魁,使用的多为手抛两用竿,海内的上层鱼、中层鱼、底层鱼皆可钓取。岸钓多为抛竿。抛竿抛得远,放线收线,钓者可游刃有余。岸钓抛钓多为沉底钓。抛竿长短粗重,皆要依据海水深浅、所钓鱼类大小而定。荒矶钓(在海中荒岛浑水域)、船钓用钓大鱼和深水鱼的重型抛竿,放线器有 5 公斤重,绕线达 1000~2000 米长。

海钓所用线皆比淡水钓要粗,一般为 5 号至 20 号。钩一般皆大,粗糙些也没关系,依据鱼的食性和习性,钩的型号相当多,如长柄、短柄,宽龙门、窄龙门,粗丝、细丝,双倒刺、多倒刺(钩柄外沿也有倒刺)等。但防波堤钓和滩钓的钩不大,也适合淡水钓。

海钓除在防波堤、港口等处用手竿均取用单钩、双钩外,抛竿钓皆取钓组,一组 2~10 只

鱼钩,根据所钓鱼类及水的深浅而定夺。钓组有许多种,由鱼钩、母线、子线、铅锤、联结具所组成,可分为串标钓组、胴突钓组、天压钓组、行灯笼钓组、漂流钓组、拉钩

钓组、鱼形铅锤钓组等(如图1)。

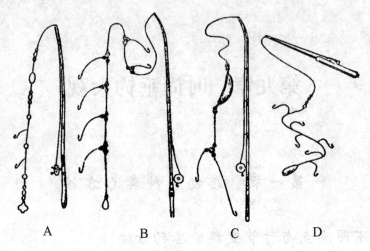

图1 钓组的各种配伍形式
a. 串标钓组　b. 胴突钓组　c. 拉钩钓组　d. 拉钩钓组

　　串标钓组作浮钓用,在钓组上方的母线上挂上4～10只赛璐珞球作浮标,下系5～10只长柄流线型钩。胴突钓组用于海底钓,由重型铅锤、单天秤或双天秤与多根子线、多个鱼钩、多种返撚环等组成。铅锤上方50厘米的母线上,每隔1～2米系一天秤或鱼钩,可系4～10枚,悬浮于底层水中,钓取多种中底层鱼类。天压钓组是钓取乌贼和章鱼类的专用钓组。行灯笼钓组不系铅锤,在联结具与钓组之间系上用细金属丝编织的梨形网,内装诱饵,下用子线系2～6只鱼钩,悬钓中上层海水鱼类。漂流钓组以天压铅锤、子线、鱼钩、返撚环所组成,可用于船钓、手钓、竿钓,钓时,钓组在海水中层随波而动,可钓取中层鱼类。拉钩钓组用于船钓,钓组上不系铅锤,钓组中系一潜降板,利于钓饵在潮水中飘动。钓船前进时钓组在船后表层水中随水浪波动,当中上层鱼类吃钩时,会拉直钓线,拉弯鱼竿,此时提竿即可。鱼形铅锤钓组加入鱼形铅锤,系以单天秤,钩系假饵,母线另一端绑于船舷,或系之竿梢,顺潮流抛钓,可钓取上层鱼类。

　　海钓应在潮水正上涨之时进行最好。因为潮涨到最高时与落潮时,鱼类便开始拒食。

　　海钓的饵料一般可就地取材。海水鱼类多为肉食性,互相蚕食,故以鱼肉、鱼肠、海虾、海蟹钓鱼十分普及。此外,应以海滨鱼类爱食的饵料为饵,如蛏、蚶、牡蛎等,可敲碎其外壳,取肉当饵;也可用长于海滨的沙蟛(海蚯蚓)、沙蚕(海蜈蚣)、海蟑螂(海蛆)等为饵。随着生物化学的发展,模拟钓饵(假饵)在海钓中成为一枝独秀,很快获得世界各地海钓爱好者的广泛关注。模拟钓饵品种繁多,有的用动物羽毛和植物纤维制成,钓取上层小型海鱼;有的用金属制成,钓取中下层鱼类;还有很多逼真的塑料制品,外形为鱼、虾、昆虫等海鱼爱吃的动物,渗入或涂以海鱼喜食的香味、腥味或臭味,诱鱼抢钩(图2)。

图2　各种假饵

　　在那些热带与亚热带海域进行海钓,四季可行。温带地区以春、秋两季为好。寒带地区则以夏季为好。由于热带和亚热带水域广,海水鱼的品种多、数量多、个体大,因此,那里是海钓最理想的场所。温带地区只要掌握气候特征,垂钓效果也是不错海钓具有趣味性强、可钓大鱼、锻炼人的意志等特点。但危险也与之共存,遇到天气变化或水情变化,不似陆地垂钓那样可以随时离开,化险为夷,所以海钓要特别注意安全。

　　2. 淡水钓

　　淡水钓包括在陆地淡水水域范围内垂钓。淡水水域远没有海水水域那么辽阔,但也有江河湖泊,塘池溪流。我国有淡水鱼类200多种。绝大多数可食用,有60多种可钓取。淡水钓是中国拥有最多钓者的一种钓鱼方法。

　　淡水钓法名目众多,有江湖钓、野塘钓、家塘钓、河钓、水库钓、流水钓等按水域不同所形成的不同钓法;也有浮钓、悬钓、沉底钓、拖钓、浅水钓、深水钓等按水的深浅层次钓取不同鱼类而形成的不同钓法;还有游钓、射钓、逗钓、螯钓、守钓、提钓、夜钓,以及造窝钓、延绳钓、假鱼钓、蘸粉钓、无钩钓、等特殊钓法。80年代末,长脑线悬砣钓法(又称台湾钓法)遍及全国,与传统钓法、少数民族中的特殊钓法一较短长。

　　由于淡水鱼种少于海水鱼种,水一般也不深,鱼类及水生动物多数较海水鱼狡黠难钓。所以,淡水钓一般使用细线、小钩,钩精致、砣小、饵香鲜。同时,讲究对不同鱼种、不同季节和不同水域采取不同钓法。

3. 岸　钓

指站在岸边面向水域施钓。这种古老的钓鱼方法,至今仍为绝大多数钓鱼爱好者普遍使用。无论是海滩、岛屿,还是湖边、塘边、江河边、水库、渠道边,都有钓鱼爱好者的行踪;岸钓方便、安全、自由。所谓淡水钓,在我国可以说基本上就指岸钓,仅极少数湖泊中有条件者用船钓,或在溪流中趟水钓。中国的钓鱼习惯与日本不同。日本人喜爱穿上皮裤、皮靴,在溪流中趟水钓。我国大陆溪流钓者都采取在岸边甩钓,不下水。在少数民族地区有些钓者喜爱站在岸边的浅水里踩水钓,但不进入溪流中去,也不在溪流中行走垂钓。即使我国溪流钓发达的台湾地区,那里的钓者也喜欢岸钓,不喜欢居水间垂钓。

4. 空钩蘸粉钓

这是风靡于广东、广西、福建南部民间的一种惯用钓法。钩为三角锚钩,有大、中、小之分。钓时用二小瓶,一只盛钓池中水,另一只盛粉(有的用面粉;有的用蚕豆粉等按比例混合;目前,多用合成饵料粉)。线上用单子大浮标。钓时,空钩先蘸水,然后蘸粉,再蘸水、蘸粉,这样反复3~5次,在三角锚钩上蘸成比蚕豆还大的稀松粉团,包容整个钩体,不露钩尖,然后持竿将钩轻轻抛入水中钓点垂钓。群鱼来抢食时,浮标略一抖动,即提竿,上钩率颇高,且钓取率也高。但与一般单钩或双钩垂钓相比,它是半钓半扎,即钓上来的鱼,只有一半左右是钩子钩在嘴内提取上来的;而其余一半是扎上来的,不是扎在嘴外、头上、鳃边,就是扎在肚皮、背、尾上。这种钓法,别有一番趣味,但跑鱼率高,只要逃掉一条鱼,这个窝子里的鱼就会大部分匆匆逃离。所以,目前这种方法已不太用,尤其在城区,已逐步为新兴的悬砣双钩底钓法(台湾钓法)所代替。

5. 溪流钓

指在淡水溪流中垂钓,多用软竿、细线、小钩,以溪虫或昆虫等荤食为饵。有的也用浮标(单子大浮标一枚,散子鹅毛浮标有 20 多个一串),钩饵大都不着底,顺流而下;有的着底,被水流冲击在河底行走。溪流中不仅有小鱼,在大溪流、深涧、水洞、山潭库内也有大鱼,如价值很高的分布于长江中上游支流的胭脂鱼,体长近 1 米左右,重 10 余公斤;铜鱼也可长达 40 多厘米;国家级保护动物大鲵(俗称娃娃鱼)也经常可在溪流中钓到,但不能取得。在溪流下游与江河交界之外,鲤鱼、鲫鱼、鳊鱼、草鱼、鳜鱼等也会溯游而上,觅食交配,尤其是在春末夏初桃花水下流以后,则经常可钓到这些鱼类。

6. 船钓

专指坐于船上向水中施钓。

船钓在淡水中用之不多,主要用于湖泊、大河中垂钓。但海上船钓情况就截然不同了。虽然海钓也可岸钓,但船钓的诱惑力更大。它惊险,而且可钓鱼多、品种丰富、鱼体也大。海上船钓分为定点钓和游钓两大类。定点钓就是看中一方水域,抛锚入海底,定点垂钓,可沉底钓,可舞饵钓,可悬钓,可顺流漂浮钓。游钓是随船行而钓,饵钩在水中随船游动,诱使中上层海水鱼类抢钩钓取。海钓往往把船驶离陆地20公里至200公里处,探索到鱼群或找到鱼儿觅饵场所才下锚定点钓或放钩游钓。这时需要具有找寻鱼群的经验或探索鱼群的仪器。一旦寻到鱼群或找到好的钓点,可接连上钩,并且能钓到较大的大鱼。但是,海上船钓危险性大,必须要预测好天气预报,并带好带足干粮和水,以及防身用具,以备不时之需。

海上船钓的钓饵以鱼类为主,可以鱼钓鱼,也可用假饵或岸上动物生肉为钓饵。随着科学的进步与发展,使用假饵越来越多。船钓多数无浮标,但也有的有浮标,夜钓时则用夜光浮标。

7. 投　钓

也称作抛竿钓、用竿钓。利用抛竿垂钓。抛竿手柄上有放线器(图3),每节竿上端或是每隔30~40厘米的竿身上有过线环,竿梢有环,用以穿过放线器上的线。线梢挂钓组,钓组包括2~20个鱼钩(一般用葡萄钩或炸弹钩两类)。海钓钓组较复杂,根据垂钓对象鱼、水深度及垂钓方法不同而异,还有大小形状分量不同的铅锤等辅助钓具。钓时借助于铅锤的重量和鱼竿的弹力,将钓饵投至身前30~100米远,甚至更远处的水域垂钓。这种钓法淡水、海水皆宜,岸钓、船钓均可,尤以海滨或海岛上用得多。

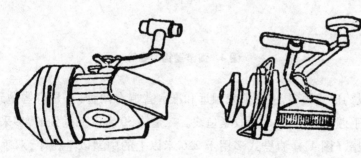

图3　不同形式的放线器

就历史而言,先有手竿,后有抛竿。我国汉代所发明曲轴,

唐代就运用曲轴发明了钓车(放线器),并运用到钓鱼上便发明了抛竿,并在江湖上进行投钓。抛竿要比手竿有优势性,钓得远、钓得多、钓得大。

A斜劈式

B直劈式

图4　海竿抛钩的姿势

　　抛竿投钓形式颇多,但均须兼顾远和准。普遍有两种:一是将钩抛到约20米远处,大都手握钩饵投放,之后收紧鱼线。二是钓30米以上远处的,多采取直劈式或斜劈式投放(图4)。直劈式多用于2.6米以上的中型以上抛竿,双手将竿举过头,从头后直劈向正前方水面。这种方法,准而远,一般皆可投出50米以外。斜劈式一般用于1.2米至2.6米的微型抛竿和小抛竿,单手或双手握竿,从右身侧或左身侧,或从右肩上方或左肩上方斜抛入水。不论采用什么形势抛投,投射角度皆以45°~50°为最佳。抛角太高或太低均都影响投抛距离。而准确性则靠双手力的平衡或单手力对竿的控制。钓时,一旦抛到一点后,基本上应每次都抛在这个点上,或是这个点的前后左右 3 米以内范围。这样,每次抛出的食料在点以及附近越积越多,等于手竿打窝子,鱼便越来越多,吃钩率也会逐步提高。

投钓的食料有多种。海水投钓每钩必挂动物性饵或假饵。淡水投钓除用虾、蚯蚓、螺蛳肉、面团粒、麦粒等外,也可用炸弹钩包粉末诱饵团,这些植物种子粉末团有香型、发酵酸型、臭型多种,应糅合至可以捏成团,抛入水中不松散,但入水后 5~7 分钟则散开形成雾状食料,方可钓到鱼。这些粉末鱼料诱饵为豆饼、麦片、麸皮、黄豆粉、芝麻屑、大米粉等,有的还加入骨粉或虾粉、香料,以增强其诱惑力。海水投钓饵料较多,可用身饵(鱼的肉)、虾、小鱼、乌贼等,也可以用海滨生长的螺、蚶、贝、蛤、蛏等,还可用沙蚕、海蛆、海藻虫等。总而言之,鱼儿喜欢吃什么,就放什么。

但值得注意的是,投钓受到水域限制,即必须在江海湖泊大水面上才能进行,在小塘、小河、沟渠、溪流中无法使用,那里还是用手竿实用。

8. 守　钓

即较长时间蹲守在一个垂钓点垂钓。既可用单竿,也可用双竿或多竿;既可用手竿,也可用抛竿;既可在岸边厮守,也可在船上抛锚守钓。通常此法多用于鱼类多的鱼池或鱼类食欲较强的夏秋之际。有经验的钓者慧眼识中一个钓点,就不再换地儿,有鱼钓鱼,无鱼守鱼,自信必然能钓得多钓得大,因此,民间又戏称之为"太公钓法"。一般钓鱼比赛为便于监督和计算成绩,皆采取抽签守钓法,将每个钓位编号,一旦抽中,在整个比赛的一段时间内不许移动。

9. 冬　钓

指冬天垂钓。鱼的体温随环境变化,可分为暖水性、温水性和冷水性多种。不少鱼有冬眠的习性,但也有不少鱼冬日照吃不误。在我国黄河以北地区,冬日大都结冰,可敲冰洞进行冰钓。长江以南广大地区,冬日水面不结冰,或仅结薄冰,一、二日即溶化,冬钓方法与冰钓不同。至于热带、亚热带地区的海南、广东、广西、云南及福建、台湾南部,冬日有如北方的春秋,其方法与北方春秋天相仿,又当别论。

我国广大地区的冬钓,无论南北方;手竿、抛竿多用软性竿、细线、小钩。钓点要找深水、向阳水域,水草下面,或有较暖水流下泄的流水处,是冬日鱼过冬或觅食的所在。因寒冷鱼一般不再游动或很少游动,浅水或表水温度太低,它们是不肯光顾的。一旦选中好钓点后,撒放诱饵要量少味美,且要多选几个钓点,择优而钓,同时应舍弃其他钓点,专拣一个钓点。钓饵要香、活,能调动鱼的食欲。

冬日水冷,鱼的体温也随之变冷,它们消化力差,又动作轻微,消耗少,钓取后的挣扎力也小,所以软竿细线足可对付大鱼。冬日鱼嘴张得小,不似夏日大口拼抢

·家居休闲·

图文珍藏版

吸食,故钩子要小,饵亦要小,才能钓得多。

10. 冰　钓

指北方的冬钓,具体地说,是在冰上打洞后往洞里垂钓。

冰钓有两种。第一种是人立于岸边向冰层打洞垂钓。这种钓法适于湖面冰薄不匀,难于承受人的重量,或水面狭窄,不上冰照样可以站在岸边打洞垂钓。第二种是站或坐在冰上打洞垂钓,这是我国北方冰钓的重要方法。钓者应拣水深、下面有水草、易聚鱼的地方,用冰镐或电冰钻钻几个 40~60 厘米直径的洞,将碎冰捞起,以 1~2 米的短竿或竹梢垂钓。在内河、内塘里钓线较细,在水库、大河面、湖淀钓线要粗些。饵多用荤饵,以红虫、红蚯蚓和鱼肉为多;素饵(如面食)可用鱼粉、虾粉等,效果出较好。

在水的上层、中层、下层温度之间皆有差异。冬日的水越深,底水温度越高。一般 2 米深的水,上层冰为 0℃;1 米深处水温为 4~5℃;水底 2 米处为 6~8℃;3 米深的底层水温,可达 8℃~10℃。鲫鱼、鲤鱼乃至于草鱼、鳊鱼,在 8℃~10℃ 的水温中还是可以摄食的,自然可钓到。但是冰钓属冬钓,鱼消化能力差、食量小、嘴张不大,所以钩子应适当小些,采取悬砣钓组比朝天钩有利,吃钩率及钓起的数量均可观。

冰钓大多在冰上进行,要注意安全。冰的厚度至 8 厘米以下时,不能上冰垂钓。即便冰层在 8 厘米以上,由于水流、水的深浅和地气冷暖的关系,冰的厚度也不相同,应拣冰层厚而结实的冰面上打洞垂钓。冰钓时应多穿衣服,尤其关节部位要着重保暖,保暖鞋底要厚,且要防滑。冰洞靠钓者一方应用碎冰筑一道低低的凸凹不平的"围墙",防止因大鱼吃钩或者站不稳使人滑进冰洞里。冰钓时要戴手套,甚至双层手套,以免冻伤手。目前,北方各渔具商店有冰镩出售,并且可以拆卸,携带十分方便,只是重量轻,凿冰时震手。大多数冬钓爱好者都喜欢用自制的冰镩,重量大而且锋利,比较好用。垂钓时先选好钓位,然后将冰凿出直径 10~20 厘米的冰眼。凿冰时,注意冰镩不要垂直凿,而要取 45° 角左右,这样凿冰,不仅能充分利用冰镩锋利的特点,而且对钓到大鱼拖出水面有利。冰眼可根据情况凿成扇形,少则两个冰眼,多可凿 10 余个。冰眼之间距离为 60~100 厘米。凿好后用笊篱把碎冰按相同方向捞出。冰眼周围,特别是放钓竿的一侧,要保持冰面洁净,以免碎冰碴挂钓竿和钓线。冰眼凿成后即可调漂上饵进行垂钓了。

冰钓用的钓竿长度一般以 1~2 米为佳。可以用装绕线轮的小投竿进行垂钓,也可以自己制作钓竿,用圆珠笔粗细的竹子,在距柄端 50~60 厘米左右的一段缠上 15 厘米左右的铁丝,起蓄钓线作用(图 5)。钓竿与钓线的连接方法是把整条钓线缠绕在蓄线器上,缠之前将钓线一端固定在钓竿或蓄线器上,之后再缠绕。最后留下2米左右的钓线,穿过套在竿体上的橡胶管或气门芯,起到固定钓线的作用。然后拴上钩、坠、漂等。根据垂钓水域的深浅可调整钓线的长度。假如所垂钓水域较深,只要从蓄线器上放几圈,从竿梢方向拉出来即可;如果钓线长,水浅,可松动橡胶管,往蓄线器收线。垂钓结束之后,把浮漂取下,把钓线直接缠在蓄线器上,最后的猴皮筋挂在钩上,另一端挂在蓄线器上。

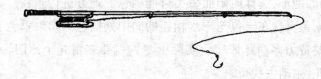

图5 冰钓用的钓竿

垂钓时,钓线要在竿梢处打个结(同手竿),否则钓到较大的鱼时钓线所受的力直接作用于蓄线器上,不能发挥竹竿的弹性,有断竿的危险。

冰钓的钓饵最好用红虫(摇蚊幼虫),当然也可用蚯蚓和面食。只是冬天水冷,鱼基本上不大活动,如果所投饵料不是鱼特别感兴趣的,它根本不动,哪怕是你送到它的嘴边,也是无动于衷。红虫在水中不断蠕动,比较容易被鱼类发现,特别是鲫鱼和鲤鱼,只要发现总是喜欢吞食的。

鲫鱼咬钩时,动作很轻,浮漂稳稳上升,鱼越大,送漂越稳。小鲫鱼见到钓饵时,往往上来就吃,把钓饵含在嘴里,这时浮漂呈上升状态,一般上升2厘米即可提竿。较大的鲫鱼见到钓饵时,它总是持谨慎态度,先用鼻子闻闻,用嘴轻轻拱拱,观察没有危险时,才慢吞吞地将钓饵含在嘴里。体现在浮漂上是:浮漂轻轻动几下然后缓缓升起。这时起竿,必定钓上比较大的鲫鱼。

鲤鱼吃饵时,多数是用嘴轻拱几下,然后把钓饵含入口中游走。浮漂上的反应是:浮漂哆嗦几下,然后下沉。这时起竿,必定是鲤鱼。

当钓到大鲤鱼时,垂钓者一抬竿,如同钩住了水底的杂草和编织物,一动不动。这时垂钓者要特别注意。好在冬天鱼不爱活动,即使是大鱼,拼命逃脱的力气也比夏季减少许多。所以冬钓时用小钩细线仍可钓上较大的鱼。

冰钓除鲫、鲤爱上钩外,还可以钓到鳊鱼、鲇鱼等。

浮钓的主要对象是肉食性鱼类。可配浮力较大的浮漂和小开口坠,用8~9号钩,装小活鱼做诱饵。垂钓时,先测试水深,定好漂位,要使钓饵悬浮于水体的中层和中下层。若垂钓水域有水流,也可以不用浮漂,看竿梢出现下弯情况即起竿。用

·家居休闲·

图文珍藏版

此法可钓到狗鱼、鳜鱼、蒙古红鲌等。

冰钓的最大优点是,可以最大限度地扩展垂钓水域。垂钓者可以在近岸或远离岸边的任何方位选择钓点。

冬天,鱼类在水下总是找水温最高的地方栖息,如水温过低,有的鱼就会停止摄食,处于半冬眠状态。鲫鱼和鲤鱼,总是喜欢在水下有沟沟坎坎和有小坑以及有水草、木桩子、石头的地方,一般不在水温较低的浅水区栖息。因此垂钓者事先最好弄清楚钓场的地形,选择向阳而鱼类可能栖息的地方进行垂钓。如钓场有没入水中的土包,则鱼喜欢在土包与深水相连的向阳处栖息。如果垂钓者不熟悉地形水情等,那就要费力多凿冰眼了。实际上冬钓就要多凿几个冰眼,一个地方不上鱼,赶紧挪地儿,主动去找鱼。

一般刚封河,冰面较薄但能站住人时,水下温度较高,鱼爱吃食。在解冻的季节但冰面还能站住人的时候,由于地气的作用,鱼类也同样进食较多。

冰钓要特别注意安全。刚入冬时,冰虽薄,哪怕只有 2 寸来厚,由于一天比一天冷,冰冻的是横碴,人走在冰上"嗑嘣嗑嘣"地响也不会掉下去,但到春节前后,即使冰的厚度达 7~8 寸甚至一尺,尤其是在天气暖和又有小风的时候,一看冰面深蓝色(墨绿),此时虽是垂钓的最好时光,但是由于天气转暖,地气上升,冰成竖碴,一上冰就可能落入水中,所以有"宁钓严冬一寸,不钓阳春一尺"之说。

二、竿钩的选择与钓用方法

1. 手竿钓

指拿手竿垂钓。以单根竹作鱼竿,是我国钓鱼界的传统,现在渔具商店出售的竹制鱼竿,是插式套杆。21 世纪 70 年代末,国外先进的用环氧树脂为主要原料制成的玻璃钢竿进入我国市场。80 年代后期,我国开始生产自己的碳素钢鱼竿,这是一种轻柔、弹性好且结实耐用的手竿。现在,后两种鱼竿已占领了全国各地的广大市场,竹制手竿则成了罕见之物。

手竿钓简单易行,在各种水域都可进行,因此,它不仅是初学者的入门用具,也是广大钓鱼爱好者的"常规装备"。

对手竿的要求是,直、轻、软、弹性好,不易断裂,有的还要求美观、轻便、经久耐用。玻璃钢竿的重量比竹制竿轻得多,弹性也好,而碳素钢竿比玻璃钢竿更轻更牢,美观大方。

2. 多竿钓

即一人同时在水边用多根鱼竿垂钓。多竿钓分为抛竿多竿钓和手竿多竿钓。

多竿钓常采用抛竿,而在天然水域手竿使用得也较普遍。

手竿多竿钓一般不超过 3 根,多了则成为排钓(后面将专题叙说)。三根竿一般皆架在湖边的水花生丛上,钓者在水花生洞里或水花生外水域垂钓。三根竿有的是长竿、中长竿和短竿,向水面挺伸成垂直一线;有的采用二长竿一中长竿,二长竿面对水面成直角,直角中间放置中长竿。通常长竿用粗线、大钩,钓较大的鱼,比如青鱼、草鱼、鲤鱼、鲶鱼等;中长竿细线、小钩,以钓鲫鱼、鳊鱼、鲳鲅、黄颡鱼等为主。

运用手竿多竿钓的目的,是因为自然水域鱼稀,为提高吃钩率。在垂钓过程中,一旦发现某根竿子的浮标动了,应立刻把注意力集中到该竿子上,把握时机提竿,对别的竿子捎带瞟上一眼即可。

有时自然水域的鱼群突然涌来,二、三根竿几乎同时吃钩,此时钓者为避免犹豫不决全盘落空,应坚决果断暂时只用一根竿,在三个窝子里轮流钓。哪个窝子里沫星多,吃钩率高,就钓那个窝。这样,可以保证不跑鱼,反倒比三根竿同时钓还要钓得多、钓得顺手。

3. 单钩钓

即一根竿下用一只鱼钩垂钓。多用于手竿,有时也可用于抛竿浮钓。这是传统常规的基本钓法,至今仍经常采用。

单钩钓有许多好处。一是鱼的注意力集中一饵,吃钩快,不会吃食多挑花了眼。鱼一吃钩,浮标就会明显地反映出来,钓者及时提竿,可大大减少逃脱率。二是上钩快,取鱼快,增加了钓鱼时机。单钩钓最适宜于鱼儿密集的养殖水域,或有鱼群的自然水域。

4. 双钩钓

即一竿一线下方拴牢两只钩子同时挂饵垂钓,多用于手竿,抛竿浮钓也间或用之。

双钩钓有多种手法。一是双钩平行法(图 6a),锡砣在线的一端固定,锡砣上方横一天杠,左右各一只鱼钩,钩同样大小。二是双钩上下法,一钩在下方沉底,另一钩拴于线上(有活动和死结两种),底钩用困钩(或用朝天钩)上方一钩可距离底钩 5 厘米至 100 厘米不等。上下二钩可一样大小,也可底钩大而上钩小。下钩放钓饵垂钓,上钩可放钓饵,也可放诱饵(图 6b、c)。这是传统双钩钓,又称为底砣双钩钓。

5. 无钩钓

这是现在流行于云南、贵州少数民族地区的钓法。用一根竹竿和一根短于竹

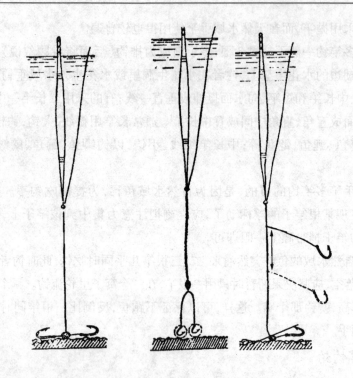

图6 双钩钓

a 双钩平行钓　b 固定双钩上下钓　c 移动双钩下钓

竿的麻绳,不用鱼钩。麻绳一端系于竿梢,一端打活结拴蚯蚓或昆虫、菜叶钓饵,将饵抛入水中,人躲在河边草丛树下,窥视竿梢动静。一旦发现鱼吞饵,将线牵动或拉直,即持竿用猛劲将鱼提上岸。江苏、浙江和安徽农村,有些钓者也用此法钓黑鱼、鳜鱼。但是不同的是,那里的钓者用绳拴青蛙、小鱼、大蓝蚯蚓,在水滨水草孔中或石隙洞水中不停地提提落落。由于墨鱼和鳜鱼咬住饵后一时不肯松口,故钓者手感沉重即可用力将鱼抛上岸。

6. 多钩钓

即在一根主线上用5只以上钩子垂钓。多钩钓不用于手竿,并且多用于抛竿和延绳钓。抛竿上多钩主要有两种形式:一种是群钩,也称炸弹钩,即长主线与子线交界处联结具的下方,用同样长长的钩子6~8只,包在一个诱饵兼钓饵的团子里面,或中间有环,包饵料,有一个钩子线较长,插在下方,其余环抱在饵料团四周(图7a)。另一种为一根主线上每相隔5~20厘米拴钩、可拴4~8只鱼钩,钩后系锡砣(图7b),称为串钩,或八脚钩。

垂钓时,因抛出去要有一定速度,撞击水面时,钩饵和水表面撞击力度强,饵易松散而脱钩,故用粉末诱饵制作炸弹钩饵料时,需掺和些粘和粉剂,如面粉、糯米细粉等;但也应适量,以免入水沉底后长时期不松散化开,鱼眼睁睁看着却无法进食,

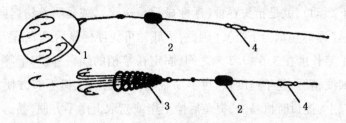

A 1.装饵后钩入饵团　2.活动铅锤　3.弹簧　4.连接环

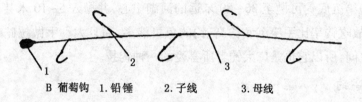

B 葡萄钩　1.铅锤　2.子线　3.母线

图7　多钩

反而导致吃钩率低。串钩多用动物性钓饵,如蚕、蚯蚓、蚂蚱、螺蛳肉、面包虫等;也有专用素饵的,如面粉粒、山芋丁、面筋粒、生青蚕豆,菜心(卷曲后挂上);或混合使用荤素饵,即5~8只钩子上,有的挂荤,有的挂素,通过几次吃钩实践,就可了解这方水域的鱼喜食什么,再决定全使用饵料的种类,以提高钓鱼效果。

三、其他技法

1.假饵钓

假饵钓的一个主要做法,是把假饵做成鱼的形状,诱鱼信以为真,从而提高了上钩率。假饵的优点是易带、清洁、又不会腐败,虽然较贵,但受到越来越多钓鱼爱好者的欢迎。

2.沉底钓

这是最普遍的钓法之一,即将钩子沉到水底垂钓,用手竿、抛竿、手拉砣钓均可。主要钓取底层鱼类,如淡水中鲶鱼、鲫鱼、鲤鱼、青鱼、黄颡鱼、塘鳢、鳗鲡、螃蟹、虾;海里主要钓取鲷鱼、石斑鱼、比目鱼、海鳗、乌贼等。有些中层鱼和上层鱼也常沉底吃钩,尤其在浅水且水中氧气充足时,中层鱼沉底吃钩率甚高,所钓鱼种也最杂。

沉底钓由于钓饵在水的底部,浮标达到一定部位后,不再游动,可以及时而准确地表示出鱼吃钩饵的动向。鱼在底部吃食,一般吞进钩饵后不是就地咀嚼(浮标显示是上下颤动),就是抬头吞食(浮标显示是送浮),或是噙着钩饵向其他方向或深水中逃遁(浮标显示为下沉)。因此,沉底钓可凭浮标显示提竿,易于掌握。

一般手竿长度在 3.6~7.2 米之间,固定在竿梢的线,一般与竿等长,也可稍短或稍长。如线稍短,起竿速度快,鱼不易脱逃,但取鱼、上饵不够方便;如线长超过竿长 1 米以上,提鱼时机易失,提鱼后捡上岸或捞取上岸不方便,易逃鱼。所以,手竿的线一般和竿等长为最佳。手竿钓点离岸应不超过 10 米,水深以 1 米至 2.5 米为宜。抛竿沉底钓可抛至 30~80 米远的河湖中心,并抛入 5~10 米甚至更深的水中垂钓,故吃钩率比手竿沉底钓高,钓的鱼可能多,而且大。手抛拉砣钓法则介于这两者之间,所以它也是广大钓者所喜爱的一种钓技。

3. 浮钓

这是钓者钓取中上水层鱼类的一种特殊技法。也是许多钓者在遇到天气或鱼种变化时采取的一种应急方法。有的用单钩、小钩,钓小鱼;有的用大钩、粗线、大饵,钓大鱼或大型水生动物;有的用于静水钓,有的用于拖动钓。浮钓用假饵较多,淡水海洋中皆适用,但以海洋中用得较多。特别是在流动水表层中使用假饵更多。

4. 石缝逗钓

这是钓鱼技法之一,多用于淡水垂钓,海滨礁石缝中也可运用。钓者用 1 米长左右的竹梢,拴上短线和较大的钩,钩上放小鱼、小虾或活而大的蚯蚓,抛于石缝洞的水中,不断上下提动、引诱洞中鱼儿上钩。当凭着感觉有鱼咬钩时猛一提即可,大的用抄网,小的直接提取上岸。对洞中的黄鳝可用特制的长柄(20~30 厘米)钩垂钓,对洞口或洞隙中的黄鳝可用点钩逗钓。在海滨石隙,钓者也可以此法钓小鲨鱼、鲽、乌贼、海蟹、对虾、弹涂鱼等。

5. 游 钓

这是海洋、淡水垂钓均使用的技术方法之一,但在实施上又有区别。海洋游钓时钓者坐在航行的轮船尾部(船速每小时不宜超过 15 海里。如超速,饵易因水流阻力过大而脱钩丢失,鱼也难以抢饵上钩。)将长 100~200 米的钓线后端拴上大钩,穿上海鱼或大块带血的牛肉、猪肉、羊肉(也可用假饵),顺着被螺旋桨搅起的水波抛人海水内,钩饵便迅速向船后流去。线被拉直后。再将线的另一端牢固地系于船上。加以固定海洋内的鲨鱼、剑鱼喜爱跟随轮船前进,觅取被螺旋桨打死的鱼类或船上抛下的残食,故极易钓取。

6. 轮 钓

即在二个、三个或更多的钓点施撒诱饵,然后持竿在各个钓点轮流垂钓。多用单竿。此法常用于冬春鱼类不大开口吃食,又活动范围小的时候,或鱼类稀少的广阔水面,或作为对水情、鱼情陌生的水面的探索性垂钓。

轮钓和守钓是相对的,可互相转换。在轮钓中一旦发现某个钓点吃钩率高、鱼多,而其他钓点或深而无鱼,或浅而不食,或鱼小无兴趣,钓者就可立即将轮钓转为守钓。如在某一钓点垂钓,用单纯轮钓或单纯守钓,往往不能取得好的垂钓效果。

7. 射 钓

这是海钓、淡水钓的技术方法之一,即用弓箭、气枪或炮铦射击钓鱼。

弓箭射钓现存于四川、云南、贵州、广西等少数民族聚集地区。当地人用带钓线和倒刺的弓箭射鳖和鱼,然而收钓线提取。

气枪射钓在全国各大水系及大湖泊皆有施者。每当繁殖季节,如长江中游地区的鲢、鳙、青鱼、草鱼等汇集于水急滩浅的芦苇边产卵时,钓者乘船或趟水靠近,用气枪瞄准射击鱼头部,待其上下翻腾难以逃逸时用抄网或鱼笼捞获。平时,则射击等在水草边吞食小鱼的黑鱼或鳡鱼。

海上射钓用炮铦,弹尖系带倒立的尖锐物,铦后系长绳,专门射击鲨鱼、鲸、海龟等大型鱼类和水生动物。射中之后,以绞车拽绳,大网捞取。

8. 锡纸钓

这是专门用来钓取乌贼鱼的一种海钓技法。钩是特制的:将8只中小型海钩整齐地焊接在一根长约5~8厘米的圆铁芯四周,圆铁芯中间裹以闪光发亮的锡箔纸(可用包装香烟的锡纸);圆铁芯上方系线,线长1~3米;线的另一端系于长1~3米的短手竿上。夏秋之夜,当乌贼汇集在海滨礁石缝隙或洞口觅食时,钓者发现后,即可将制成的钩抛于乌贼群中,乌贼即群集攀钩,咬食锡纸。当钓者感到竿下不断蠕动或颤动时,猛一提竿,钩尖便扎入乌贼体内。一般每次可提上2~3条,如碰到大群乌贼,不停挥竿手拽,收获喜人。有的钓者不用竿,凭手感拽钓,效果也不错。但由于手拽弹力不及鱼竿,往往扎不深而中途跑鱼,并惊散乌贼群。用此法也能钓到对虾、蟹等,但效果不及钓乌贼好。钓上乌贼捡取时,要警惕被其喷出的墨汁污染衣服。

第二节　主要垂钓对象鱼及其钓法

一、淡水鱼垂钓技术

我国有淡水鱼有近千种,常见的有百余种。由于鱼类各有自己的生存条件和生活习性,因此在全国不同的地区,利用不同的钓法,可以钓取不同的鱼。下面介绍几种分布面广和较为常见鱼的钓法。

1. 鲤鱼的生活习性及钓法

鲤鱼又称为"拐子",属鲤科类,是温水性鱼。我国南北方都有。鲤鱼种类较多,如江鲤、红鲤、川鲤、云南鲤、乌方鲤、镜鲤、黄河鲤等。

鲤鱼的适应能力强,耐寒、耐碱、耐低氧。喜欢栖息于土质松软、水草丛生的水体。在垂钓的水域,假如深浅水温相差不多时,那么鲤鱼栖息在深坑和低洼处。一般鲤鱼喜欢弱光和爱在有迟缓流水的地方游动。所以在江、河、湖、水库、池塘等处,那些水色深暗、透明度差的地方就是鲤鱼滞留的地方。

钓鲤鱼的方法多种多样,无论抛竿、手竿、拉砣、手线,都可以轻而易举地将它钓起,关键是在于个体的大小和因时施饵。1 龄鱼或体重在 500 克以下时,用蚯蚓饵最合适。2 龄以上,因鱼体的较大,食性开始较多地偏向粮食类食物,应改选面团、熟薯块等作饵。鲤鱼在底层觅食时,水面上会先泛起绿豆料大小的一簇气泡(数目十几到二

鲤鱼

十多个),并间杂黄豆和蚕豆粒大小的气泡。如水底有腐草败枝,则可见残枝碎茎不断浮出水面。在水深不足 50 厘米的浅水区,还可见到浑黄的污泥水成团翻滚。在钓熟了的水区,鲤鱼对钓饵、钓线会养成一定的识别能力,此刻水面上虽有气泡泛出,还不时地有擦线晃漂的现象,可就是不上钩。对付这类鲤鱼有两个办法:一是换饵调钩,即大钓改小钓,大饵变小饵。这里所说的"小饵",是指饵的量和质的改变。用米饭粒和蛆来对付定居于腐殖层丰富的水底鲤鱼是非常有效的。二是鲤鱼每天有洄游的习惯(洄游钓者称之为"鱼道")。这种洄游有索食、产卵、避温三种作用。如果垂钓者在鱼道上设饵,定不会徒劳。

鲤鱼的食性很杂,什么都爱吃,但它吃食时又比较谨慎,所以要钓大鲤鱼也是一件不简单的事。

钓鲤鱼的钓具要求鱼竿长、钓线粗(0.25毫米以上)、鱼钩大。一般手竿的长度在4.5米之上(投竿的钩线比手竿略大一个档次)。

能否钓到鲤鱼的决定因素是诱饵。诱饵种类繁多,可分谷食类、糟食类、粉剂、浆剂、荤饵、昆虫类、油泊类及蔬菜类等。一般以炒(或蒸熟)熟的玉米面加豆饼粉,也可以使用碎米加炒过的麦麸适当加些酒、糖、蜂蜜等;还可以用半熟的地瓜加面食以及少量的骨粉等等。钓者可因地制宜地配制有效的诱饵。投放诱饵之后(撒窝子),若钓点出现少量气泡,稍有间隔,说明鲤鱼已经进窝。如果冒出的气泡很多,则说明水下鲤鱼已在吞食诱饵和腐植物。这时垂钓者应立即下钩垂钓,下竿后若见浮漂轻轻颤动,说明鲤鱼已在嗅饵钩了。假如浮漂慢慢起来一点,随后下沉入水,此刻垂钓者应及时用腕力将竿提起,使钓钩把鱼钩住。如钓到的鱼较大时,要紧握钓竿,绷紧钓线不要将竿梢落下,并利用竿的弹性来遛鱼。待鱼疲惫无力时,再将鱼头拖出水面,用抄网捞上来。

用投竿钓鲤鱼时,可用蒸熟的白薯丁、玉米面团或豆饼、麸子和玉米面加酒、糖等混合而成的糟食,投放到钓点。要求饵料制作得要香,对远处的鱼也有诱惑力而游来进餐。

2. 鲫鱼的生活习性及钓法

鲫鱼又称鲋、童子鲫、刀子鱼,为广适性鱼类,无论在深水、浅水、清水、浊水、流水、静水、大水体和小水体中均可生活,喜栖息于水草丛生的浅水河湾与湖泊沿岸水域,生命力较强,甚至在低氧、碱性较大的不良水体中也能生长繁殖。鲫鱼属杂食性鱼类,食谱范围大致与鲤鱼相似,用于鲤鱼的饵同样可以钓鲫鱼。

鲫鱼的食性很杂,和鲤鱼差不多,属杂食性鱼类,以食浮游生物、底栖生物及水草为主。所以钓鲫鱼要用底钓。

鲫鱼

鲫鱼摄食文静。即使到了饥饿难当时也不会因摄食而与其他鱼类发生争斗。这也许正是鲫鱼胆小的表现。

垂钓鲫鱼,用小型细竿(竿尖要细)小坠、细线,这样灵敏度高,当鲫鱼刚一吞饵,竿梢就会颤动,及时提竿便可得鱼。否则效果不佳。垂钓时要尽量排除四周的干扰。大坠入水声音大,会把鲫鱼惊走。用鱼竿钓鲫鱼,不能频频换饵甩钩,让鲫鱼逃避。

钓鲫鱼的饵料主要有下列几种。

诱饵:玉米面(生熟均可)、酒泡的小米、大米、麦麸、碎米、鸡饲料、鱼饲料等等。以酒泡的小米最为好用。

钓饵:可以面食、蚕豆粉、黄豆粉、米饭粒、面团、薯块、玉米面加小麦粉再加少量香油糖、用面团蘸鱼肝油或麻油等。

荤饵:以蚯蚓、摇蚊幼虫(冬钓效果为佳)、各种昆虫的幼虫、小虾、肥肉丁等。

钓鲫鱼如用手竿,要求为长竿(4.5~8米)、短细线(0.2毫米线)、小钩。垂钓时,最好是单钩。如到陌生水域垂钓可用双钩,上一荤一素两种饵料。摸清鱼情与习性,再换单钩。

漂的起浮现像是鲫鱼吞饵的表现。鲫鱼吃饵时,文静而温柔,畏缩不前。咬钩时的姿势伏首翘尾(约45°)动作连贯。鲫鱼靠近钓饵约一厘米之处,先用胸鳍扇动钓饵,尔后张嘴,同时吻部往前延伸吸吮,吞吞吐吐。此刻浮漂沉浮较小。如无异味异物,在不感到危险的情况下,则把饵料吞入口中,浮漂缓缓上升约2厘米,此刻提竿,恰到好处。

3. 青鱼的生活习性及钓法

青鱼也称黑鲩、青混、螺丝青、乌青。多栖息在水体的中下层,通常不游至水面。食性比较单纯,以软体动物螺、蚬为主要食物。在池塘养殖中的幼鱼喜食粮食饲料,至体长15厘米后咽齿压碎功能增强,食性出现变化。2龄前死亡率较高,食性杂,主食粮食性饵料;2龄后,特别是体重长至1公斤时,食性转向软体水生动物,能磨碎坚硬的甲壳后吐壳吞肉。自然水域中常汇集于江河和湖泊的深浅结合部。除冬季食欲较弱外,春、夏、秋三季摄食猛烈,且能在气压较低,大多数底栖鱼类普遍厌食的情况下咬钩吞饵。

钓饵:可用河蚌肉、石虫子、田螺肉、河蚬肉等。如没有荤食,玉米粑等面食也可以钓到。垂钓时既可以用海竿也可以用手竿。用手竿垂钓,鱼咬钩时,浮漂缓慢浮起,这时提竿必有收获。

青鱼个体大,游速快。钓到青鱼,遛起鱼来很过瘾。因此有些钓手喜欢钓青鱼,可以最大的享受垂钓、遛鱼的乐趣。

4. 草鱼的生活习性及钓法

草鱼也称鲩、草青、混子、草鲲。草鱼属半洄游型鱼类,栖息于水体中、下层,能在水的表层吞食草叶、菜梗。其性情活跃,游动迅速,常集群觅食。至冬季食欲剧减,多在深水区过冬。草鱼是典型的草食性鱼类。仔鱼、稚鱼及幼鱼主要摄食动物性饵料,随着下咽齿的发育和肠管加长而改变食性。在池塘饲养中,食性能向商品饲料转移。

钓草鱼,除用传统的单钩底钓外,夏季和早秋季主要用多钩悬钓和浮钓法。

多钩悬钓时,可由水底斜着向上,让钩成阶梯状悬于水体中、下层,常与抛竿相配。使用手竿时的多钩为垂直状态,一般系钩在 3 只左右。悬钓常以面团为饵,可用草叶汁或青菜叶汁水,拌和面粉,反复揉捏成团后搓成直径 1 毫米的圆球挂钩。也有以蚱蜢、油葫芦、蜻蜓等昆虫为饵的。草鱼口大,咬钩多表现为吞食,所以毋须挂漂,可直接由竿梢的猛烈抖动和较大幅度的下弯来掌握扬竿时机。

浮钓时,多使用手竿,配浮力较大的漂,常用浮球代替。夏天和早秋时,草鱼喜欢在风口的浪涛中游弋。可用草叶、菜叶、嫩芦苇芯等鲜绿叶、茎直接挂钩,靠漂的浮力,使钩悬于水的表层,其深度大约为 20～30 厘米。为增大钓饵的目标,可不断牵动鱼线或顺风让浮球在水面上漂移,并以此来吸引负的注意。草鱼的搏力很强,但持久性不足,只要不使竿、线、鱼成直线是很容易降服它的。

传统的手竿底钓在北方仍比较流行,但用饵已比较讲究。不论是专用的袋装草鱼饵还是钓者自行配制的钓饵,均须讲究色和味。近年来发展起来的假饵,是将白色泡沫塑料经曲酒和菜叶汁混合液浸泡过的,效果很理想。

5. 鲢鱼的生活习性及钓法

鲢鱼另称白鲢、鲢子、胖头鱼。鲢鱼为上层鱼类,性情活泼,善跳跃,是典型的滤食浮游藻类的"肥水鱼"。其摄食依靠口内特殊的鳃耙连成的海绵状膜质片,将随水进入口腔的各种藻类植物挡住、下咽。鲢鱼终年摄食,但以夏季与秋季食量最大。它生长迅速,与青、草、鳙合称"四大家鱼",在水库与池塘养殖中占有尤其重要的地位。

鲢鱼喜食异味的饵料,如酸食、臭食、烂葱头、蒜泥及一些中药熬制的怪味汤等。钓鲢鱼的适宜温度为 20℃ 以上(25℃ 时鲢鱼开始活跃,30℃ 时是鲢鱼的摄食高峰)。目前已研制出 4 种型号专供钓鲢、鳙的液体钓饵。经过试验,效果显著。这四种配方中,每种都有醋精。自制饵料时只要了解鲢鱼喜酸爱臭这个习性,就可以制出垂钓鲢鱼的好钓饵。

钓饵,最简便的办法是蒸熟的玉米面窝窝头放在塑料袋里,密封,在日光下晒上一周,垂钓时可少量加些面粉、曲酒、糖等,使其具有糖酸味道。然后用投竿飞钩浮钓。如在浅水区可以不用浮漂进行底钓,用酸甜饵料浮钓鲢鱼,可以说是"弹不虚发"。

用玉米面窝头、点心碴、麦麸等混合后,放塑料袋中封好,晒几天,待其发酵,即可使用。垂钓时如果因发酵变稀,可加些面粉或麸子,当然再用糟食经塑料袋密封、暴晒,也有同样的效果。

钓鲢鱼的最好季节是 7 月至 9 月。6 月和 10 月水凉、温度低,稍差些。

6. 鳙鱼的生活习性及钓法

鳙鱼也称花鲢、黑鲢、包头鱼、胖仔、松鱼。鳙鱼栖息在水的中上层,具有河湖洄游习性,平时多生活在有一定流速的江湖中。性情温和,不太跳跃,行动较缓慢。鳙鱼的食性与鲢鱼不同,它以水中的浮游动物,如轮虫、枝角类、桡足类和原生动物为主要食物,兼食多种浮游藻类,钓法同钓鲢鱼一样。

7. 鳊(鲂)鱼的生活习性及钓法

鲂鱼和鳊鱼的外形相似。鳊鱼形体偏长,包括长春鳊、草鳊、线鳊;鲂鱼形体扁平,包括团头鲂、三角鲂等。鳊鱼与鲂鱼习性差异并不大,民间也习惯于把鳊鱼和鲂鱼归为一类而统称鳊鱼。鳊鱼也称团头鲂、武昌鱼、鳊鱼、鳊花、草鳊、长鳊。

鲂鱼体高而侧扁,呈菱形,头短而小,鲂鱼体呈灰黑色。生殖季节雌雄体上均出现珠星。原产于湖北的梁子湖及武昌一带。后来移入池塘饲养。现已移居全国各地池塘中安家落户。鳊鱼个体可长至 3~4 千克,适应静水环境。栖息于有沉水植物的湖泊敞水区中下层及水草丛中。鳊鱼最突出的特点是嘴馋,贪吃。常成群结队的在水底寻食。5~6 月份静水中产卵后摄食最强。北方 7~8 月份是垂钓昌鱼的最好季节。

鳊、鲂鱼都是中下层鱼类,喜栖息在有水草的河湖中,主食高等水生植物和浮游动物。在池塘中鳊、鲂鱼既食各种青饲料,又食粮食性饵料。它们的生活习性与草鱼有很多相似之处,既能底栖摄食各种食物残渣,又能在水的中层抢食各类沉落食物,夏秋两季更能贴近水的表层啄食草梗菜叶,故而钓鳊、鲂鱼也可以采用钓草鱼的方法。

关于鳊鱼、鲂鱼的钓点要求的倒不是很严格。养殖池塘的任何区域都可以钓到。但在河道上,则应选择缓流或回流的外围区域;在湖泊上,则要寻找开阔的畅水区和沉水植物生长的浅湾。无论河塘、湖泊,凡水面存有植物的水区,必有鳊、鲂集群,且上、中、下各水层都有咬钩。因而在钓具的选择上要使用较轻的坠,使钩由水面徐徐地沉入水底。当沉钩过程中出现受阻,则说明钩已为活动在中层的鱼衔住,这时钓者可猛抖钓竿再轻轻将鱼提起。鳊、鲂鱼属中型鱼类,其宽而侧扁的身体使它在水中难以持久挣扎,但扬竿若不能一次便使钩尖刺透鱼坚厚的唇圈,则是很容易跑鱼的。鳊、鲂鱼的咬钩与鲫鱼一样,较多地表现为抬漂,即漂体沉入水中的那部分会缓缓地浮出水面。提竿的时机应把握在漂体浮起而尚未浮足的刹那。如采用浮钓方式,可将青菜叶切成 2 厘米宽的长条后卷成细筒状挂钩,也可挂蚯蚓和面团。如抛竿钓鳊、鲂鱼,既可为吸食组钩配糟食,也可分别在组钩的每个单钩上挂饵形成"葡萄钩"。使用串钩时,应配竿梢较软、弹性强的小型抛竿,这是因为鳊、鲂鱼的咬钩动作幅度小,不易观察,只有竿梢较细的袖珍竿才有明显的抖动。

8. 鳜鱼的生活习性及钓法

鳜鱼品种较多,最常见的有翘嘴鳜和大眼鳜。它们又名桂鱼、鬼鱼、季花鱼。鳜鱼喜栖息于缓流的边缘和静水中,常出没于沿岸砖石的缝隙中,能在水底的沟壑中作巢,以水草繁密的湖泊为主要生活水区,白昼活动范围狭小,摄食主要在夜间进行,有定居性。鳜鱼为底栖凶猛鱼类,极贪食,是岸边小杂鱼的大敌,能吞入相当于体长二分之一的各种鱼类,也食虾和水生动物。

鳜鱼身体扁平且宽,口内两排利齿,向咽部倾斜。鳞细小,侧线下颌突出。体呈黄绿色,体侧有不规则的暗色斑块。两腮有坚硬的刺,背鳍有一排长短不一的硬刺,遇到异常情况便竖起自卫。

钓鳜鱼,首先是确定它的活动范围,再则要掌握它的活动规律。白天要落钩于"家门口",诱其探出洞穴咬钩。入夜后,鳜鱼开始觅食,可不断摆动饵鱼逗其咬钩。雨后涨水时,鳜鱼最为活跃,并会开始做较长距离的游动,以另寻新家。这是钓取鳜鱼的大好时机。河道的流水口,通湖的河道口和水流不十分湍急的黄石桥洞的两侧,常常是不善长距离游泳的鳜鱼停留的地方。

鳜鱼分布面广,南北江河、湖泊均有。鳜鱼还有较强的护窝习性。鳜鱼平时喜欢石洞,总是独自在大石块和石洞处傍岩而巡游。若有其他鱼类接近它的小天地时,它会奋力出击,将其赶走。并且鳜鱼还有在湖底下陷处躺卧的习性,夜间活动觅食。不合群,个体可长至7~8千克。属肉食性凶猛鱼类。常以鲫、鳊、鲢、白条等小鱼及小虾为食。

垂钓时要注意,由于鳜鱼吞食凶猛,有时会把鱼钩吞进肚里。因此摘钩时,除用退钩器外,还要用一块毛巾垫着鱼体,手放在毛巾上,将鱼按在地上摘钩。以防鳜鱼的硬刺将手扎伤。

垂钓时,把钓钩从小白条背部刺入(或其他小鱼,不要伤及内脏,免得鱼死去),用手竿将钓饵投放到选择好的钓点,使小鱼不停地游动,引诱鳜鱼上钩。

投竿垂钓,竿不要太长,两米以内的短竿即可。在坠上拴两只大号的钩,钩间距离为15厘米左右,用活小鱼与泥鳅等为饵。垂钓时,钩不落底,使小鱼在水中挣扎游动,诱鳜鱼上钩。鳜鱼的咬钩具有突袭性。它的巨口一下子就能将鱼连钩直达咽部。所以,提竿要快,但不能操之过急。如像钓乌鱼一样把鱼甩上岸的做法是极易跑鱼的,可采用原地持竿使竿保持弯弓状,再配以抄网去获得。

鳜鱼还可夜钓,且夜钓的收获强于白昼。夜钓成功的关键是探窝,即预先应知道鳜鱼窝巢的准确位置,正确地将钩落在巢边。与白天使用饵鱼不同,夜钩都用虾

·家居休闲·

图文珍藏版

作饵。倘水底成沟壑状,则更可以用插竿法钓取。夜钓鳜鱼,可用小型抛竿配串钩,以铃铛作讯号。在插竿时,一次可用 10~20 支竿。由于鳜鱼的咬钩是直吞,只要钓线的拉力强度大,就不会被拉断,完全可放心地夜晚插竿、早起收鱼。

鳜鱼的品种很多,有白头鳜、长体鳜、大眼鳜、斑鳜、暗鳜等。生活习性和食性大体相同。只是个体大小与分布地区有所不同。垂钓方法基本相同。

钓鳜鱼的最好季节是 5~7 月。

9. 鲇鱼的生活习性及钓法

鲇鱼又名鳀、生仔鱼、胡子鲇、鲇巴郎、鲇拐子、洼子。鲇鱼生活在江河、湖泊、水库的中下层,多栖息在水草丛生、水流徐缓的底层。白天多隐蔽,晚间则十分活跃,习惯于游至浅水处觅食。秋后潜居于深水或污泥中越冬。为肉食性底栖鱼类,经常伏身于水草丛生的水底,等候小鱼靠近张口吞食,也食虾类和水生昆虫。

由于鲇鱼眼小、喜暗、怕光、视力极差,所以它的摄食主要靠嗅觉和触觉。垂钓鲇鱼,要用较大的钓钩及较粗的钓线垂钓时,如见到钓点有一簇一簇的气泡、浮子缓缓下沉,说明鲇鱼在吞饵。此时不要急切提竿,待浮漂下沉近 10 厘米时,再提竿。垂钓鲇鱼最好是在早晚、夜间及阴雨天气。

鲇鱼的生活习性与鳜鱼有不少相似之处,虽种属相距甚远,但在钓法上却非常接近。钓鲇鱼主要有两种方式:一是手竿近钓,二是用手竿、插竿和手线夜钓。手竿近钓虽然自 3 月直到 9 月均可以适用,但主要钓季是夏初的梅雨季节,5~7 月是鲇鱼的生殖季节,产卵前和产卵后的鲇鱼都有较强的摄食欲。当雨水把泥土卷带着冲入河道和湖泊,使水质变浑发黄的时候,视力不足的鲇鱼因水位的增高和小杂鱼的迁徙感到饵料减少,开始向浅水区转移,并因为水质的浑浊而改变夜晚觅食的习惯,经常地出现于近岸。手竿近钓的钓具比较简单,无论竹竿、玻璃钢竿,只要能够承受住鱼体重量和挣扎力都适合使用,其长度约为 4.5 米。钓线的粗细是无所谓的,鲇鱼不会因钓线粗而不咬钩。在钩的选择上,宜用钩柄较长的胡弓形和新袖形,以适宜于挂粗大蚯蚓、小青蛙、鸡肠一类的动物性饵。钩、坠配置以通芯活坠为好。鲇鱼视力差,搜索食物主要靠触须的摆动,故而饵的颜色不必过多考虑。鲇鱼的咬钩与它的捕食动作一致,少有虚假的试探性动作,在漂的反应上都是一次闷漂。

除以上钓法之外,还可以用仿声和造声钓。仿声钓:利用鲇鱼喜欢聚集流水的特点。以褐色青蛙做饵(绑住青蛙双脚),选择流水口下钩。钓者将鱼竿缓慢的一上一下甩动,似青蛙跳跃之状,发出响声。鲇鱼一发现即跃出水面将饵钩咬住。

造声钓:选用仿声钓的工具和饵料。将蛙沉入水底。慢慢将鱼竿向左或向右平移,使鱼线刮水造成震动,发出吱吱响声,鲶鱼闻声后便会出来咬钩。采取上述钓法,竿梢宜硬和钓线粗些。

10. 胡子鲶的生活习性及钓法

胡子鲶又称塘虱、土虱和塘角鱼。胡子鲶的外形与鲶鱼、黄颡鱼极为相似,因其体色更接近于鲶鱼而常使人将它与鲶鱼混淆。胡子鲶与鲶鱼的最大区别在于有4对触须,而鲶鱼仅2对,且背鳍、臀鳍几乎有体长的2/3至一半。胡子鲶是热带、亚热带淡水鱼类,常见于我国南方各河川湖泊,栖息于河川、池塘、水草茂盛的沟渠、稻田和沼泽地的黑暗处和洞穴内,鳃腔有辅助呼吸器,能耐干旱,但不能耐严寒。其体色棕黑,养于水缸等容器内会日渐淡化至土黄色。随着我国水产事业的发展,由埃及等地引进的胡子鲶良种已在长江流域落户,成为池塘养殖的重要鱼种。胡子鲶动作活泼,气压较低时常跃至水面上下翻腾,偏爱小鱼、小虾和各种死鱼的尸体,也食颗粒状的粮食饵。

在池塘中养殖的胡子鲶,生长迅速,长15厘米的鱼苗,经4个月饲养即可达到1公斤,大的可达1.5~2公斤。上钩后的胡子鲶挣扎强烈,但向外或两侧的窜游能力较弱,所以即使不善控鱼的初学者也可以轻易地将它降伏。自然水域中的胡子鲶具有较强的畏光性,故而太阳当头的大晴天是很难钓到它的。春、夏、秋三季中,夏季是钓胡子鲶的主要季节。在雷阵雨过后或连续阴雨的日子,它逆水而上,在河溪回流的外围浅水区觅食。遇有农田泄水而形成的小范围混浊水区,胡子鲶便逗留不去,可以形成钓场。如雨后长时间放晴,胡子鲶白天活动减弱,主要摄食时间为夜间。夜钓胡子鲶多用手竿,方法与钓鲶鱼相同,饵也基本相一致。胡子鲶的觅食除了依赖触须的探寻外,它对动物腐烂而特有的臭味极其敏感。夜钓时可使用腐臭变质的动物内脏,或发臭的猪骨作诱饵。钓胡子鲶的技法比较简单,钓具也简陋。一竿、一线、一钩或多钩,或沉底或悬于中层,均能够钓到,且不受气候变化的影响。池塘养殖胡子鲶多为单养,由于密度高,可以不使用诱饵。钓饵一般多用蚯蚓、肥肉、猪油渣等。胡子鲶和黄颡鱼一样,游动时甩头摇尾,除去在上中层水域咬钩时有含钩疾走的现象外,在底层咬钩与黄颡鱼相似,但动作的幅度要大得多。胡子鲶的活泼既表现在它不分水的深浅和层次胡乱咬钩,还在于它在底层活动时的分散,所以钓点的选择比较随便。

11. 白条鱼习性与钓法

白条,体长呈条状,侧扁。背鳍前缘有光滑硬刺,并长有7~8鳍条,尾鳍呈深叉状。因体侧银白色,故名白条,也叫白漂子。我国常见的有7种,均为暖温带淡水鱼。

·家居休闲·

图文珍藏版

白条游动迅捷，不惧风浪，如梭似箭。有时在急流中能跃出水面 1 米多高，所以善游水的人被喻为"浪里白条"。白条常成群游憩于浅水区上层。荤素兼食。主食掉落水中的植物种子和各种昆虫等。夏秋季节日落黄昏时，常跃出水面捕捉飞蛾等昆虫，或游到水边摄食产卵的蚊子、鱼卵等。白条个体不大，一般体长约 19 厘米。生性胆小，如受惊扰，会马上沉入水中，当惊扰解除时，又会缓缓浮上水面。

垂钓白条时，根据白条的习性，在白条索饵时期，选择白条多的地方，用小钩和细线加浮漂，进行浮钓(不需加坠)。

钓饵以蜘蛛、蛆虫、蜻蜓、蚱蜢、去头的小虾肉、蚯蚓、白面团等。但以蜘蛛为饵效果最佳。

垂钓时将钓竿甩至距离自己较远的地方，钓饵浮在水面，然后坐下静候，白条极易钓获。

钓白条可以用单钩、双钩以及串钩。

12. 麦穗鱼的生活习性及钓法

麦穗鱼又名罗汉鱼、肉柱鱼、肉几姑郎，以摇蚊幼虫和各种食物碎屑为主要食物，能大量吞食附着于水草的各种鱼卵，凡天然水域，几乎到处都有麦穗鱼。麦穗鱼之名，既是指它的体形大小如麦穗(一般不超过 10 厘米)，也是指它随处可见，凡有麦生长之处必有此鱼。

钓麦穗鱼可以不择水面，不论技巧，随处下钩必有所获。但仔细分析，发现静水和水质透明度不高的肥水浅水域麦穗鱼较多；流速较快的河川和深水中无麦穗鱼；流水不快的河道，麦穗鱼能于深水抢食钓饵。在钓鲫鱼时，麦穗鱼的争食常使人恼怒；但在钓鲤鱼等大中型底栖鱼类时，麦穗鱼由不断抢食到突然稀少，是大鱼进窝的征兆。麦穗鱼的经济意义不大，但资源丰富，趣味性强。

钓麦穗鱼的钓具以细线、小钩、轻坠和星漂为宜。线从 0.6 号到 2 号；钩宜用短柄矮颈丸型钩；坠用开口球状小坠或以牙膏管铅皮替代；星漂 4 颗就够了，每颗漂的长度不超过 5 毫米。麦穗鱼的食性很杂，为减少装饵和制饵的烦琐，用蚯蚓比较简便，但蚯蚓的长度不宜在钩尖外留出蠕动的余体，也毋须将钩体整个包没。麦穗鱼的食饵动作贪婪而迅捷，从钩的下降过程开始到沉底都呈现为衔钩疾走。漂出现的讯号全是大幅度下沉，偶尔也会出现波状起伏，但速度之快只表现在衔钩之初。由于麦穗鱼的咬钩讯号非常明显和没有试探性动作，扬竿时机的把握就比较随便，也很少落空。只有在钩饵过大或过长时才会因鱼唇未达钩尖而拉空。麦穗鱼并不因气压的高低而影响其咬钩，只是在气压较低时会更多地在水的中层抢食下沉的钓饵。所以四季均是钓期。

13. 乌鱼的生活习性及钓法

乌鱼又称乌鳢、黑鱼、才鱼、生鱼、斑鱼、蛇头鱼、火头。它们爱栖息于沿岸浅水区的泥底，常潜身于水草丛中伺机追捕食物，夜间常到水的上层活动。

乌鱼是凶猛的肉食性鱼类。春、秋两季是乌鱼的摄食旺季，幼鱼食水生昆虫、虾和小鱼，成鱼以鱼、虾为主食。

乌鱼在气温较高之时，鱼体平浮在水的表面，不游不动，只是在捕食和换气之时才活动。捕食时，乌鱼会由水底突然窜出，饵到口后会在水面上留下一串较大的气泡。乌渔具有定居性。当它选择某一水域留停之后便经久不去。

钓乌鱼，用"探钓法"效果最好。当已观察到乌鱼的踪迹后，用坚韧的竹竿代替钓竿，配以 0.5 毫米线或 5 号粗线，拴上粗壮、钓门宽的大钩，其钩柄不应短于 30毫米，用鲜活的小青蛙作饵（可将钩扎入蛙的小腿或是用细线将蛙足绑在钩柄上）。钓线的长度一般只有竿长的一半到三分之一。探钓之时，钓者伸竿使饵蛙落于乌鱼出没的水区，不断地曲臂提动，使饵蛙似乎在水面跳跃，以诱鱼来吞食。乌鱼吞饵，猛烈快捷，扬竿要眼明手快，一次将鱼甩上岸来。钓乌鱼还可用拖钓或是守钓。拖钓大多用于秋季，使用抛竿，配串钩。饵除了用小蛙外，还可挂虾和小鱼。拖钓的适宜区域是宽阔河道的凹陷部位与水深不足 1.5 米的湖湾浅滩。在将串钩抛出后，利用渔轮徐徐收线，速度要慢，并要有一定节奏，尤其是临近岸边时更要收收停停。被串钩钩住的乌鱼爆发力特强，要注意旋松渔轮后端的拽力钮。守钓主要用于暮春时分，以传统钓法在近岸等候水底的乌鱼。钓饵通常选用较粗的大黑蚯蚓和虾。乌鱼在底层咬钩的突击性不明显，但吞的动作没有变化。在漂的反应上是"闷漂"，即浮标直向水下或侧旁驰去。

14. 罗非鱼的生活习性及钓法

罗非鱼原产非洲，已成为我国池塘养殖的一个重要鱼种。罗非鱼的外形与鲫鱼近似，大小也与鲫鱼差不多，所以许多地方把它叫作非洲鲫鱼。台湾是我国引进罗非鱼最早的地区，并成功地完成了罗非鱼的杂交而获取新种，称之为福寿鱼。因品种不同，罗非鱼的体色有灰黑、血红、蓝、白等多种颜色，并常伴有纵列深色斑纹。在繁殖时节，有明显的婚姻色。罗非鱼原本为热带鱼类，性喜高温，生存临界温度约在40℃左右；临界温度的下限因品种不同自 13℃至 6℃不等，所以在我国大部分地区无法越冬而需要温室保种。罗非鱼属植物性为主的杂食性鱼类，食谱范围较宽。天然饵料有各种藻类、植物碎屑、昆虫幼虫及淤泥中的有机质。人工饵料有米糠、豆饼、菜籽饼和碎麦粒等。一般罗非鱼生活在水体的中下层，常集群活动。在池塘中能于水底软泥中打洞藏匿，故常活动于池塘的四周浅水区域。

罗非鱼特别喜欢蚯蚓,而对各种糟食、面食并不感兴趣。所以钓罗非鱼用蚯蚓最好。

钓罗非鱼常用传统钓法。但近年台湾式的高灵敏悬坠钓法同时用专门的"福寿饵",日渐流行。高灵敏悬坠钓法具有落点准确、反应灵敏、双钩上鱼和集鱼效果明显等优点,在支架前叉和钓竿节纹确认后,每次投钩的误差减少了;且"福寿饵"会不断溶积水底,成为罗非鱼食之不尽的饵窝,又因饵入水即溶,使具有群集习性的罗非鱼会成群结队的汇集。双钩挂饵后,凭借漂的浮力呈一饵触底、一饵略悬于底状态,这对于椭圆形身体的罗非鱼来说,可不改变泳姿即能顺利吞饵。尽管罗非鱼的摄食具有轻巧、稳定和幅度小的特点,但长漂可以很灵敏的反应咬钩讯息。罗非鱼唇圈的外缘坚韧且具有角质,钩尖很难刺入,但口腔四周的薄膜却极易被刺穿。此时漂的反应是下沉 1~2 目。若接着又出现漂的有力一挫,则是另一钩饵被咬,扬竿必然是两尾出水。

钓点的选择,由于罗非鱼属池塘饲养的鱼,而池塘的面积一般都在 10~30 亩左右,池塘内草少且深浅差别不大,因此钓点的选择要求不高。垂钓时一般选择向阳、水温升得快的一侧最佳。

垂钓罗非鱼可用小钩和细线。一天中根据罗非鱼栖息的水层进行底钓或浮钓。以底钓为主,可发挥诱窝的优势。钓钩可用单钩、双钩及串钩。用猪血粉或麦麸拌鱼粗并做诱饵打窝。用红蚯蚓、昆虫、蛆做钓饵进行垂钓。

用投竿垂钓时,要用小竿(竿尖要细)和细线,用坠上串钩上昆虫和蚯蚓等做钓饵。当见竿点头或抖动则提竿。

由于罗非鱼对温度要求比较高,垂钓的季节以 7~8 月为宜。

罗非鱼在产卵期有不惧风险,固守巢穴的习性。垂钓者可在池塘、湖泊水深 1米以内的泥底地面上找到盘状的浅洞,洞内都必蹲守着一尾即将交尾的鱼,这时用蚯蚓挂在钩上,瞄准鱼藏身的洞穴,将钓饵投入,罗非鱼必定会自动上钩。

15. 钓鳡鱼的生活习性及钓法

鳡鱼,俗称竿鱼。是全国各大水系的大型凶猛鱼类,个体可达 50 千克以上。游动敏捷,常在宽水区域以鲢、鳙、鲌等鱼类为食。青蛙、老鼠、蝙蝠、飞虫等也是它的可口食物。鳡鱼,从幼鱼开始,就有吞食其他幼仔的恶习。体重 5 千克的鳡鱼能吞食 4 千多克的鲤鱼及水中其他素食性的鱼类。其他素食性鱼类见到鳡鱼,真是失魂落魄,无不逃窜隐匿。鳡是一种有害鱼种。

垂钓鳡鱼要竿硬,线粗(0.5 毫米以上),钩大。因鳡鱼十分凶猛、刁顽牙利,容易折钩断线。

钓饵可用小活鱼、小虾、毛钩、鱼形拟饵等,在流水处进行浮钓。

钓钩用 15 厘米左右长的脑线连接在主线上,将钩从鱼的背部刺入,保持鱼的鲜活,再将竿甩到钓点(可用单钩或双钩),让活饵在水体上层游动,一旦被鳡鱼发现,必定追逐不已。

另外一种钓法是拟饵拖曳钓。用塑料、薄竹片或铝皮剪裁成长条形鱼状。涂上白色,并在拟饵首尾凿若干装钩小孔。垂钓时将鱼钩从拟饵小孔中插入(以 2～3 只钩为宜),将拟饵甩出后,便缓缓往回拉拖,使拟饵做掠水之状,诱惑贪吃的鳡鱼上钩。

当大鳡鱼上钩后,钓手必须保持冷静,以防被其拖下水,可利用河岸地形地物,与其周旋,决不可急躁与其拉扯。直遛到鳡鱼服服帖帖,然后用抄网抄上岸。

16. 狗鱼的生活习性及钓法

狗鱼又名狗条子、黑龙江狗鱼,喜栖息在静水或缓流中,能随涨水进入沼泽于浅水中活动。狗鱼是凶猛鱼类,幼时就开始捕食其他鱼苗或幼鱼,性贪食而凶残,能吞食相当于自身体长一半的鱼类。

狗鱼主食鱼类,生长很快,一般体重可达 35 千克。饥饿时,亦侵袭水鸟和其他水中动物。这种鱼危及其他经济鱼类生长与繁殖。

狗鱼产卵期 4～6 月。冬季潜入深水过冬。解冻后向上游湖泊洄游产卵。

垂钓狗鱼使用硬竿、粗线、大钩。以狗鱼最喜欢吃的鲫鱼、鳑鲏、雅罗等小鱼或拟饵在近岸、浅水多草的地方垂钓。或在狗鱼产卵期后猛烈摄食时,在支流和河湾与江相通的水体中垂钓。

钓狗鱼的钓具必须坚固、结实。由于常见狗鱼以 1～1.5 公斤为多,所以鱼线的拉力要在 4 公斤以上,才能于浅水中一次将鱼拖拽上岸。鱼竿要选中硬以上的加强型竿。钩要质地坚硬的大钩,钩弯要宽,较常使用的有袖形和丸型,规格都在 11 号以上。日产鱼钩用"鲤角""伊势尼",规格多在 9 号之上。在一般水体中,狗鱼习惯于在水的上中层追逐饵鱼,钓者常可见到远处水面突然间出现一阵涟漪。除涨水使浅水区的水质变混浊外,一般手竿钓狗鱼的效果远不如抛竿。手竿钓狗鱼要尽力将钩抛得远些。在极浅的沼泽地,要缓慢移动钓竿,使饵在牵引中引起鱼的注意。在宽阔的水面,可任钩上的饵鱼自由游动。狗鱼的咬钩异常迅猛。当人刚刚观察到漂倾侧,但尚未完全反应过来时,线已被拽紧到极限,形成人、鱼拔河之势。与一般鱼类的不同是,狗鱼的唇厚,不易撕裂,只要竿、线坚固,即使不能及时侧身调整竿势,也可以向后退竿将鱼硬拖至岸。

与钓哲罗鱼的不相同是,钓狗鱼不能沉钩到底,可选浮力较大的漂让饵鱼悬于

·家居休闲·

图文珍藏版

水的上中层,但要注意保持饵鱼鲜活、游动。钓狗鱼最好是用抛竿,这倒不是为了将饵抛得更远,而是利用抛竿与绕线轮的配合可以遛鱼和使用拽力装置。可将饵鱼接近背鳍的部位挂在串钩上,一般来说用2~3尾饵鱼分别挂钩。钓时,轻轻将饵鱼投抛出去并使线松弛,让饵鱼自由地带着鱼线游动。由于饵鱼的游动方向不一,而活动范围又受限制,常常会在水的表层形成时左时右的洄游区而使目标扩大。此时,游弋于中层的狗鱼对这类游动不快的小鱼的突袭之势也相应减弱。钓者可以清楚地看到松弛的渔线慢慢地绷紧,从而准确扬竿。狗鱼四季都可钓,但冬季供冰钓的鲜鱼不易得到,可用冷藏的小鱼化去冰后替代活鱼作饵,坠钩于深水中钓狗鱼。

17. 黄鳝的生活习性及钓法

黄鳝,又名鳝鱼,属合鳃科。体长细圆、蛇形、无鳞、无偶鳍、黄色、润滑。分布于全国各个水系。栖息于河道、湖泊、沟渠、塘堰及稻田中。穴居,肉食性、夜间出穴觅食。

黄鳝能吞吸空气。借口腔及喉腔的内壁表皮辅助呼吸,可适应缺氧水体。黄鳝也称为鳝鱼、长鱼、罗鳝,因其腹部黄色而得名。黄鳝的生命力强,即使离水也不易死亡,适宜在泥塘、沟渠和稻田中生活。黄鳝夏出冬蛰,一般在4月下旬水温达到15℃时从洞里钻出,夏、秋两季后水温降至10℃时,停止摄食。黄鳝肉食性,主要捕食小鱼、虾,昆虫、蝌蚪、蚯蚓和较大的浮游动物,摄食活动主要是在夜间进行,只有在水温较高的季节才在白天出洞觅食。

黄鳝具有性逆转的特点。性成熟前均呈雌性,产卵后,卵巢变成精巢。产卵在石洞中,亲鱼有护卵的习性。

一般鳝鱼活动于春、夏、秋之季。一到冬天深居洞中,开始冬眠。直到来年春天,清明一过,鳝就大量出洞。刚出洞的鳝鱼,因为经过一场冬眠,体力消耗过大,需要大量摄食,因此这一时期的黄鳝吃食凶猛并且容易上钩。

春天由于河塘边水位低,草稀,鳝洞很容易发现,所以春季是钓鳝的最佳时节。

夏天黄鳝经过几个月的歇息,长得比较粗壮,由于天热,黄鳝纷纷出洞钻在水草、石缝枯树底下避暑。因此夏天垂钓鳝鱼要特别注意这些地方。

秋天黄鳝开始归洞,这一时期的黄鳝行动进食比较谨慎小心,不易上钩。

黄鳝的产卵期在4月~8月,时间比较长。产卵时口中吐出成堆的泡沫,卵就产在泡沫堆中并借助泡沫浮于水面发育。

鳝的洞穴多在河塘离地面较近的低岸一面。鳝洞为圆形,洞口光滑。除此外鳝还喜居没于水中的树根、芦苇、茭白等根部。依据鳝的习性及活动规律,钓手可采取相应的措施进行垂钓。

钓鳝的用具:钢丝钩、软钩及引钩。

钢丝钩:用2尺来长,1.5~2毫米粗细的钢丝(车条、伞骨架均可)。一头磨尖,再用尖嘴钳弯成一般鱼钩大小即可。

软钩:钩头同钢丝钩。但钩柄较短,大约4厘米,并在尾部系以锦纶细绳。在接头处套细橡皮管(气门芯也可以,也可以用0.5厘米的藤条代替锦纶线,因为藤条有软硬适度不怕水等优点)。

引钩:以一根长细竹,竹头绑上铜丝,穿上蚯蚓即可。此钩一般用于水草茂密,钢丝钩难以垂钓的地方,用它引鳝出洞,再用钢丝钩钓十分方便。使用得当,可直接用引钩把鳝钓上来。

用钢丝钩钓鳝的时候,必须注意钩头向下,轻轻晃动伸入鳝洞。碰到大黄鳝咬钩时,须将钩子稳住。待鳝体筋疲力尽,再往外拉,当拉出1/3时,而另一手虚握成拳,用中指卡住鳝身,捉进篓中或连钩一起扔到岸上再抓。如钓钩伸进洞中10~20厘米,反复逗引,甚至用食指弹水发出诱惑都毫无动静,则说明洞内没鳝鱼。

如果碰到吐沫产卵的黄鳝时,以一般的方法是不会上钩的。此刻应动作大一些,激怒黄鳝,才会上钩。因产卵期鳝一般很少进食。

硬、软钩各有所长,亦各有所短。硬钩易探洞,但鳝鱼咬钩疼痛后,在洞中作360°的快速旋转,硬钩不适应,容易甩脱逃走。软钩不易探洞,但可以弥补硬钩的欠缺。目前许多垂钓爱好者已制成集软硬兼备的新型钓钩。

使用时,将竹梢尖与钩体平行插进装在钩上的蚯蚓,就能当硬钩用一旦鳝鱼咬钩,竹梢与钩立即脱离,则能发挥软钩的长

无钩钓法:用70厘米的细线,一端拴在木棍上,而另一端拴一大针,然后将大绿蚯蚓穿在线上去掉针。将蚯蚓挤成一团,拴牢。按此法做20~30副钓具。傍晚时分将木棍插在黄鳝洞口用电筒巡视检查,见到黄鳝吞食蚯蚓时,一手迅速提起,用另一手用篮子在下边接住,出水的鳝鱼会自动松口落入篮内。

18. 鳗鲡的生活习性以及钓法

鳗鲡又名青鳝、白鳝、河鳗。鳗鲡生于海洋,在淡水中生长发育,最后终于海。在无法回海时,它也能在淡水中长维持生存,但不能繁殖。鳗鲡的适应能力很强,能在恶劣环境中存活。它的摄食活动主要在夜间进行,白天多潜伏在水下草丛间或石缝瓦砾中,黄昏之后从藏身处游出,贴底搜索食物,主食虾和小鱼,也食水生昆虫。喜在淤泥和腐殖质较多的河浜底部栖息,有定居性和集群特点,但集群的数量逊色于其他鱼类,仅限于所谓的"三五成群"。

鳗鲡害怕光,昼伏夜出,尤其喜欢在风雨交加的时候觅食。喜食水生昆虫、小虾、小鱼、青蚯蚓、蚕蛹等。在饥饿时吞食小蛇甚至吞食幼小同类。

鳗鲡经常在石洞、树根、竹根、水流较急的河湾拐角处、湖泊、岸边或湖泊相通的稻田边打洞滞留。可在夏秋季节进行垂钓。

由于鳗鲡喜欢夜间进食,因此夜间垂钓效果最好。夜间垂钓要不断提引钓饵,凭借手感提竿。白天根据鳗鲡的气泡可进行跟踪垂钓。鳗鲡的鱼星是大小不均匀的一串串气泡同时升起,不透明并伴有液沫浮起。发现鱼星后即下钩。俗话说:"鱼儿随着风浪跑,白鳗冒泡最好钓"。

钓鳗鲡可用 0.3 毫米的钓线,用单钩或双钩。

另外,还可以用钓鳝的方法和工具,在洞穴中垂钓鳗鲡。

常见的鳗鲡个体不大,但上钩后的翻腾使人颇有钓住大鱼的错觉。但它既不会向两侧窜逃,也不会猛然向外急转遁逃,只会在竿梢的垂直水域中扭曲摆动身体。当它被提离水面后,身子在不断旋转的同时还会向上弯曲,直至将钓线缠成一团;摘钩时还会缠绕手腕,留下许多白色黏液。钓鳗鲡不宜用双钩,这首先是因为它贴底觅食,不会抬起身子去咬悬离底泥的钓饵;其次是双钩贴底同时上鱼时,双钩同时翻腾旋转会使钓线更加搞得一团糟。钓鳗鲡可以用插竿的方式夜投晨收,但此法在河川收效不丰,而较多使用于湖泊。

19. 泥鳅的生活习性及钓法

泥鳅又名鳅鱼、缅鳅,为温水性鱼类,对周围环境有较强的适应能力,多栖息于河沟、稻田、池沼等静水底部,喜钻入泥中。成鱼不但能用鳃呼吸,还能用口吸入空气,进行肠呼吸,离水后不易死亡。适宜生活水温在 15~30℃ 之间,杂食性,食物包括动植物的残存物和微生物。

钓泥鳅可依它的生活习性,在废弃的池塘、经年不干的坑洼和稻田水沟中寻找钓点。阴雨和湿闷的天气或傍晚时分,泥鳅会在水域中不断上下翻滚,并持续很长时间。泥鳅为杂食性底栖鱼类,有夜晚觅食的特点,但也不排除白昼的频频咬钩。泥鳅的活动受气压的影响,在大多数中下层鱼类厌食的时候,泥鳅会反而从软泥中钻出频繁摄食。即使在气压低到水中缺氧,一些鱼开始浮头的时候,泥鳅仍然摄食。因此,可以利用其他鱼类懒于吃食的绝好机会,在日落前后用钓鳑鲏鱼的方法钓泥鳅。钓泥鳅的钓具很简单,凡适用于钓鲫鱼的钓具多可以用来钓泥鳅。

泥鳅索饵时有试探和利用口须味蕾辨别食物的兼性,故在漂的反应上会出现一些假象。常见的这种现象有四种:一是漂轻微的忽沉忽浮,这是它用口须在寻索食饵;二是漂斜向移动后不动了,这主要是因钩尖前端的部分饵已被咬去,鱼唇触钩尖而惊觉的原因;三是漂突然上升后迅速回落,这是鱼群集中后游动中扭曲的尾部带住鱼线造成的;四是漂左右晃动厉害而不见下沉,这是泥鳅马蹄形的嘴在吃钩饵时不能一下子叨住鱼钩的反应。对于上述四种情况的出现;首先不能急于求成,要耐心等待正确讯号的出现;其次要注意饵的大小和长度是否合适地掩住钩尖部,必要时须调换饵料。泥鳅咬钩的正确讯号是:漂上下沉浮 3~4 个起落后,接连下沉再没有上浮。钓泥鳅最好用荤饵,即蚯蚓、米蛀虫、菜心虫一类软体动物,且不宜整条挂钩,可将钩尖外的多余部分捋掉,但钩尖必须隐于虫饵腔中。泥鳅的体表布满黏液,挂钩后摘钩不易,可以中指钩住鱼体中段,并配合食指和无名指指背夹住它后再摘钩。

20. 哲罗鱼的生活习性及钓法

哲罗鱼是蛙科中最大型的冷水性名贵鱼类。体长形呈侧扁、头稍平宽、吻钝、口大、牙尖细、舌上也有牙、鳞细小、头背和体侧呈深褐色(兼多粟粒状暗黑色小斑点)。大的哲罗鱼体长可达两米,重约 50 千克以上。在我国主要分布于东北的黑龙江、图们江、鸭绿江、牡丹江及新疆的额尔齐斯河等水系。哲罗鱼常年栖息于低温水流湍急的河川。5~6 月在水色澄清底为沙砾的急流中产卵。当水温超过15℃时,哲罗鱼为了寻找适宜的生活条件而向冷水域洄游。

哲罗鱼属凶猛性鱼类,食量相当大。常在日出或日落时捕捉鱼类、水禽、青蛙和水蛇等动物为食。捕食时,动作极为敏捷和迅速。有时水面上刚刚起飞的水鸭,也逃脱不了被充饥的厄运。垂钓这种鱼可用小鱼、昆虫做钓饵。垂钓的黄金季节是 6~8 月份。垂钓的天气以阴雨天与凉爽天为好。

用中型的炸弹钩,装拟饵。也可以垂钓哲罗鱼。由于哲罗鱼个体大、劲大、当鱼上钩后要注意放线、收线与遛鱼。哲罗鱼上钩后一般不用担心咬断钓线而逃脱。因哲罗鱼的牙齿虽然锋利异常,但它呈粒状分布。

由于哲罗鱼较大,应选用梢子硬的钓竿,配 0.5 毫米以上的钓线,长柄大钩。可用串钩(2~3 个)上麦穗、白条、鼠类等小鱼(钓钩从鱼的尾部穿透,不要伤及内脏。小鱼在水中游动)。投竿时,从钓场上游往斜下游甩出。然后根据水的流速决定往回收线的速度。收线不宜过快(饵浮于水面)或过慢(饵沉于底),而要使钓饵处于水体的中上层。哲罗鱼发现目标,会凶猛的捕食。由于哲罗鱼嘴大,往往把饵钩吞到喉部,必须用退钩器才能摘钩。

21. 鲮鱼的生活习性及钓法

鲮鱼又名土鲮鱼、鲮公、雪鲮,主要分布在北纬 25 度以南省区的江河中,不胜低温。除自然资源外,广州等地引进的泰国鲮鱼也已成为池钓的热门品种。

　　鲮鱼大小与鲫鱼相近,挣扎乏力,所用钓具不甚讲究,凡用来钓鲫鱼的钓具对钓鲮鱼都适用。鲮鱼是以植物为主的中下层杂食性鱼类,鲫鱼喜爱的饵料均可用来钓鲮鱼,且鲮鱼对诱饵不如鲫鱼讲究,即使食物发馊变质,甚至人畜粪便都可作为鲮鱼的诱饵。鲮鱼的食谱很广,诸如蚯蚓、虾、米蛀虫、面团、饭粒、熟薯块等均可作饵。有些地方使用蘸饵,即将鱼钩湿水后再蘸粘干粉饵,经过多次反复蘸水、粘粉,形成由粘粉包裹的饵团后入水,效果较一般直接挂钩的饵要强几倍。

　　鲮鱼喜流水、活水,在自然水域应选取藻类较多的流水地段作钓点,不过得注意水的流速不会移动钩的落点。常选作钓点的地方是流水口、回水区和山根流水较缓的低处。鲮鱼也有较强的集群性。

　　钓鲮鱼更多的还是按照传统钓法守点垂钓。鲮鱼的活动层主要在中下层水域,但也有在水的表层和上中层水域咬钩的。大体上说,湖泊中的鲮鱼在上层水域活动多于河道,除去开阔的江河外,河川的鲮鱼以底栖为主;池养的鲮鱼摄食的多是沉水性的饵料,当然也是底层觅食。钓鲮鱼很难说用哪种方法是特效,应从鱼的密度、水体环境、个体大小去选择适当的方式,钓鱼的多项技巧均可以在鲮鱼的身上得到施展。

22. 鳖的生活习性及钓法

　　鳖又名团鱼、甲鱼、王八等,属于水中一种肉食性爬行动物,用肺呼吸。

　　甲鱼全身是宝,肉质鲜美,能滋补强身。滥捕及农药化肥的污染,甲鱼正日益减少。若能掌握其钓法,可经常品尝到这种美味。

　　甲鱼以鱼、虾、螺等水生动物为食。捕食凶残,不达目的决不罢休。不管多大的动物,一经咬住便死不松口,故有"鳖咬一口,入骨三分"之说。

　　钓甲鱼的饵料以动物肝脏最佳。蚯蚓、青蛙肉、鱼肉及嫩玉米粒等也可以。

　　甲鱼猎取活食凶,但摄取死食却多疑谨慎。遇到食物后,鼻嗅、爪抓,试而尝之,直到确认适口而又无危险时,才开口吞食。所以甲鱼吃饵时,一般来说浮漂表现为升降缓慢,降降停停,停而复升,反反复复,迟迟不"吃浮"。但一旦"吃浮"拖起来便走,因此掌握钓甲鱼的提竿时机,宜晚不宜早。

　　钓鳖受气温的限制,在不同季节应用不同的钓具和钓法,而在不同的环境中还应选用特别的技巧。春末,鳖在湖泊的浅水区和池塘中觅食时,常浮至水面露出脑袋,遇有响动即迅速沉入水底并冒出一连串气泡。有经验的钓手,可据此准确地抛出串钩,待坠沉至水底后靠涮的方法,使钩绊住鳖的"裙边"和四肢。此方法在池塘中可沿用至秋,是钓鳖的专门技法。使用此法应用一种称作"鳖枪"的专用工具,其竿极似传统的"车竿",但竿身较硬。钓线凭手指的压和松,在抛出时使线由摇轮经竿尖的滑轮,由坠的带动顺利滑出。钩的形状如放宽和压扁了的"M"形。钓鳖的重要环节是准确断定和寻找鳖在水底的位置,以适当的提前量,使串钩在水底因测的快速移动,让钩在运动中划过鳖身时将鳖带翻。随着鳖四肢的划动和挣扎,两个向内微微折进的钩尖便深深掐紧鳖身。这种不使用钓饵的方式在池塘中特别奏效。

在流水中钓鳖常用插竿针钩钓或插竿张公钓。插竿针钩钓的针钩是一根两端磨尖了的直钩,通常是将小号缝衣针的针鼻去掉后,磨尖而制成。使用时,钓线扣在直钩的中腰,似缝衣一样将切成条的鲜猪肝穿在针上,利用鳖吞食时直吞的连贯性动作和吞食后爬行,使钩线绷紧。由于钩线系于直钩中腰,针钩便横卡在鳖的食道中,成吞吐两难的局面。

垂钓甲鱼春、夏、秋三季均可,以夏、秋两季夜晚最佳。钓点应该选择在江、河、溪、水库的拐弯处,砂质淤泥带、背风向阳地。这些地方是甲鱼的栖身之地,也是理想的钓点。如发现岸边有甲鱼的足迹、甲鱼卵或卵壳,水中有小动物尸体浮起,以及水下有密集的移动气泡,就可断定有甲鱼存在,可下竿垂钓。如夏天看到甲鱼浮出水面晒背,随即沉没,可在沉没处下竿。由于甲鱼胆怯怕惊,垂钓时要保持环境安静。

甲鱼吃食不会一口吞下,而是鼻嗅爪扒,小心品尝,不可操之过急。要等饵料吞进口中,浮漂缓慢沉入水中并不再上浮时再提竿。甲鱼吃钩后如抓底不放,经5~10分钟仍拽不动,则可用手指不断弹绷紧的钓线,使其感到疼痛而松爪。只要甲鱼四肢离开水底,便可轻松拉上岸来。

甲鱼摘钩,可用脚踩住它的背部,右手拉紧鱼线,使其伸出脖子再摘钩。如果拉不出脖子,可用小木棍逗其咬住,使劲往外拽出再摘钩。如果仍拽不出,可用左手拇指和中指掐其两后腿软窝处,使其伸出脖子,并迅速用右手卡住摘钩。也可用铁丝穿透软边倒挂于树杈上,等脖子伸出后摘钩。假如上述办法都失效,则只有剪断脑线,待宰杀后再取钩。

23. 螃蟹的生活习性及钓法

螃蟹种类很多。淡水中常见的最大蟹族是河蟹,又称毛蟹。它生在半咸水,长在淡水里。两岁为成年。一生中经历两次长途跋涉。每年春天百花争艳之季,河蟹来到半咸半淡的河口处产卵,就地孵化成长。经几次脱皮而成蟹苗。约在5~7月中旬,开始第一次洄游。沿河流逆水而上,进入内陆,扩散到坑塘湖泊打洞穴居。第二年秋天它们又经淡水长途跋涉,到达咸淡水交汇的河口去繁衍后代。这次叫生殖洄游。时间从8月持续到12月。它们纷纷沿河沟汇入大河主流,顺水而下。

经途中蜕皮成长,当达到河海交界的水域,雌雄蟹的性腺先后发育成熟(准备繁殖)。这时钓到的河蟹,体丰质强,脂肉丰满,味道最鲜美。

蟹属杂食性,荤素都吃,但有优先选择荤食的习惯。因此钓蟹的最佳饵料仍属肉类。凡畜禽杂肉,小鱼大虾,蚯蚓及动物内脏等都可以做钓蟹的饵料。

钓蟹的方法有以下几种。

(1)插竿钓:用数十根竹竿,每根长1.5~2米,下端削尖,插入河边,上端拴钓线(钓线长度超过竿长),线上装一浮漂作为指示物。下端拴一段细铅丝,离铅丝30厘米处做一标记,把钓线穿在铅丝上,弯成圆弧形。并投向钓点。当浮漂忽沉忽浮或下沉时,表示螃蟹在吃饵,此刻左手轻轻提竿,使螃蟹离开(河、池)底,再缓慢上提,至标记露出水面,飞速用力向上猛甩,螃蟹就被带出水面,右手快速用网抄捞,螃蟹即入网被捉。提竿时,如果螃蟹贴附池底杂物不肯离开时,不要强拉硬拽,可放线稍许再提竿。

(2)悬浮钓:用若干根长20厘米的竹筒或木棒(两头有节),把钓线一端结在木棒或竹筒上,另一端接上一段细铅丝,穿上钓饵,弯成圆圈形置入河中。另用一只竹竿装上弯钩,当蟹吃饵时,用长钩将木棒拉过来用抄网捞起。

(3)持竿钓:手持钓竿,饵坠到底,眼看浮漂或钓线,发现钓线移动或浮漂沉浮,即说明蟹在吃饵。稍停,等蟹吃稳后再提竿。把蟹提到水面用抄网捞取以防脱逃。

根据蟹的习性,每年有两个蟹汛期。钓蟹最好在3~6月的春汛和8~12月的秋汛。其中以10月为钓蟹的巅峰季节。不在汛期垂钓,是很难钓上蟹的。

钓蟹要掌握好三个环节、即:抓准当地蟹的汛期;选好垂钓点;提竿要领务必求稳。

24. 河虾的生活习性及钓法

河虾品种较多,有"青虾""水晶虾"等。属甲壳纲,长臂虾科。体长约4~8厘米,青绿色,头胸较粗大,额剑上下啄有锯齿。前两对步足成钳状(雄性第二对很大,超过身体的全长)。广泛分布在我国南北各水域。河虾繁殖快,肉质鲜嫩,营养价值高。

河虾的食性较广较杂。如植物碎屑、浮游生物、腐菜、饭粒及腐烂植物等。

河虾最喜欢的去处是淘米洗菜、桥桩、水闸、堤坝、乱石砖瓦滩、河边裸露的树根及水草等周围。河虾吃食时很文静,先用大脚夹住饵食,慢慢品味享用,很少整口吞下。但当它发现到口的食物有可能失去时,就立即采取机不能失的态度狼吞虎咽的将饵和钩一起吞进嘴里。

钓河虾要用小细软竿（2～3米），细线（0.1～0.15毫米），以及特制的钩。浮漂最好用4节散子，每节0.5厘米。钓饵用细些的红蚯蚓，整条穿在钩上，不露钩尖。铅坠拴在钩下5厘米处。钓钩可从渔具店购买，也可以自己制作。制作时可用4厘米长0.3厘米粗的细钢丝，一端磨尖，弯成柄长3.6厘米的小虾钩即可。

钓虾可以不用诱饵，选择钓位即下钩。虾吃饵时，开始时浮漂上下浮动，接着浮漂向前或向左右移动，此时切勿着急提竿，让它多吃一会儿，再将钓竿轻轻提出水面。如竿梢提动时，竿梢往下弹动（有明显手感），频率快弹力足的是老雄虾；频率慢弹力小的是雌虾或小虾。在弹动时，可以继续提竿，但切勿性急，因河虾口腔壁薄，用力不当，很易拉豁。当见到虾时，可观其动静决定提竿速度。"动"则速度要慢，"静"可迅速提及。提竿速度快，钓饵蚯蚓过长，是钓虾脱钩的首要原因。钓虾可用2～4根钓竿。由于虾活动范围较小，如一处钓不到就要另选钓点。

夏秋季节是钓虾的旺季。一般河底呈深黄色或是水面有许多细泡，是虾群的标志。

钓河虾还可以以延绳钓法。垂钓时主线用细塑料绳，支线一米左右，一端连接主线，而另一端拴个空玻璃瓶罐头，瓶里放上碎骨头等诱饵，瓶口用竹皮或苇子编成漏斗形盖。各支线间距1～2米。视钓场大小可拴几十到上百个钓瓶。主线两端用木质浮漂。投钓时，从船上将瓶一个个放下水（瓶子在水下或躺或立），河虾见到饵料，在瓶子周边打转，找到瓶口游入瓶中。起钓时，用一把钩子拉住主线，将一个个钓瓶钩出水面取虾。

钓虾还可以用网捞法。先用纱布做网，里边放些羊骨头等诱饵，用木块或泡沫塑料做浮，把钓网投到池边过一会儿用搭钩钩住浮漂，取虾后，放回原处继续诱虾。

二、海水鱼垂钓技术

海洋垂钓，对内陆地区的钓手来说，还是很向往的。因为内陆钓手绝大多数人少有机会在海里钓鱼。生活在沿海地区的钓手，在海里垂钓的机会多些，但也仅限于浅滩钓、堤坝钓和岩礁钓，很少有机会乘船到浩瀚无际的大海里垂钓。目前，随着钓鱼活动的不断扩展，沿海一些城市先后开展了各种海钓活动，为许多垂钓爱好者提供了海钓的场所，也为更深入地开展海钓活动打下了基础。

1. 大黄鱼的习性与钓法

大黄鱼，又叫大黄花、黄花鱼、桂花黄、金龙鱼等。鱼头较大，体长侧扁，呈椭圆形，尾柄细长。小形圆鳞，除头部各鳍之外，布满全身。体背侧灰黑色，侧线以下的鳞片呈金黄色，其背胸腹臀尾及各鳍均为黄色。大的体重可长到2270克。

大黄鱼属温水性鱼类,产于温带和亚热带水域。喜群栖,分布于近海的中下层,水深范围一般在10~80米之间。

大黄鱼的食性为食肉性,幼鱼和成鱼的食性具有明显的差异。幼鱼以浮游动物的桡足类、糠虾和磷虾为主,稍大点的幼鱼以食浮游动物、长尾类、短尾类及小鱼类为主,随着鱼体的增长,常以小鱼作为食饵。

大黄鱼属于性成熟较早的鱼类,繁殖能力强,是垂钓者容易钓获的鱼种。

大黄鱼是我国人民喜食的优质鱼类,并且全身都是宝,它的胆汁可提制"胆色素钙盐"(是人造牛黄的原料);耳石可治肾结石、膀胱结石、输尿管结石等;精巢可提制鱼精蛋白和脱氧核糖核酸、硫酸鱼精蛋白注射液,治疗某些出血性疾病。

大黄鱼属中下层鱼类,喜欢集群洄游,每年3月初至4月初,汇成大队人马洄游到浙江温岭、沈家门、洋山一带产卵,5月初到6月初有些失群的大黄鱼就分散在近海的产卵场所寻饵觅食。这是垂钓的最好季节。

垂钓大黄鱼可按不同渔场,在不同深度的海水中寻找,浅水渔场以5~10米深的海区为宜。深水钓场,以20~47米水深为好。

垂钓大黄鱼主要是船钓和延绳钓。

船钓时,要探清楚渔场水的深度,配备不同的钓具。如在浅水渔场垂钓要选择海湾一带,水深5~10米。可使用天平钓组和2米左右的中硬投竿,配能蓄0.4毫米鱼线120米的中等绕线轮,用串钩。串钩拴法是坠上拴4~6只,坠下用双钩。坠用茄型或吊钟形重为200~400克。

大黄鱼爱吃新鲜的小带鱼、黄鲫鱼、乌贼、牛肉、鲻鱼等。装饵时,黄鲫、乌贼等切成条上钩,小带鱼可以用整体。

到浅水钓场垂钓时,可先把装好钓饵的钩坠投到海底(不用浮漂),然后将钓线轻轻提起离海底20~30厘米再放下去,如此反复多次,凭手感判断鱼吃饵情况,当手感沉重时,鱼已咬钩,此时不要急于提竿,待鱼吃人,拉住钓线要走时,再提竿绝无失手。

在水深20米以上的钓场垂钓时,要把钓饵投到40~50米远的地方,抛出太近,当饵到底时,会落近船边,这样效果欠佳。

延绳钓时,用3.5毫米长30~50米的苎麻绳或塑料绳制成干线。用直径2毫米,长1.8米的苎麻线或棉线做10~15根支线。钓钩可采用辽宁长海牌810~811或其他相似的鱼钩。用硬木制成单齿锚,锚杆长55~70厘米,结上一块重1.5~3.5千克左右的石头或铅坠。竹制浮漂长2.8米,直径8~15毫米,竹竿中部绑上粗毛竹浮筒一个(浮筒长40厘米,筒外径11厘米左右),结在距竿下端75厘米处。竹竿的上端有棕榈片做标志。浮漂绳大约长 63~81 厘米。

钓线的装配：一根干线上装 10~15 根支线，间距 3.5 米。每根拴一个钩，一根钓线放在一只储线筐内，第一筐钓线的干线直接附在锚杆中部。锚杆端结浮漂绳。

延绳钓需与人合作进行。船到钓场后，一人先测水深，确定钓点的位置，其他人装饵料。放钓具，要顺水放。放的程序是：先将干线一端的大锚和浮漂放在海里，然后缓缓划船，依次将全部钓线放完，放完一筐，系上浮漂，再连续放第二筐。起钩时，一人先收漂绳，然后按顺序依次收干线摘鱼。

2. 海鳗的生活习性及钓法

海鳗又称即勾、狼牙鳝、青鳝等，游速快捷，通常栖息于水深 50~80 米的泥沙海底，贪食虾、蟹、鱼类、乌贼和章鱼。海鳗品种多，我国东海有星鳗，南海有齐头鳗、突吻鳗、大眼海鳗等，均可供垂钓。

海鳗等。形体长而圆，尾部侧扁。头部细长，口大，两颌很长，上颌长于下颌。齿多而锐利，形似狼牙。无鳞，皮肤润滑，胸鳍尖长。背部呈暗灰色，腹部呈乳白色。较大的海鳗体长 94 厘米。

海鳗属肉食性凶猛鱼类，牙齿锋利，能将一般鱼体咬断，蟹壳和软性贝壳咬碎，故钓取海鳗需用粗母子线。子线一般不用尼龙丝，而用细不锈钢丝线，或用细不锈钢丝和尼龙线（或丙纶线）混合撮合而成的专用钓鱼线。饵用海虾、海蟹、乌贼、鱼、牡蛎肉等最好。又由于海鳗多在海底觅食，故多用沉底钓法或深水近底悬钓、拖钓法，并配以胴突钓组最合适。这种钓组由重型铅锤、单天秤或双天秤、多根子线、多个鱼钩、多种返燃环组成。铅锤上方 50 厘米至 5 米处，可系 5~10 枚鱼钩。当抛竿抛出后，这些钩悬在海底，随海流和潮流摇摆，吃钩率高。钓海鳗用船钓或矶钓均可。

海鳗属肉食性凶猛鱼类，它对食物不挑剔，而且四季食欲良好，食性又广，所以不同的海区可以全年垂钓。一般夜钓为好。

钓竿可用自制的独竹钓竿或两米以内钓力较大的小投竿。

钓钩可选用长柄较大的海钓鱼钩。以两枚为宜。因为鳗鱼牙齿犀利，能一口将拴钩的尼龙丝咬断。因此，要用 0.3 毫米的不锈钢丝拴钩。

钓鳗的方法有乘船出海定点钓及漂流底钩钓两种。

定点钓：船划到钓场，选定钓点后，把船抛锚固定垂钓或用漂流垂钓（即船划到钓场后，不抛锚，投钩垂钓。随船漂泊缓行）。不论用哪种钓法，铅坠都要垂直到海底。手持钓竿，小幅度地上下移动。当竿尖突然被剧烈拉动时，多是小海鳗。若吃食很稳，慢慢地将钩饵向下拉或向上送，多半是个体大的海鳗。不管海鳗大小，只要有吞钩的迹象，

·家居休闲·

图文珍藏版

就要快速地收线。一气呵成地将鱼提到船舱。海鳗的身体十分滑腻,提到船舱后会满地滚曲,很难抓住,而且摘钩困难。小海鳗可用干布垫手抓住鱼体摘钩。大的可摔一下再摘钩。

垂钓海鳗,很容易损钩折线,应多带几根不锈钢丝拴好的钓钩,以备摘不出钩时换用。

夜间出海船钓切记安全措施,更不可独身出海。

3. 鱿鱼的生活习性及钓法

鱿鱼又名中国枪乌贼,墨鱼仔、笔管蛸、梧桐花。鱿鱼胴体瘦长,呈锥状。长为宽的6倍。肉鳍位于身体的后半部约占胴体的2/3。近似于菱形。鱿鱼呈肉粉色,较大的鱿鱼体长48.5厘米。重约900克。

鱿鱼属暖温性水生软体动物中的头足类。喜栖息于水色澄清、盐度较高、浪小流缓、海底岩礁和贝壳遍布、海藻丛生、底形凸凹的海区。白天栖息于水的底层,夜间浮于水的上层。

鱿鱼以浮游甲壳类、虾类、小型鱼类等为食,捕食时快捷、准确。鱿鱼的生命周期短,世代交替快,繁殖力强。产卵期8月中旬到9月中旬。卵子成串的附于岩礁、珊瑚、海藻和其他附着物上。

一般垂钓时用两米左右的中硬竿,配蓄0.4毫米的钓线200米左右的绕线轮,采用串钩或铅坠在钓钩下面的串钩和坠子,并接在5米左右直径与钓线相同的一根尼龙线上(绑钩线用0.3~0.35毫米的尼龙线,长15~20厘米,每条绑钩线的间隔为50~60厘米)。也可以将钓钩直接系于一根线上。坠子可用圆形或茄形重50~100克的铅坠。

钓点的选择可依据鱿鱼白天栖息于底层,夜间浮于表层,天晴朗近岸边,雨多时,下沉海底,趋光性强等特征。在鱿鱼产卵期垂钓时,可先进行试钓,确定钓点。

钓饵可用真饵(新鲜、嫩脆、肥瘦适宜的鱿鱼、章鱼、海鳗、鲹鱼、河鲀等)和拟饵。拟饵种类很多,主要有用竹、塑料或铅等硬质材料制成的拟饵钩,并涂成红、蓝、白等颜色。

钓鱿鱼的办法比较简单。竿钓时,首先把钓钩投到海底,将钓线绷紧,并将钓钩提离海底30厘米。然后不停地摇动钓竿,使钓饵(尤其是拟饵)像活饵似的在水中游动,引鱿鱼上钩。与此同时,垂钓者按一定速度收线。如果钓组提到水面,没有鱿鱼上钩,可再次将钩重新投入水中,重复上述动作。在收线时,若突然间有重量感,那就是就鱼上钩,此时应快速收线,一口气将鱿鱼拉上来,用抄网捞起。因为钓钩上没有倒刺,动作慢了鱿鱼就会跑掉。

夜间钓鱿鱼效果较好。船到钓场后先点灯引诱鱿鱼。灯的亮度根据钓场的环境调节。海水透明度大时,鱿鱼多在灯下离水面5~6米处游动。诱鱼灯打开一段时间后,便将钓组下到该处垂钓。在提钩时往往会发现鱿鱼并未上钩,而是在追逐钓饵,这时可把鱿鱼诱到水面,用抄网捞。

手线钓时钓具简单,方法基本同于竿钓。方法是将钓线一端绑在小船上,放出5~7米钓线,坠子要轻些,然后用手来回拉动钓线,使诱饵在上层水域漂荡,当发觉鱿鱼追饵时,将钓线慢慢收回以便把鱿鱼诱到船边,用抄网捞。炒鱿鱼时,应绕到后面抄取,不要发出声音以免将鱿鱼惊跑。

注意事项:由于钓组钩多、线长,应防止乱线和伤手。

4. 乌贼的生活习性及钓法

金乌贼,又称墨鱼、乌贼、墨斗鱼、乌鱼。其胴部椭圆形,肉鳍狭长,背腹稍扁。触爪上长有大小相近的吸盘。其角质环外缘有不规则的钝形小齿。体呈黄褐色。胴背有紫棕色细斑和白斑相间。背部有波状条纹。

金乌贼为中型乌贼的一种。体重可达500克分布在我国的渤海、黄海、东海沿岸的海域。其中以黄海中部的海州湾北部沿岸的海域金乌贼最多。每年12月~次年3月,金乌贼多在此海域约70米左右的深水区。生存在中下层水域。生殖期间,喜在岩礁和有水草的地方栖息。具有趋光性。以小虾为主要食物,小鱼为次要食物。属一年生的水生头足类动物。金乌贼在直肠末端有一膨大墨囊,每当遇到敌害时,它则喷出墨汁借机逃跑。

金乌贼有极高的经济价值,其肉可做成干制品以及罐头制品,是人们非常喜欢的食品。其内壳、墨囊、卵均有药用价值。

每年4~6月是垂钓金乌贼的尚好季节。在我国的黄海、渤海和东海大部分沿海地区都可以钓到。3~4月份可在沿海及岛屿四周的水域进行垂钓。

钓乌贼时可用竿钓、手线钓和用钩饵钓,不用钩饵钓等方法。

用拟饵垂钓时,最好购买专门钓金乌贼的拟饵钩(用塑料制成,底部为多齿,形似锚钩)。垂钓时将钓线末端拴一连接环,环下每隔上一米拴一只拟饵钩(可拴3~5只)。每只拟饵钩的重量为20~40克。然后将拟饵钩投入海中,不时提动,使拟饵在水中犹如活饵一样,引诱乌贼上钩。

手线钓的方法极其简便。只是把竿去掉,将线缠在绕线架上即可垂钓。

还有一种另有一番趣味的钓法。既不用钩,也不用饵,只是在钓线末端绑一条小干鱼,甚至用一张烟盒的锡纸,也能钓到乌贼。当乌贼吃食时,垂钓者凭手感立刻提线不等乌贼松爪,就把它提到近水面处,用抄网捞起。垂钓乌贼时要不时地将

·家居休闲·

图文珍藏版

钓饵提起放下,使钓饵在水中频频活动。

钓点可选在船港、码头、有灯光的地方;港湾船只停泊的空隙或浅滩海藻养殖场;为繁殖藻类而插的竹竿树枝旁。

注意事项:因为乌贼能喷出似墨的浓汁,当钓到它时,应先放在抄网内拉出水面,让它在海里把墨汁喷吐干净。否则弄到衣服上很难洗掉。

钓获乌贼鱼的关键在于找鱼群,一般只要钓上一条,则说明乌贼群就在此处,下饵会频频上钩。直到没有乌贼咬钩了,再换一个钓点。

5. 带鱼的生活习性及钓法

带鱼又名刀鱼、屈带、白鱼、白带鱼、牙鱼、青兽鱼等。带鱼,体侧扁而长,呈带状。其尾部极长,末端好似鞭子。口大,长下颌有一列尖锐的牙齿。全身光滑无鳞片。身体银白色,尾端呈黑色。带鱼背鳍很长,几乎覆盖背缘。

带鱼分布很广,我国的四大海域都有分布。由于分布的地理生态环境差异,从而形成不同的种群。带鱼属暖温性的海洋鱼类,产于热带亚热带温带海域,系中下层鱼。喜弱光,昼夜垂直移动较明显。4~8月份产卵期间,多分布栖息于近底层。冬季索饵期,多栖息于5~30米的水层,而且鱼群密集。

带鱼习性贪婪且凶猛,系广食性鱼类。不管产卵期或非产卵期,终年摄食。对食物几乎没有过多选择,这点对垂钓者是十分重要的。带鱼白天与夜间摄食程度不同,一般白天较高。

由于它是广食性鱼类,全年都在摄食,因而全年均可选钓场垂钓。

由于带鱼喜欢栖息于20~40米深的近海;生殖洄游到15米深左右的海区产卵;喜作行列整齐,垂直状态的群游,速度快,所以需乘船出海进行垂钓。一般钓带鱼有探钓和拖钓两种方法。

探钓时可用2米左右中硬玻璃纤维短投竿,配上能蓄0.4毫米的钓线120米的中型绕线轮与专钓带鱼的钩(因带鱼牙齿锋利,不能用普通钩,而要用柄长、条粗、钩尖外倾的专用钩),用吊钟坠。主线的末梢接一只反念环,环的上端连接坠子与天平,环的下端连接拴钩的支线上下拴两只鱼钩,间距50厘米。

带鱼白天躲在海底有泥沙的地方,到黎明和黄昏才游到海水中上层活动,一般不单独行动。因此垂钓时要寻找带鱼所在的水层,最好是分层进行寻找鱼群。垂钓时当感到有鱼咬钩,先不要惊动它,等把饵吞下去,再用力提线,将鱼钩牢,并在线上做一水深的记号,然后快速收线取鱼。

拖钓时可用民间自制的传统钓具,干线以直径2厘米左右的红棕绳或尼龙线,长33米。一端缠在绕线架上,另一端绑一只连接环。连接环下用细铁丝两段(每段长 4~6 厘米)分别绑在铁质长型坠子的两端,下面再绑上一只连接环,环下用细铜丝绑一只特制的带鱼钩,钩柄末端固定一铅块。铅块的圆孔内,穿上一根长 26 厘米的细铁丝,用以系结饵料,每根拖钓钓线系钩 1~2 只。

垂钓时,先将铁坠子放到海底,然后逐步拉上钓线用手拖动。如此反复拖拉,感觉到手沉时,立刻收线。将带鱼拖上船。

注意事项:探钓时务必标明鱼群所在水层的深度。拖钓时放钩要使钓线互相平行,否则就会互相缠绕。由于带鱼不同的时间选择不同的生活水层觅食。因此,拖钓仅适合带鱼在下层或底层时使用。

6. 平鱼的生活习性及钓法

平鱼又名白昌、镜鱼、鲳片、鸡鲳、燕仔鲳。体椭圆形,较扁,头短小,吻圆钝而短小,口小。背鳍和臀鳍相对应,胸鳍长大,无腹鳍。尾鳍深叉,体青灰色,腹部灰白色,重量可达 1500 克。

平鱼分布于渤海、东海、黄海和南海,属近海中下层暖水性鱼类。一般栖息于30~70 米深的水域之中。喜阴影,常在其下聚集。春季游向近岸河口附近水域。

平鱼喜食各种幼鱼和底栖长尾虾类、大型浮游动物水母、小型桡足类、糠虾、硅藻等。平鱼肉质鲜美细嫩,具有益气养血、柔筋利骨之功能。

钓平鱼有岸钓和船钓两种。

岸钓时,可用投竿浮钓。选择 3.5~4.5 米中硬投竿,配中型绕线轮,0.35~0.4 毫米的钓线(长 100~150 米)。绑钓线用直径 0.3 毫米长 50~60 厘米的尼龙线。采用坠上钩(2~3 只串钩)的组合方法。浮漂的浮力要大于坠子的下沉力。钓饵可装各种中型虾类、小型鱼类及虾蛄等。钓点可选在岩礁、堤坝、河口或港湾潮水缓慢的水域。

平鱼虽然在各个水层均有分布,但是一天当中,大部分时间在水的中上层洄游。垂钓时,要依据水的深度,调整浮漂的高度,使钩饵停留于水体的中上层。

因铅坠不落底,浮漂和饵钩会随水的流动及风的影响而改变位置。所以要顺风垂钓,才能借助风力和水势使饵料漂到理想的钓点。

船钓时,方法与岸上浮钓方法相同,只是能够选择更为理想的钓点。

平鱼有群游的习性,当发觉有鱼咬钩时不急于提竿收线,稍等片刻,待鱼上钩稳定后,再提竿收线。

注意事项:保持饵料的鲜活性。注意安全,垂钓前应事先了解天气情况。春季平鱼趁海水涨潮时,涌入河口觅食产卵,此时垂钓上鱼率很高。

7. 淞江鲈的生活习性及钓法

淞江鲈鱼,又名四鳃鲈、花鼓鱼、媳妇鱼、杜父鱼、船丁鱼、伏鲶鱼等。头大而扁,上颌稍长于下颌。身体向后侧尖细。鳃孔宽大、胸鳍大、无鳞,鱼体表面上有许多大小不一的黑褐色小斑点。腹部灰白色,头部和背黄褐色,一般体长在 12~15 厘米左右。

淞江鲈鱼,肉质鲜美细腻,名扬中外。被誉为中国的四大名鱼之一,视为上品。

淞江鲈,繁殖季节,头部两侧鳃盖膜上各有两条明显的橙黄色斜纹,似四片外露的鳃叶,故有"四鳃鲈"喻名。

淞江鲈分布在我国渤海、黄海、东海沿岸及其进入内陆河川的咸淡水交汇处。以长江口附近为主要分布区。

淞江鲈属降河性洄游鱼类。海水中产卵繁殖,淡水中索饵、育肥成长。底栖生活。白天蛰伏于水底,夜间外出活动。属肉食性凶猛鱼类。体长 7 厘米之上主食小虾和小鱼类。一龄即性成熟。2 月中旬到 3 月中旬在长江口一带产卵,雌鲈产卵于牡蛎壳中,雄鲈有守卫护卵的习性。

淞江鲈鱼属鲉形目,仅吴淞江口产量较多。它不同于河鲈、伊犁鲈、梭鲈和花鲈。

鲈鱼,幼鱼活泼嘴贪,极易上钩。成鱼在产卵期游动活跃,也能成批钓到,而且鱼子满腹,味道尤其肥美。谚云:"三月三,鲈鱼上岸滩"。即指三月份,浅滩上可以钓到鲈鱼。其他季节不易钓到。因鲈鱼很懒散,常贴伏海底不动,受到惊扰也仅仅窜出一两米便又重新贴底不动了。只有把钓饵放到它嘴边,才肯屈就。

钓点的选择。白天垂钓最好选在沿海近岸的矶岩畔与海水相通的河口区深水处和河口湾内潮涌良好的水域。夜间则以河口湾内浅水区、堤坝有波浪起伏区包括河口水区为宜。

钓饵,1~3 月可选择鲈鱼爱吃的小虾、小鱼类、沙蚕、蚌肉及用拟饵垂钓。4~10 月选用青虾、红蚯蚓、陆生昆虫幼虫及红虫等。

淞江鲈贪食,但非常择食。它的摄食动作一口吞进饵料,但并不马上咽下,常常是吞进口中又吐出来,然后再吞进,只要稍有异物感就会吐出后再不吞食。

钓具用小投竿、细线、中等钩(因鲈鱼嘴大可用稍大的钩),用串钩或单双钩,拴在坠上方 20 厘米处或(因淞江鲈鱼在水的中下层活动)坠下拴钩进行垂钓。由于淞江鲈鱼昼伏夜出,最好是在静谧的夜间垂钓。夜钓时如用发光浮漂时(或电气浮漂),鲈鱼虽不怕堤坝周围固定的照明灯,但对活动的照明却非常敏感。因此夜钓时,把饵钩投到钓点后,就要使发光的浮漂相对的稳定,不要用手电向水中照射,免得惊走淞鲈。垂钓时要时常地稍稍提动钓线,使钓饵有动感,犹如活沙蚕活动一般,诱鱼上钩。当鱼吞饵时,反映到浮漂上是先缓缓地下沉,隔几秒钟后,下沉速度突然加快,这时提竿。如用小虾做钓饵垂钓,因虾挂在钩上不像沙蚕那样牢固,一吞一吐,极易脱落。所以发现浮漂微动,就要提竿。

白天垂钓时,钓饵要抛得远些(20~30米)。钓法和夜钓相同,只是浮漂可用普通中型的。

因为淞江鲈喜欢吃活食、鲜食,不活不鲜甚至别的鱼咬过一口的饵料,它概不问津。所以不论日钓和夜钓,都要经常换饵,保证钓饵的鲜活。

8. 蓝点马鲛的生活习性及钓法

蓝点马鲛,又名鲅鱼、马鲛、燕鱼、尖头马加、扁鲛等。头长大于体高,眼小口大。有背鳍两个,臀鳍与背鳍相对应,形状相似。在臀鳍和背鳍后各有8~9个小鳍,尾鳍呈深叉形。体披细小圆鳞,体背侧呈蓝黑色,腹侧呈银白色,分量可达6千克。

蓝点马鲛为肉食性凶猛鱼类,能吞食与其同等大小的其他鱼类。其肉坚实,味美似鸡肉。

蓝点马鲛分布面很广,我国四大海域全有分布。属暖水性鱼类。可作长距离的洄游,游动速度快,喜结成小群。平日大部分时间栖息于水体的中上层,很喜欢在清水中生活,具有昼夜垂直移动的现象。通常在清晨、黄昏、月亮初起和日落时浮于水的表层。

投竿垂钓时,可用两米左右的硬投竿,配中型绕线轮,0.5~0.6毫米的钓线长150~200米。钓组由单钩和铅坠组成,坠重30~40克。绑钩线用细的不锈钢丝。钓组通过连接环与钓线连接。钓钩可用自制的拟饵钩。在钩的上方1米左右处安装一潜降板。

钓蓝点马鲛一般要乘船在海湾进行。钓点要选择在水深15~25米,水体清澈、沙底或泥沙底的水域。另外,也可密切观察水面动静,选在水面不时翻起浪花或有鱼跃出水面的地方。

定点钓时,可先把钩饵投放到钓点,待饵钩沉入水3~5米时,就开始拉放钓线,当蓝点马鲛发现饵料时,就会猛扑过去吞饵。当钓手感到鱼咬钩时,要立即提竿收线,否则蓝点马鲛便会把鱼钩吞到腹内,咬断钓线。当大的马鲛上钩时,亦收亦放,把鱼遛疲后再拉到水面用抄网捞起。

拖钓时,可以用投竿,也可以不用竿。方法同钓平鱼。只是船行速度每小时5~8公里为宜。可用真饵或拟饵。

用甩钓的方法时,当发现水面有蓝点马鲛鱼,可把钓组投甩到钓点(真饵、假饵均可)。然后迅速收线,使饵料在水中跃动,引鱼上钩。

9. 石斑鱼的生活习性及钓法

石斑鱼又名鲙鱼、土鲙、腊鲙、海鸡鱼、青斑、青鳍、泥斑、青石过、花纹轮。鱼体长呈椭圆形,眼间隔前方中央有小凹陷,稍倾斜。前鳃盖骨后缘具细锯齿。细横鳞,呈褐色。头部及体侧均散有黄色小斑点。体色可随环境的变异而有所改变。浙江省沿海的石斑鱼大都体长 32 厘米,体重达 500~1500 克。

石斑鱼主要栖息于沿海有岛屿且饵料丰富的区域。

石斑鱼是暖水性中下层鱼类,常栖息于沿海岛屿的岩礁附近。喜个体单游,惰性强,活动范围较小,基本上属于地方性鱼类。水温升高则游向浅水,水温降低则游向深水,一般在 30~80 米水深的范围内活动。

石斑鱼是公认的名贵的经济鱼类之一。其肉质肥嫩鲜美,味甘色丽。

石斑鱼属肉食性凶猛鱼类,以快速出击的方式摄取食物。小时以底栖甲壳类为主食。大时以鱼类、小头足类为主食。在食物条件低劣的情况下,则以石莼等藻类做食饵。小型的虾类、蟹类、鱼类(小青鱼)为主要饵料。

石斑鱼成熟后,分批排卵,为浮性卵。它是雌雄同体鱼,和热带鱼类一样,进行性转变的鱼种。首次性成熟鱼为雌性,次年再转变成雄性鱼。由于具有性转换现象,在学术上受到广泛关注。常见的石斑鱼种有赤点石斑鱼、黑边石斑鱼、宝石石斑鱼、青石斑鱼、硅点石斑鱼等。大型石斑鱼较少,如巨石斑鱼,大的可达 2 米,棕点石斑鱼种可达 1.2 米。各种石斑鱼的食性、栖息活动与环境要求大至相似。

钓石斑鱼的最好季节是 6~9 月。

由于石斑鱼的种类繁多,尽管食性、栖息条件等基本相同,但由于个体大小不一样,因此对钓具和钓法也有不同的要求。无论钓小型石斑鱼还是钓大型石斑鱼,一般钓法有船钓和岩礁钓两种。

岩礁钓时(用于小石斑鱼),要选择钓竿坚硬、竿体坚固,长 2.7~4.5 米的投竿,配中型绕线轮(并选用 0.5 毫米的尼龙线)。鱼钩可用钩条粗、钩尖向内弯曲的岩礁钓鱼钩和吊钟形铅坠(较大型号)。

大型石斑鱼是岩礁钓鱼类中最大的鱼。一般来说都是在岩礁石上夜钓。

体长 1.5 米重 50 千克的石斑鱼,它在海上游动速度之快力量之大简直令人难以置信。钓手钓住了石斑鱼,又被鱼连人带竿拉到海里也不为罕见。所以垂钓老手们难免有与鱼搏斗其乐无穷,其险并生的感触。我国传统钓具是用 5 米左右的底部直径 6~7 厘米(茶杯口粗)的皮厚节密弹性好的京竹或罗汉竹制成坚固挺直的竿。不用绕线轮。这种竿起不到投饵钩的作用,只起防止钓线与岩石摩擦将鱼线架起的作用。竿体用 0.5 毫米以上的钢丝制成导线眼。用 1.4 毫米断裂强度为 43 千克的多股尼龙胶绳,长 100 米左右卷在一只圆形木框上。垂钓时将钓线穿过钓竿的导线眼,钓线末端拴上一根一米长 0.2 毫米的钢丝作拴钩线。钓钩用专钓大型海鱼的鱼钩,如辽宁的 810、811 圆背海鱼钩。坠子用铅或铁制成的吊钟坠子(坠子重量根据钓场的水深和流速而定)。拴坠的线要细些,以便于钓上大鱼坠子被拉进海底礁石的石缝里时可以拉断拴坠线(舍坠而不弃鱼),这是钓石斑鱼的要领。

船钓时大多弃鱼竿不用,仅用一个长方形的绕线架,将 1.4 毫米长 100 米左右的钓线绕在线架上。钓钩可用双钩或三钩。

因钓期不同、石斑鱼的大小不同,选择钓饵也不同。钓小型的石斑鱼,3~5 月,多用整条的活泥鳅。6~12 月,采用小活虾、虾蛄、沙蟹、小鱼等,并以整条为饵。

岩礁钓法,主要用在近海海湾及海岛四周的海矶和陆矶。水深不足 30 米的只能钓到小石斑鱼,水深在 30~40 米时,可钩到个体较大的石斑鱼。

钓大型石斑鱼,一般钓竿不用绕线轮,而用木质绕线架,垂钓时采用甩砣的办法,把钓饵甩到钓点。并在绕线架与竿之间的一段主线上系一个空罐头,作为鱼吞饵的信号。石斑鱼吃饵时,开始并不猛拉线,而是非常缓慢。此时罐头会被拉动,随即是迅猛的拉拽,此时钓手切莫着急,先站稳脚跟,而后紧握鱼竿,利用竿的弹性与鱼周旋,直到把鱼遛乏,再用鱼叉扎进鱼体将鱼拖上岸。切记垂钓者拉线时脚跟一定要站稳,否则有可能被鱼拉进海里。

船钓时,用小舢板即可。选择风平浪静的晴朗天气,把船划到近海海岛周围,选择水清浪小有岩礁、水深 40~50 米、流动缓慢的海区,用手抛线方法将钩坠投入海底。当坠到海底后再将线上提 30 厘米,并不断地提放,使鱼饵在海底不断游动,凭手感掌握鱼吞饵情况。石斑鱼吞饵时是先品后吞,钓手如感到鱼线被拉走时,此时莫急于收线,相反要放线,等鱼把饵钩吞牢时,再收线。当手感到是大鱼时,可引导鱼拉着舢板在原地打转,直到它筋疲力尽侧鳍露出水面已没有逃窜的可能时,再用鱼叉扎进鱼体拉进船舱。

矶钓时,应选择平台面积较大的地方施钓,下钩前要绑好护竿线,并把备用的安全绳准备好,以防不测。

10. 黄鳍鲷的生活习性及钓法

黄鳍鲷又名黄翅、黄加腊、黄颊、白结。是一种浅海、近岸、底层、鲷科鱼类。常集群随潮流洄游于礁石之间,觅食小虾、沙蚕和藻类等,生性贪食。体呈长椭圆形、侧扁前端尖、口大。个体虽小但色彩艳丽,肉味鲜美可口,被视为仅次于石斑鱼的名贵经济鱼类。常见的体重约 500 克,大者可达 3500 克。

黄鲫鱼分布在我国的黄海、东海、南海及台湾海峡。钓场广阔。每年 7～9 月是垂钓的旺季。由于白天海水透明度高或环境喧嚣,多潜伏于深水。所以夜钓比白天钓更合适些,上鱼率也高。

垂钓可用手竿、投竿和手线钓等方法。钓饵可选择沙蚕、小虾、青蟹、海蛎肉、蛏肉、蛤肉、寄居蟹、小沙丁鱼肉糜拌面粉、瘦猪肉、鸡肠子等。

在下钩前,注意饵料的装钩技术。以沙蚕作饵,装钩时将钩尖从沙蚕颈部外皮刺入后每隔一厘米陆续从外皮挑出,直至装满整个钓钩为止,多余部分不要超过 0.5 厘米,钩尖也不要外露。

手竿钓时,用小铅坠,坠下拴单钩或双钩,垂钓前在钓点投撒诱饵。在确定钓点的礁石上选择两三处,作为轮番垂钓点。于傍晚干潮时敲碎附着上面的藤壶和牡蛎,不要露肉,避免涨潮时鱼群食足后不再吃饵。另外,在岸上再备些藤壶敲碎当诱饵。刚涨潮时可取些零碎藤壶由远而近的撒向钓点的前方及其左右,以引诱鱼群逐渐聚集在钓点附近。临下钩前可将剩余的碎诱饵全部撒在钓点,诱使鱼群高度集中。

投钩后约半分钟要不断轻轻提竿,牵动海底的钓饵。由于使用轻坠,牵动钓线时,不易钩住海底礁石和附着物。轻提过程中,一旦有手感,不必急于抬竿,略等 10 余秒钟后,再轻轻提竿试探。如手感沉重,证实鱼已吞钩,此时应立即抖腕抬竿,用力不可过猛,顺势提鱼出水。收线提竿过程中,如果鱼钻入石缝,应待其自动逃出石缝后,再继续上提,绝对不可强拉硬拽,避免折竿断线。

若在轻提过程中,鱼未咬钩,应检查钩尖是否外露,另外还应随时更换鲜活的沙蚕以增强对黄鳍鲷的诱惑力。如垂钓一小时收效不大,马上更换钓点。

投竿底钓时,采用坠上单钩和双钩,坠下单钩和双钩。钓钩可选择鹤嘴形 118～116 号或袖形 317～316 号钩。

把钩饵投到钓点后,略收紧钓线,注意观察竿梢动静或凭手感进行垂钓。竿梢刚抖动时,可不提竿,抖动力量增大时,即抬竿。为增加获鱼率,当没鱼咬钩时,不时地往回收一段钓线,使饵钩在海底迁移,诱鱼抢食上钩。

投竿浮钓时(这是用杂木卧式浮漂的重量远投的浮钓法),在离钩 30 厘米左右的绑钩线上挂上重 2～3 克重的小坠,根据海水流速的大小可适当地增减重量。这样浮漂能随波逐流,带动饵钩在礁石群的水域下层摆动,诱鱼上钩。

投饵钩后,观察浮漂动静,鱼上钩时,浮漂开始微微抖动并倾斜,这时候慢慢收紧钓线但不可牵动浮漂,等浮漂沉入水下时,即可起竿。

除此外,还可以利用黄鳍鲷循声觅饵的习性诱钓黄鳍鲷。黄鳍鲷有个觅食的规律,当人在水下敲击礁石时,不但不会惊逃,反而会使黄鳍鲷误认为是在敲击藤壶牡蛎等物,闻声赶来觅取美味佳肴。效果也不错。如用一尺余的小木棒敲打插在海水中的空心竹竿,诱黄鳍鲷的效果也不错。

夏秋季节击水钓时,可一手拿钓线,一手猛烈击打水面,弄的浪花翻滚,诱黄鳍鲷来咬钩。

以上三种钓法是在特定的环境、地方,给黄鳍鲷造成的特殊的条件反射。因之能诱钓黄鳍鲷,并有良好的收获。

钓黄鳍鲷应注意的事项:

(1)黄鳍鲷背鳍锋利,摘钩时,要严防刺伤手。

(2)因在岩礁处垂钓,难免损钩断线,得多备些钩、坠、钓线。

(3)夜钓效果比较好,需备好照明设备,并要结伴而行,确保安全。

(4)海钓不同于淡水湖泊池塘等静水垂钓,随着潮水的涨落,流速相应发生变化,一般垂钓在七分潮后至三分潮这一时间可频频上鱼。随着流速的改变,鱼群会转移,垂钓者要注意不能守株待兔。

(5)根据潮期、风力等天气变化,选择垂钓日期,小潮刚转大潮的日子,连续大风天刚转入风小的日子,久晴不雨转入雨季的第一天,久雨初晴的天气等都是垂钓的大好时机。

第三节 气候、水情与垂钓

一、气温、水温与钓鱼

鱼的变温是其较大的特点,其体温会随着水温的变化而改变,因此它们的生长繁殖需要有一个适宜的水温环境。

地球上的鱼类有几万种,目前可钓取的仅几百种,以其生活区域划分,可分为暖水性、温水性和冷水性。暖水性鱼类一般在水温30~50℃时食欲最旺盛,生长繁殖最快,这时也是垂钓的理想时机;当水温降至20℃以下时,便食欲减退,行动迟缓,不生长,不繁殖;如水温降至15℃以下,则会死亡。温水性鱼类最适宜在水温15~30℃之间生活;水温超过30℃时,便避游到深处凉爽水域,很少进食;至40℃以上,会热死;而在10℃以下环境中,会食欲减退,停止生长;至4℃以下时,多数停食冬眠。因此,钓取温水性鱼类的最适宜的水温,应是在15~30℃之际。冷水性鱼类在20℃以上会感到炎热不适,游往冷水区;而4~15℃的水温是它们生机勃勃的时候,也最易钓取。

鱼类因水温关系,还可分为定居性鱼类和洄游性鱼类。海洋中的温水性定居性鱼类,有鳐、鲈、鲆、鲷、鲽鱼等;淡水中的温水性定居性鱼类有鲤、鲫、鳑鲏、鲴等。洄游性鱼类还可分为生殖洄游、觅食洄游、垂直洄游、越冬洄游等,也完全与水温有关。因此,水温与钓鱼是息息相关密不可分的,钓者只有了解要钓取的鱼类在什么样的水温条件下吃食频率最高,最易钓取,才可出竿垂钓。

我国地处北温带和亚热带,多数地区四季鲜明,自然界的动、植物亦随季节的变化而变化,鱼儿的活动规律也不例外。人们在长期的实践中,总结和探索出顺应季节变化的垂钓规律,编出诸多充满哲理的鱼谚,为淡水垂钓新手掌握垂钓要领,提供了有价值的依据。

1月　千里冰封,为农历数九寒冬之天,除亚热带区域外,大部分地区的鱼类都处于冬眠状态,能钓到的鱼类极少,是鱼儿上钩率最低的月份。北方凿冰垂钓,用红虫能钓到少量的鲫鱼、鳊鱼、鲂鱼,但吃钩动作极其微弱,以致难以发现。其他鱼类则基本不吃钩。

2月　是全年中气温最低的月份,是北方凿冰垂钓的好时期,鲫鱼、鲤鱼、鳊鱼、鲂鱼都会吃钩。除此而外,也是东北垂钓狗鱼、青海垂钓湟鱼、新疆垂钓鲈鱼的黄金时刻。待天气逐步变化,气温回升,北方冰层开始溶化,不宜再上冰垂钓;南方则大部分地区不冰冻,在晴朗天气于通风向阳处下钩,也能钓到少量鲫鱼和鲤鱼,但远不及北方凿冰垂钓收获丰厚。

3月　风和日暖,万物复苏,蛰伏一冬的鱼类开始活跃摄食,尤其是鲫鱼较为活跃,活动范围随之扩大,用红虫、红蚯蚓垂钓,往往能获得意外的收获。

4月　桃花盛开,柳芽初露,大自然呈现出一派生机勃勃景象。许多鱼类开始进入产卵繁殖期,出现强烈的摄食愿望,因而是一年中的垂钓黄金季节。无论在湖泊、河川、水库还是野塘、天然水域和人工养殖场,都显现出旺盛的垂钓情景。此时用荤饵,如红虫、红蚯蚓垂钓,效果最佳。

5月　大地披上绿装,鱼儿进入一年中的食欲旺盛期。鲫鱼、鲤鱼、鲂鱼、鳊鱼、青鱼、草鱼、鲢鱼、鳙鱼、鲶鱼、乌鱼、鳜鱼等开始大量进入江河湖泊相连的竹水体,此时用色香、味俱全的荤饵或素饵撒窝、施钓,只要口味合适,鱼儿争相摄食,上钩率会相当可观。

6月　南方进入黄梅雨季,阴雨连绵,水中溶氧量成倍增加,鱼儿显得格外活跃。此时虽然气温较高,但并不燥热,垂钓鲫鱼效果最佳,鲤鱼次之,而鳊鱼、鲂鱼、草鱼则因为水草鲜嫩、充足,吃钩率反不及其他月份。

7月　烈日炎炎,骄阳似火,热风暴雨接踵而来,天气反复无常,鲫鱼、鲤鱼、草鱼、鲂鱼、鳊鱼、青鱼等都洄游到深水区"避暑",岸边很难钓到。人工养殖塘里的鱼,也因水中缺氧而食欲不振,是一年中的垂钓淡季。此刻垂钓,以清晨、傍晚为宜。只有鲢鱼、鳙鱼不怕炎热,只要使用酸臭饵并避开中午最热时间,上钩率反比其他鱼类都高。

8月　秋季开始,鱼儿又进入了第二个摄食高峰期,因而是一年中的第二个黄金垂钓季节。此时谷类作物开始收割,撒落在地的种子纷纷流入江河,出现百鱼靠岸,竞相觅食的壮观场面,故此鱼儿个肥体壮,是江河垂钓的好时机。用蚯蚓、油葫芦、蚂蚱、饭粒、嫩玉米等为饵,到湖边、水库挑灯夜战,均能喜获丰收。

9月　时值金秋,气温下降,暑气顿逝,是泛舟船钓的好时机。用小虾、螺蛳肉为饵钓取鲫鱼、鲤鱼、鲂鱼、鳊鱼、青鱼,或用酸臭饵料浮钓鲢鱼、鳙鱼,将大大超过岸边垂钓。此时用海竿远投,常常能钓到大鲤鱼和大草鱼,在养殖场垂钓,无论是用手竿还是海竿,均会收获颇丰。

10月　秋高气爽,水位回落,风平浪静,是河湖垂钓的黄金时刻。采用素饵垂钓鲫鱼、鲤鱼、鲂鱼、鳊鱼,效果最佳。用家禽、家畜的下脚料掺麸皮、米糠垂钓乌鱼、鲶鱼、黄鳝效果颇佳。但此刻鱼儿大都游到深水区"避寒",故在水库岸边很难钓到它们。而用海竿远投深水区,则能钓到大个鲤鱼、青鱼和鲂鱼。垂钓饵料以蚯蚓、青虾、螺蛳肉为佳,而用面食、糟食垂钓,效果极差。在养殖场垂钓,用蚯蚓、红虫为饵,倘若鱼塘面积不大,还能钓到鲫鱼和鲤鱼。草鱼、鲢鱼、鳙鱼则因为气温低而不再咬钩。大面积鱼塘因为水温低,鱼儿不爱活动,采用手竿、海竿垂钓都收效甚微。

11月　北风袭来,霜降四野,草木凋零,昆虫、鱼儿行将伏息,鳝鱼、泥鳅、甲鱼均已钻入泥中冬眠。鲶鱼、黄颡、乌鱼、鳜鱼等则潜于水底,停止活动,只有鲫鱼、鲤鱼、鲂鱼、鳊鱼、鲅鱼、狗鱼等勉强维持在晴朗之天活动、摄食,可以钓到。饵料以蚯蚓、虾肉为佳,螺蛳肉为青鱼所青睐。采用串钩挂多种荤饵,垂钓效果好;用炸弹钩挂糟食,垂钓效果极差。

12月　北风呼啸,万里雪飘,是北方凿冰垂钓的好时光,此时用红虫、红蚯蚓能钓到鲫鱼、鲤鱼、鲂鱼、鳊鱼和狗鱼等。

冬日与夏日相反,最好在水温差别较大的水域垂钓。如上层水结冰(0℃),底层水仅2~4℃,鱼儿不食,潜往深而暖的水区,在这样的底水中就钓不到鱼;如表层水结冰(0℃),底层水10～15℃,则鲫鱼、鲤鱼、鳊鱼、草鱼、青鱼、鲴鱼等皆食饵,就可以钓取;如再遇上鱼窝,则上钩率不会比春、秋季差。这就是为什么许多北方钓者乐于冰钓,并垂钓效果不薄的重要原因之一。

二、气候对钓鱼的影响

各地气候不同,鱼的种类、生长速度、吃食规律也不相同。如黑龙江属亚寒地带,就钓不到鲮鱼、罗非鱼、大河鲢等暖水性鱼类;广东、海南属热带地区,就钓不到狗鱼、哲罗鱼、大马哈鱼、鲟鱼等冷水性鱼类;四川省松潘地区的九寨沟,由于海拔在3000米以上,水域虽多,然而却只生长一种鲤鱼,叫镜鲤,其他鱼类则均钓不到。

气候一般具有相对稳定的特征,但也常发生短暂的气候异常(又称气候反常)现象。如特大洪涝、异常酷暑或严寒等。这种气候异常会对植物的正常生长发育造成威胁,使鱼类惊慌失措,不食不长,甚至大批死亡。此时,是很难甚至钓不到鱼的。

三、风力、风向与钓鱼

风与垂钓也密不可分。比如,风会使水面起波浪,扩大水与空气的接触面,有效地增加水中的溶氧;风将陆地、空中的生物吹入水中,使鱼类得到食物。总的讲,风对鱼类生长和垂钓有好处,但也不能一概而论。

风包括风向和风力二大要素。风向指风的方向,一般用360°水平方位表示,也可用等分的4、8、16和32方位来表示。垂钓者习惯上采用8方位来表示,即东风、东南风、南风、西南风、西风、西北风、北风和东北风。一般刮东风、南风、西风、北风这四种正向风时,鱼吃钩率均较低;而刮东南风、东北风、西北风这三种偏向风时,鱼四季吃钩率均较高;独有刮西南风时,鱼在春、夏、秋三季吃钩率均较差,甚至不吃钩,而冬季严寒季节吹西南风时,天气暖和,鱼吃钩率反而高。当然,冬季吹西南风时,鱼上钩率,还与天气的阴晴、气温的高低、水位的深浅有关。

有经验的垂钓老手外出垂钓时,都会选择晴空万里,有二、三级风的绝好天气,而不会选择无风和风大的天气。因为晴天,有二、三级微风,水中氧气充足,鱼儿摄食活跃,上鱼率高。而无风天气,特别是夏天,天气闷热,水平如镜,水中氧气匮乏,鱼儿大都浮在水面而不吃钩,故有"鱼浮头,不咬钩"之说。所以无风天气垂钓老手都不愿外出垂钓。但风太大也不可行。因为风大,抛钩比较困难,投不准钓点,难以形成鱼窝;再者不便观察鱼漂反应,难以掌握扬竿时机。所以无风和大风天气都不宜外出垂钓。

盛暑夏季因为天气炎热,气温很高,东南风会带来大量水蒸气,使大气中的水分增加，气压变低，造成水体溶氧量减少。鱼儿在缺氧的情况下，不爱进食和活动，上钩率偏低。鱼谚说，"钓翁钓翁，不钓东南风"就是这个意思。

夏季垂钓，以刮西风最好，其次是西南风。因为刮西风和西南风时，早晚并不燥热，鱼儿活跃，适合垂钓。中午刮西南风则由于天气闷热，水中缺氧，致使鱼浮头，不咬钩，因此不利于垂钓。

金秋天高气爽，一般来说多刮西风和西北风。此时秋风吹来，水波涟漪，生长在水面的水浮莲、水花生等植物附着的软体动物和昆虫，被水浪拍击纷纷落入水中，成为鱼儿的丰盛饵料。加之鱼儿为越冬积蓄养料，食欲旺盛，四处觅食，出现一年中第二个摄食高峰期。此时下钩垂钓，可望丰收。

五级以上的风称之为大风，通常停止垂钓。八级以上的风称为风暴，如龙卷风、台风、寒潮等。十二级台风的风速可达64海里/时，所到之处鱼类及水生动物惊恐万状纷纷逃避。但因风暴大都伴有降水过程，除寒潮外，其他风暴过后便是垂钓的好时机。

四、晴天钓鱼与雨天钓鱼

晴天，指天空中低云量不到一成，或高云量不到三成，对阳光透射很少有影响的天气状况。雨天，指天空乌云密布并伴有降水的天气状况。就钓鱼环境与情趣而言，晴天较雨天为好；但就钓鱼效果而言，对具体情况需作具体分析。

雨天钓鱼比晴天复杂。下雨过程一般可分为间断性雨、连续性雨和阵性雨三类；按雨量大小又可分为小雨、中雨、大雨、暴雨和雷雨五种，局部地区还得加上梅雨和雨季两种特殊情况。就下雨过程来说，在下间歇性雨的间歇时间内，鱼吃钩率高。阵雨前因气压低，鱼浮头不食，不可垂钓；阵雨之后大量新水带着氧气和食物冲入水中，使鱼活跃，食欲强，是垂钓的好时机。在刚下连续性雨时，鱼吃钩率低，须待几个小时以后，水里新水增多，使鱼活跃，成群到近水边觅食，此时在雨中垂钓效果很好；当阵雨过后，钓鱼效果也颇佳。

梅雨季节，长江中、下游和东南沿海一带，阴雨绵绵，雨水充足，江河湖泊涌入大量雨水，同时也将陆地的昆虫、植物残肢及有机物带入水体，为鱼类运来了充足的饵料。与此同时，雨水还使水中的氧气大量增加。鱼儿空前活跃，食欲旺盛，频频咬钩，故是垂钓的大好时机。所以梅雨季节钓鱼，定是喜不胜收。

为什么夏雨鱼儿反不吃钩呢？夏季由于天气闷热无比，气温很高，且夏雨多为雷雨。雷雨到来之前，气压很低，这时水中的鱼，因低气压造成水中缺氧而难以忍受，根本无心摄食。故夏季下雨，尤其是雷雨前这段时间垂钓，鱼儿很少吃钩，这就是夏雨鱼儿不吃钩的缘故。

晴天,当气温、水温为10~25℃时,一般水域氧气充足,鱼儿食欲旺盛,生长快。夏秋时连续晴天,则水分蒸发快,气温、水温在25℃以上,甚至超过30℃,在烈日暴晒下,水中反而缺氧,鱼或浮头,或者避人深水中低于25℃处不食。冬日晴天,无风或一、二级风,气温、水温在10℃以下,4℃以上时,鲫鱼、鲤鱼,甚至鳊鱼、草鱼仍贪吃;如风力为三、四级时,鱼吃钩率则明显降低。如气温在0℃以下,底层水温在10℃左右,无风或一、二级风,在中午及下午四时半时冰钓极佳。如晴天,风力大于四级,气温在0℃以下,冰下水底温度虽在10℃左右,但鱼吃钩率却甚差。夏日、秋日时,如吹西南风加晴天,则闷热难当,白天是很难钓到鱼的。

五、四季中何时钓鱼好

我国处于北半球的亚热带、温带、亚寒带地区,春、秋两季垂钓一般优于夏、冬两季。春、秋两季气候不冷不热,鱼吃钩率高,人也感觉舒适,冬季太冷,鱼多冬眠不食,即使有鱼吃钩,由于水浅,鱼少活动,也难找到它们冬眠的场所。夏季太热,人、鱼皆困倦乏力,表层水温极高,可达40℃,除暖水性鱼类外,其他多种鱼儿皆避入深水不食,自然不宜垂钓。

但事情不能一概而论。因自然条件不同,有的地方冬夏也适于垂钓,而春、秋两季有时因水情、鱼情及天气变化,反而不宜钓鱼。此外,对于某些钓鱼行家来说,则四季皆可钓到鱼。那么,他们四季可钓的诀窍是什么呢?

就是人们常说的:"春钓滩,夏钓渊,秋钓阴,冬钓暖",指的是季节、水温和钓位选择之间的关系,是人们多年垂钓经验的总结和概括。一般鱼儿在水温15~30℃最为活跃,当然也是垂钓的最佳时机。所谓"春钓滩",即仲春三月,春暖花开,气温回升,在阳光照射下的浅滩水区,水温上升较快,可达15℃左右,因而浅水区的水生动植物也加速复苏,于是成了鱼儿觅食云集的地方,故春天垂钓宜选在向阳的浅滩水区。

"夏钓渊",即盛夏时际,高温酷暑,烈日当头,浅水区的水温多在30℃以上。因为水温过高,鱼儿不适应,大多到深水区去"避暑",觅食了,故而浅水区很少有鱼,即使有也不吃食。所以夏天垂钓应选在深水区或桥洞里。早晚则浅水区水温较低,可以钓到鱼。

"秋钓阴",即初秋夏末,暑气尚未全消,中午前后,水温仍然很高,鱼儿大多在树荫底下、苇草、荷叶的荫凉处"纳凉",所以宜选在树荫等荫凉处垂钓。

最后,所谓"冬钓暖"中的"暖",指向阳之地。面南向阳的水域,因白天受阳光照射,水较背阳处温暖,鱼多聚于此,故选这里垂钓效果佳。

但话又得说回来,尽管钓鱼老手四季常钓,然钓得最舒服、吃钩率最高、钓获量最多的时候,还是春、秋两季。尤其是秋季较春季更好,因此时鱼大、吃钩沉稳有力、易钓取。所以各级钓鱼协会组织的钓鱼比赛,大多选在春秋两季,尤以秋季为多。

六、下雪与钓鱼

下雪时,1000米外物体尚能看清,称小雪;1000米内物体可看清,称中雪;500米内物体可看清,称大雪。下雪之前,阴云密布,风微,气温开始转冷,此时水温还存。当鱼儿感受到表层水开始降温时,它们会加快进食,于是河塘中的鲫鱼、鲤鱼、鳊鱼以致草鱼、青鱼、鲌鱼等食欲旺盛,是钓鱼的好时机。雪前和下雪之初,有经验钓者如抓紧时间,机遇定会大胜而归。

当大雪铺天盖地,落在地上,落入水中,使气温急剧下降,于是水温也迅速下降。待到大地皆白之时,水表下2米以上的水温会迅速下降5~10℃,于是,鱼儿纷纷游向别处更深的水域或较浅(如2米)水域的水底,不动不食。大雪之后,更加寒冷,冰雪在溶化过程中将空气、土壤、水流的热量大量吸走,鱼类更加不动不食,所以在大雪弥天之时或雪后,是无法钓到鱼的。

七、梅雨季节与钓鱼

梅雨也称梅雨。下梅雨的时期称为梅雨季节。衡阳、福州一带,梅雨季节多在5月下旬到6月中下旬;上海、南京、武汉、重庆一线,梅雨季节多发生在6月中旬到7月上旬;淮南、皖北、苏北一带,梅雨季节多发生在6月20日至7月上中旬。梅雨季节来临的早、晚与持续时间的长短,对夏、秋季鱼类的生长和垂钓影响很大。

一般说来,梅雨时期,阴雨不停,水位上涨,且不断有新水注入,天气不冷不热,最低气温在15~18℃,最高气温在25~28℃,鱼吃食十分踊跃,且许多鱼种(如鲫鱼、鳊鱼、鲤鱼、青鱼、草鱼、鲌鱼等)在这时交配产卵,而产卵前后鱼需大量进食,因此,这是垂钓的大好时机。

多数情况下,每年梅雨季节的到来是有规律的,各地梅雨总量大致在150~400毫米之间,此时不仅鱼类生长得好,对农作物的丰收奠定了基础,秋季多为丰收年,而且当年秋、冬季垂钓效果也佳。但有时会出现"干梅"(指梅雨季节雨量偏少甚至不下雨)、"迟梅"(指梅雨季节推迟)、"长梅"(下梅雨时间延长,雨量偏大,造成洪水灾害),此时钓鱼效果就差而且即便梅雨季节过后垂钓也不会有什么成绩。

八、水色与钓鱼

水本无色无味。有色是因水中混入了某些物质。如水中多绿藻等浮游植物时,水一般呈绿色;水中多浮游动物时,水一般呈黄绿色或浅棕色;水中含腐殖质多时,水一般呈褐色、酱紫色;水中如有毒物质时,水会呈纯白色、黑色、蓝色、棕色等,并有刺鼻之味。到河边钓鱼时,应首先观察水色。

水是鱼儿赖以生存的环境,也是天然饵料的生产地。水有优劣、清浊之分。水质的好坏对鱼儿的生长、繁衍至关重要。如果水质受到污染,殃及鱼儿的生长、繁衍,不宜垂钓。水质浑浊,长有一层绿藻,造成水中氧气不足,鱼儿难钓。水质过肥,水中氧气缺乏,鱼儿上浮,难以钓到。水质的优劣与水中浮游生物的稀疏有关。浮游生物越多,水质越肥;反之,则差。

在肥水垂钓,一是要选择雨后一两天的时间;二是钓点要选在进、出水口两侧和增氧机四周;三是饵料要适宜。一般肥水钓鲤鱼采用蝇蛆或发酵变酸带香甜味的糟食,并加适量曲酒;钓草鱼用酸饵;钓鲢、鳙鱼采用飞钩酸臭饵。

水质过清,钓鱼不制。常言道,"水至清则无鱼"。水质过于清瘦,无水草、浮游生物生存,鱼儿无可进之食,自然不会在此栖息,当然无鱼可钓。

水质过于浑浊,鱼儿在水中看不到饵料,吃钩率极低。水质浑而不浊,鱼儿摄食顺畅,是大鱼理想的生活环境,时常可以钓到大鱼。

长有青苔的水体,如青苔茂盛,不宜垂钓;若青苔存而不密,可以垂钓;青苔浮于水面,多为大鱼泥中寻食拱起所至,可以钓到大鱼。

九、潮汐与钓鱼

潮汐与海钓关系极大。潮汐有多种,由月球引力引起的潮汐称为"月亮潮",由太阳引力引起的潮汐称为"太阳潮"。月球因离地球的距离比太阳近,月球的引潮力比太阳大 2.25 倍,故钓鱼首先与月亮潮密切相关。

海洋潮汐通常每天两次,白昼的称为"潮",夜晚的称为"汐"。每当月亮、太阳和地球在一条直线时,这时引力最大,潮汐也最高,称之为"大潮"。每当太阳、月球和地球的位置形成直角时,互相之间引力抵消不少,潮汐也低,称为"小潮"。每次涨潮最高时为"满潮",最低时为"落潮",从满潮到落潮约需 6 小时左右;从上次满潮到下次满潮,约需 12 小时左右。

了解了这些潮汐知识,会增强钓者掌握垂钓时机。涨潮时海钓最好,鱼群活跃,纷纷随潮水靠岸觅食。此时无论滩钓、矶钓、船钓,均最佳。大潮(朔望潮)的涨潮时期,潮位较平时高,海水汹涌,升得快,流速快,鱼类吃钩率高,但此时,易出危险。中潮是介于大潮与小潮之间的潮位,为海钓的有利时机;大潮之后的中潮涨潮时更佳,鱼吃钩率既高,又不致发生危险。小潮是由于引潮力小,涨潮时潮位低,海水升得慢,流动缓,只有小型海鱼吃钩,难以钓到大中型鱼类。

不论大潮、中潮、小潮,落潮时均不适合钓鱼。因潮水退得快,鱼儿不会再靠近岸边觅食。当然,船钓远离海岸,效果要好些,但吃钩率不如涨潮时高。

还有几种潮,钓者应加以注意。一是"涨潮",即潮水退后,水位差小,潮流不稳,鱼不食,不宜垂钓。二是"干潮",即潮水退到最低处时的水位,此时鱼群游往海中,海边钓不到鱼。三是"潮满",即潮涨到顶峰,此时潮水不动,鱼类食欲转差,一般也钓不到鱼。

十、云层的变化与钓鱼

高空的云是地面水蒸气在天空遇冷而形成的,与天气的变化息息相关是淡水垂钓的可靠依据,一般天高云淡或云若鱼鳞,多为晴朗天气。气压正常,鱼儿容易上钩,若天空出现高积云,则显示多云天气,有利于垂钓,而积云、积雨云的大量涌现,意味着风雨将至。此时气压很低,水中鱼儿烦躁不安,无心咬钩。倘若云层很厚,大地蒙蒙,燕子低飞,视线模糊,说明雷雨将至。此时气压很低,水中会严重缺氧,鱼浮头,不进食,不宜垂钓。

外出垂钓,无论是什么季节,都应该选择天高云淡,有二、三级风的晴天、阴天或多云天气,此时水中氧气充足,鱼儿活跃,是垂钓的大好时机。倘若天气闷热,无风,或乌云密布,燕子低飞,都不宜垂钓。前者水中严重缺氧,鱼儿上浮,不吃食;后者鱼儿伏于水底,不活动,无法钓到。

十一、水源污染与钓鱼

水源污染由大气污染,土壤污染和水体自身污染造成。污染源一般有自然因素和人为因素(如工业"三废"、生活垃圾以及核爆炸等),尤以后者更甚。水质遭严重污染的河湖沟渠,便鱼虾渺无踪迹;水质遭轻度污染的地区,有些鱼类(如鲌、鲥、刀、鲮鱼)避离,有些鱼类死亡,留下一些适应力强的鲫鱼和鲤鱼或则生长缓慢,或则畸变,即使钓到也不能食用。故凡属污染水域,皆不宜垂钓。

第四节 饵料种类与垂钓方式

鱼饵为垂钓所必需,无饵就无从谈钓。在同一水域垂钓,有的人频频抬竿,而有的人空手而回,原因之一就是饵料问题。所以会钓鱼的人对于饵料的选择、配制是十分考究的,也是较难掌握的一门学问。因为不同的鱼类,有不同的食性。即使同一鱼类在不同的时间、不同的水域,也有不同的食性。同一鱼类在同一水域,又具有天然食性和可塑性。所以可以说,钓饵的选择配制和使用是一门科学,也是钓手喜欢探讨的一个重要课题,钓饵的选择与配制,一定要因时、因地、因鱼而异。

鱼饵分天然的和人工的两大类。天然鱼饵主要指浮游生物、底栖生物、附生藻类等,人工鱼饵主要指青饲料、精饲料、动物性饵料和合成饵料等。

从鱼饵所起的不同作用看可分为诱饵和钓饵。钓饵又分真饵和假饵。

从水的成分上又可以分淡水鱼饵和海水鱼饵。

随着钓鱼技艺日益发展与提高,饵料在垂钓中的作用,越来越受到垂钓者的关注。台湾钓鱼高手认为,一次成功的垂钓,六成在于饵料,四成在于钓技。

饵料可分为诱饵与钓饵。诱饵的作用主要为:集鱼和留鱼。也就是说,它非但要起到使分散的鱼集中的目的,而且要使鱼对其发生兴趣,达到滞留不想离开的目的。

我国钓者,大多数仍采用常规钓法——打窝沉底钓。常规钓法重视诱饵的制作和运用。为了使诱饵的作用能有效地发挥,就必须先了解鱼类的摄食特点。

研究表明,鱼在摄食时,主要是依赖嗅觉、视觉、味觉及触觉来感知食物信息。不同种类和不同食性的鱼的感觉功能又各有不同,但有一个共同的特点,那就是嗅觉和味觉的功能胜于其他水栖动物,其原因是鱼在呼吸摄氧时,靠鳃来发挥嗅觉和味觉功能,而鳃对溶有味分子的水起定性分析作用。

不同的鱼的食性不相同,有的鱼是肉食性,有的鱼是素食、杂食性,有的鱼食浮游生物和腐食。鱼类的摄食方法也多样,有的吸食,有的咬食,有的喝食,有的吞食。不同环境中的鱼的食谱也不同,即使属同一种鱼也会有不同的食物嗜好。此外,受季节影响,鱼的食物对象和口味也截然不同。

了解鱼类摄食的特性后,还须进一步探讨诱饵的味、形、色和质,这才有利于科学地配制诱饵。

一、诱饵的分类与制作

诱饵形状可分为散饵、粘饵及介于两者间的团饵。按诱饵颗粒大小又可分为粉末诱饵、颗粒诱饵、合成诱饵、混合诱饵、干撒饵、湿撒饵等色味诱饵及光诱饵等。尽管各种诱饵的形、色、味不同,须按垂钓对象、不同环境和水中传播作用分类制作,但目的无非是为了起到最佳的诱鱼作用。

1. 粉末诱饵　供制作粉末诱饵的有麸皮、菜籽子饼粉、豆饼粉、玉米粉、黄豆粉、山芋粉、蚕豆粉、米糠粉、青糠粉、米粉、面包屑、饼干屑、芝麻粉、花生粉、面粉等数十种。粉末诱饵取材方便，实用效果良好，有的可取之即用，有的则仅须加少许白酒、香精、香油、糖等拌和，以增加效果。由于粉末诱饵入水易散，其味在水中传播远、持久，鱼较难食饱，从而增加了引诱力。如有的粉末诱饵，用湿钩在干粉中摇滚几下，使空钩粘满粉后形成粉团，投入水中后粉慢慢溶化扩散，鱼远远就前来抢食，碰到鱼钩、线，使钓者可根据漂的微动迅猛提竿，将鱼扎上岸来。

粉末诱饵的拌制，最好用几种粉末掺和混拌在一起，再到钓场掺水拌制。在哪种水质中垂钓，使用这种水拌和饵料，则效果才好。

在制作诱饵时，不能光顾其表，应考虑诱饵的质量与效果。鱼对饵料的感觉不同于人类对食物的感觉，如有的诱饵经炒熟后，人闻垂涎，但加水拌制后，香味分子由于水的溶解和稀释、吸收，香味很快消失，有的鱼就不一定欢迎。反而不如不炒，加水直接浸泡3～5天，使其发酵（注意不能让其发霉）。这样，诱饵的香味在水中不仅能持久，而且扩散范围更加广泛，引诱鲫鱼、鳊鱼、鲤鱼、草鱼、鲢鱼，甚至青鱼前来抢食。

2. 颗粒诱饵　颗粒诱饵有大米、麦粒、玉米、饭粒、米糕、南瓜、香瓜、南瓜囊、香瓜囊、枸杞子、熟山芋、螺蛳、蚌肉、蚬肉、虾、碎肉骨头等。颗粒饵粒大，目标鲜明，用于引诱青鱼、草鱼、鲤鱼、鲶鱼、鳊鱼等大中型鱼类。如果掺拌粉末诱饵，还能引诱鲫鱼、鳊鱼等中小型鱼类。

有些颗粒诱饵直接用来作诱饵，不需掺拌其他饵料，效果照样好，特别是垂钓家养鱼类。如垂钓大水域、水库或是流水的水域，可掺拌2～3种粉末诱饵，效果就更好。那些河边生长很多的枸杞，秋天时果熟，红得透明，被风吹入水中，鳊鱼和草鱼特别喜食。家养池塘常用浸胀的麦粒喂养鱼，如用麦粒作诱饵，鲤鱼、草鱼、鳊鱼会频频吃钩；如果再掺拌点螺蛳肉末和虾米屑，则更有希望钓上青鱼。

3. 合成诱饵　合成诱饵是由主料、辅料加味料混合加工配制而成。

酒米：酒泡的大米和小米。这是在北方常用的传统诱饵。酒有防腐作用，易保存，制作也很便捷，只要把大米或小米倒入广口瓶里，再倒入优质曲酒或白酒，酒能浸过米为好。用力摇晃，使米酒拌匀，盖好，密封半个月左右。这种酒米是钓鲫鱼、鲤鱼、鲂鱼、鳊鱼、草鱼的上好诱饵。用时用打窝器撒在钓点，以量少，勤撒为宜，酒米在水下散发出浓郁的曲酒香，经久不息，很招鱼的喜欢。

药米诱饵：制作药米的关键是先制成有香味的药酒。制作方法是用1斤曲酒，加半两肉桂的干燥树皮或岩桂的干燥花朵，泡半个月左右即可制成有香醇的"附桂

·家居休闲·

图文珍藏版

酒"或"桂花酒"。垂钓前倒几滴在米酒中,产生一种浓郁的香味,会使徘徊在较远钓点的鲤鱼、鲫鱼闻香而来。使鱼可嗅到,但不易吃到,便能使鱼群长时间地滞留在窝内觅食。

4. 混合诱饵 混合诱饵是选用粉末诱饵、颗粒诱饵拌和制成的诱饵,但仍须确定主料与辅料,再添加少量的添加剂,用来引诱各种可钓的淡水鱼类。混合诱饵既能引诱大鱼,又能引诱中小型鱼类,这种诱饵适用于钓者熟知的水域与钓场。

混合诱饵目标大,一次打窝数量多,它既有鱼爱吃的饵料,又有浓烈的气味,能引诱各种大中小型鱼类。例如,用 250 克麸皮、150 克菜籽饼粉、100 克玉米粉、50 克黄豆粉、一把白米、一把浸胀的小麦粒,外加白酒 50 克余,垂钓前一天用温水拌和(湿度以可捏成团为度)后装进塑料袋,并扎紧袋口;第二天出发前,再加 150 克螺蛳肉屑、100 克虾肉屑、滴上 4~5 滴鱼肝油,再准备些蚯蚓、螺蛳肉、活虾、面粉团、切成小叮的熟山芋、青菜茎叶、蚱蜢等钓饵。垂钓时应变要快,用双钩,并根据窝内鱼情及时更换钓饵,上钩率就会大大加快。

5. 干撒饵 用大米、小米、玉米渣等投放到钓点,可以使用其中的单种或混合使用,其优点是耐水泡,不易变色、变形或漂走。只是发窝慢、一旦发窝鱼则不易离窝。大多用于垂钓鲤鱼、鲫鱼等效果较好。在主钓点周围 1 米左右少量撒些诱饵形成向导窝,诱导鱼奔向主窝,效果更好。

(1)粉料干撒饵:主要是米糠、麦麸、玉米粉等干粉,经火焙炒有香味后带到钓场,用时略加点酒,用水打湿使其有一定粘度,捏成团撒窝子。主要用于水库、河川、湖泊诱钓鲤鱼、鲫鱼、鲂鱼、鳊鱼、草鱼等。如果在养鱼池垂钓,诱饵须灵活运用,要根据池塘惯用饲料而定。因为在人工喂养池塘里的鱼,已养成专食某种食物的偏食习惯。垂钓者如果按照某种鱼的天然食性去配制诱饵和钓饵,那就只能无功而返。

(2)油性类干撒饵:主要是豆饼、菜籽饼、玉米饼、芝麻饼、棉籽饼等,都有一定香味,将其磨成粉末用文火炒香,用一种或几种混合,取塘里水调和撒窝子。是垂钓鲤科鱼类的好诱饵。

除了上面讲的几种外,还有一种不属食物性饵料的泥草料干撒饵。比如,有时外出垂钓未准备干撒饵,也找不出代替打窝的各种诱饵,就只能在河边抓一把干泥捏成细末,或者再拌点白色贝壳或细白石砂等,撒在窝内,也会有效果。因为泥土入水后,土中空气形成水泡,不停地向上翻涌;土中小虫、微生物也钻出逃命,鱼发现后就会游过来抢食。拌上白色贝壳或石子会使鲤鱼更加喜欢。但当鲤鱼发现这些贝壳与石砂不能食后就会离开,因此钓者重复使用此法时,鱼就不会被骗了。如果仅拔一把青草连泥带根甩入钓点,就不能像贝壳、石子那样留住鱼。泥草料干撒饵可将草鱼、鳊鱼、鲤鱼乃至鲫鱼诱入钓点。

6. 湿撒饵 湿撒饵种类很多,效果也不亚于其他诱饵。将吃剩的发馊饭粥掺拌粉剂诱饵,捏成团投入钓点作诱饵,是钓取鲫鱼、草鱼、鲤鱼、鳊鱼、鲢鱼的好诱饵。

取麦粒与黄豆渣、菜籽饼粉等,拿水浸泡4~5天,使其发酵,带有浓密的酸味,再磨碎,掺拌玉米粉,并加酒米,是钓草鱼、鲤鱼、鲫鱼的好诱饵,上钩率极高。

用新鲜的嫩玉米、豌豆、嫩茭白带水磨成糊状,掺拌麸皮捏成团后打窝,是钓草鱼、鳊鱼、鲫鱼的好饵料,因为这种饵带有天然的清香味,诱鱼效果好。

豆腐渣、酸豆汁渣、芝麻酱渣等做诱饵,不需加水即可使用,而且容易发酵变酸,与醋糟、酱油糟配合使用,是专钓鲢鱼、鳙鱼的诱饵。

假如用30%发酵的芝麻酱渣与70%的曲酒糟渣混合,可做鲂鱼、鳊鱼、草鱼的诱饵。发酵办法是,把块状的芝麻酱渣用水浸泡变软后,装在广口瓶里,晒一周左右便发酵。发酵后的芝麻酱渣有一股特殊的酱香味和酸味,花鲢、草鱼、鲂鱼等都十分欣赏。

7. 腥撒饵 肉食性鱼类不喜食素饵,使用腥撒饵效果就明显了。腥撒饵种类繁多,如敲碎的螺蛳、虾肉末、干虾粉、鱼骨粉、鸡鸭内脏、狗内脏,都具有很浓的腥味。使用这种诱饵与钓饵,可以在大水域或江流水急处钓取凶猛的肉食性鱼类;在内河或池养水域中可钓取鲌鱼、鳜鱼、黑鱼等食肉性鱼类。假如再掺拌麦粒、大米等,可钓取非洲鲫鱼与青鱼。

在长江中钓鲌鱼都是用鸡鸭内脏,而且还要有血粘在钓饵上,将钓投进旋涡内,往往都有所获。

8. 蘸饵 蘸饵是经文火炒香的豌豆粉、玉米粉、芝麻粉、黄豆粉、面粉等。将上述这些粉装进小瓶里,带到钓场,用时先把钩用水蘸湿,然后将钩放进干粉盒里蘸几下,使含有香味的粉料粘在鱼钩上,再把钩投入钓点。也有的钓友在钩上挂蚯蚓、螺蛳肉、虾仁、蚌肉等蘸粉料。这种粉料下水即散,鱼在入水中途就抢食,钓者往往都是空钩将鱼钩上来的。如果钩上挂钓饵,则粘在钓饵外的粉料用作打窝,可连续打窝引鱼。因钓者提竿一次,都要蘸一次,反复投钓,钓点粉料越集越多,形成窝子,鱼来抢食,也越集越多。这种蘸饵钓法,有独到之处,效果很好。

酿制诱饵用制作甜酒酿的方法,以糯米(或好大米)、高粱等粮食为主要原料,加上酒曲,酿制而成。这种诱饵有浓郁的曲酒芳香味,鱼很远便可嗅到,吃后稍带醉意,经久徘徊在钓点不能自拔。

酒米是将大米或碎米装进瓶里,倒进白酒浸泡2~3天。用时,倒出用手撒饵。如果用小桶打窝、目标更准,更能集中。

药米是将大米或小米用气味幽香的中药材酒润浸而成。用来制药米酒的有桂花、郁金、丁香、桂皮等几味中药材。选料时,不要用带有辛、辣、苦、涩、麻味的中药材,而要用经酒润浸后带有浓烈香味、甜味的中药材。

用酒曲浸泡的玉米粉、麸皮、麦粒、小米、豆饼粉,均属曲香诱饵。这类饵香味浓,在水里广为扩散传播,经久不散,是诱鱼的好诱饵。钓者使用这种饵,对钓取鲫鱼、鳊鱼、鲂鱼、草鱼都具有明显的效果。

9. 色味诱饵　研究表明,鱼是有一定色觉的,颜色与鱼类摄食相互关联。如在北方垂钓,用黄色的诱饵效果较好;在南方垂钓,则以白色与褐色为佳,这是由于南、北方农作物种类有较大差别。鱼类在长期的生存中,已习惯当地食物的颜色特征。还有一个须考虑的因素是,鱼类在不同的水层中摄取食物时,对色彩的感觉也不相同。如红色在深水层就变成黑色,在浅水中则呈暗红果浆色。因此在制作诱饵时,应结合水色。水清时,以橘红、藤黄、赭石、朱膘等色泽为宜;水浑时,则以白色、淡黄为佳,因为在黯淡的浑水中,白色、淡黄色的目标显著。

鱼的味觉及嗅觉胜似其他水栖动物。通过味觉和嗅觉,鱼能及时地分辨水质与食物的来源。因此,使用诱饵同样要考虑所钓鱼的味觉嗜好。如草鱼喜酸味的饵,鲤鱼喜食腥味饵,鲫鱼喜欢清香味的饵,鲢鱼喜欢酸臭的饵。

此外,饵味与颜色还要根据是白天垂钓还是夜晚垂钓,而有不同的偏重。夜钓宜重味,白天钓宜重色;水清时重色,水浑时重味。

10. 光诱饵　使用光集鱼而捕之,在我国已历史悠久了。古代利用灯光或萤火虫的光进行捕鱼,现代钓鱼一般都用夜光浮标、夜光浮球、夜光棒诱鱼。随着科技的发展和渔具生产的发展,出现了一些高亮度的精巧夜钓浮标,使夜钓十分便当、有趣。

二、合理使用诱饵

理想的撒饵,应依据季节、鱼情、气候、水情和风向而定。如春季早晨气温低,浅水水温也低,撒窝应选水深1.5米以上的点。等太阳出来照晒2小时后,浅水温度回升高于深水温度,鱼便会向水温高处觅食,此刻可再在浅水中用手抛式补窝,饵团应松散些,这样的饵团入水时声音弱小。

夏天早晨应选风浪处,先近(浅)后远(深)地撒窝垂钓,中午再回到岸边风浪中垂钓打窝。因为夏天早晨浅水温度比深水低,风浪处含氧量和微生物也多,太阳出来照晒后,浅水水温比深水高,这时逐步向水深处撒窝,鱼易钓到。中午由于气温达到高峰,而且风浪中虾与螺蛳也无法驻足,岸边的虾、螺蛳便逐步向深水移动,这时大鱼就会到岸边风浪中来抢食饵料,故能钓到大鱼。

秋天时浅水水温低,应选择深水处撒窝。早秋时要迎风撒,深秋时要偏风撒窝。当发现钓窝内上鱼率已逐步降低时,可下补窝,有时轻补,有时重补,这要根据所钓鱼的品种而定,如鲫鱼要轻补,鲤草鱼要重补。补窝饵最好选用那些香味或腥味比撒饵浓的诱饵。

补窝撒饵,也要依情况而定,如静水轻撒,流水重撒;水深处饵要撒得多些,水浅处饵要撒得少些、补窝勤些;春天宜用粉饵,夏秋宜用颗粒饵。

三、钓饵的分类和使用

穿挂在鱼钩上用以直接钓取鱼类的饵料,称作钓饵。它是根据鱼类的摄食要求而采集制作的,可分为动物性钓饵、植物性钓饵和模拟钓饵三大类。

1. 动物性钓饵

这类钓饵又称荤饵。但凡是动物的身体或部分肉块,凡可以直接挂钩钓取鱼类的,均属此类。如海洋里钓鲨鱼,可以直接用活的或死的金枪鱼、鲣鱼、马鲛鱼等挂钩施钓,也可用小鲨鱼或3~5公斤重的牛、羊肉块施钓;淡水钓鲫鱼、黄颡鱼等,可用红蚯蚓、虾、昆虫做饵。动物性钓饵品种很多,分布很广,海钓、淡水钓、溪流钓等,均有一定的选饵范围。由于各个地区的动物分布和鱼类食性、水情、气候等不一样,因此,在可选用的荤饵范围内,各地皆有所侧重。如在江浙、上海地区,用红蚯蚓钓鲫鱼、鳊鱼是最佳钓饵;而河南、山西的鱼对红蚯蚓不感兴趣,偏爱吃昆虫,于是当地的钓者就用螟蛾、蚱蜢钓鲫鱼和鳊鱼,吃钩率远高于红蚯蚓。再如,海里的鲷、鲽、石斑鱼等喜食玉螺、毛蚶、贻贝、青蛤等贝类,将这些贝类捣碎后挂钩垂钓,效果理想;而鲨鱼青睐带血的鲜活饵,故用带血的牛羊肉作饵自然最好。

动物性钓饵品种繁多,现择要介绍如下:

(1)红蚯蚓 我国蚯蚓约有500多种,多数较短小,有红色、褐色、紫色、绿色、白色及几色相间的。蚯蚓生长在潮湿,腐殖质多的土壤中,蛋白质含量较高,是各种鱼类的可口饲料,有"万能钓饵"的美誉。

用蚯蚓钓鱼,普遍多用几厘米至十几厘米的小蚯蚓。如钓黄鳝,用蓝色的10多厘米长的粗壮蚯蚓为好;钓鲶鱼、甲鱼、鳜鱼,用深绿色或黑色、有臭味的蚯蚓为好。但绝大部分鱼类喜食单种5~10厘米长的红色蚯蚓,它肉厚、嫩,蛋白质含量高,且有一股香腥味,鱼儿特别爱食。

(2)虾　无论淡水虾还是海虾,都是鱼吃钩率高的上好钓饵。

淡水虾种类较多,最常用的有白虾、米虾和青虾。白虾多生长于淡水湖泊,也称"脊尾白虾",壳薄、肉嫩、体透明,离水即死,死后呈白色。长江流域有分布,鄱阳湖、洞庭湖、太湖等丰富,是长江流域钓鱼的主要钓饵。用时,不去头、尾、壳,可钓鲌鱼、鲤鱼、青鱼、鲶鱼等;去头、尾、壳,用虾肉钓,可钓取鲫鱼、鳊鱼、胸郎鱼、白甲鱼等,有时草鱼也会光临。

海洋中的虾类也很多,大都可以挂钩施钓。其中常用和效果好的有中国毛虾、葛氏长臂虾、脊尾白虾。中国毛虾也称梅虾、小白虾,属中国沿海特产,一般体长仅2.5~4厘米,雌虾个体比雄虾大,身体侧扁,皮壳薄。它们全身除少许红点外,完全透明,游动能力弱,繁殖力强,生长迅速,取之方便,一般生长在海湾、河口、邻近浅滩水质肥沃地方,以硅藻、浮游动物及有机残渣为食。毛虾为我国海滩钓的主要动物性钓饵之一,可钓取鲆鱼、鲽鱼、河豚、鲷、石斑鱼、黄鱼、带鱼等。

(3)昆虫类　昆虫是动物世界中最大的一个种群,其生长一般都经过幼虫、蛹、成虫等阶段。昆虫不论是幼虫,还是蛹与成虫,多数都是海淡水鱼类的好钓饵。世界各国钓者几乎都有以昆虫为饵垂钓的习惯。比较普遍运用的有以下几种:

①谷盗　俗称米蛀虫,储粮害虫。捉其较肥大幼虫或成虫,挂于小钩上,可钓取鲫鱼、鳊鱼、鲴鱼、鲮鱼、鳑鲏、黄颡鱼等多种小型鱼类,其效果不逊色于用红蚯蚓。用谷盗四季可钓,在米缸中很容易找到它们,在家中陈米里,就有它们存在。

②菜青虫　系白粉蝶的幼虫,青绿色,背部密布细毛和小黑点,这种蔬菜害虫主要危害甘蓝、白菜、萝卜等。春末、夏季、初秋时繁殖生长快,这时也是垂钓的好时机。钓者多在菜田边,用盒捉几只菜青虫,浮钓、悬钓、拖钓、沉底钓皆可。菜青虫是草鱼、鳊鱼最爱吃的,鲌鱼、鲫鱼、鲤鱼等也喜食。

③蝇及蛆　苍蝇肮脏又传播疾病,但它们是钓取鲴鱼、鲌鱼、鲮鱼、黄皮鱼等中小层小型鱼类的好钓饵。蝇蛆是苍蝇的幼虫,白色,蛋白质丰富,且皮比谷盗厚,是钓取鲫鱼、鳊鱼的好钓饵。不少钓者在春末夏季和初秋时节专用蝇蛆垂钓,可钓到小个体的鲤鱼、青鱼、鲶鱼等。蝇蛆可不必到粪池获取,而由自己培养。方法是:每到春末夏秋,用腐败的鱼肉挂在屋檐下,招引苍蝇前来进食繁殖,待蝇蛆即将变成蛹时,将又肥又壮的蛆用钳子夹出来,置于一盒中。盒内放豆腐,让其钻食,次日即可使用。蝇蛆皮厚,不似谷盗穿钩一扎即进,往往好像已穿入,但刚一松手,弹性强又皮厚的蛆一蠕动,又从钩尖上滑下来。正确的穿透方法是:将蛆两头皆刺入,露出钩尖,锁在倒刺处,然后向回抹,用蛆身盖住钩尖。由于蛆肉被倒刺挂牢,不易脱落,故可垂钓;又由于蛆皮厚、肉肥,一般钓10条左右鲫鱼、鳊鱼,蛆也不会破瘪,仍

可垂钓,可谓料半功倍。

④蛴螬　即金龟子的幼虫。金龟子在我国有 10 多种,分布很广。蛴螬乳白色,身体常弯曲呈马蹄形,背上多横皱纹,居于土中,啃食大豆、麦类、玉米的根,及花生的果荚和山芋的薯块。蛴螬肥大,皮肉厚,钓时,须用中型钩,从其头部刺入,直至尾部,但是不要露尖。用浮钓、悬钓可钓大鲌鱼、鳡鱼、草鱼;用沉底钓可钓青鱼、草鱼、大鳊鱼、鲶鱼等。

⑤土蚕　俗称小地老虎、切根虫,体色绿褐、暗褐,背面有淡色纵带。成虫长 17～23 毫米,幼虫长 51～57 毫米。昼伏夜出。幼虫群集于植株心叶或幼嫩茎上,肥大鲜嫩,蛋白质含量高,是钓取鳊鱼、草鱼、青鱼、鲤鱼的好钓饵,用手竿、抛竿均可。

⑥蛹类　分为离蛹(裸蛹、自由蛹)、被蛹、围蛹三类。一般长 1～5 厘米,含蛋白质高,多数是鱼类喜爱的钓饵。如离蛹中甲虫、天牛的蛹,被蛹中各种蝶、蛾的蛹,围蛹中蝇类的蛹,或外面披茧的家蚕蛹,蓖麻蚕的蛹,包括金龟子的茧蛹等,皆可垂钓。其中江南地区养蚕,家蚕蛹自春末夏季至初秋时十分容易获得,蛋白质高,香味浓,在不少农村以抽过丝的家蚕蛹喂鱼,造成南方鱼类喜吃家蚕蛹的习惯。钓时,剥茧取活蛹比死蛹和干蛹效果好,淡水中的中、大型鱼类绝大多数都喜食,特别适宜于钓取鲤鱼、青鱼、鲶鱼、草鱼。

⑦螟蛾　包括螟和蛾,螟小蛾大,种类繁多。螟的幼虫称螟虫,多数是农林作物的天敌,皆是夏季垂钓的好钓饵。捉来挂于小钩上,可用浮钓钓取鲌鱼;用悬钓亦可钓取鳊鱼、鲫鱼、鳑鲏、鲴鱼等。蛾之幼虫如土蚕、黄地老虎等,皆是植物害虫,也是好钓饵。蛾本身和螟相同,在夏日和初秋,皆可作钓饵,夜钓用蛾效果更好。

⑧蟋蟀　也称为促织、蛐蛐,是钓取大型淡水鱼类,即草鱼、青鱼、鲤鱼、黑鱼、鳊鱼的好钓饵。与蟋蟀相近的还有油葫芦,也可作钓饵。还没有长出翅膀的蟋蟀,体型小些,但也可作饵。将蟋蟀足后穿钩,即可垂钓。浮钓、悬钓、沉底钓皆可。

⑨蝗虫　分土蝗与飞蝗两大类。飞蝗多喜群居,体色有蓝褐、灰褐、绿色等,杂食性害虫。土蝗种类很多,常见者有稻蝗、棉蝗、蔗蝗、竹蝗、脊蝗、尖翅蝗、马头蝗、笨蝗等,体形大小各异,体色除黄褐色外,多带绿色,分布广,食性杂,散居成害,含蛋白质高,鱼儿皆喜食。可将蝗虫去其头、爪、翅,将钩从尾部穿入,钩尖藏于胸中,用浮钓、悬钓、沉底钓皆可。现在我国大群飞蝗已销声匿迹,各地(尤其是长江流域)多稻蝗。稻蝗也称蚱蜢、蚂蚱,我国有 10 多种,身体一般长 2～3 厘米,是垂钓大、中、小型淡水鱼的适宜钓饵,鲌鱼、草鱼、鳊鱼、青鱼、黑鱼、鲶鱼等皆喜食,尤其是草鱼和鳊鱼,最喜吃,上钩率高。

⑩红虫 也称蚤类、鱼虫,浮游动物,体内含有近一半的蛋白质,鱼类极爱食。捞取后,可与面粉掺和,搓成小圆球,挂钩垂钓。北方冬钓另有一法,即把10多只红虫用丝线捆绑成束,挂钩冰钓,是最佳钓饵,虽然麻烦些,但鱼吃钩率高。

⑪螺和蚬 系淡水中水生贝类,有多种,如田螺、螺蛳、长蚬、青蚬等。螺蚬栖息于湖泊、池塘河流及水田和缓流的小溪中,摸到后,用砖石击碎外壳,取其肉挂钩上沉底钓,可钓青鱼、鲤鱼、鲶鱼、甲鱼、黄鳝等,尤其是钓青鱼、鲤鱼,吃钩率最高。

⑫青蛙 又称黑斑蛙、田鸡,主要用其整只穿大钩浮钓黑鱼。用青蛙钓黑鱼有两种方法。一是点钓,即在黑鱼繁殖期间,在黑鱼受精卵处或孵化后成群小黑鱼活动处,或在黑鱼常出没的水草洞中,将大钩从青蛙屁股戳进,伸竿在水面上下点动,引黑鱼抢钩。二是拖钓,即在黑鱼经常出没的宽水面,将钩及蛙抛远入水,前后左右缓缓拖动,引诱黑鱼抢钩,用手竿、抛竿均可。此外,如将青蛙两条后腿斩下,取其肉装钩垂钓,可钓取鲶鱼、黄颡鱼、鲫鱼、青鱼、鳊鱼、鲤鱼等,吃钩率高。由于蛙是益虫,一般在有钓饵的情况下,应尽量避免杀戮青蛙作饵。

⑬猪肝 将新鲜猪肝切成块状或条状,用沉底钓钩或针,穿后抛于水中,常用来钓甲鱼,亦可钓取鲶鱼、鳜鱼、青鱼乃至鲤鱼、鳠鱼。但冬季则避免使用。其他动物肝脏,如牛肝、羊肝、兔肝、鸡肝、鸭肝等,也皆可垂钓,但以猪肝为最,且猪肝最易得到。此外,用新鲜猪肉丝、牛肉丝、鸡肉丝等,也可钓取以上各种鱼类,只是效果不及肝脏好。

⑭溪虫 即生活在溪流中的蜻蜓或其他昆虫的幼虫,为溪流钓中易得、且鱼吃钩率高的动物性钓饵。溪虫捕捉方法简便易行:用长宽各30厘米的纱布,双手捏住四角,顺着水流方向轻擦溪流中石头表面,拖擦20~50厘米远后迅速提出水面,再将捕捉到的溪虫放入钓饵盒内,如此重复数次,便可捉到数十只溪虫,盖上湿纱布,可存放数日不亡。用溪虫装钓,可钓取胭脂鱼、鲌鱼、棒花鱼、鳅鱼、鳟鱼等多种溪流中小型鱼类。如用于静水的池塘、水库中钓取鲫鱼、鳊鱼、鳜鲅、黄鳝、鲶鱼、甲鱼等,效果也相当好。

2. 海水鱼饵

海水钓鱼和淡水钓鱼相同,也分诱饵和钓饵两类。但海水面积大,水深,潮水涨落幅度大,潮流变化复杂,一般情况下较少使用诱饵,假如条件允许,则在垂钓前先施放,以增加上鱼量。

(1)诱饵

海钓选择什么样的诱饵,要根据所钓鱼的种类。要求垂钓者掌握和熟悉潮汐变化规律及钓点的地形,借助潮流使诱饵漂浮到钓点。或用诱饵笼固定在钓点上方,使诱饵从笼孔中缓缓流出,散落于钓点附近。常用的诱饵有虾类(糠虾、磷虾、毛虾等)、海藻、苔类、贝类(蛤、蚌、螺等)、蟹类、生蛹以及长在岩石上的藤壶等。另外臭鱼烂虾、鱼内脏等也可以当作诱饵。

（2）钓饵

海钓主要对象是肉食性鱼类及杂食性鱼类,所以海钓钓饵可以分荤饵、素饵和荤素饵三种。

荤饵又包括:

①沙蚕类:包括岩虫、巢沙蚕、短足全刺沙蚕、疣吻沙蚕等。沙蚕可谓钓海鱼的"通用钓饵"。装钩时由沙蚕的头部或尾部刺入挂住即可。沙蚕主要垂钓真鲷、黑鲷、石斑鱼、鲈鱼、大小黄鱼、带鱼、叫姑鱼、鲨鱼、刺鱼、鲽鱼、牙鲆、河鲀等鱼类。

②小鱼类:小沙丁鱼、竹荚鱼、带鱼、泥鳅、青鳞鱼、鲻鱼及各种小杂鱼等。主要垂钓凶猛肉食性鱼类。

③生肉类:虾肉、蟹肉、牡蛎肉、各种鱼肉、贝类肉、海蟑螂、海蜇胃腔、瘦猪肉、鸡肠、鱼肚等,主要垂钓一般的海鱼,特别是嘴形小的鱼。

海钓同样用活饵效果较好,有些海鱼非活食不吃。如鲈鱼,用活虾和小鲻鱼等做饵,石斑鱼用活沙蚕,活泥鳅和活虾类等做饵上钩率就高。

3. 植物性钓饵

植物性钓饵又可称素饵。凡是人可食用的植物的茎、叶、根茎、种子及其加工品,绝大多数鱼也吃,主要用于钓取植物食性鱼类和杂食性鱼类,包括浮游生物食性鱼类。但海洋中植物食性鱼类少,也难钓取,故主要用于淡水钓。所以在此只简介一、二。

（1）粳米饭粒　稻米分籼米、粳米、糯米等数种,又有早稻、晚稻之别。钓鱼首选晚稻粳米,而新脱壳的粳米比陈米好,因新粳米粒大、味香、糯而粘、富有弹性;新煮好的饭比隔日的陈饭好。粳米饭粒主要用于钓取鲫鱼、鳊鱼、鲹鲅等小型淡水鱼类,效果很好。如用粳米饭搓成团,置于长手竿的粗线大钩上,或抛竿的八脚钩上,可钓取大青鱼、草鱼、鲤鱼。平时垂钓,一般用软竿、细线、小钩,钩仅有米粒大小,细丝,钓时可放 1~2 粒粳米饭,鱼吃钩率高。

（2）面粉团　以面粉和成较韧硬的团,钓时捻成米粒大小或蚕豆大小,因鱼而异。面粉团不仅可钓取鲫鱼、鲌鱼、鳊鱼等,还可钓取鲤鱼、青鱼、草鱼、鲮鱼等,吃钩率高。面粉团缺点是放入水中后即稀软而离钩,需经常换饵。为增加垂钓效果,钓者往往用麻油调和面粉,再适量放点糖和香精,使其在水中一时难以飘化,并散发出芳香。

（3）面筋粒　将面粉或麸皮在水中不断搓洗去除淀粉，留下粘而富有弹性的白色或蓝色团块，即称面筋或生麸。面筋生用或煮熟后皆可用作饵，但实践证明，生面筋效果好于熟面筋。生面筋沾水，不易装钩，用时可用手沾水捏小团挂钩上，抛钩入水后，经长久浸泡而不会软散脱钩，可用于钓取草鱼、鲤鱼、鲫鱼、鳊鱼、鲌鱼等。四季可钓。

4. 假饵

假饵分模拟饵和毛饵钩两大类。差别在于模拟饵外形像小型鱼类和小型动物，而毛饵钩则大多形似昆虫或水中的藻类等。使用时，只需将钓线拴在模拟饵上（模拟饵本身装有钓钩）或毛饵钩上即可。

（1）模拟饵　主要垂钓中上层凶猛的肉食性鱼类。垂钓技术方面比用真饵要求高些，因为要让模拟饵像真饵一样在水中挣扎、摇摆、游动，必须较好地掌握钓竿与绕线轮收线的紧密配合，使模拟饵在水中效仿的动作达到以假乱真的效果。模拟饵一般是用不锈钢、黄铜、金属材料、塑料等制作的，分汤匙型、转子型、塞子型和"Z"字型四种。

①汤匙型模拟饵　采用不锈钢或黄铜等金属材料制成的（图1A）。饵的表面经过防腐处理，外形像片叶子，尾部装一锚钩。由于金属板的弯曲度厚度和宽度不同，牵引时受水的阻力作用会形成不规则的摇摆、旋转等动态，可引诱凶猛鱼类追逐争食。

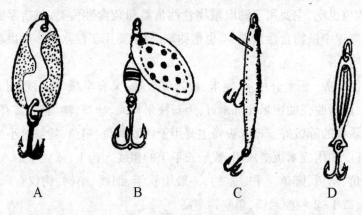

A　　　　B　　　　C　　　　D

图 1　模拟饵的四种类型

②转子型模拟饵　金属片所制成。在模拟饵的上端靠近接线环的部位，装有一块能回转的金属片（图1B），它借助钓线的等速牵动和水的阻力形成螺旋形回转。此时金属片在水中旋转时会闪闪发光，引诱鱼类上钩。

③塞子型模拟饵　外形似小鱼，一般是用塑料或木质做成的（图1C）。在鱼体

的前下侧装一块阻水片,牵动钓线时,会受水阻力的影响做有规律的模拟鱼上下游动的动作。在拟饵的腹部和尾部装有2~3组锚钩。塞子型模拟饵有下沉式和上浮式两种。上浮式用以垂钓上层鱼类,下沉式垂钓底层角。

④"Z"字型模拟饵 外形与塞子型模拟饵相仿,区别在于没装阻水片,而头部装有铅块(图1D)。垂钓时持竿上下抖动钓线的同时收线,使模拟饵在水中呈"Z"字型游动。尾部装有羽毛或塑料条及锚钩。

以上几种模拟饵在垂钓时要求钓技良好,垂钓时未必都是钩到鱼嘴上,有时锚钩可能钩到鱼身的其他部位。

(2)毛饵钩 毛饵钩的种类很多,形态各异,大多采用长把钩,在钩柄的下端用羽毛、橡胶、塑料或鱼皮缠结成类似陆栖昆虫,或成藻类的形体(图2)。大多用于淡水垂钓。使用毛饵钩时,要求钓者熟悉水域、鱼情以及在不同的时节、时间、水温和天气时鱼的习性、食性等因素,要投其所好,诱其争食。

图2 种类繁多的毛饵钩

毛饵钩分深色(包括红色、黑色及其他一些较浓的颜色)和淡色(包括茶褐色、灰色等)两种。春秋季节,鱼类食性强盛,用红色和黑色毛饵钩钓觅食水面昆虫的鱼类。效果较好。而夏季水生植物茂盛,许多昆虫都披上绿装,鱼类对鲜艳颜色产生警觉,此时选用素色毛饵钩为好。在晴天时,许多中上层鱼类,为避免强光而潜入深水,对艳色毛饵钩的反应敏感,应选用淡色毛饵钩。而在阴雨天,中上层鱼类受到浅水滩觅食,此时应选用深色毛饵钩。

除了毛饵钩和模拟饵之外,还有一种小塑料球,可塑性很强,可圆可长也可当作饵料使用。将塑料球捏成大小似黄豆粒,用手竿垂钓,往往能引诱鲤鱼、鲫鱼上钩,且不怕小鱼争食。如在垂钓前沾上少许钓饵或其他饵液,效果会更好。垂钓时可根据鱼情、水情灵活性地应用。

四、几种常见鱼的自制钓饵

1. 自制鲫鱼钓饵

鲫鱼钓饵有荤饵和素饵,可就地取材,自行配制。

·家居休闲·

图文珍藏版

蚯蚓 是鲫鱼最喜欢的荤饵,四季均可以使用,尤其是太平 2 号红蚯蚓、上海赤子爱胜蚓腥味浓烈,最受鲫鱼欢迎。但太平 2 号红蚯蚓和上海赤子爱胜蚓韧性差,易为小鱼所吞食,而生活在黄土中的蚯蚓则腥味差,韧性较大,使其和太平 2 号、上海赤子爱胜蚓杂交,其后代具有去劣存优的特点,鲫鱼特爱吃。用太平 2 号蚯蚓垂钓,春、夏、秋三季鲫鱼食欲旺盛,用大头挂钩垂钓效果好。冬季水温低,鲫鱼活动少,食欲差,适合用小头挂钩。如果在垂钓的头天晚上,在盛蚯蚓的盒中滴几滴香油,使其吸收,垂钓时,更具浓香,鲫鱼更喜欢。

红虫、小虾 是鲫鱼爱吃的荤饵,前面已经介绍,不再赘述。

大米饭或大米磨成面蒸熟挂钩垂钓。

红薯 50% 蒸熟、米饭 50%,加上 3~5 滴酱油,在食品粉碎机中打成糊状,加适量菜籽饼粉和匀,不但鲫鱼爱吃,鲤鱼、草鱼、鳊鱼也爱吃。

面粉 70%、去皮小颗粒蚕豆粉 10%、"老鬼"鲫鱼饵 20%,加水拌匀。没有蚕豆粉,可用少许"龙须酥"替代。鲫鱼、鲤鱼、鳊鱼都爱吃。

黄瓜、香瓜瓢挂钩垂钓,鲫鱼、鳊鱼爱吃。

枸杞子色红,容易被发现,味甘,鲫鱼钟爱。

豆饼粉、麦麸、玉米面各 500 克,用文火炒香晾凉,掺入酒泡小米、面粉揉匀。

2. 自制鲤鱼钓饵

颗粒饲料 80%,面粉 20%,"老鬼"诱鱼剂 1/5~1/4 包。先用开水将粒状饲料化开,趁热加入面粉,和匀后再加入"老鬼"诱鱼剂,备受鲤鱼青睐。

小颗粒干蚕豆 500~1000 克,放入冷水中泡上四五个小时,捞出放入高压锅内,加少许茴香或大料,煮沸 5 分钟,自然冷却,选择外皮完整的挂钩垂钓。

西红柿切块挂钩。

小麦 300 克,置于保温瓶内,注入开水(不要太满),盖紧瓶塞 1.5 小时左右,使麦粒两头略裂口,倒出沥干,放入罐头瓶中,外加 50 克泡有丁香的曲酒,拧紧瓶盖晃匀,次日便能使用。

豆饼粉、麦麸、玉米面各 500 克,面粉少许,加水揉匀。

3. 自制草鱼钓饵

草鱼除了食用各种水草、嫩叶及谷类食物外,还喜欢食用蚯蚓、蚂蚱、蟋蟀、油葫芦、青虫等小动物。

蚯蚓、红虫是草鱼初春时际喜食的荤饵。草鱼经过潜伏越冬之后,体内消耗殆尽,又加临近产卵,需要补充大量营养。此时植物又尚未发芽,蚯蚓、红虫便是草鱼最好的钓饵。

蚂蚱、蟋蟀、油葫芦、青虫等是草鱼秋季的好饵料,并且只需举手之劳。

清明之后,柳芽、苇尖、茭白、蒲草芯都是草鱼的好饵料,用其垂钓,效果极佳。

微酸混合饵料也是草鱼喜欢的食物,制作方法是:

玉米面40%,麦麸30%,面粉30%,先将玉米面和面粉用开水烫熟,然后加入麦麸和适量白酒揉匀,趁热放入塑料袋中,用绳扎紧袋口,使其密封,搁置1~2天,便会变成微酸饵料,草鱼喜吃。

颗粒饲料80%,面粉20%,先将颗粒饲料用开水化开,趁热加入面粉和匀,装入密封塑料袋中,存放1~2天,使其发酵变成微酸饵料,便可以挂钩垂钓。

上述两种混合饵料如发酵过度,酸味浓烈,可用未发酵的混合饵料中和,使其变为微酸饵料,方可挂钩垂钓。否则,草鱼拒食。

4. 自制鲢鱼钓饵

鲢鱼和草鱼一样,也喜欢食用微酸饵料。酸饵的制作方法是:

玉米面70%,碎豆饼30%,将其用水和匀,放于蒸屉内蒸熟、晾凉,加入少量酒药或甜酒药,然后放入经过消毒的坛子里,稍加压实,在上面洒些白酒,坛口盖几层塑料面(里层塑料布需经消毒),用绳扎紧密封,置于室外熟化。每隔10天左右查看一次。一般经过上述处理,不会发生霉变。如表层发霉,应将霉层剔除,再洒些白酒,可以长期保存。这种酸饵大都在年前10月制作,到来年使用。因为发酵时间长,酸味过浓,尽管有酱香味,草鱼仍不爱吃。所以在使用时,只取出一部分,并需掺入按上述比例蒸熟、未经发酵的饵料和白糖,使其变成微酸带甜的饵料,方可挂钩垂钓。

如若现做现用,则可按上述原料比例和方法制作,只是不装入坛内,而是放在多层塑料袋中,置于阳光下暴晒5~7天,加少许白糖便可使用。如酸度太大,也应用未经发酵的饵料进行中和。总之,以至微酸程度为宜。

值得提醒的是,用微酸饵料垂钓时,饵料不可放在阳光下暴晒,以免发酵过酸。如已晒热变酸,应及时用未经发酵的饵料相伴合,保证有其微酸既可。

5. 自制鳙鱼钓饵

鳙鱼和鲢鱼一样,也喜酸食,所不同的是饵料须酸中带臭。制作方法是:臭豆腐7~10块,臭鸡蛋2~3个,蒸馒头面肥100克,豆制品100克,将其搅碎和匀,置于密封瓶中,放室外阴凉处存放,使其自然发酵,一个月后便可使用。此种酸臭饵可以长期贮存,长期使用,用完后续放原料。

6. 自制罗非鱼钓饵

罗非鱼是杂食性鱼类,食性颇广,荤饵、素饵均可。荤饵主要有蚯蚓、红虫、面包虫、小虾等。素饵有面食、饭粒和混合饵料。混合饵料可用 80% 的颗粒饲料，20% 的面粉，先将颗粒饲料用水化开，然后加入面粉和适量鱼骨粉或虾粉，便可垂钓。为了防止闹小鱼，混合饵料应和硬一点为好。

7. 自己养殖蚯蚓

蚯蚓富含蛋白质，一般鲜蚯蚓含蛋白质 40% 以上，干蚯蚓蛋白质含量高达 70% 左右，是青鱼、鲤鱼、鲫鱼、乌鱼、鳝鱼的理想饵料，也是经济实惠的广谱钓饵，为钓鱼爱好者所钟爱。全世界有蚯蚓 2100 多种，其中 560 多种分布在我国。按其颜色区分，有红蚯蚓、绿蚯蚓、青蚯蚓、黄蚯蚓等。

蚯蚓是大家认同的广谱鱼饵。在种类繁多的蚯蚓中，以太平 2 号红蚯蚓最佳，因其色彩鲜丽，分割容易，装钩方便，生命力强，气味浓厚持久，备受鱼儿青睐。蚯蚓除了采挖搜集外，还可自行饲养。

蚯蚓的饲养比较简单，垂钓用量不大，钓鱼爱好者可以利用木箱、花盆、瓦罐等在家里饲养。

蚯蚓适宜的土壤温度为 5℃~30℃。低于 0℃ 和高于 30℃ 都会死亡。因此，夏天要注意避免直晒，冬天要注意防冻。蚯蚓除了依靠皮肤呼吸溶解于水中的氧外，还需皮肤呼吸大气中扩散到土壤中的氧，所以必须注意通风。

蚯蚓是杂食性动物，土壤中的细菌、霉菌、原生动物、昆虫尸体、果皮、木屑、酒糟、糖糟、淘米水、烂菜叶、废纸盒、牛粪等，全都是它的好饲料。将 70% 的饲料与 30% 的肥土掺和，浇水堆积发酵，每周翻堆 1 次。经过 2、3 周翻堆便可分解，腐熟成为蚯蚓可口的饲料，但其酸碱不能太高，pH 值在 5~8 之间，投放蚯蚓之前先将一层肥土放入木箱或花盆、瓦罐中，然后放一层经发酵腐熟的饲料，再放一层肥土，上面再放一层饲料，如此相间 2~4 层，也可下面全是肥土，而上面全是饲料。饲料、肥土间隔，为的是便于蚯蚓摄食后回到肥土中栖息，有利于生长发育。然后将水倒入饲养箱使土壤含水 60%~70%（可用手抓一把浇水的饲料轻轻一捏，以指缝有水，但不滴出为宜）。既可放入饲养。

蚯蚓的食量很大，繁殖力强。一般日摄食量相当于自身体重。当原饲料中出现大量蚯蚓粪便之时，要及时补充饲料和水分。

如果饲养的好，每年可增殖上千条，经过多次添加饲料应将大量粪便清除干净。方法是放入新饲料，将蚯蚓吸引过去，把老饲料等全部清除。

一年四季均可使用鲜蚯蚓进行垂钓。